手工秀 Shou Gong Xiu

# 棒针新花样

编　著　马晓霞　王小萍　叶文静　范国琴
张佩娟　韩　晴　顾　勤

Jing 精选款 Xuan Kuan

U0198456

上海科学技术文献出版社

## 内容提要

目前，人们除了追求时尚韵味十足的服饰外，也更爱穿手工工艺制作的编结时装、帽子、手套、手袋以及各种装饰品，手编所特有的随意，而又不失其个性的品位，更着意表现一种衣饰的艺术效果，自然便成为扮靓少女选择的着装方式之一。

本书经多位棒针编织高手精心设计，从千余种花样中挑选出610种花样。书中汇集了镂空花样、绞棒花样、平实花样、实地花样、凸珠花样等。本书除了花样新，色彩艳丽，还配了更具有操作性的毛衣编织实例。在实例中详细说明了编织所需要的毛线材料、编织用具、编织密度、编织尺寸以及技巧。读者很方便就能编织出心爱的毛衣。

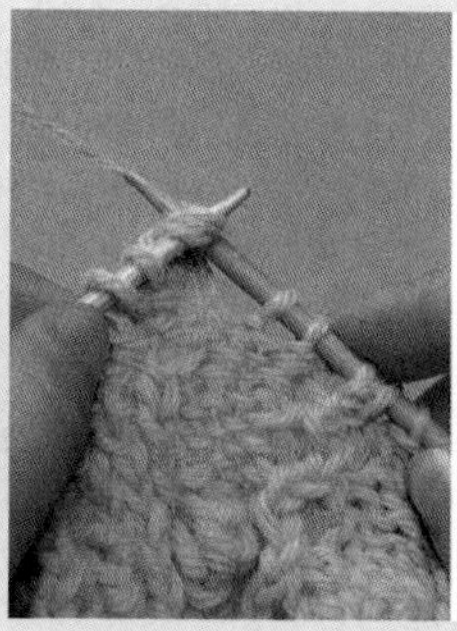

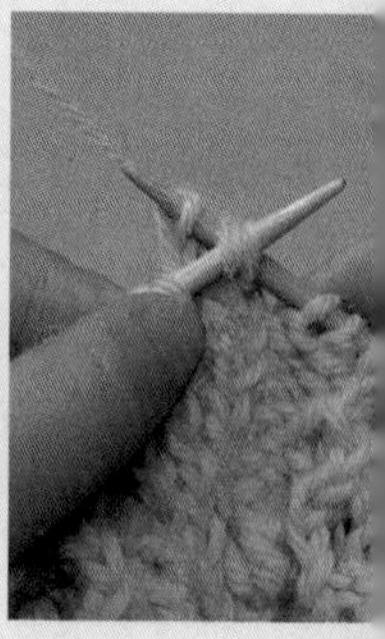

# 棒针新花样

## 目　录

## MU　LU

# 棒针花样彩照实例

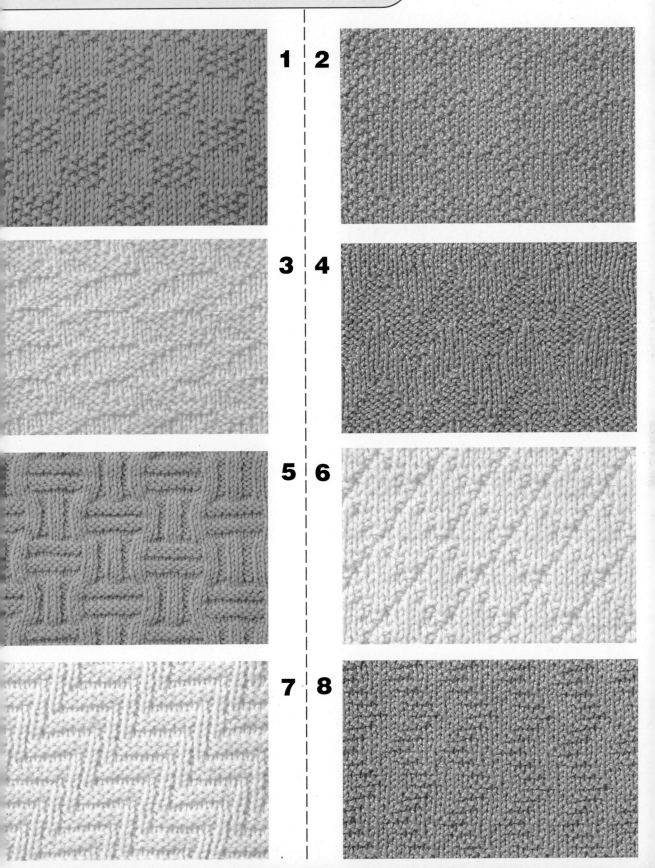

1

2

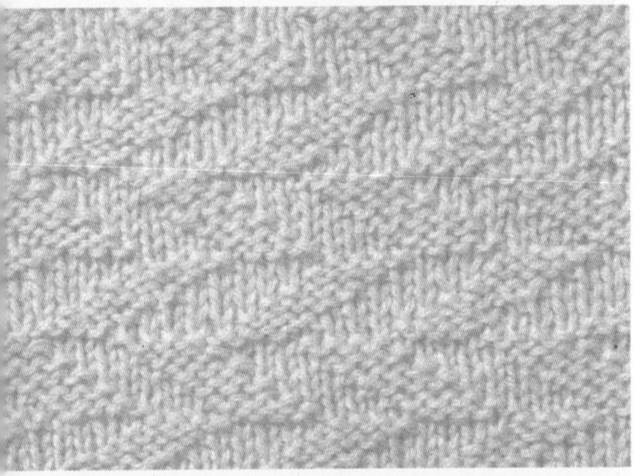

3

4

5

6

7

8

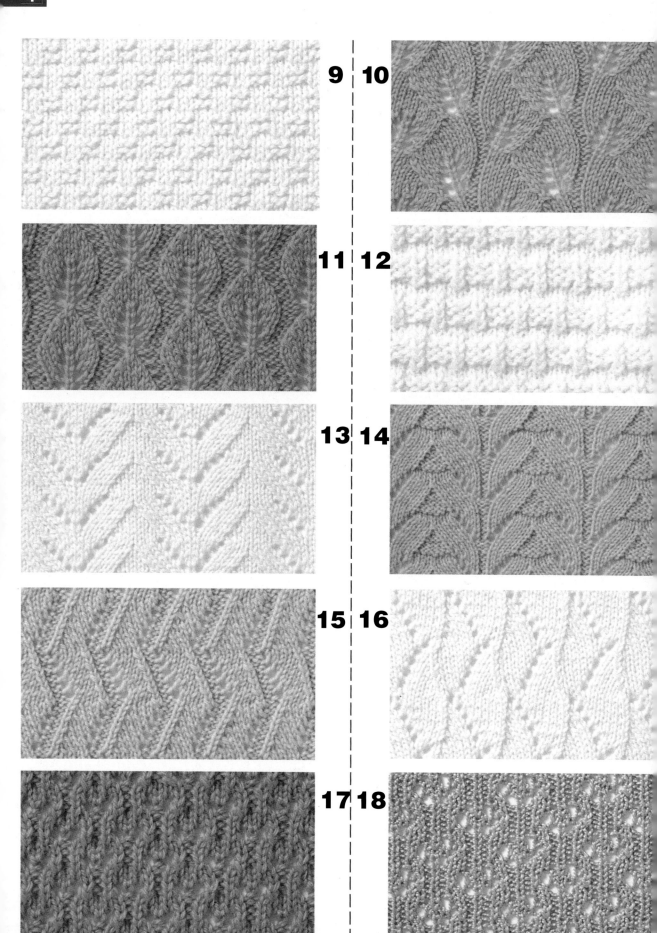

9

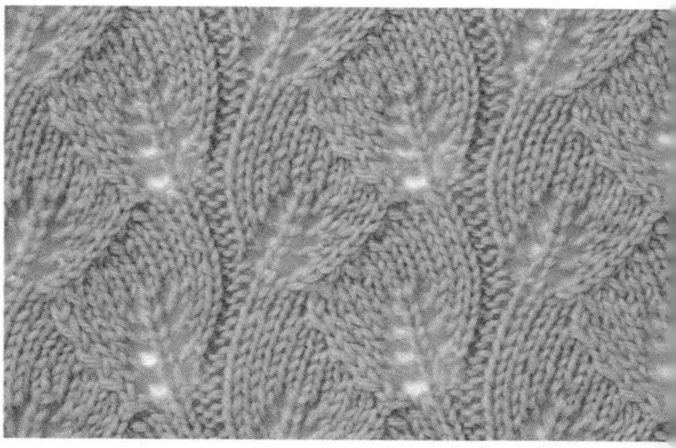

10

11

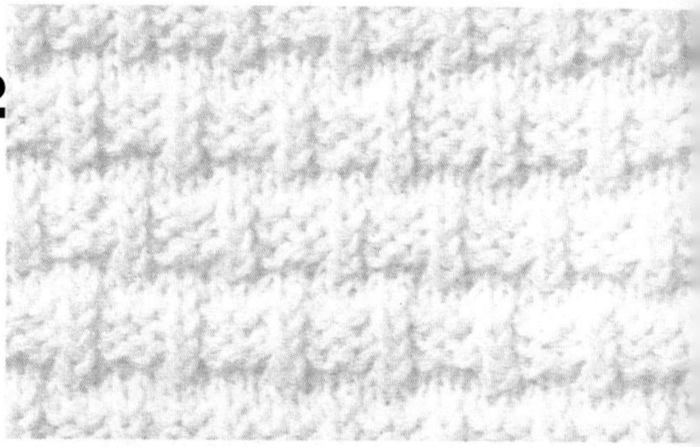

12

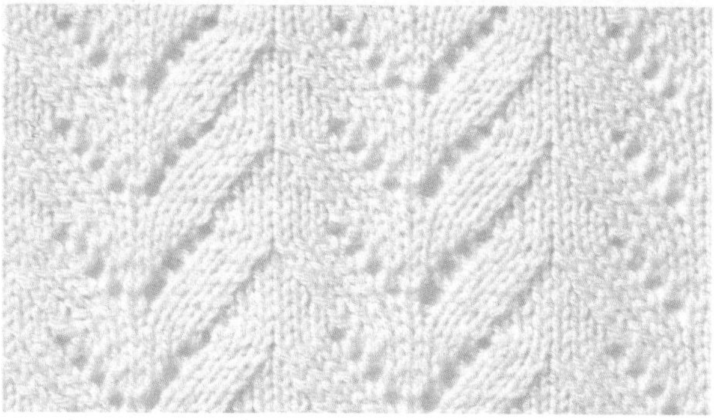

13

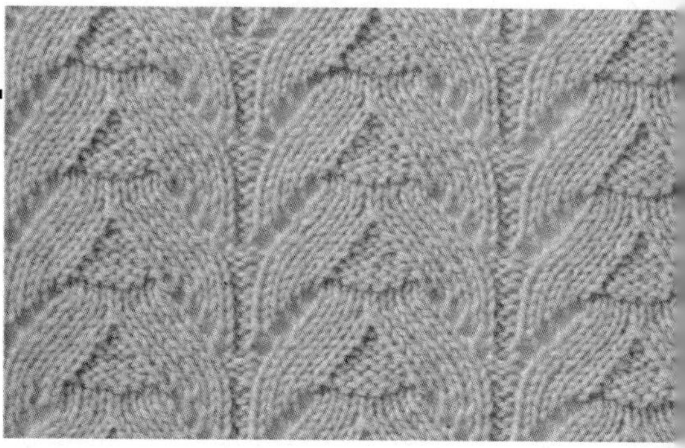

14

15

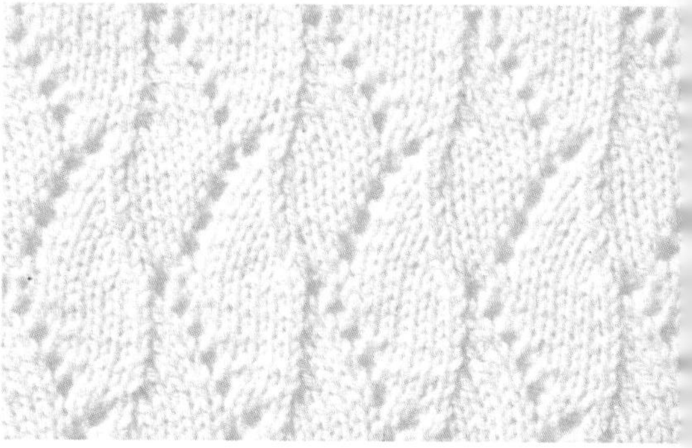

16

17

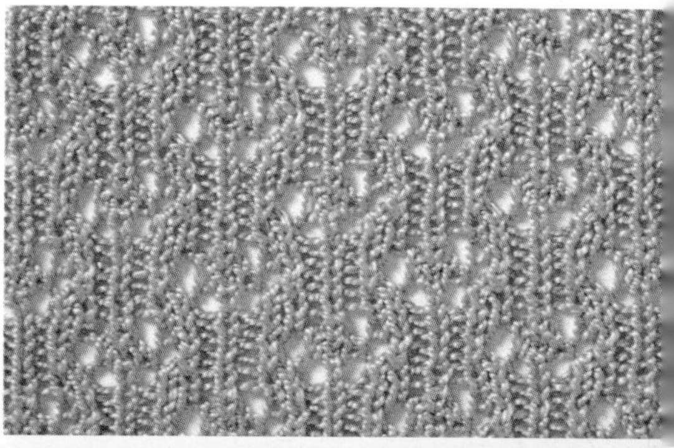

18

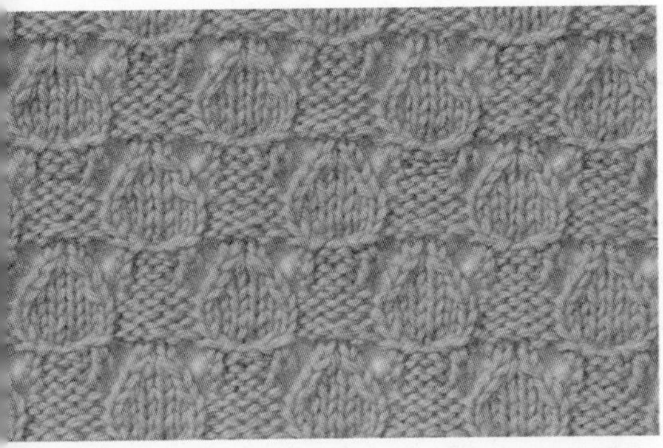

19

20

21

款式编织见149页

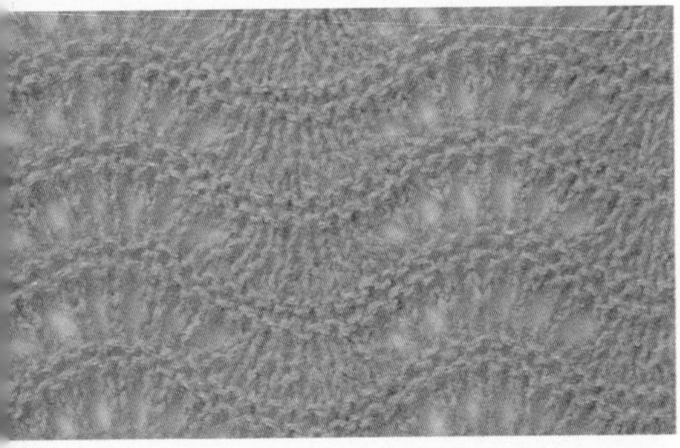

22

23

24

25

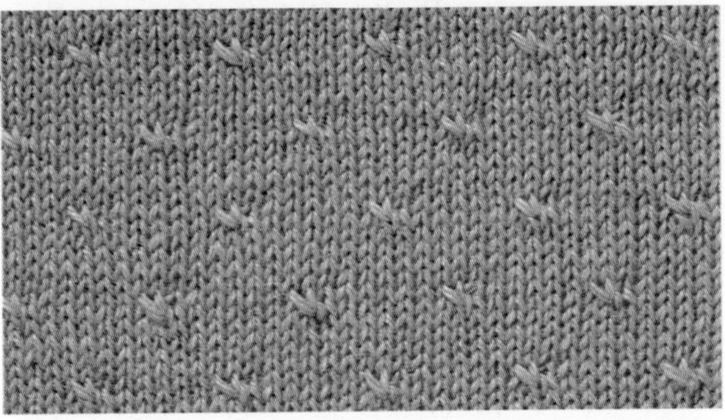

26

27

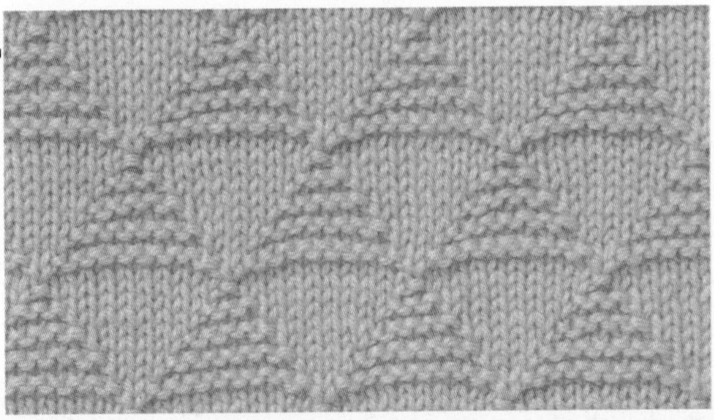

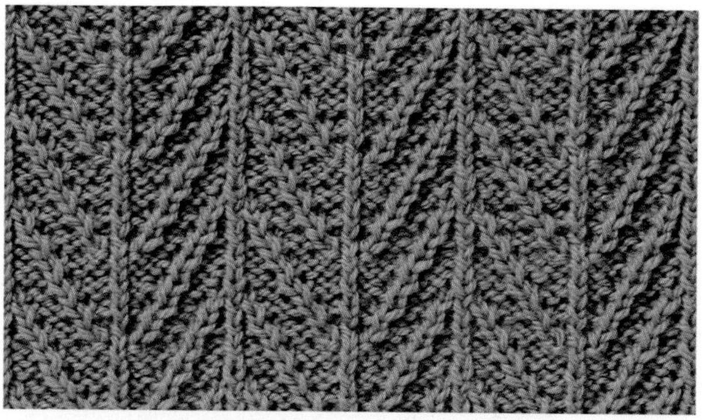

28

29

30

31

32

33

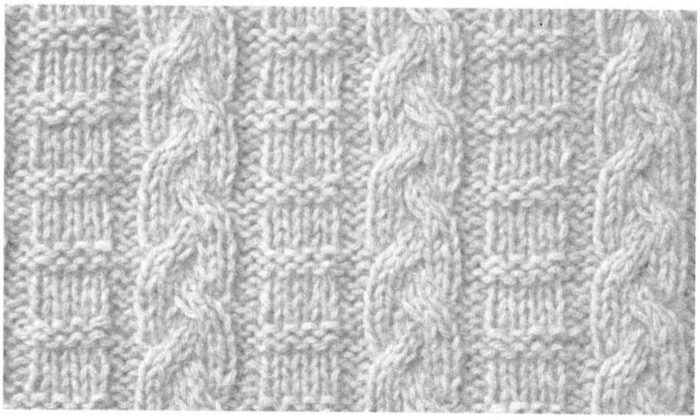

34

35

36

37

38

款式编织见150页

39

40

41

42

43

44

45

46

47

48

49

50

51

52

53

54

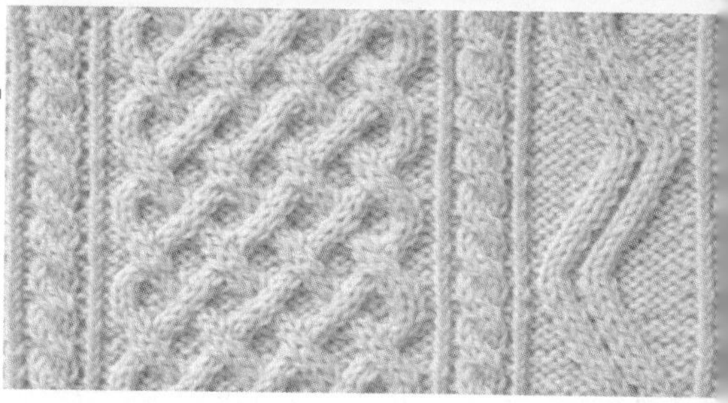

55

56

57

58

59

60

61

62

63

64

65

66

67

68

69

70
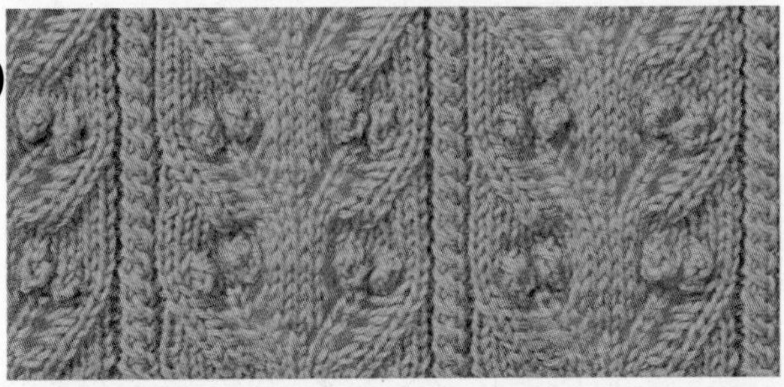

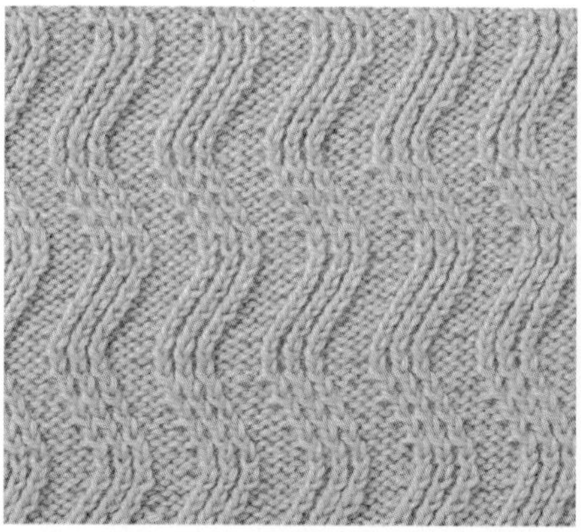

71

72

75款式编织见151页

73

74

76

77

78

79

80

81

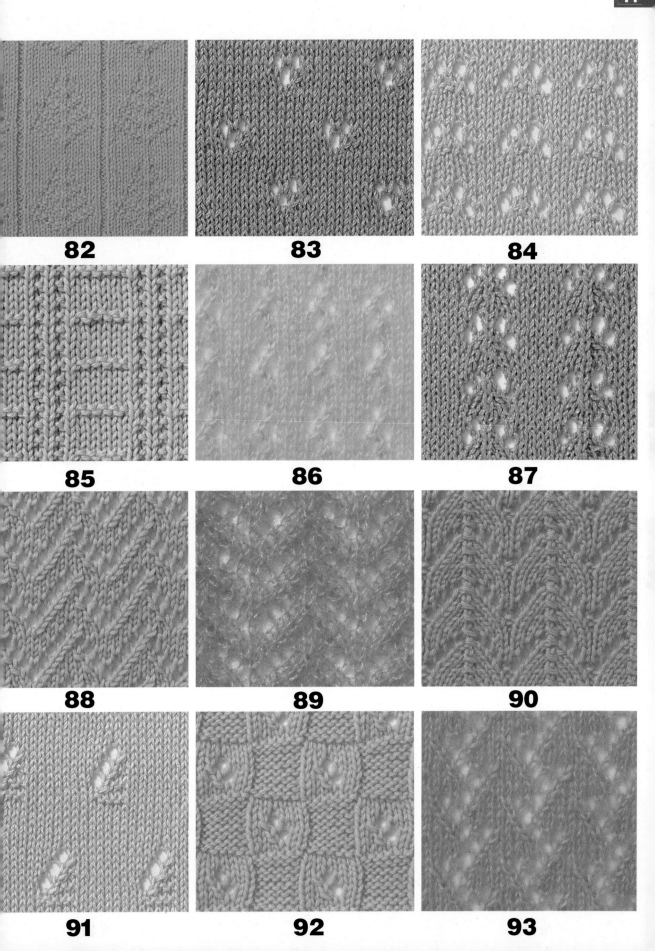

82

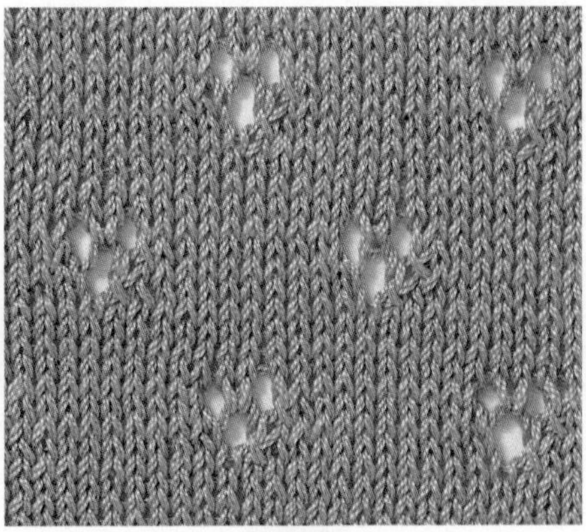

83

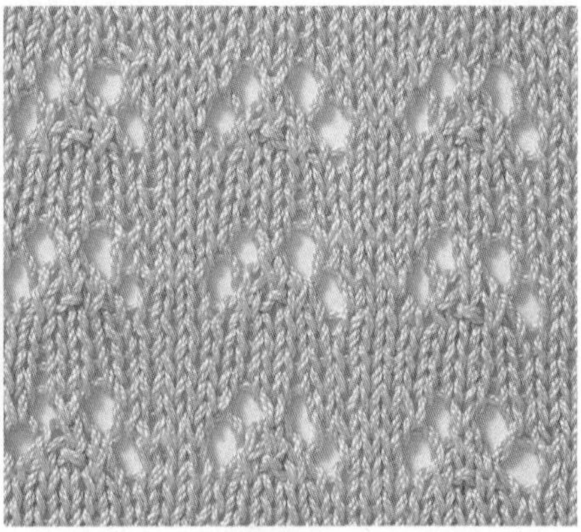

84

85

86

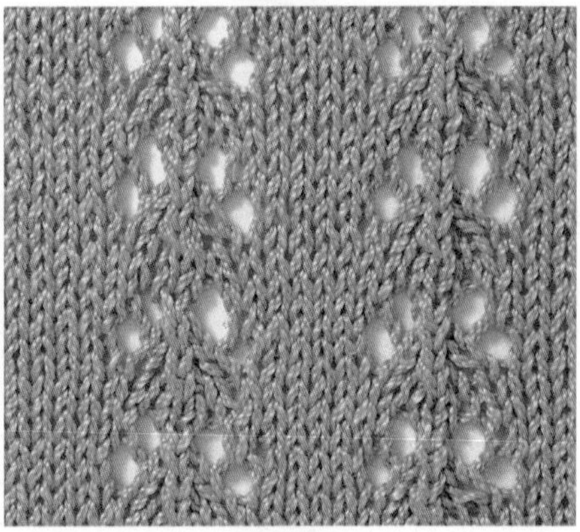

87

88

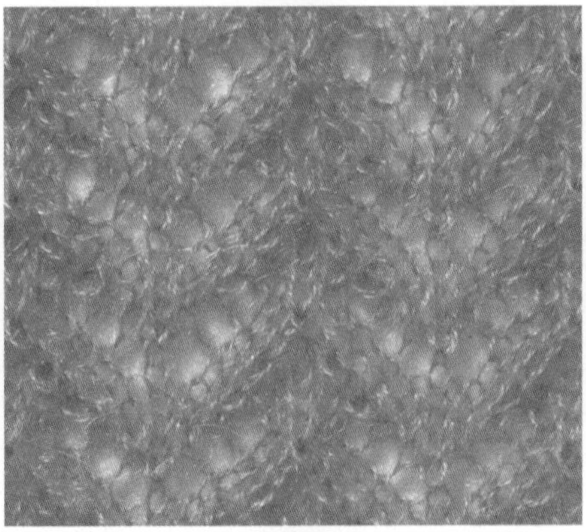

89

90

91

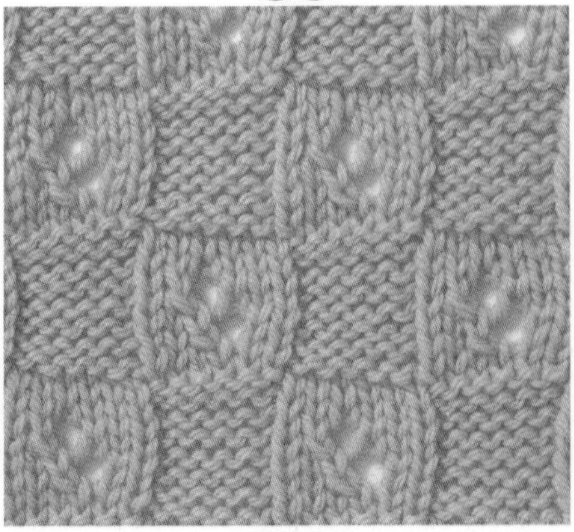

92

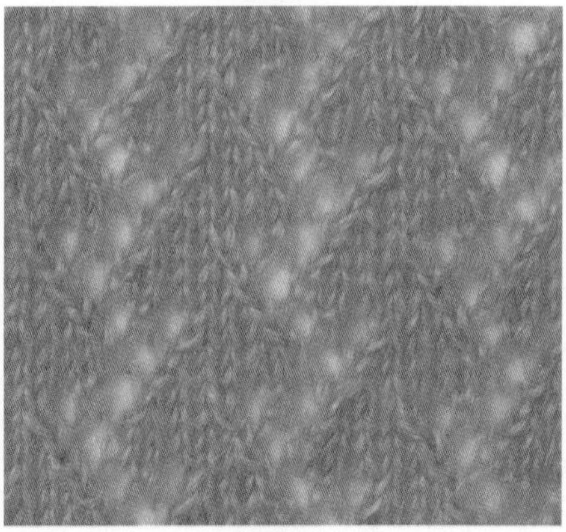

93

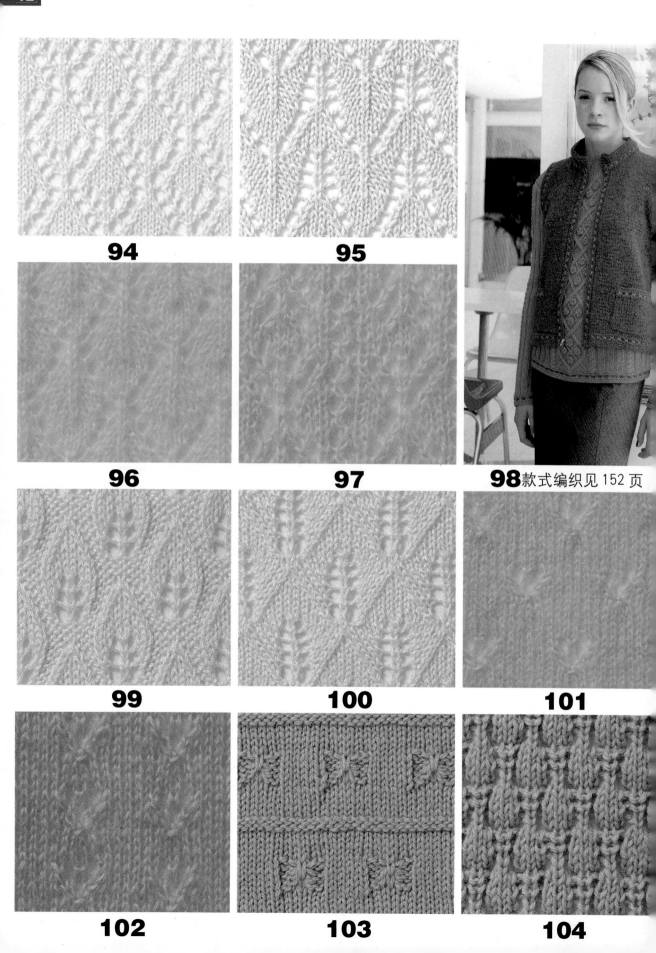

94

95

96

97

98款式编织见 152 页

99

100

101

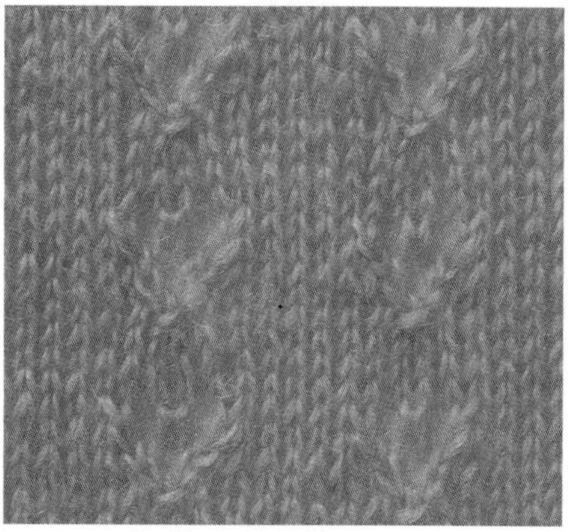

102

103

104

105

106

107

108

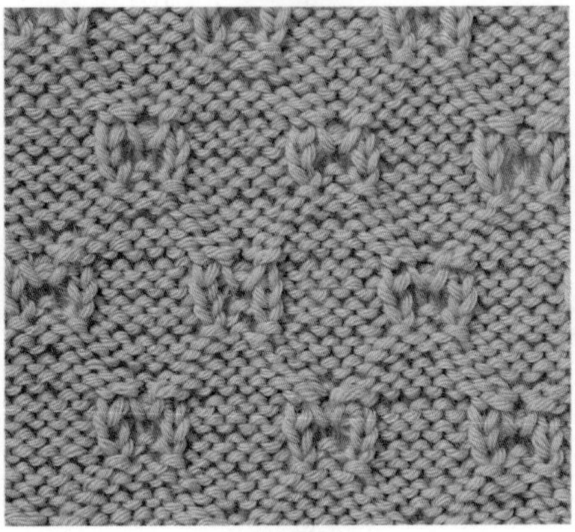

109

110

111

112

113

114

115

116

117

118

119

120

121

122

123

124

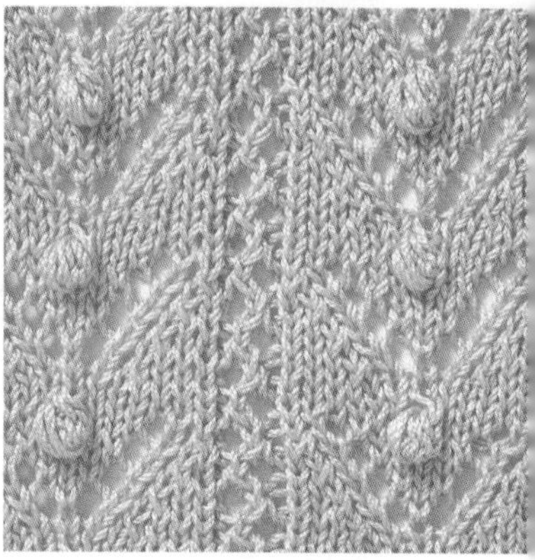
125

126

127

128

**129**

**130**

**133**款式编织见 153 页

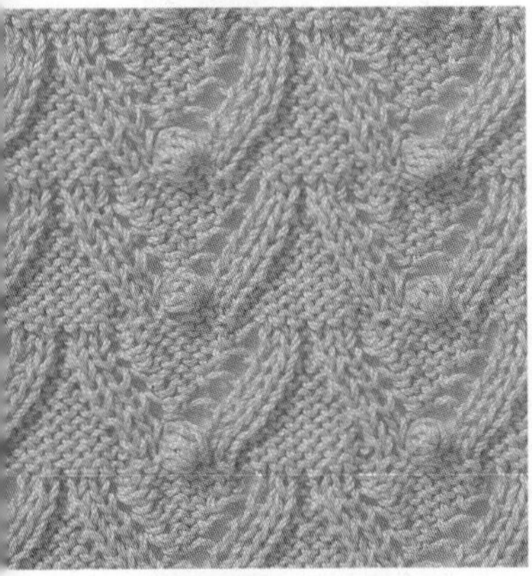

**131**

**132**

**134**

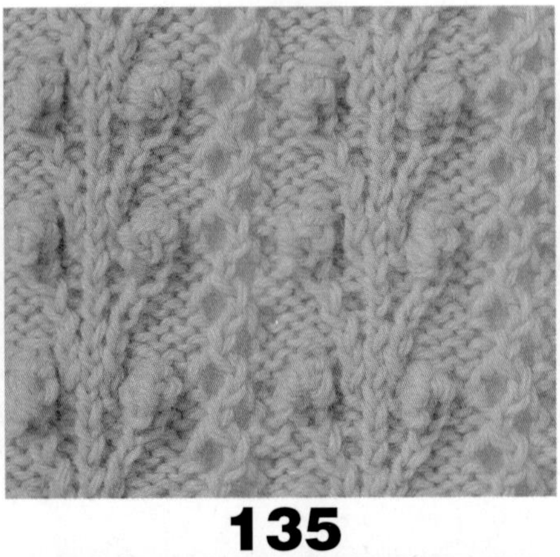

**135**

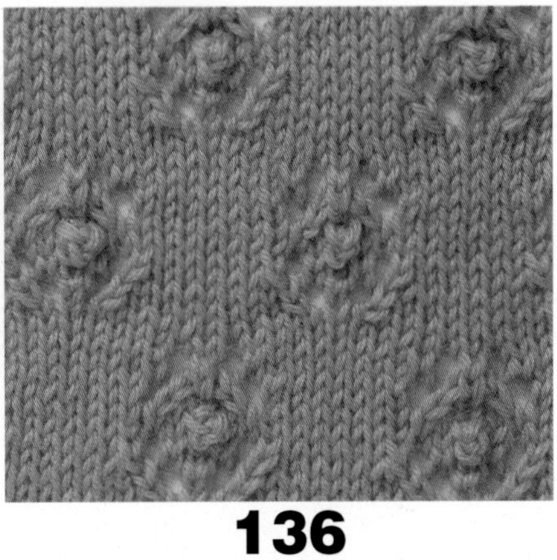

**136**

**137**

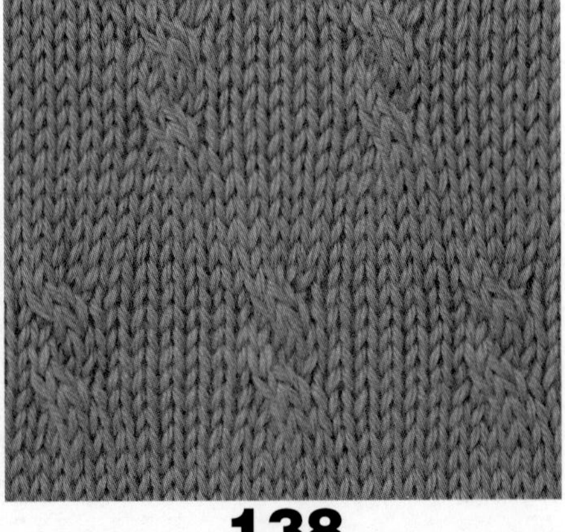

**138**

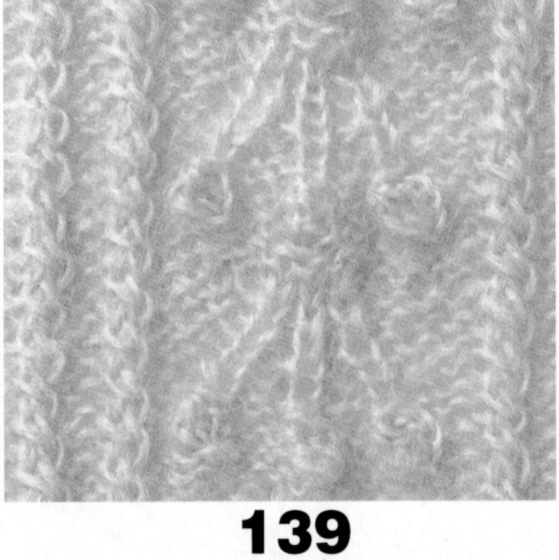

**139**

140

141

142

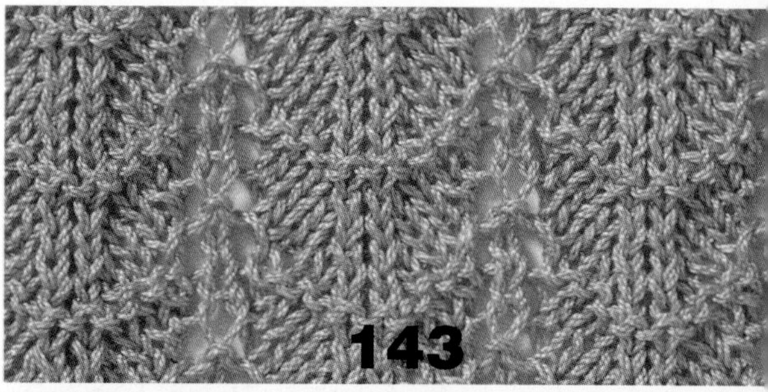

143

144

145

146

147

148

149

150

151

152

153

154

155

156

157

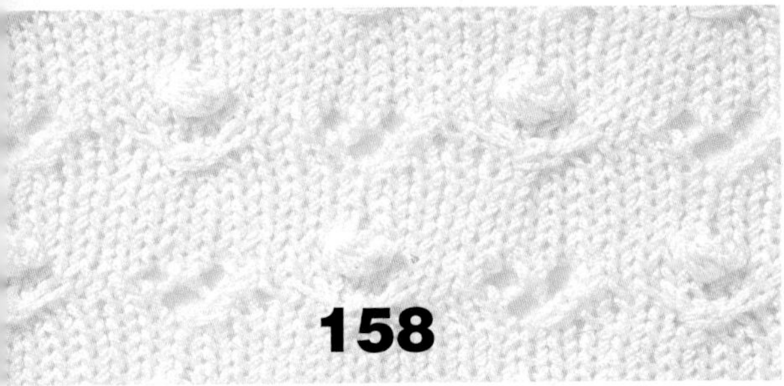
158

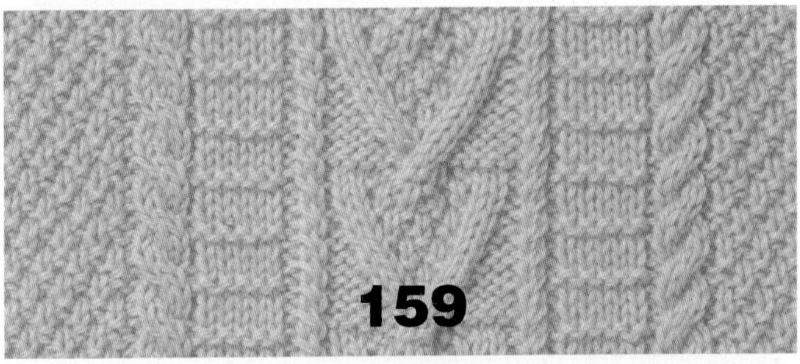
159

160

161

162

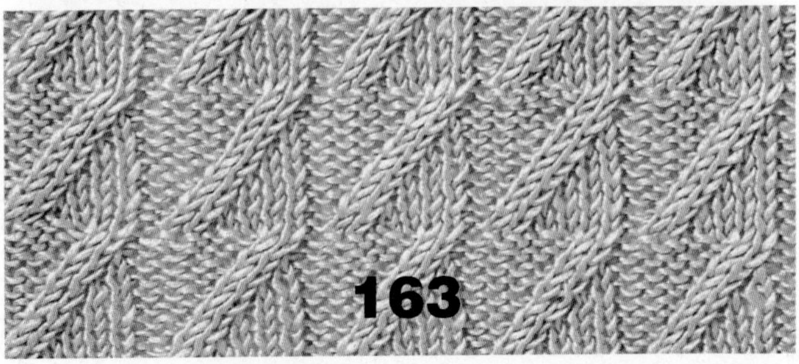
163

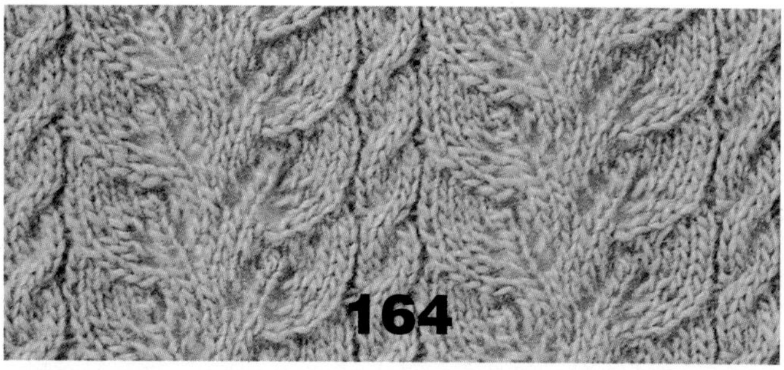
164

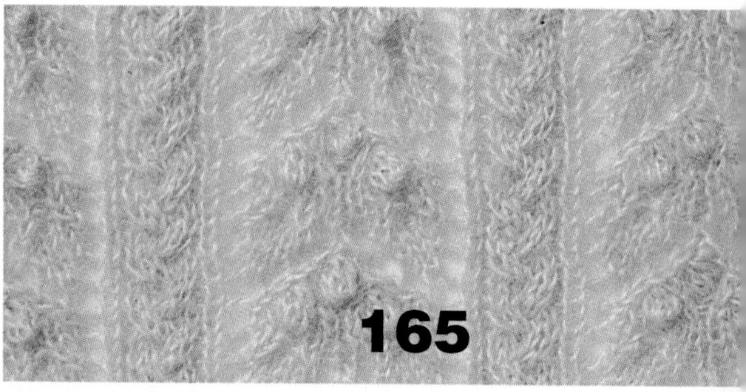
165

166

167

168

169

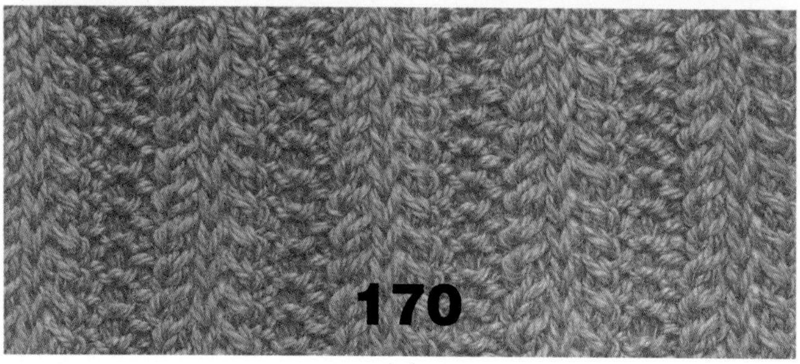
170

171

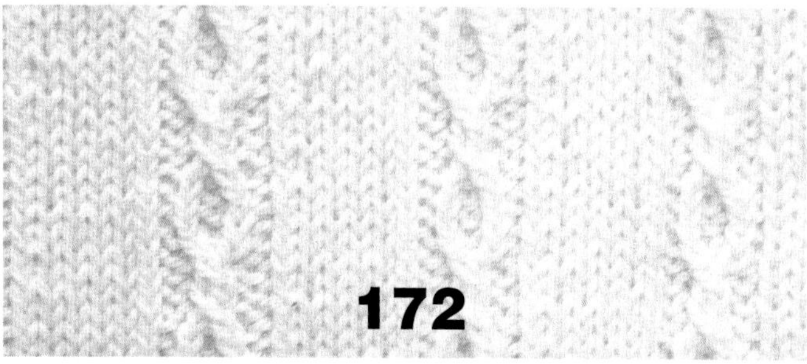
172

173

174

175

176

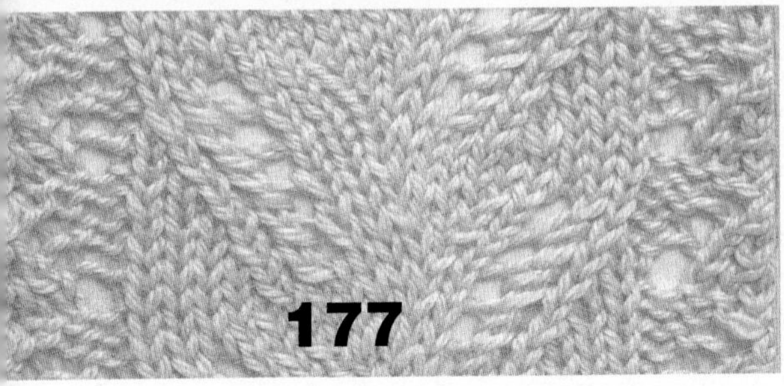

177

178 款式编织图 154 页

179

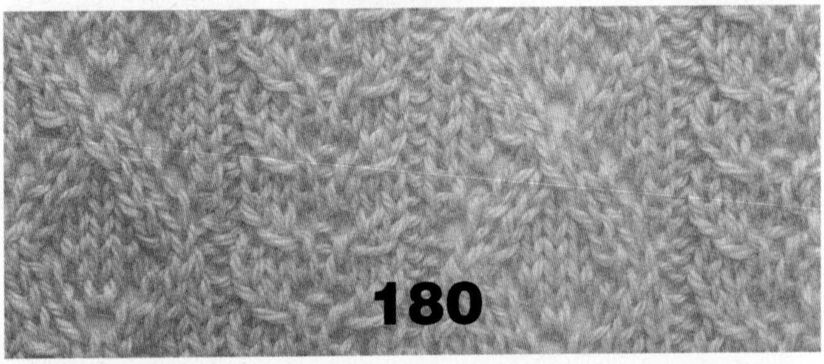

180

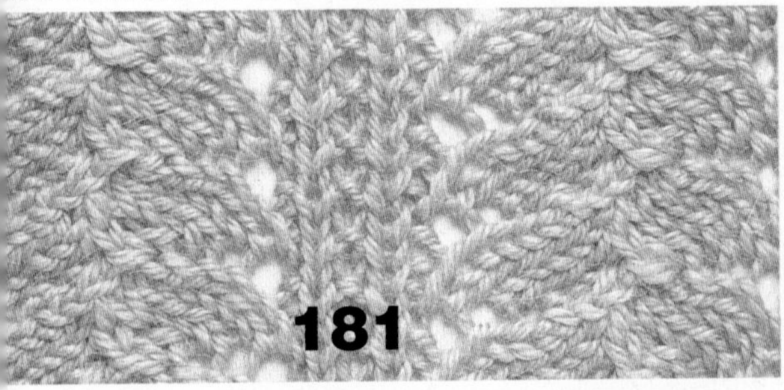

181

182

183

184

185

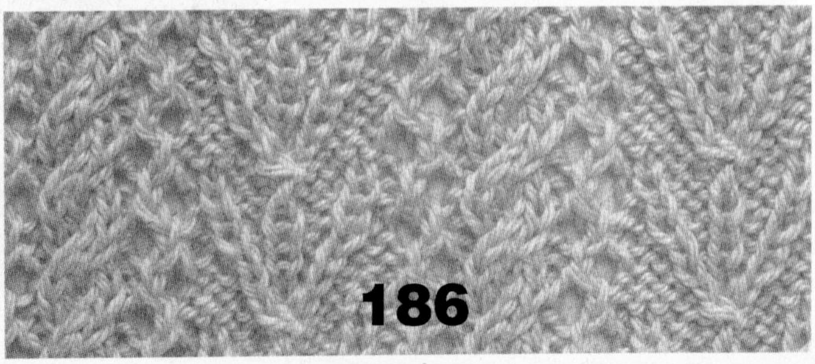

186

187

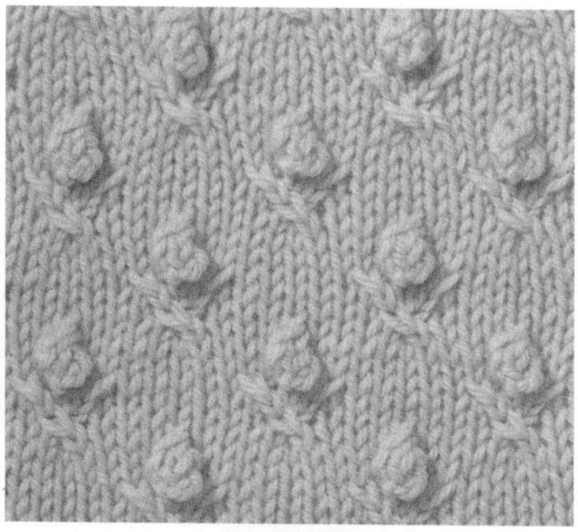

188

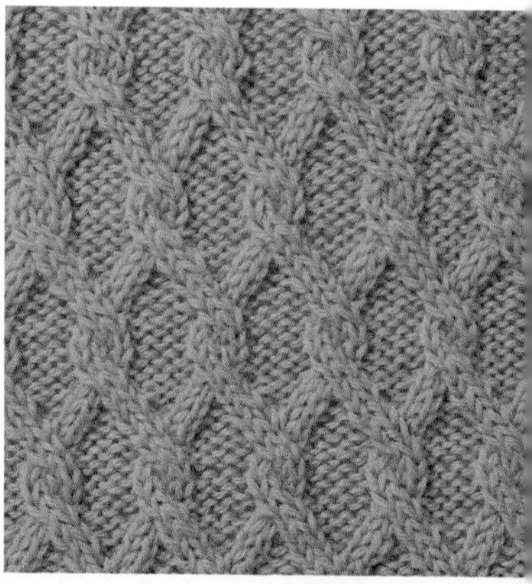

189

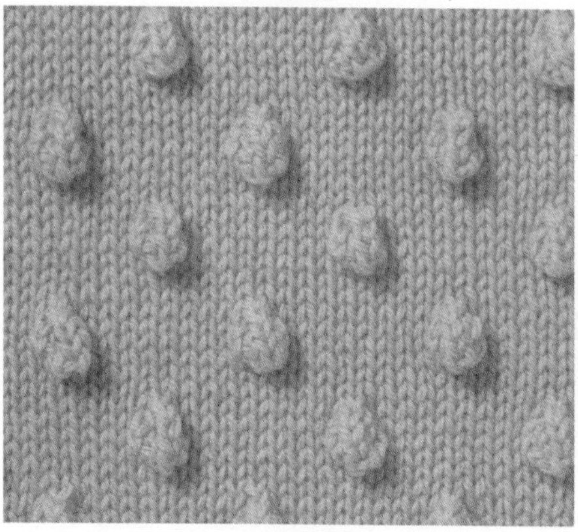

190

191

192

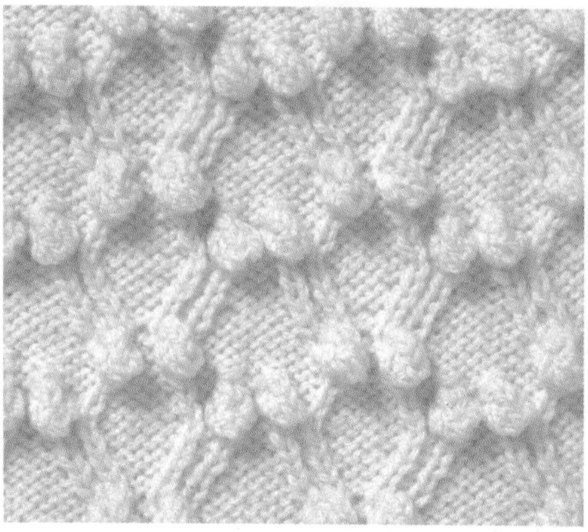

193

194

195

196 款式编织见155页

197

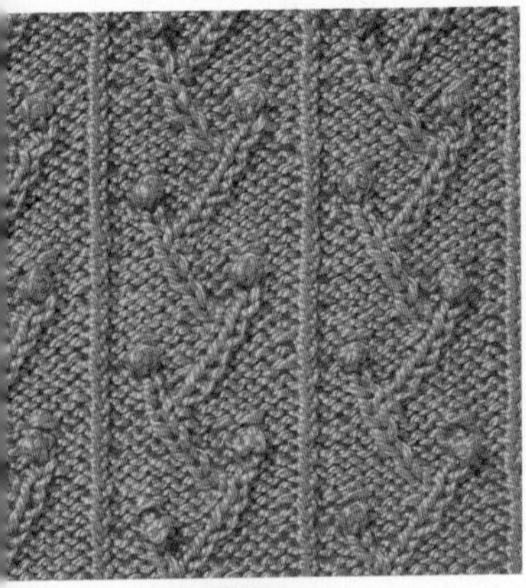

198

199

200

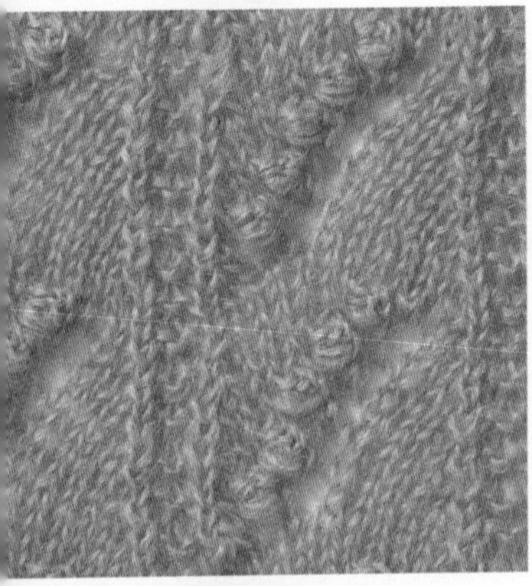

201

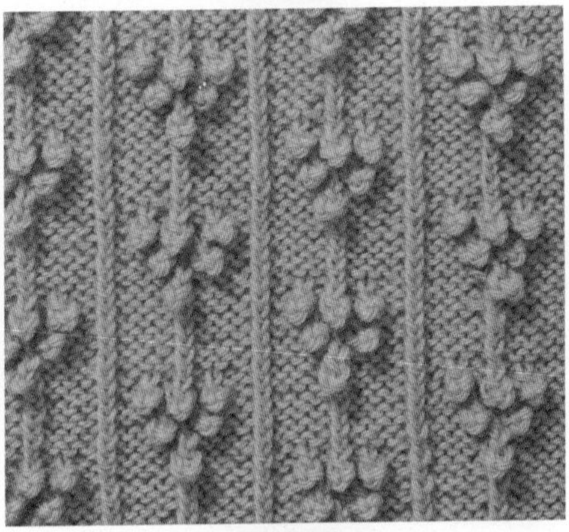

202

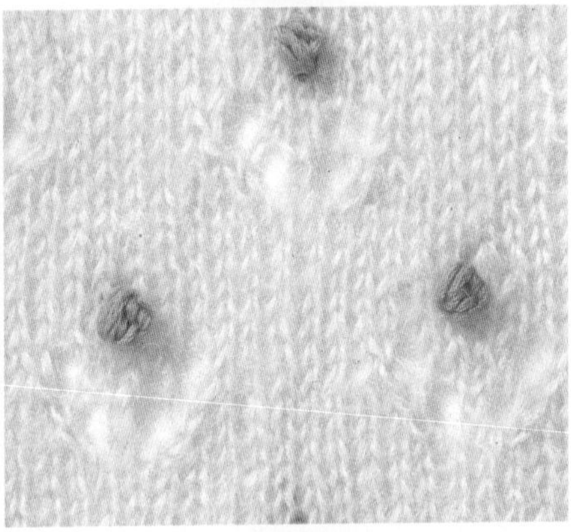

203

204

205 款式编织见156页

206

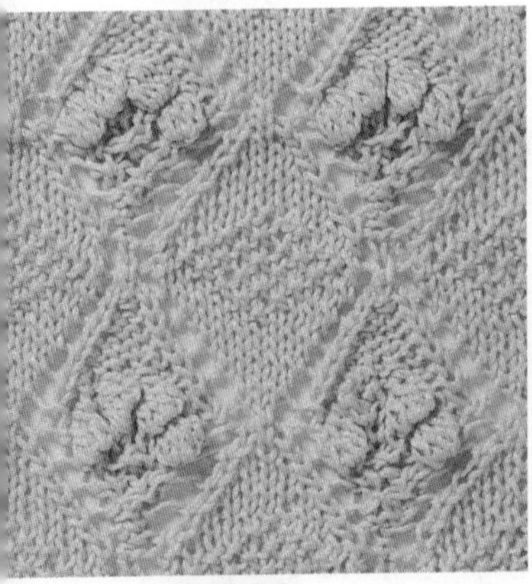

207

208

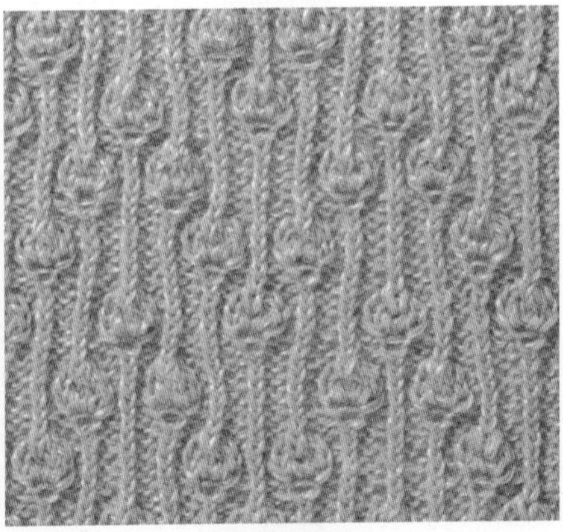

209

210

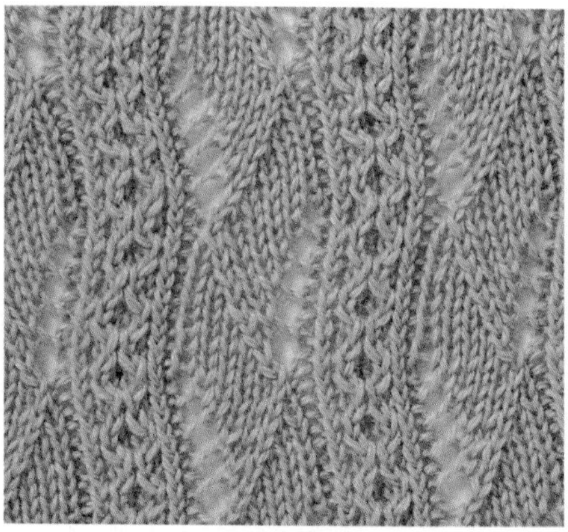

211

212

213

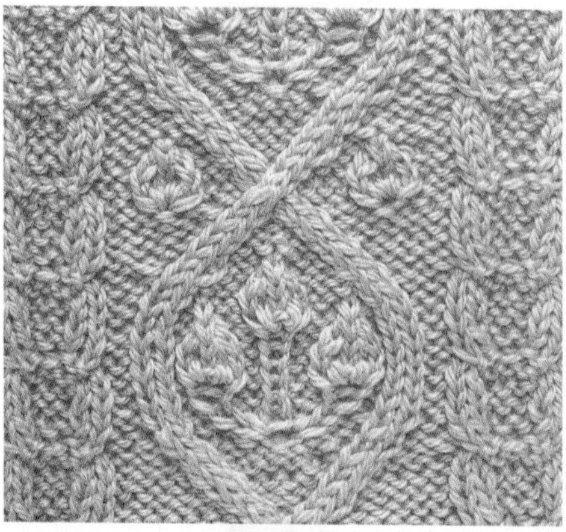

214

215

216

217

218

219

220

221

222

223

224 款式编织见157页

225

226

227

228

229

230

231

232

233

234

237款式编织见159页

235

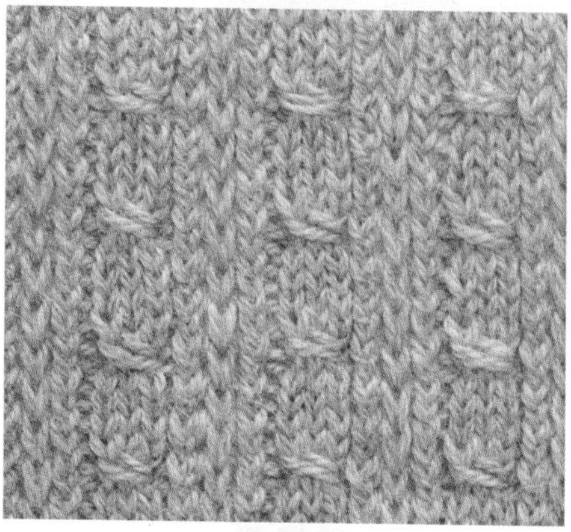

236

238

239

240

241

242

243

244

245

246

247

248

249

250

251

252

253

254

255

256

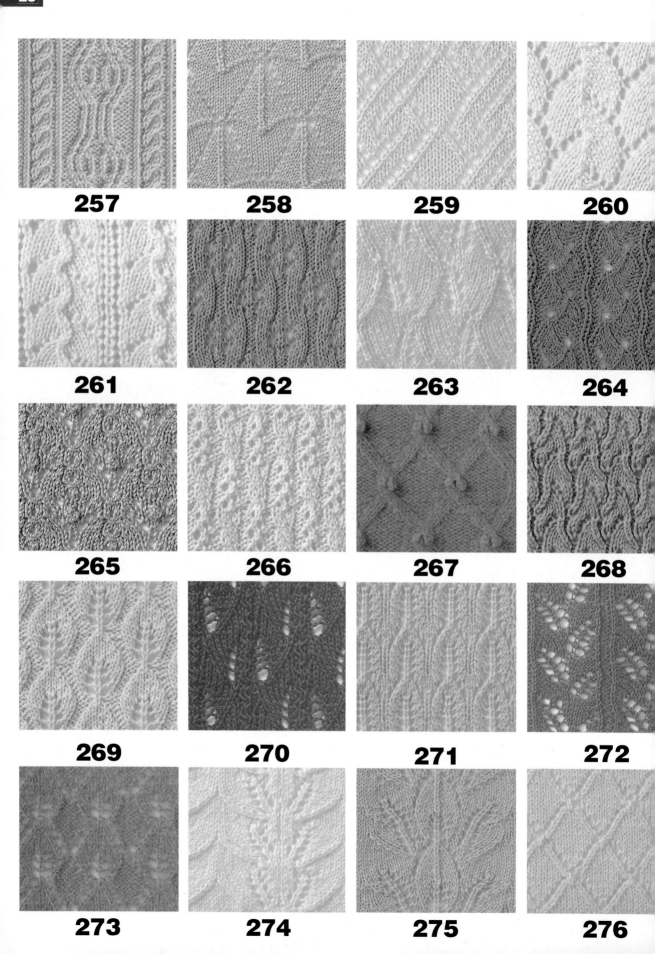

257
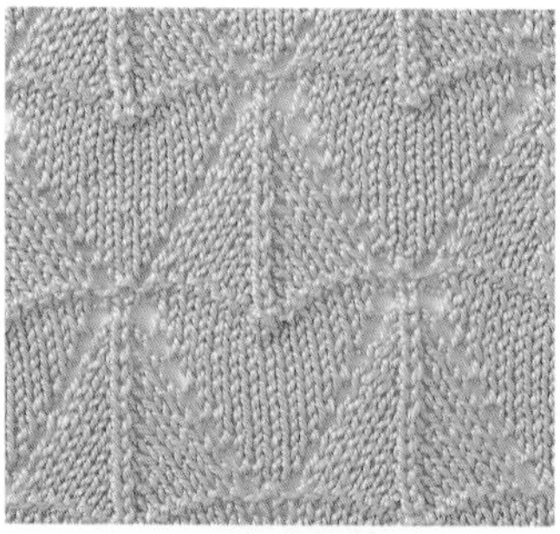
258

259

260

261
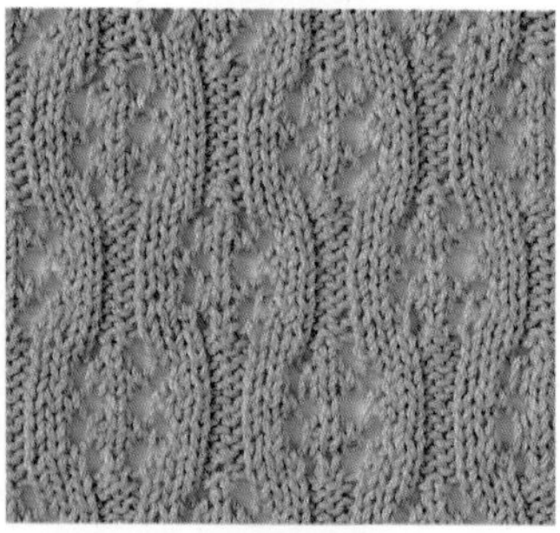
262

263
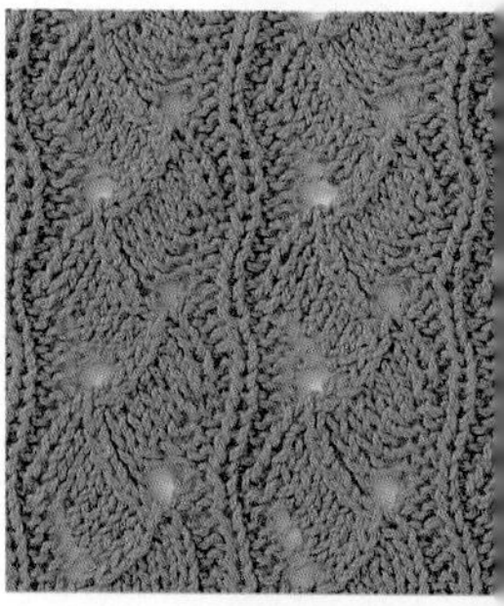
264
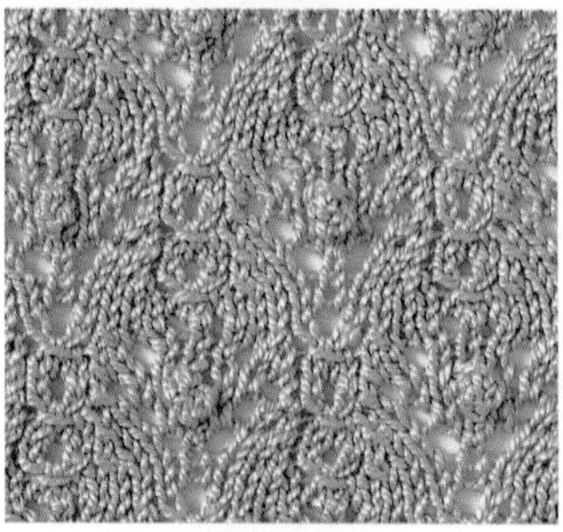
265

266

267

268

269

270

271

272
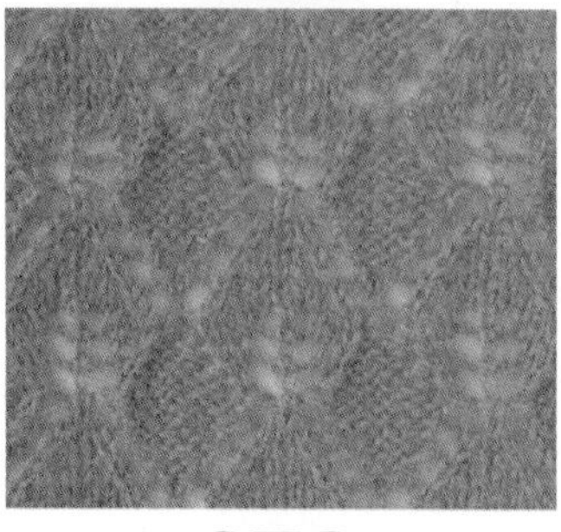
273

274
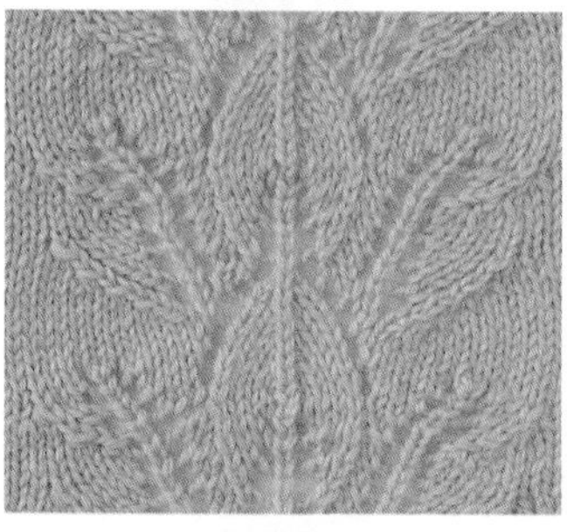
275

276

277

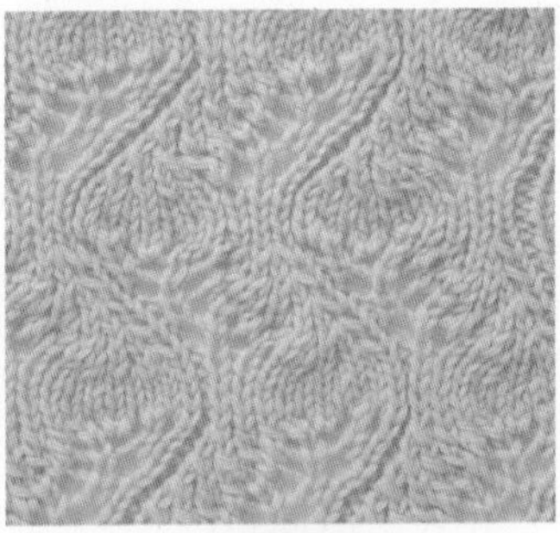
278

279

280

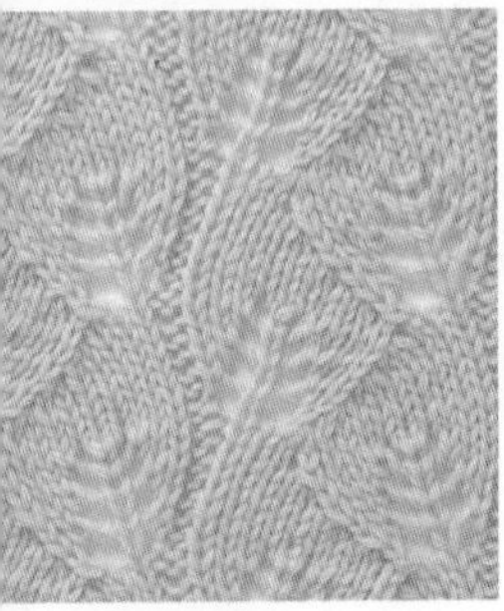
281

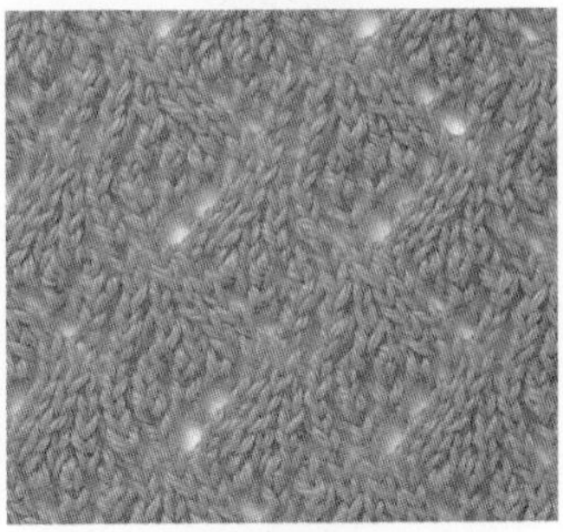
282

283

284

285

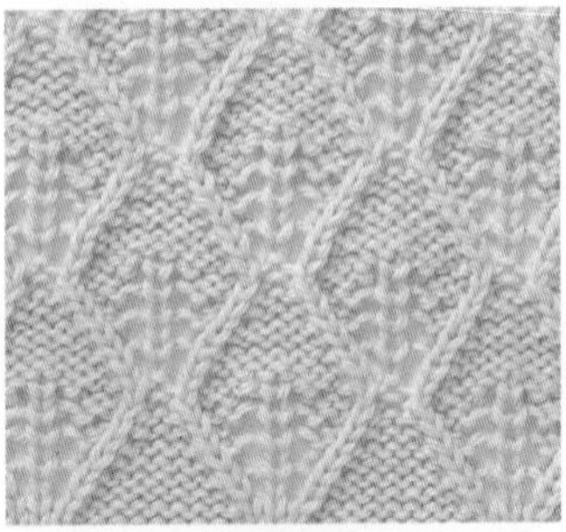
286

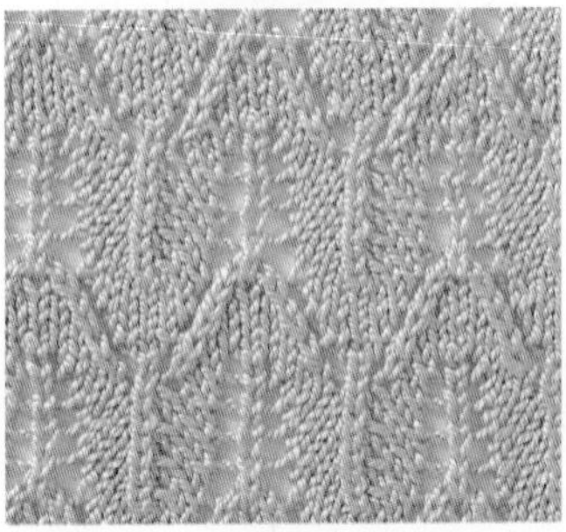
287

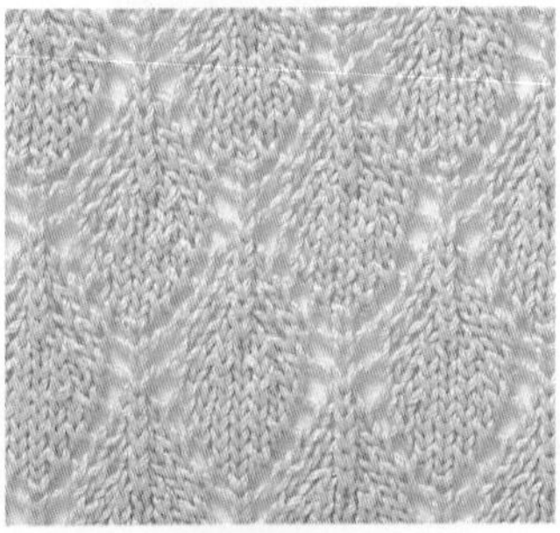
288

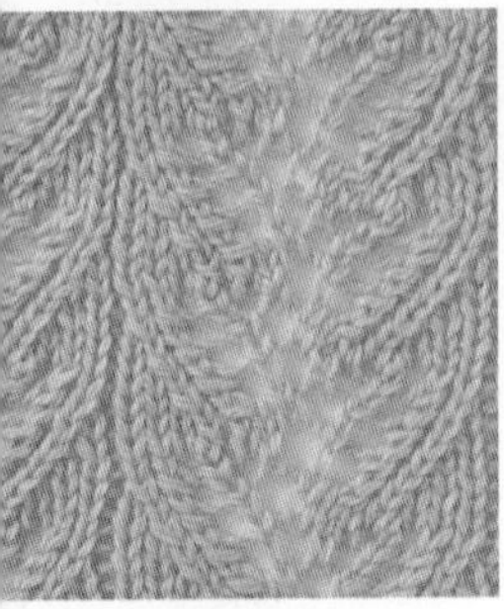
289

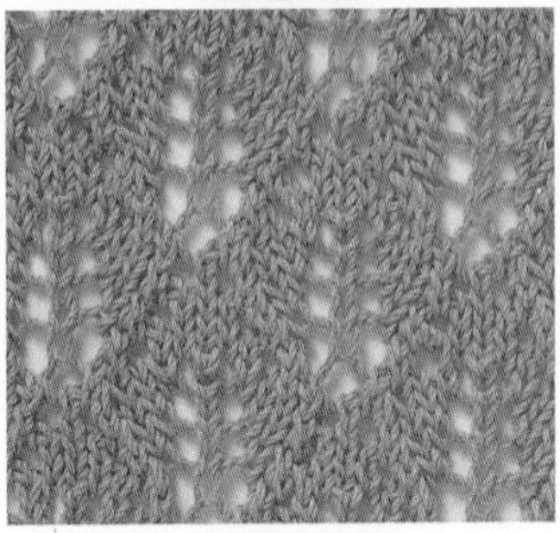
290

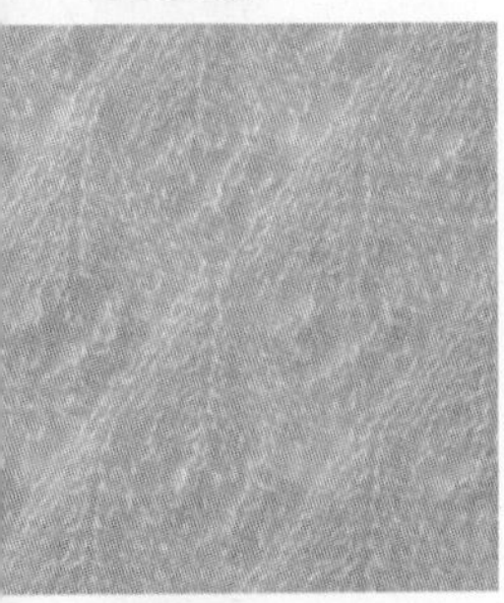
291

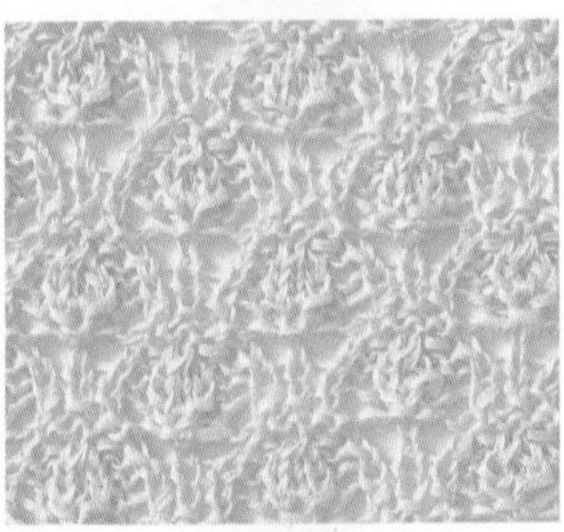
292

293 款式编织见 160 页

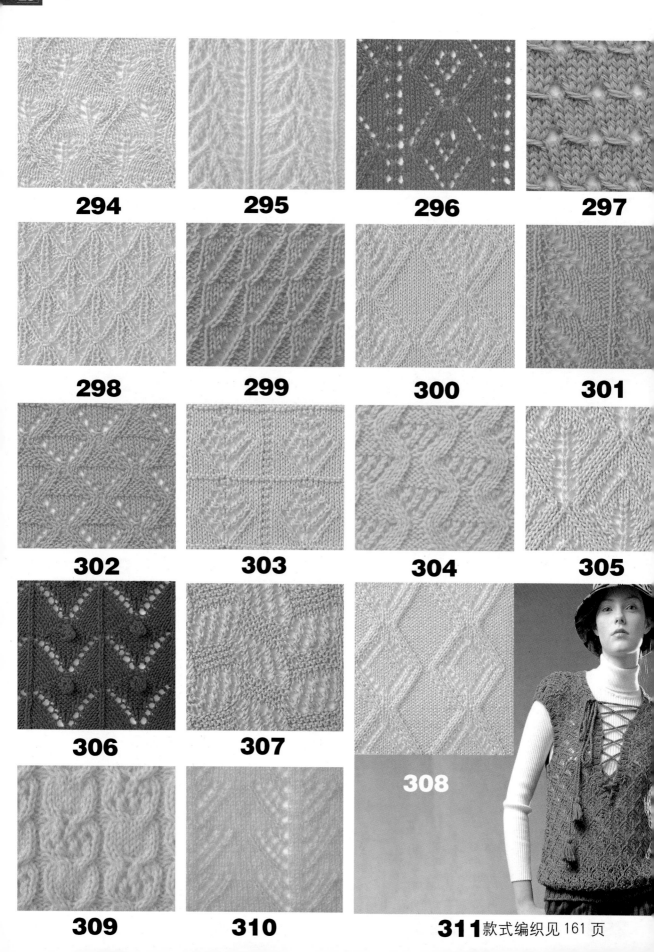

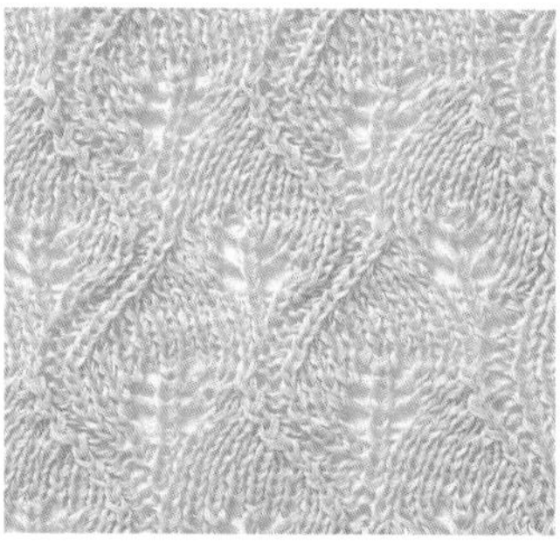
294

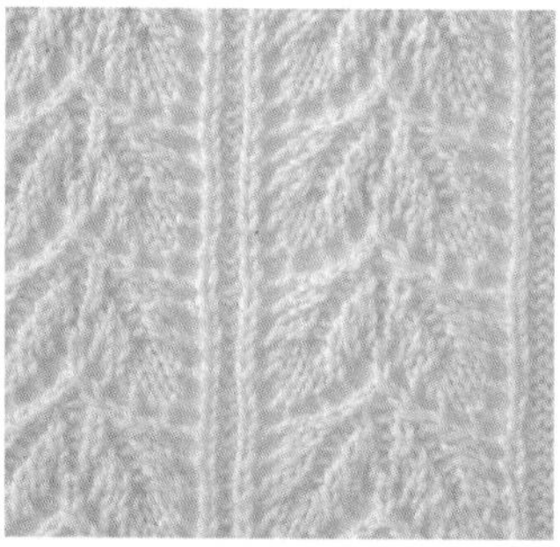
295

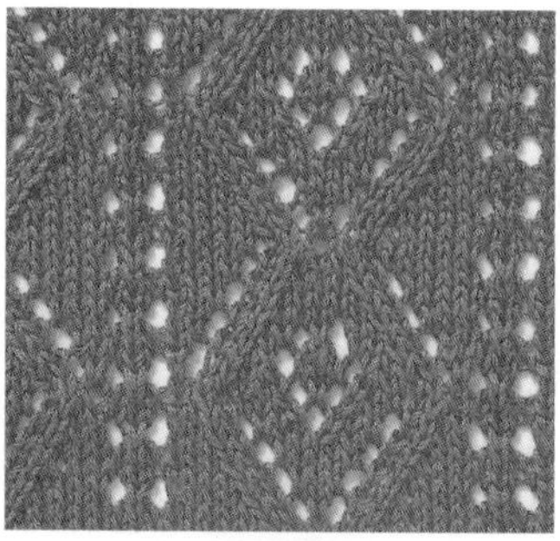
296

297

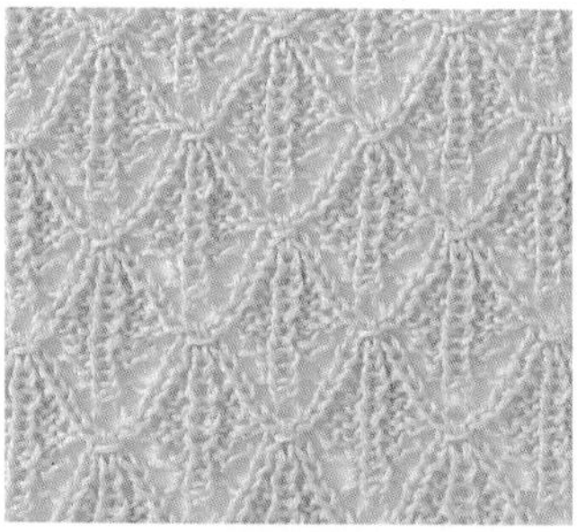
298

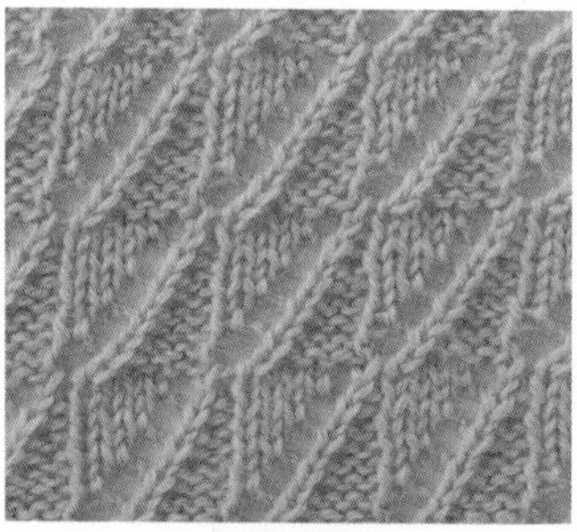
299

300

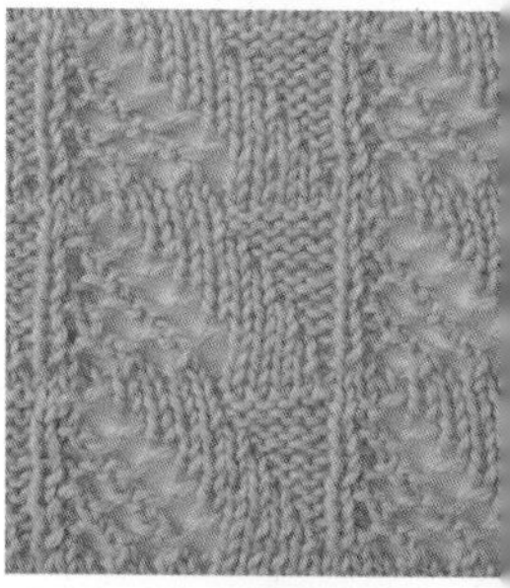
301

302

303

304

305

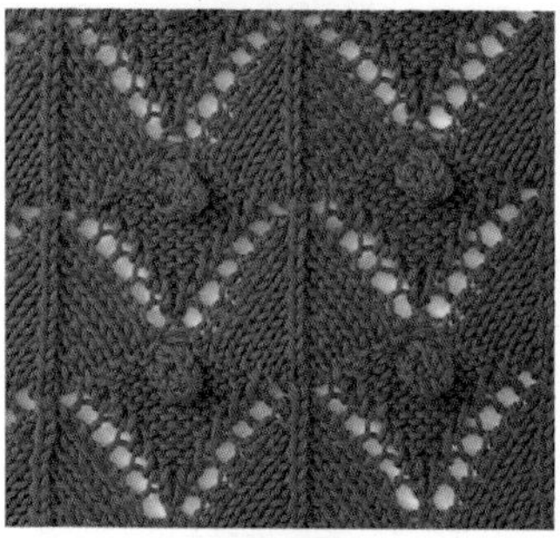
306

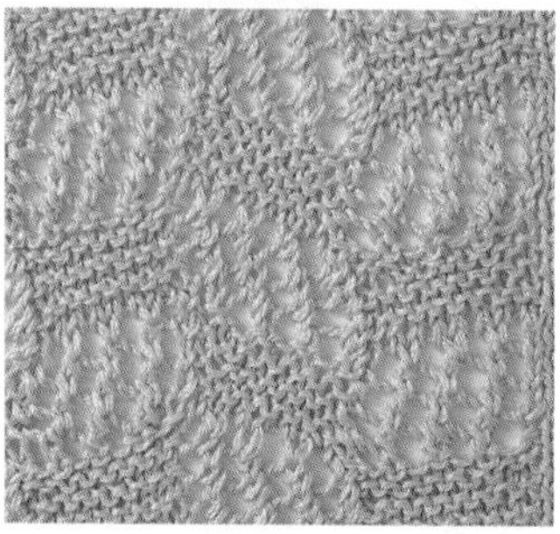
307

308

309

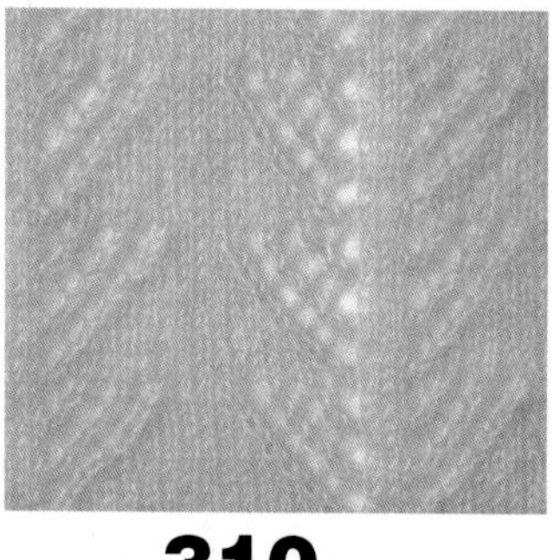
310

311 款式编织见 161 页

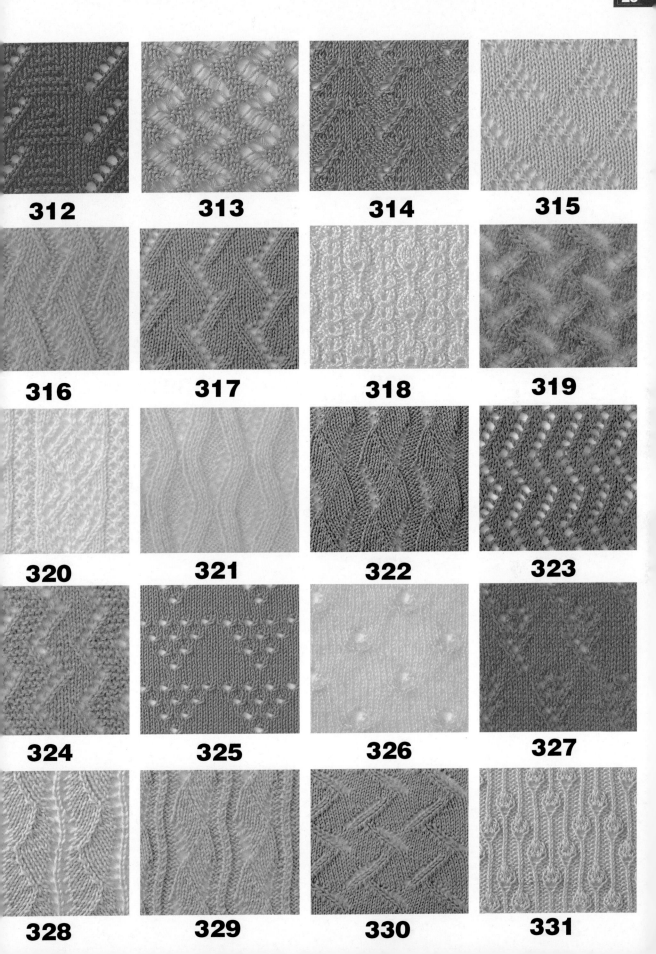

312

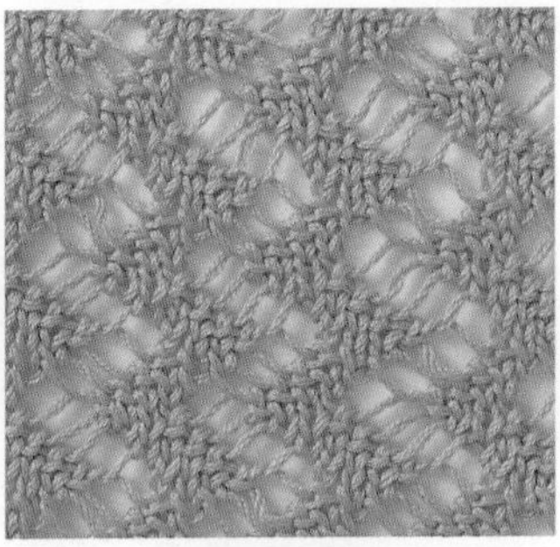
313

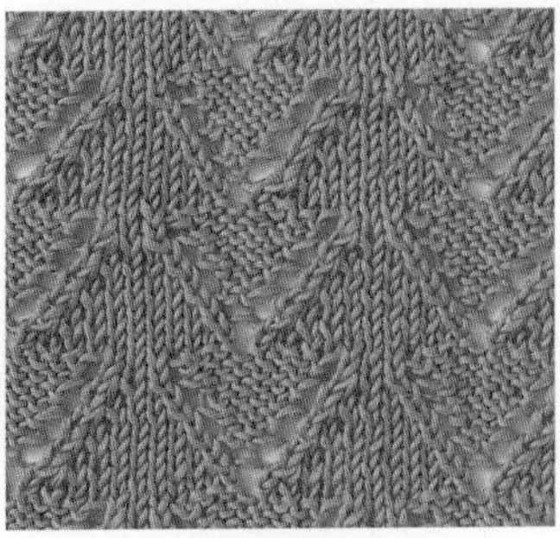
314

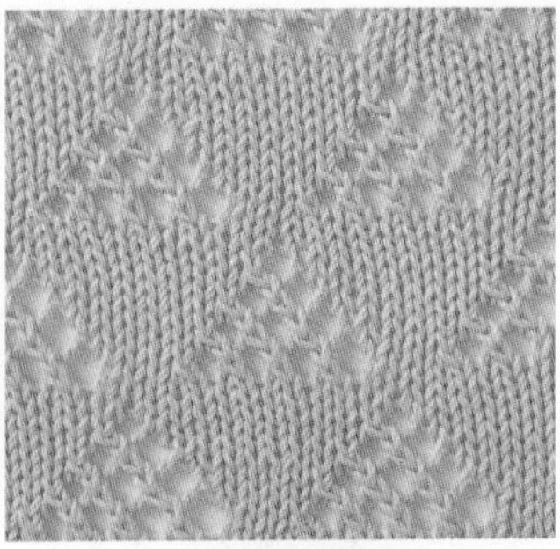
315

316

317

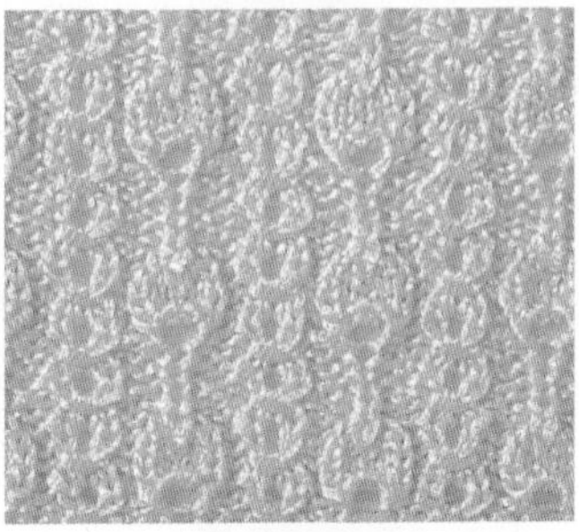
318

319

320

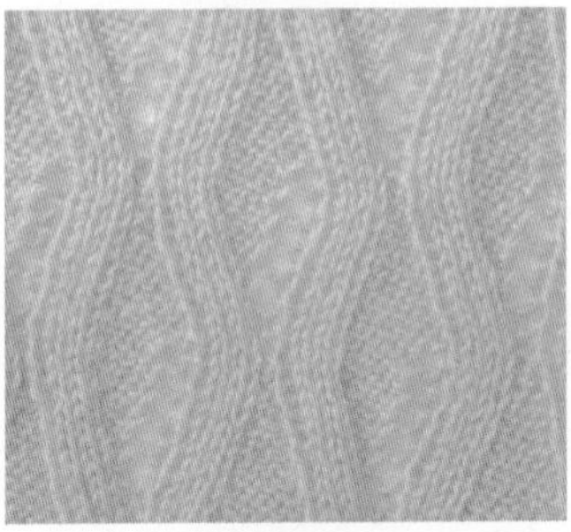
321

322

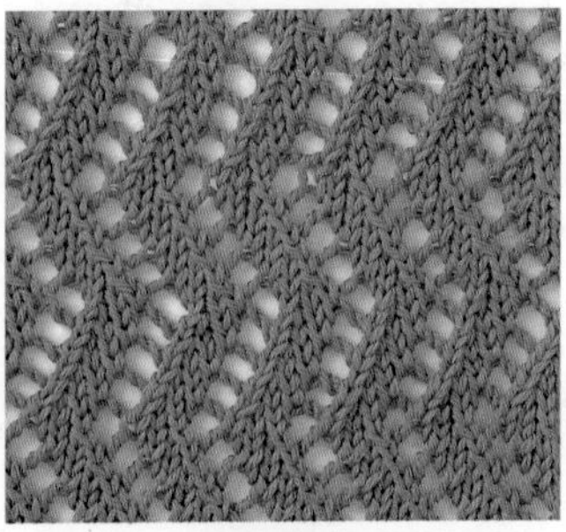
323

324

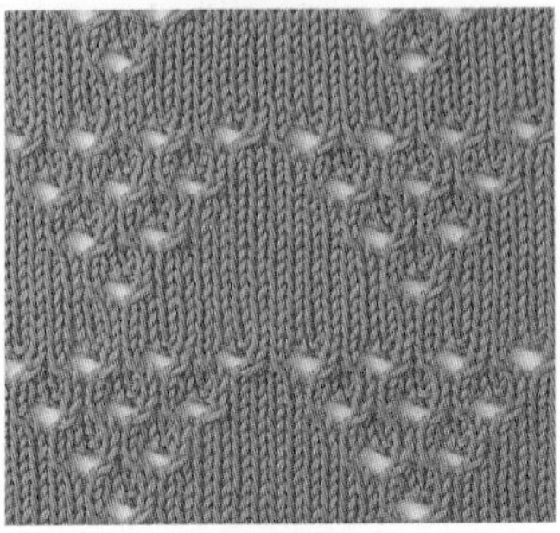
325

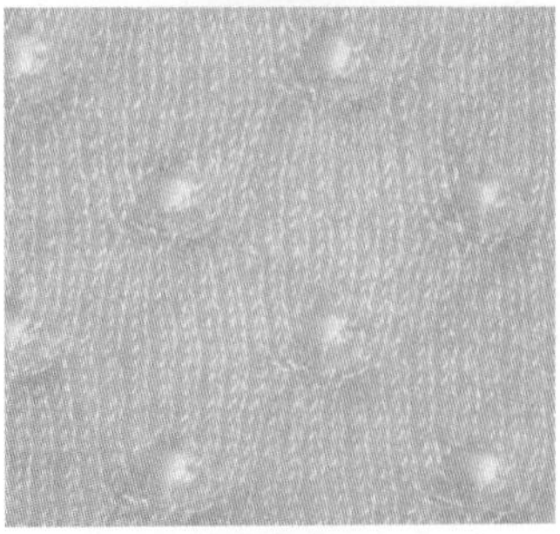
326

327

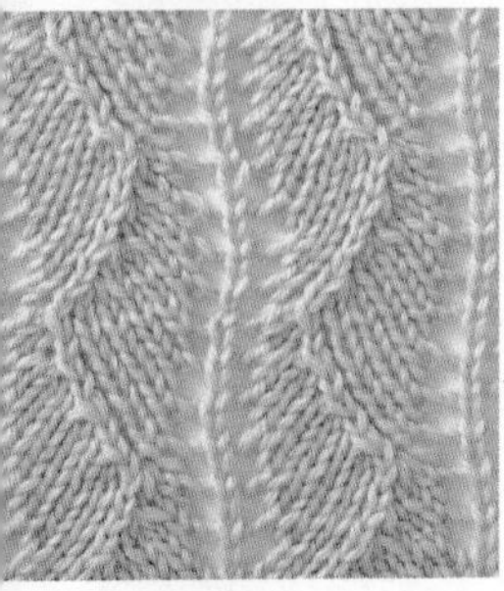
328

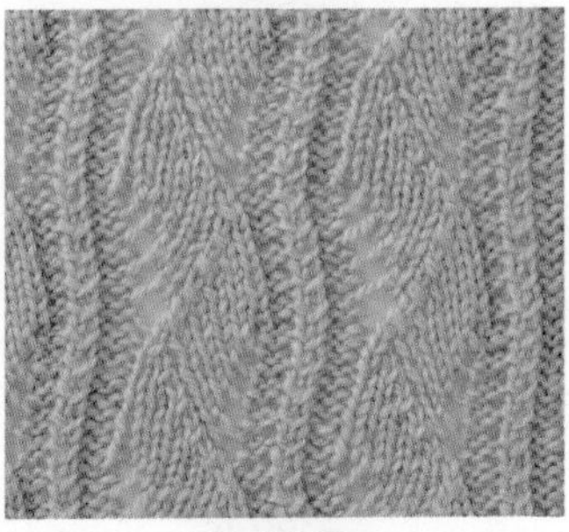
329

330

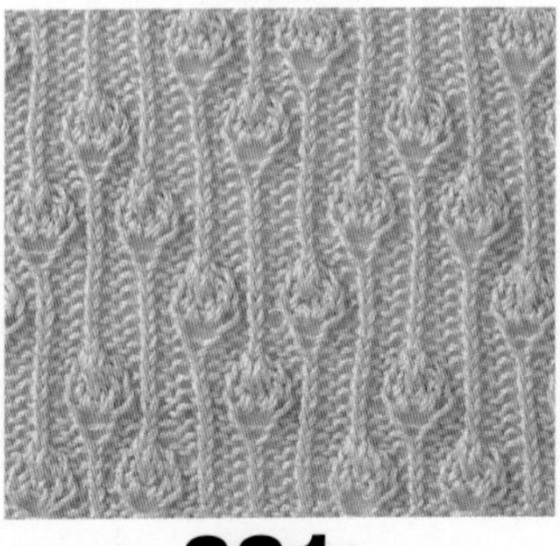
331

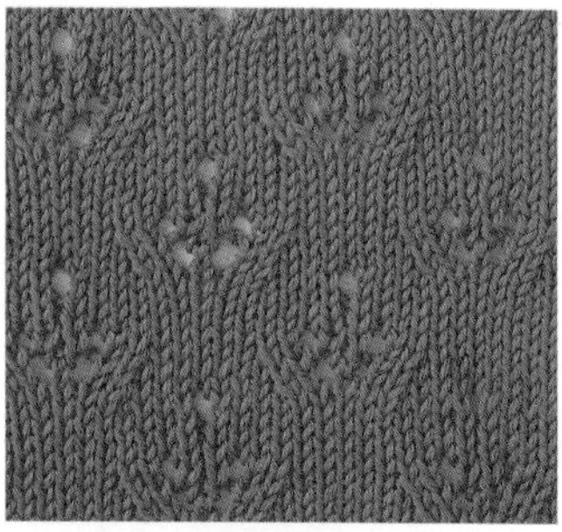

332

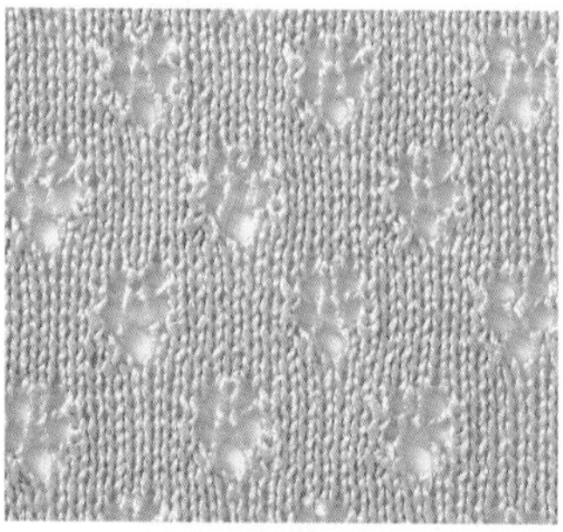

333

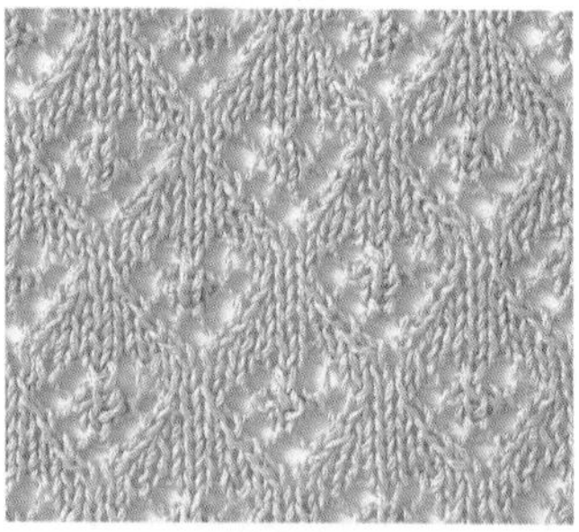

334

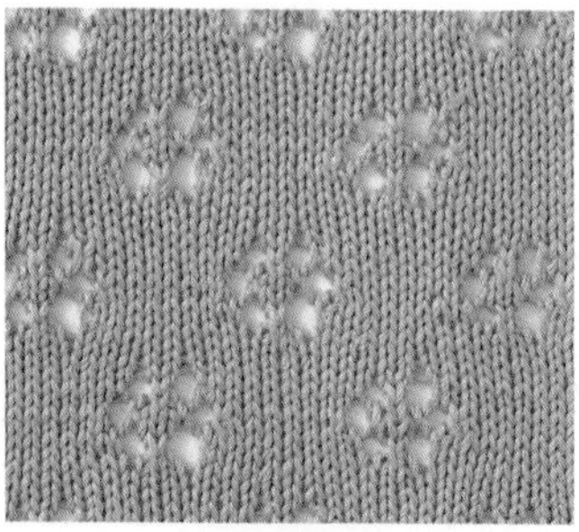

335

336 款式编织见 162 页

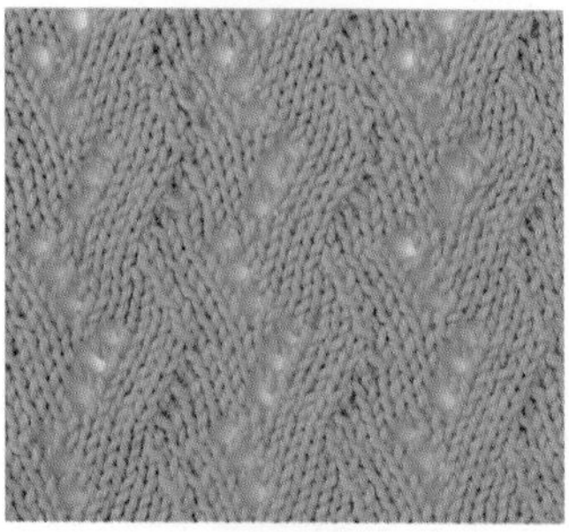

337

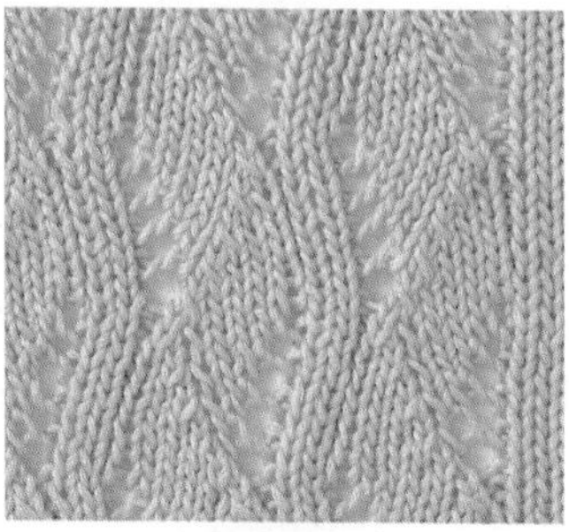

338

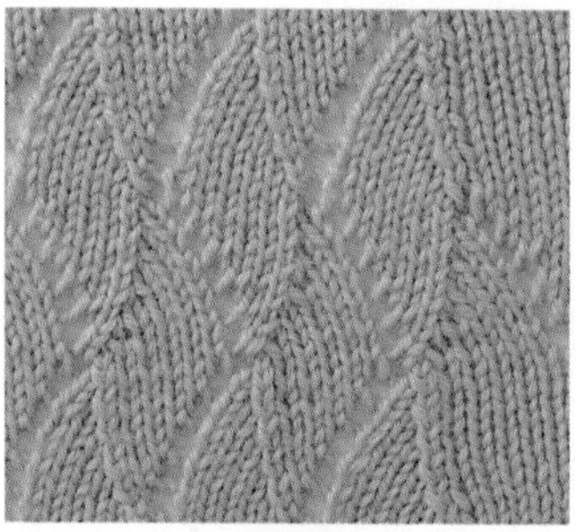

339

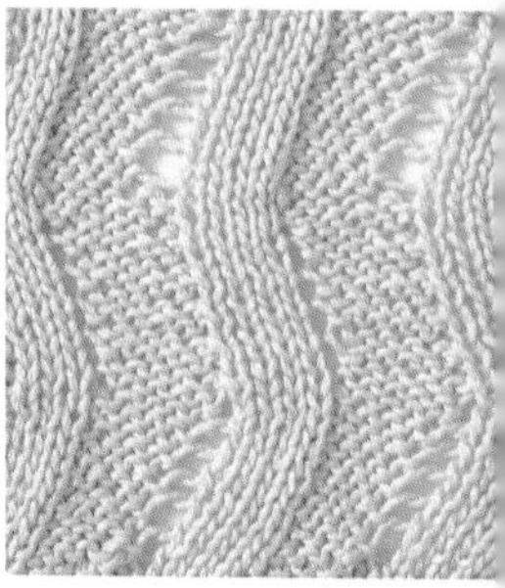

340

341

342

343

344

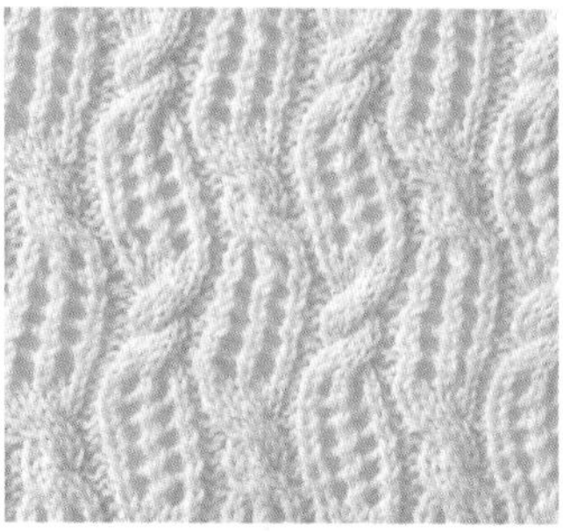

345

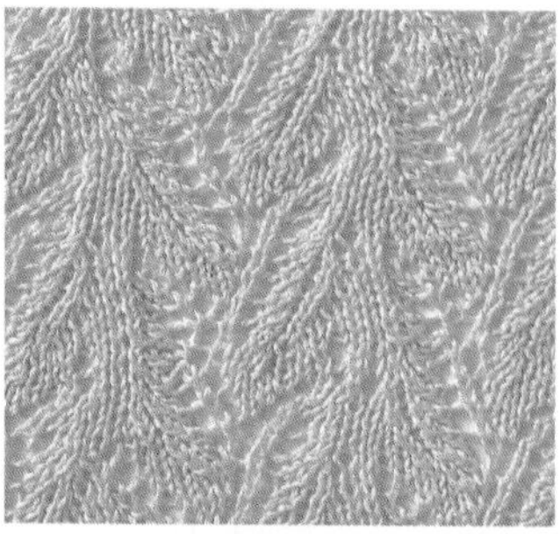

346

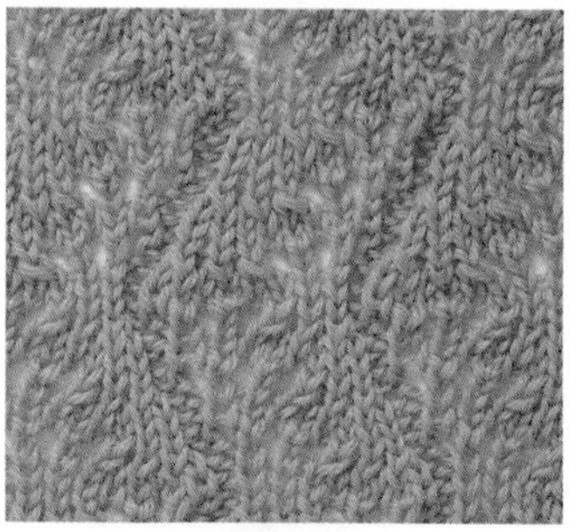

347

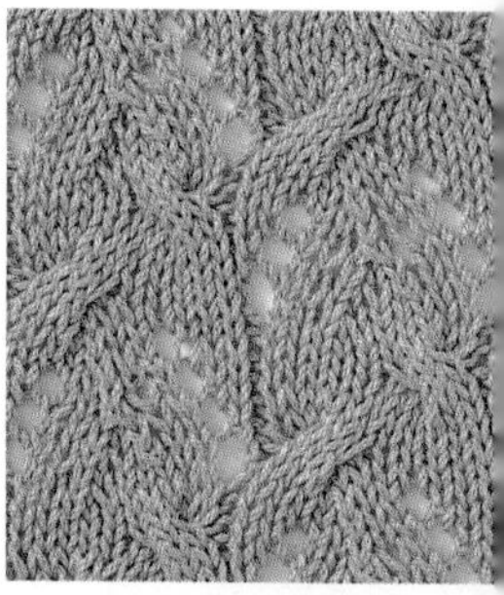

348

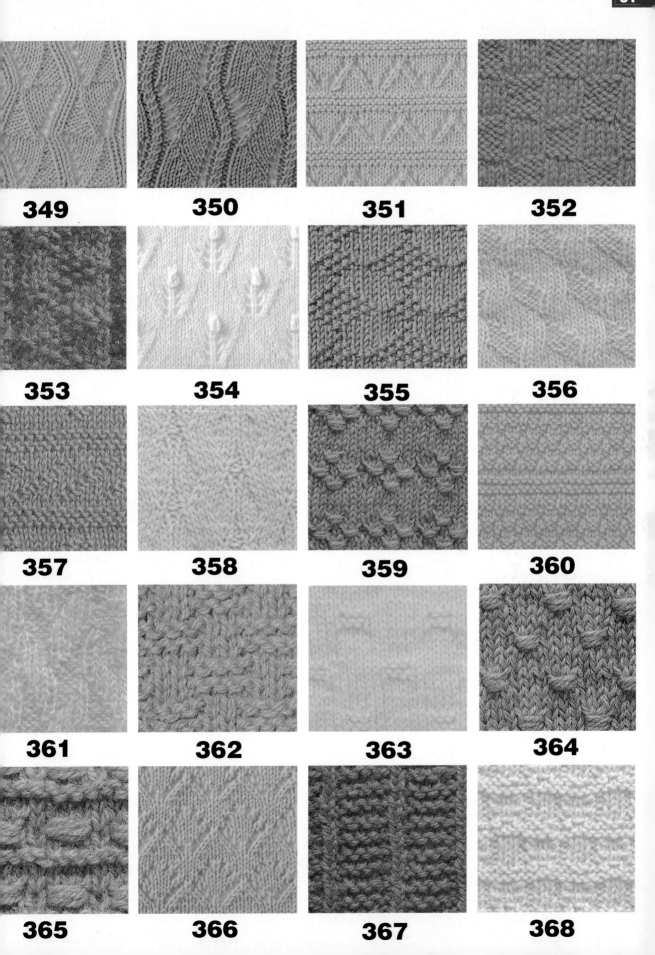

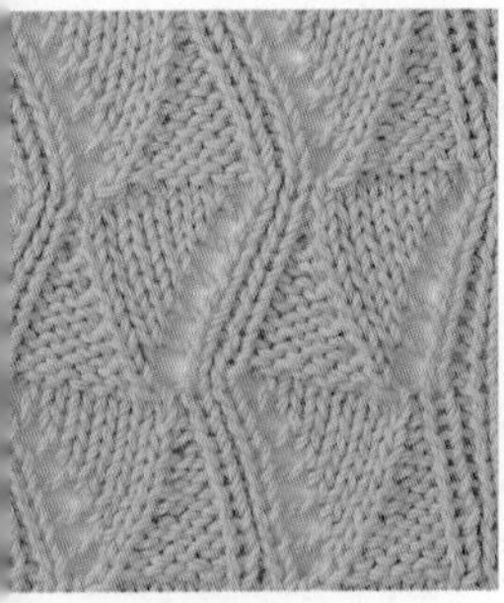

349

350

351

352

353

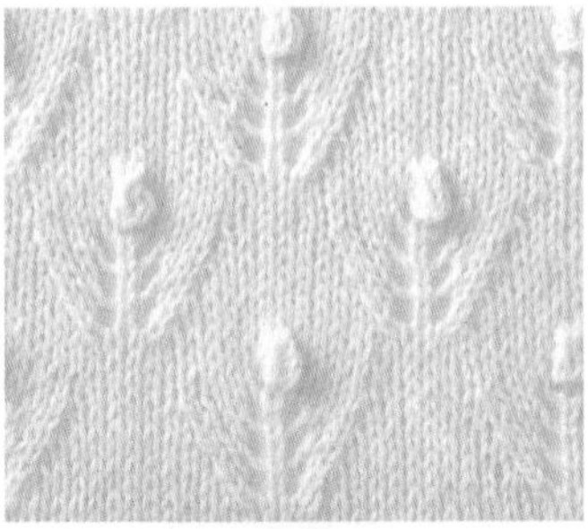

354

355

356

357

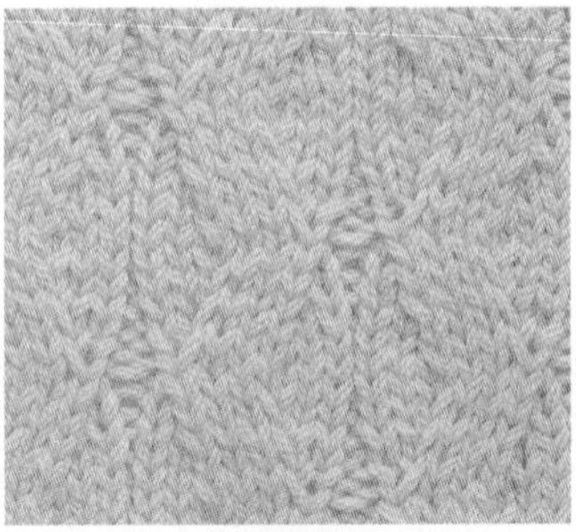

358

359

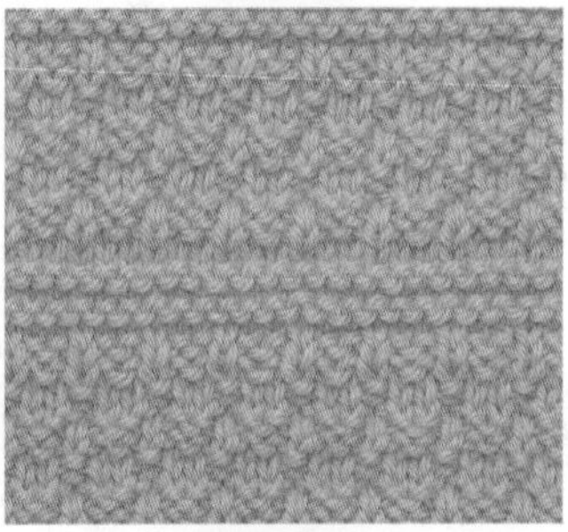

360

361

362

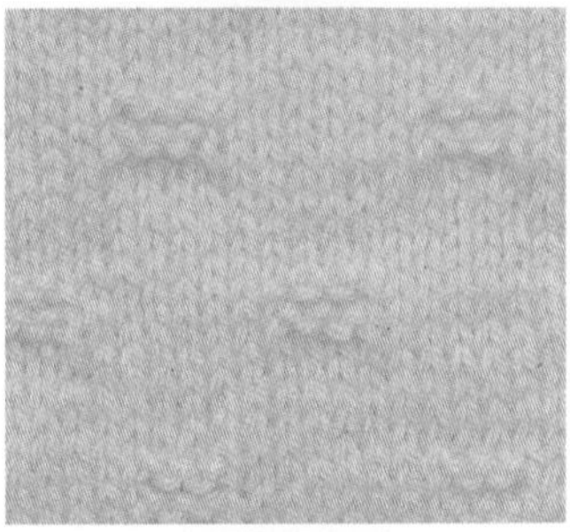

363

364

365

366

367

368

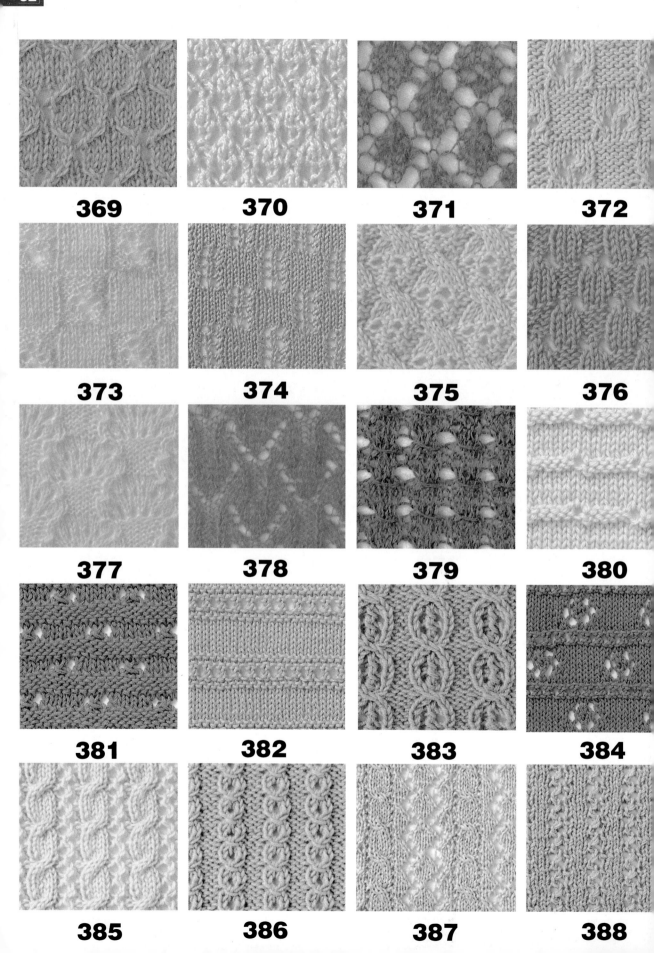

369

370

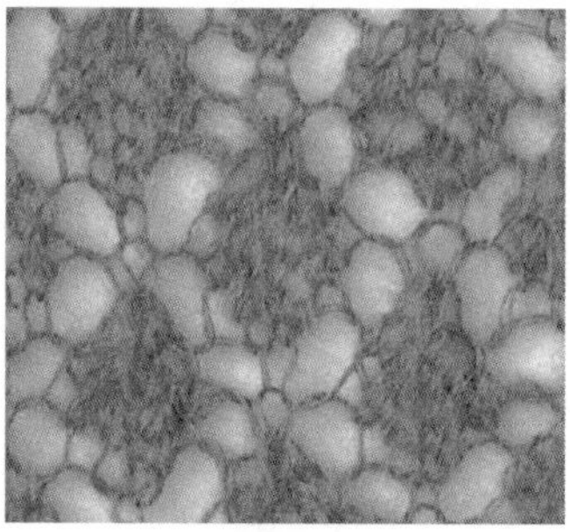
371

372

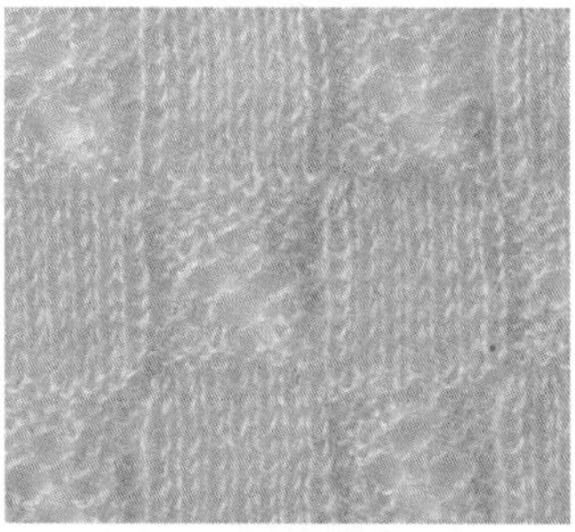
373

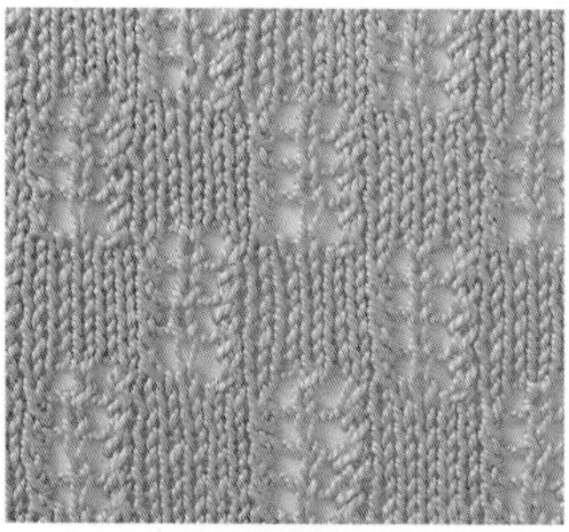
374

375

376

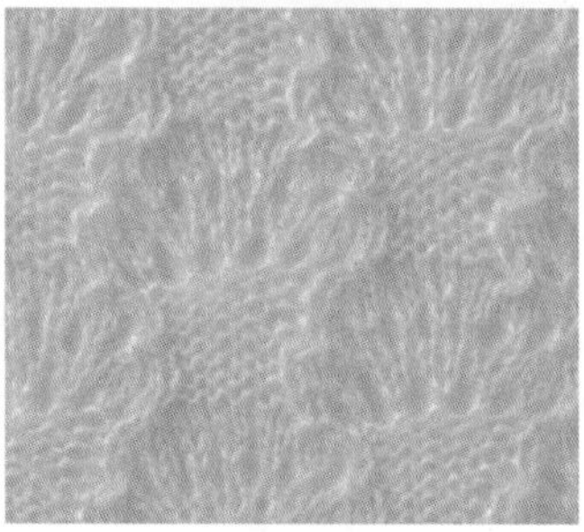
377

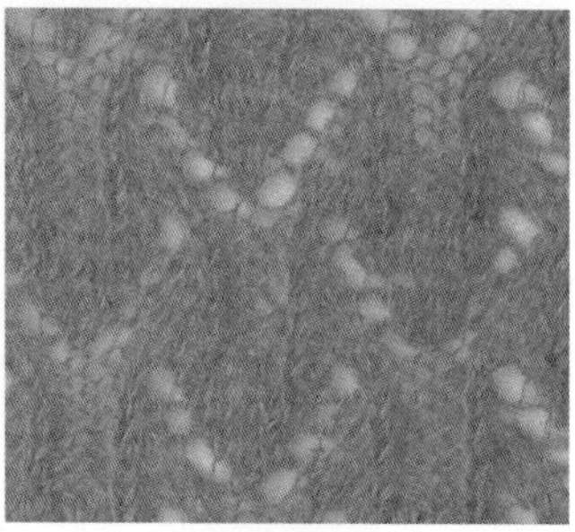
378

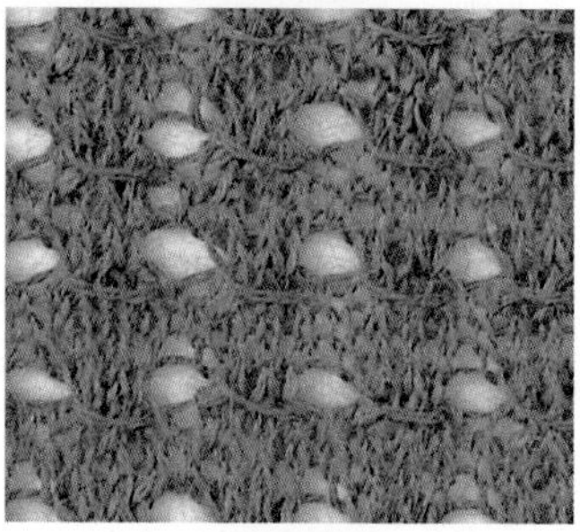
379

380

381

382

383

384

385

386

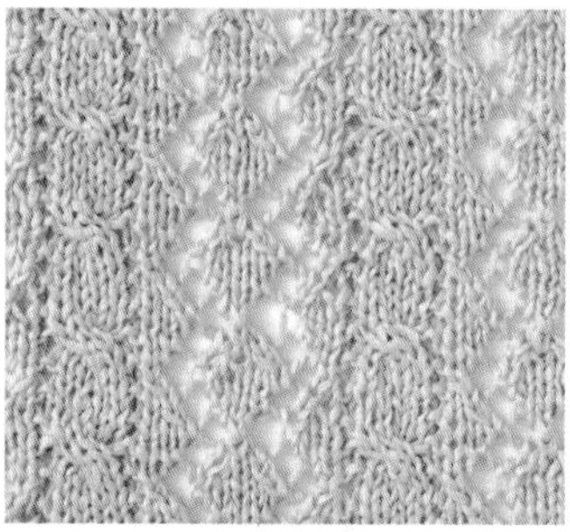
387

388

**391** 款式编织见 163 页

**389**

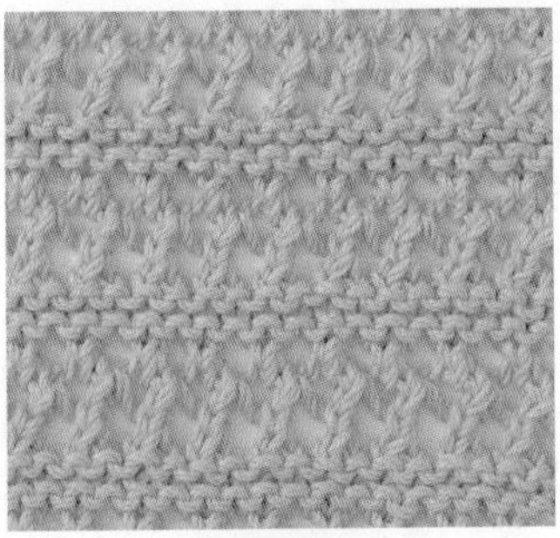

**390**

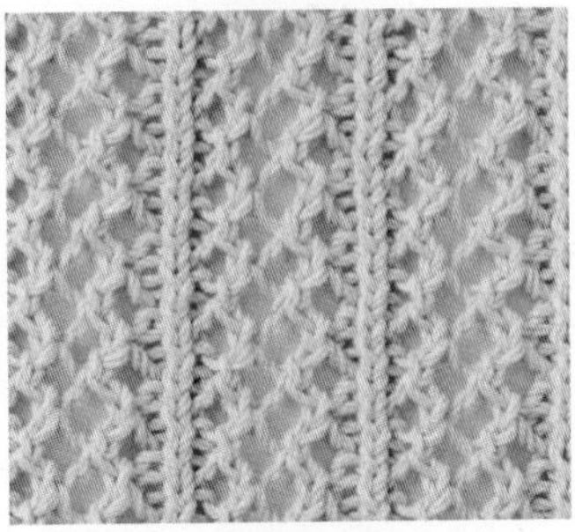

**392**

**393**

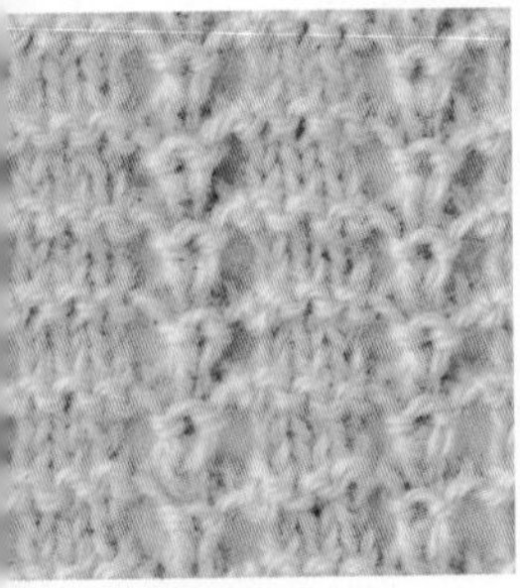

**394**

**395**

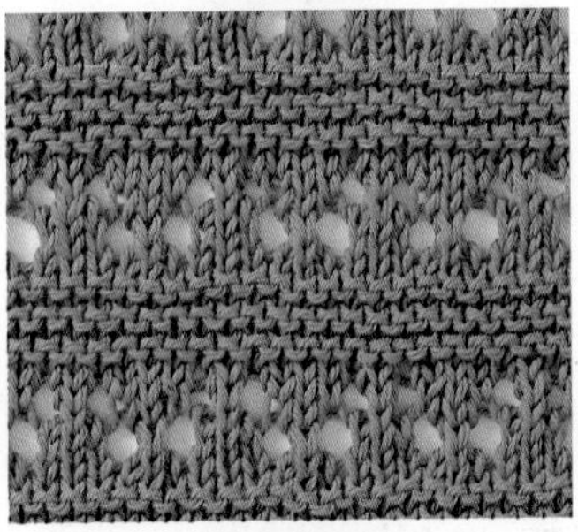

**396**

**397**

**398**

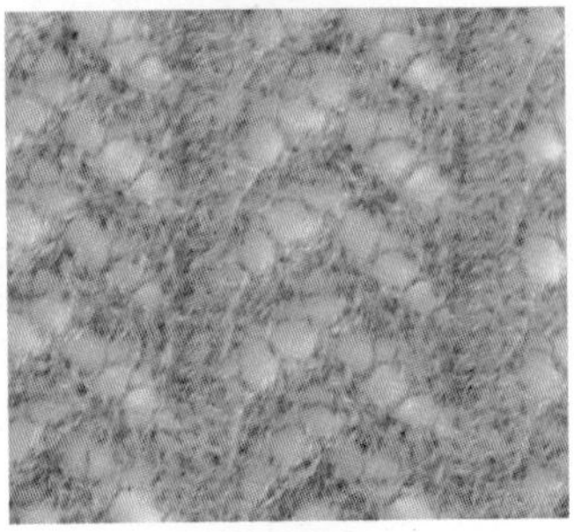

**399**

**400**

**401**

**402**

**403**

**404**

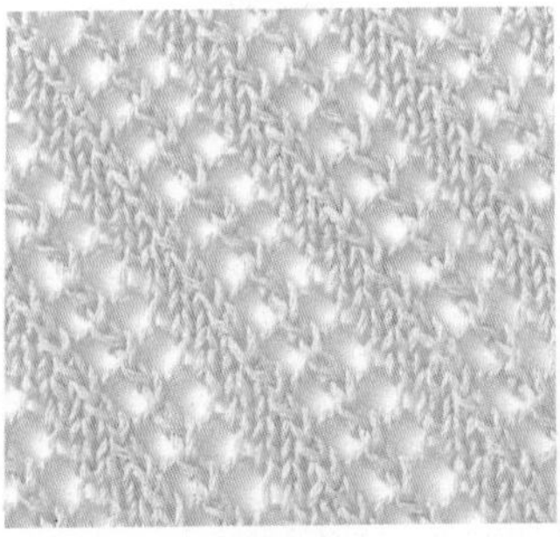

**405**

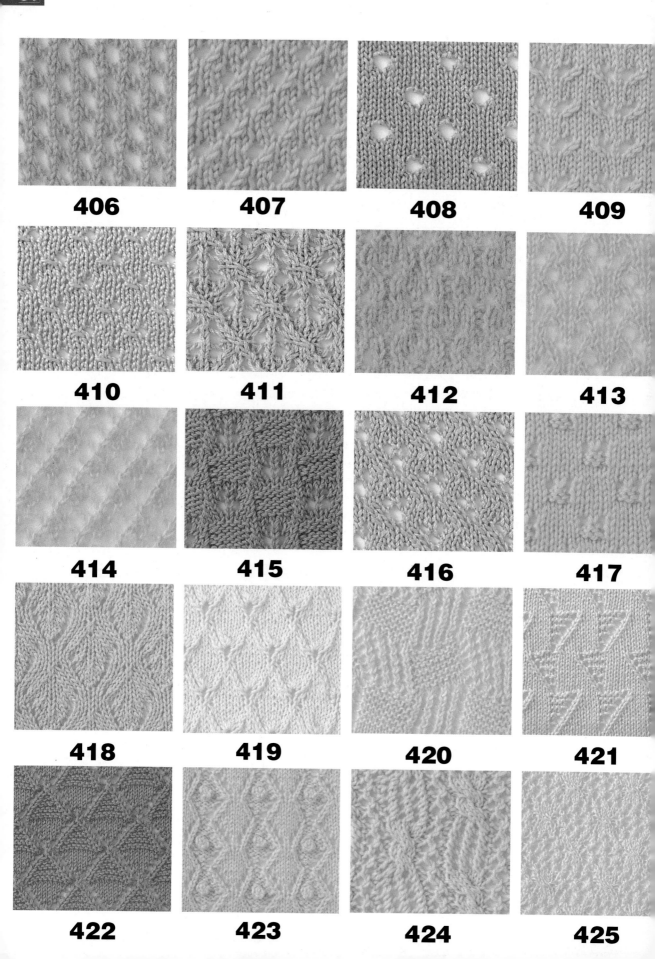

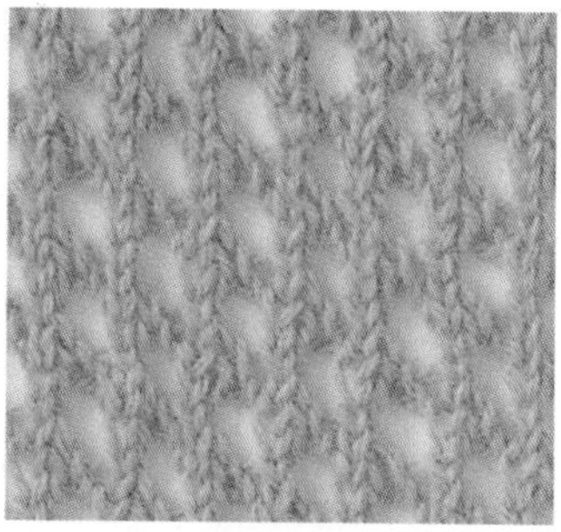
406

407

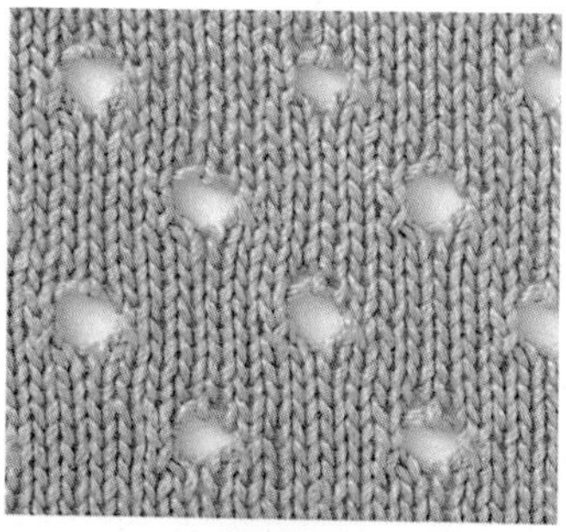
408

409

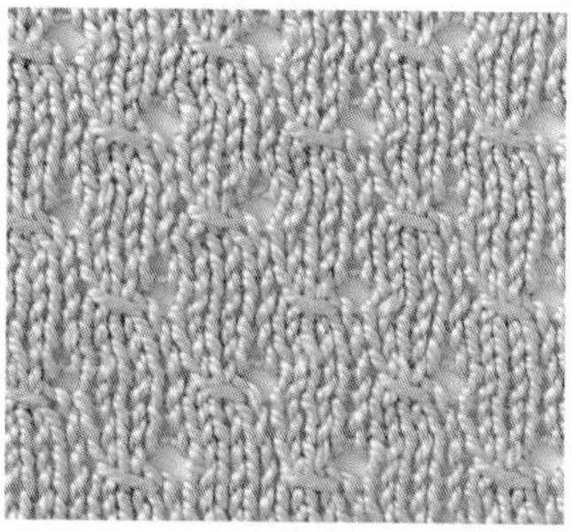
410

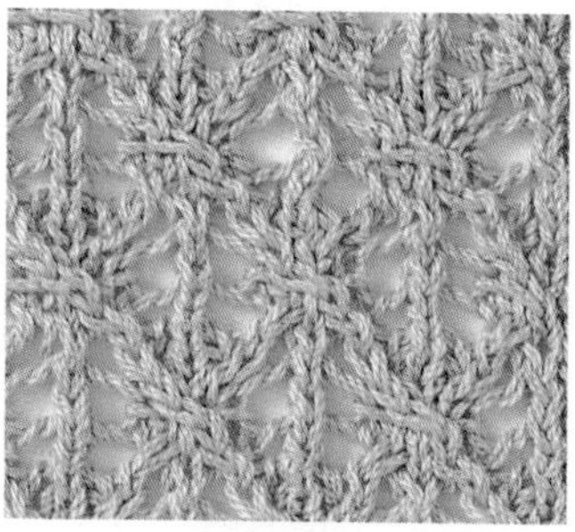
411

412

413

414

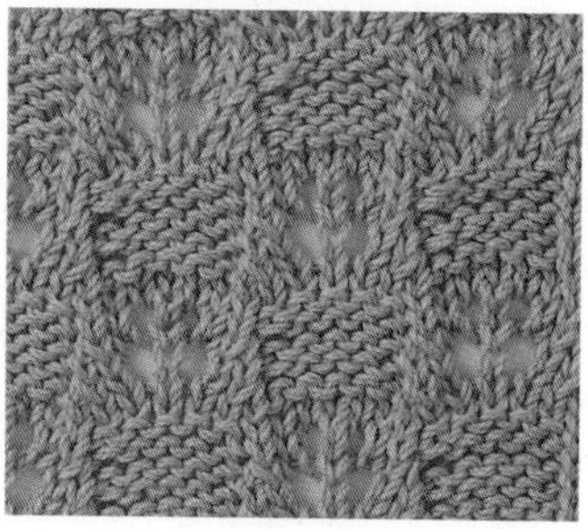
415

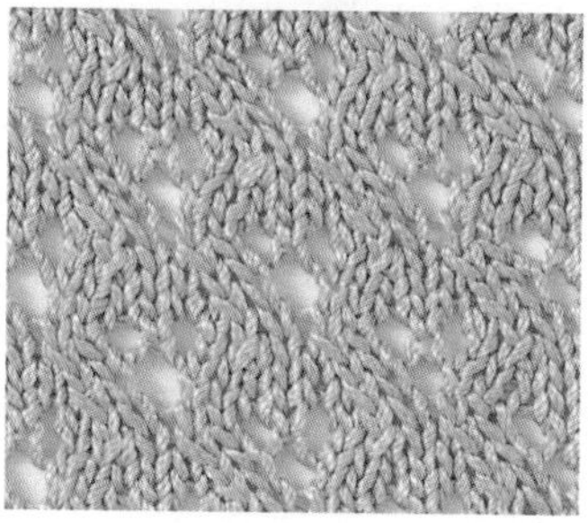
416

417

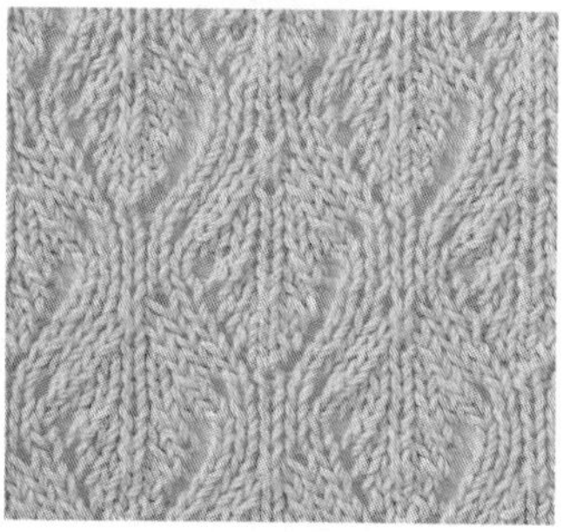
418

419

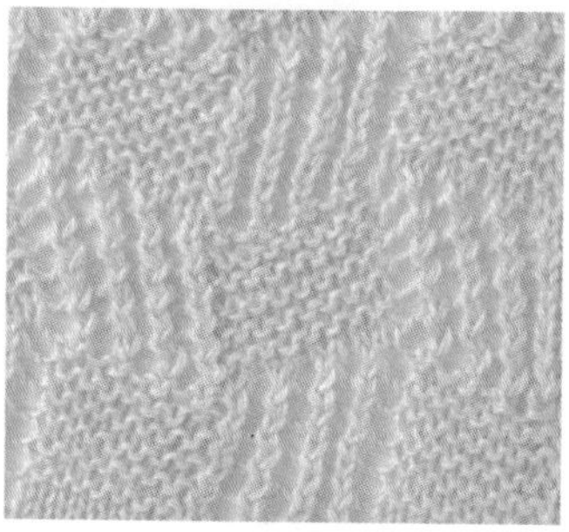
420

421

422

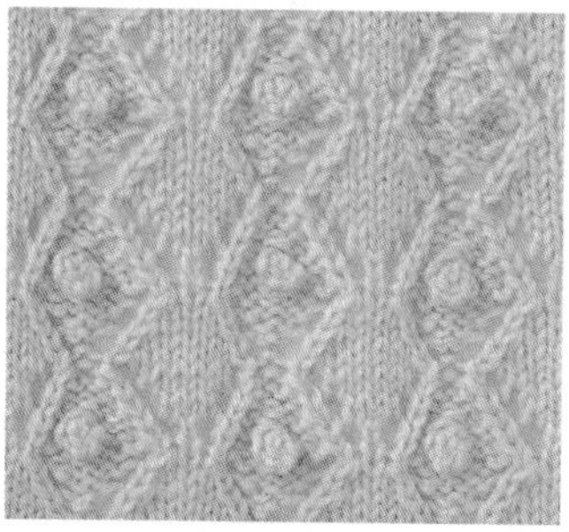
423

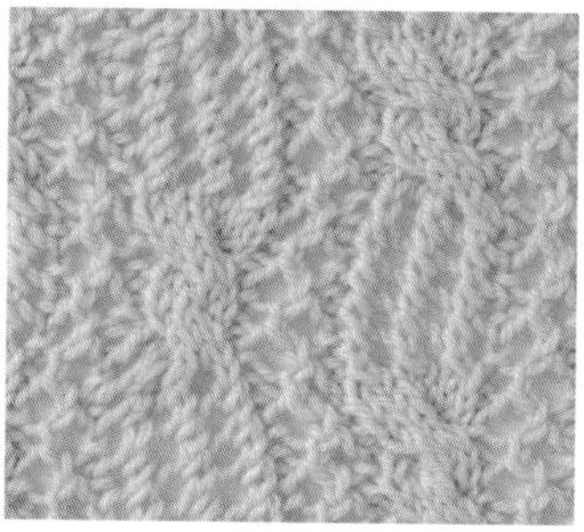
424

425

426

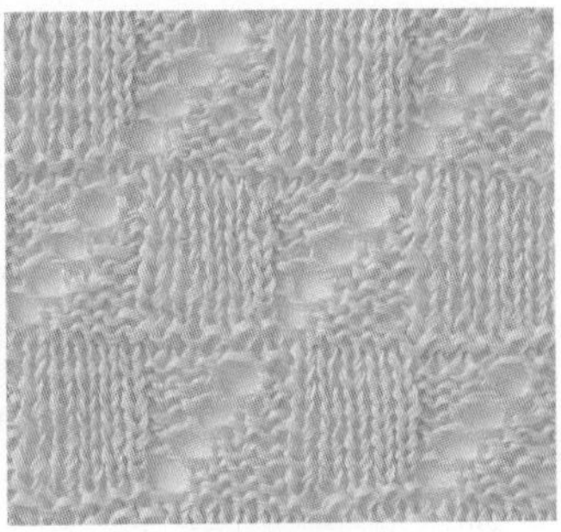

427

428

430

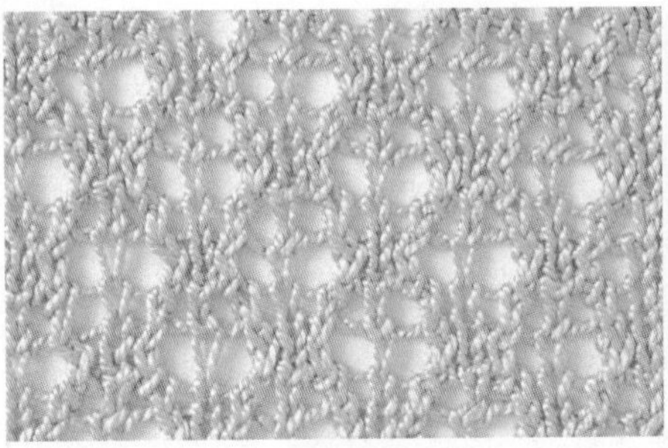

431

429 款式编织见 164 页

432

433

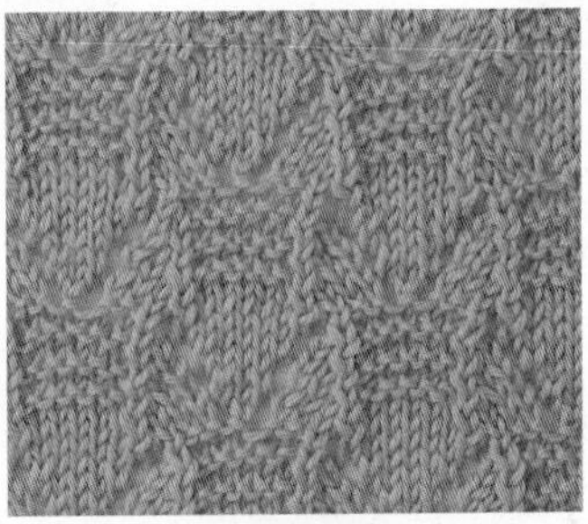

434

435

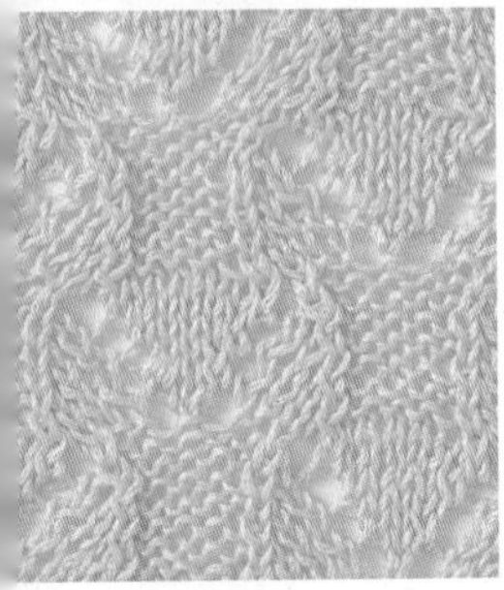

436

437

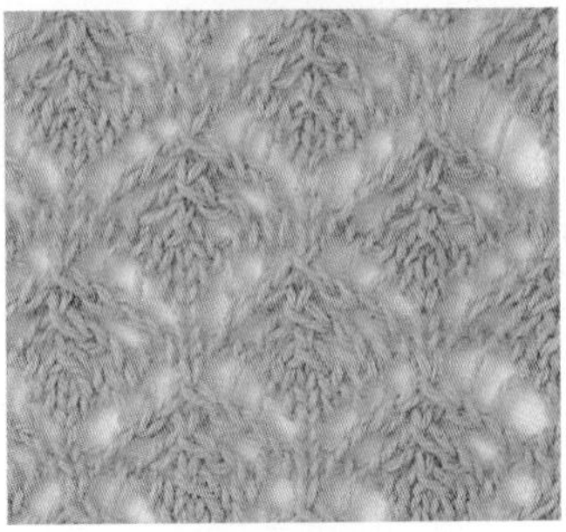

438

439

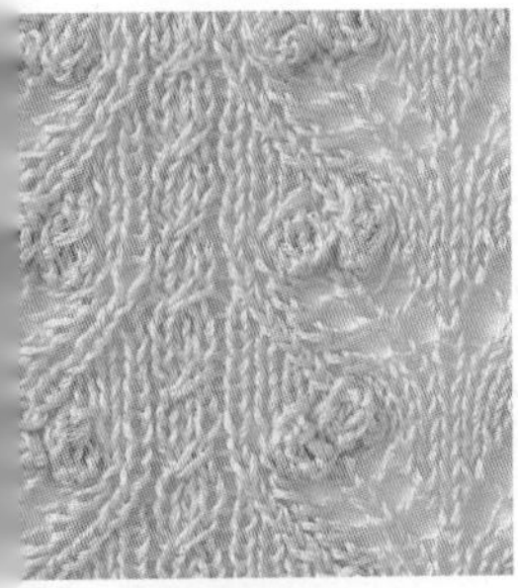

440

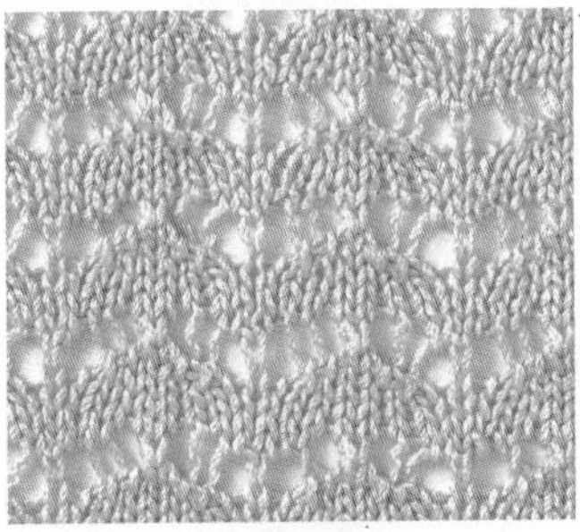

441

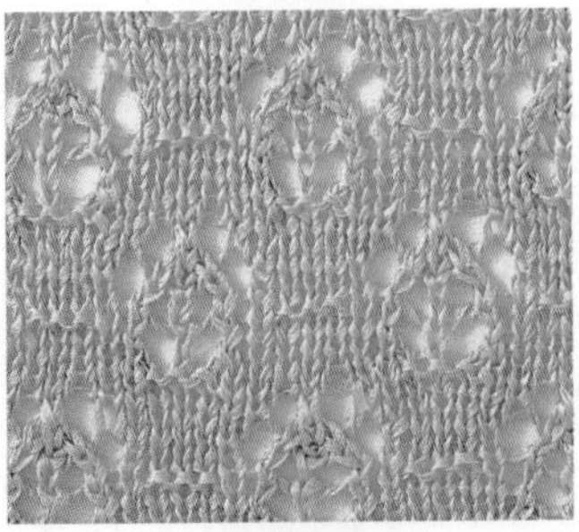

442

443

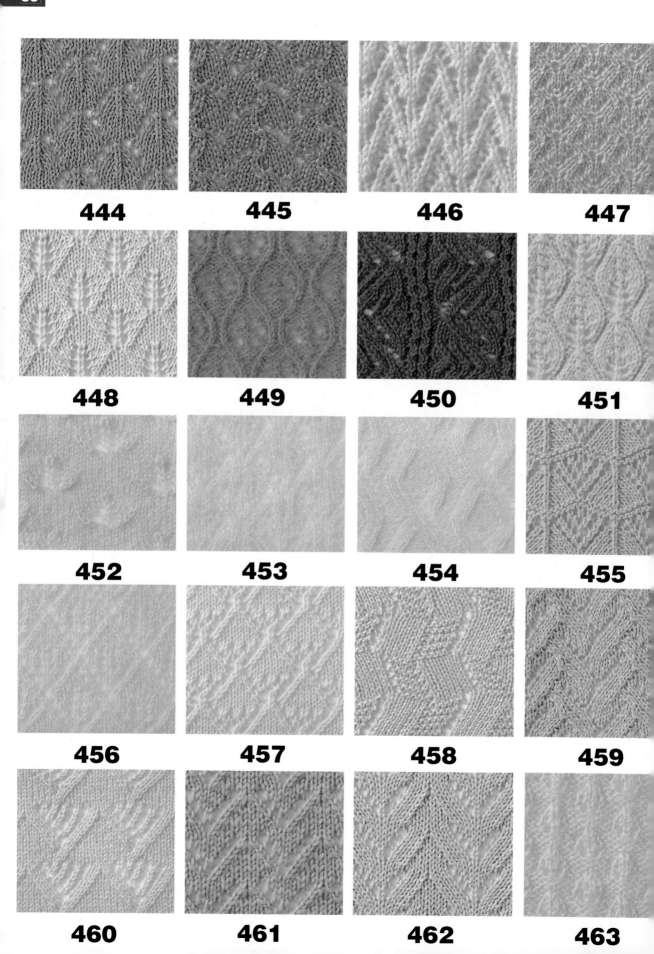

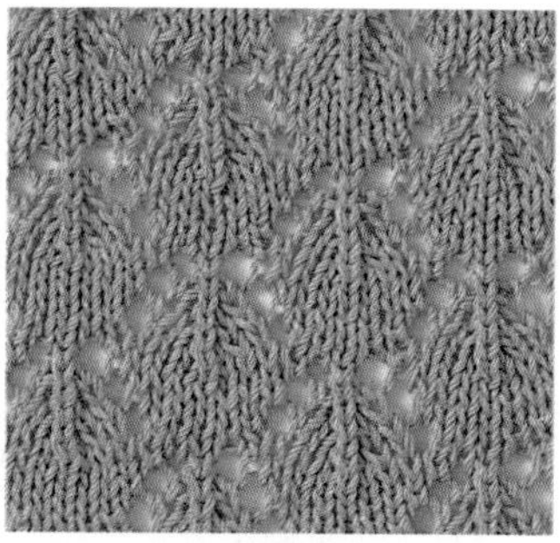
444

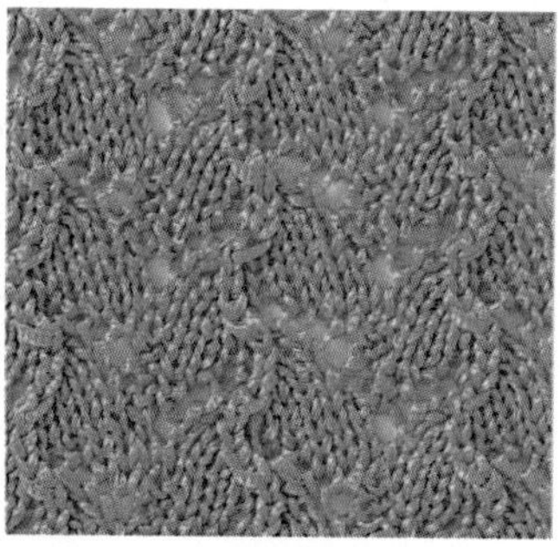
445

446

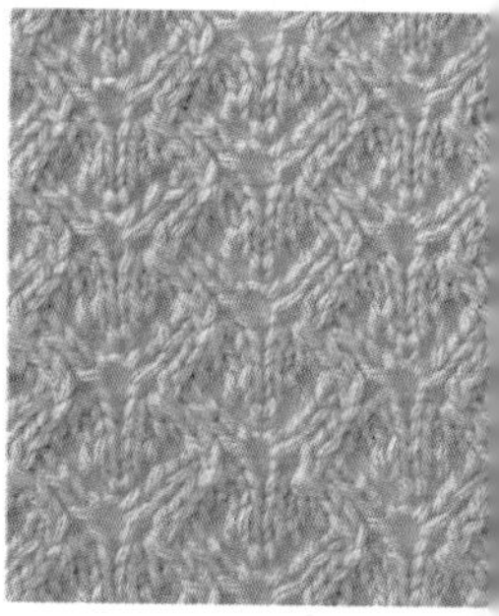
447

448

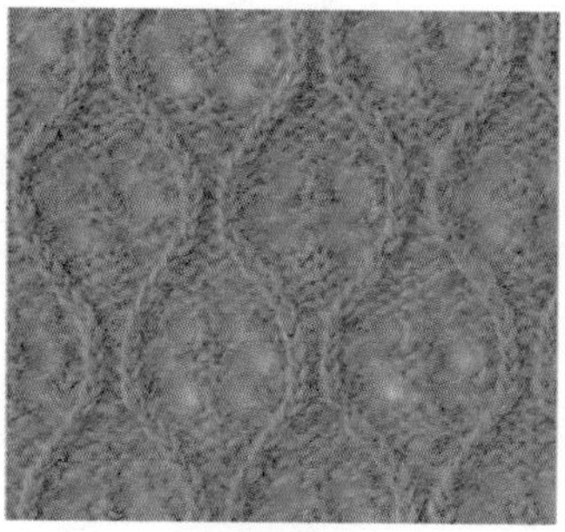
449

450

451

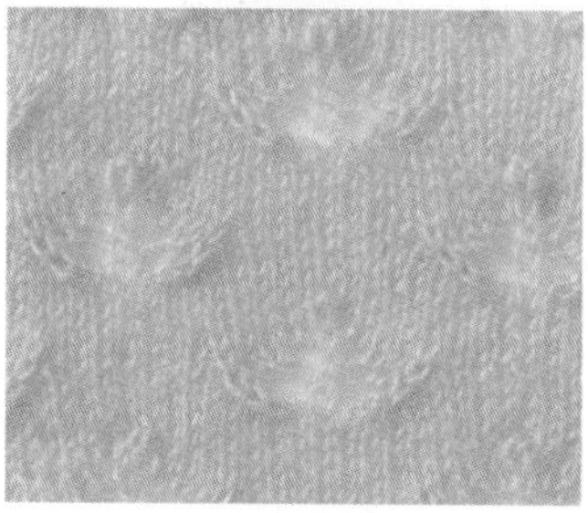
452

453

454

455

456

457

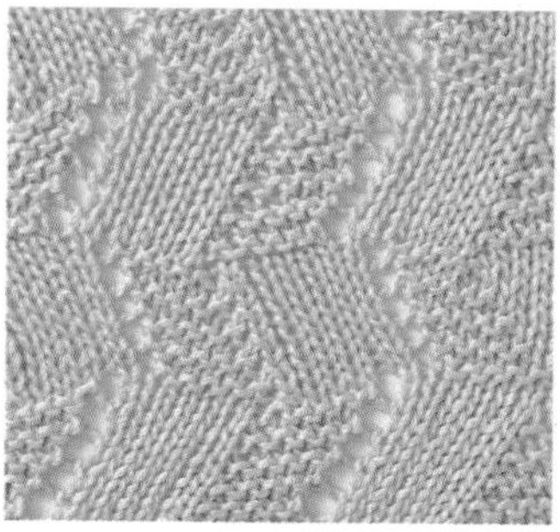
458

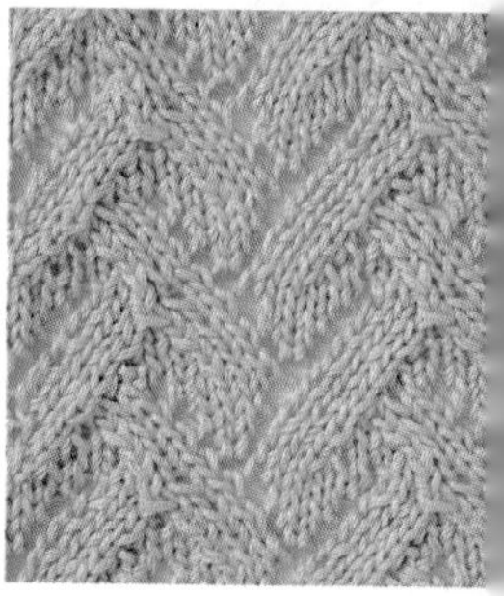
459

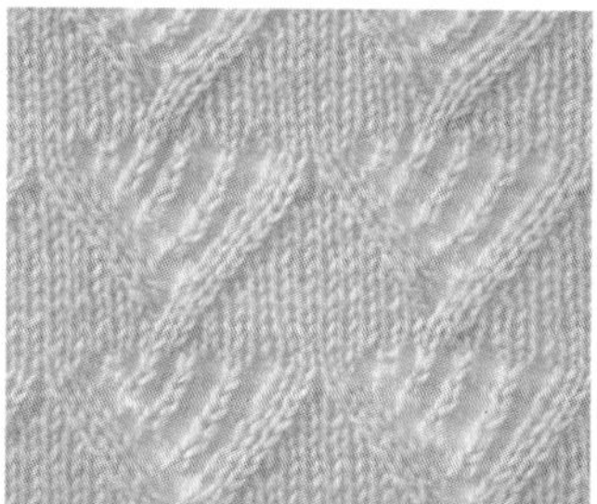
460

461

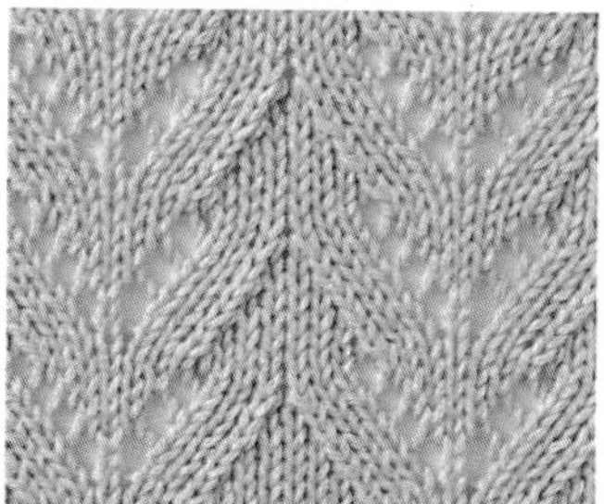
462

463

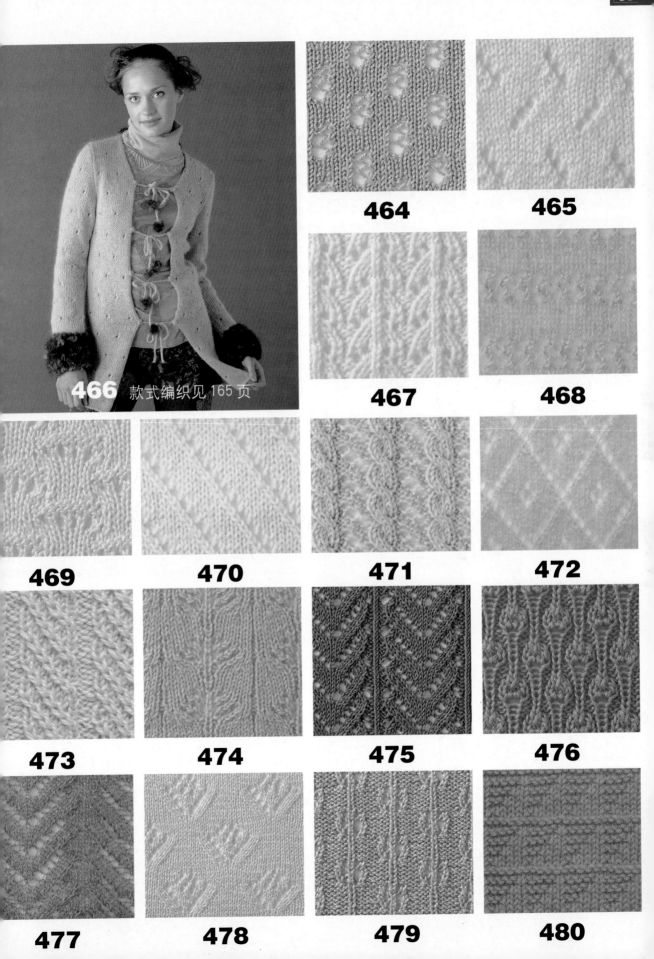

466 款式编织见165页

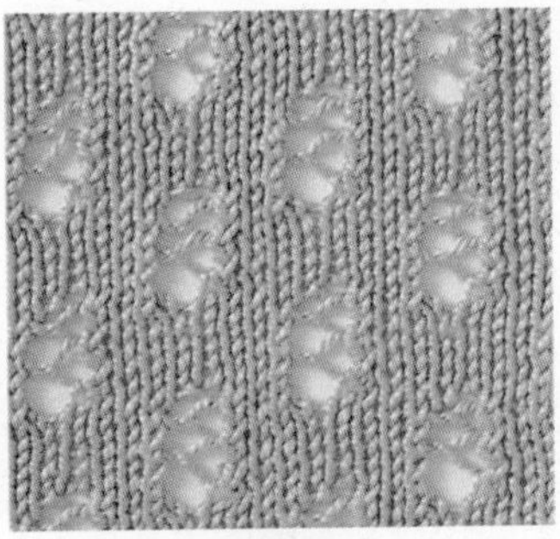

464

465

467

468

469

470

471

472

473

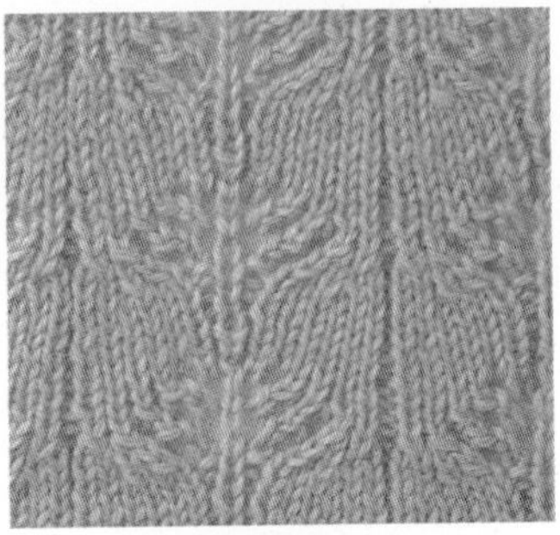

474

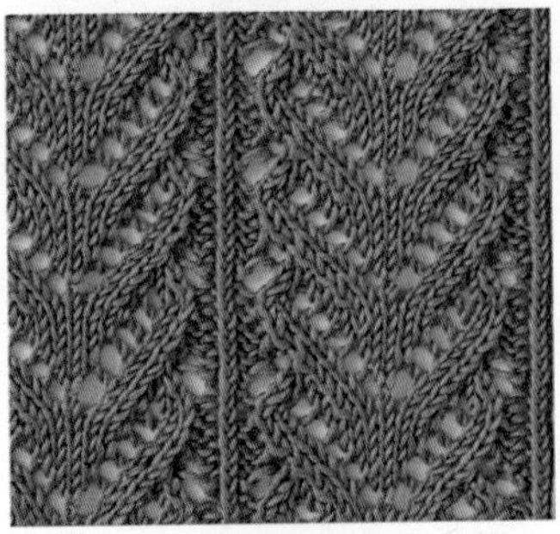

475

476

477

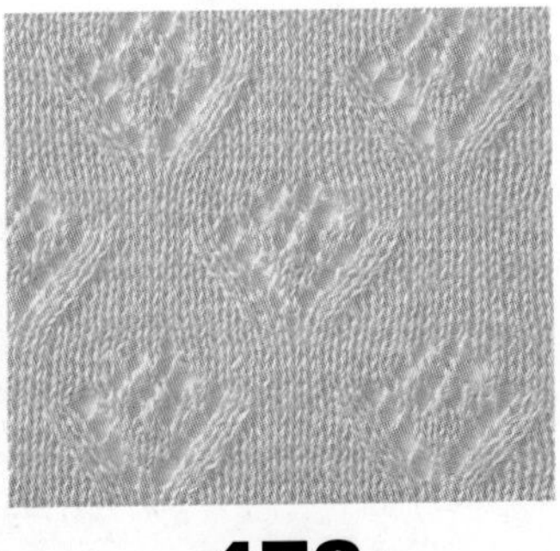

478

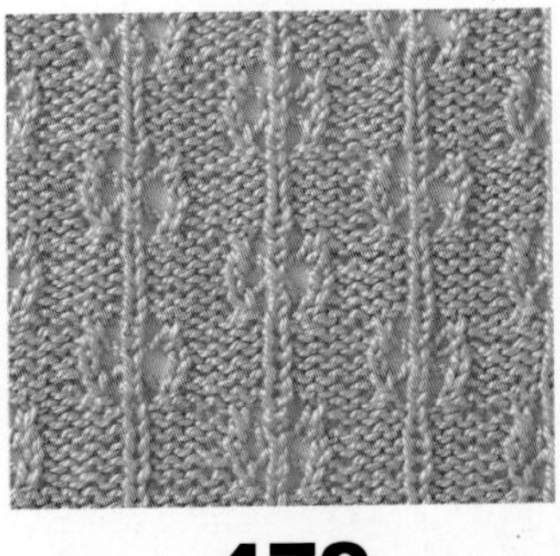

479

480

481

482

483

484

485

486

487

488

489

490

491

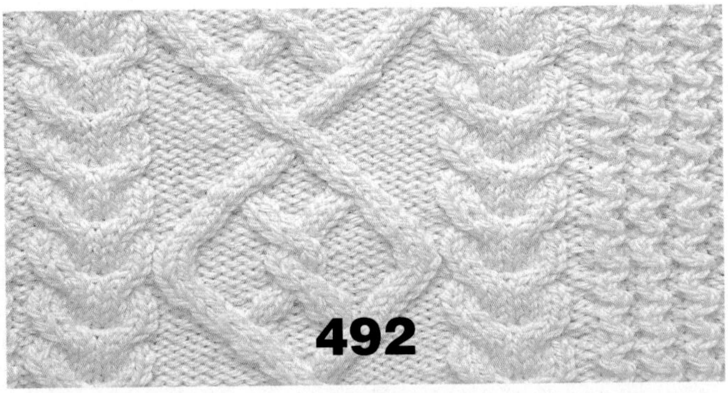
492

493

494

495

496

497

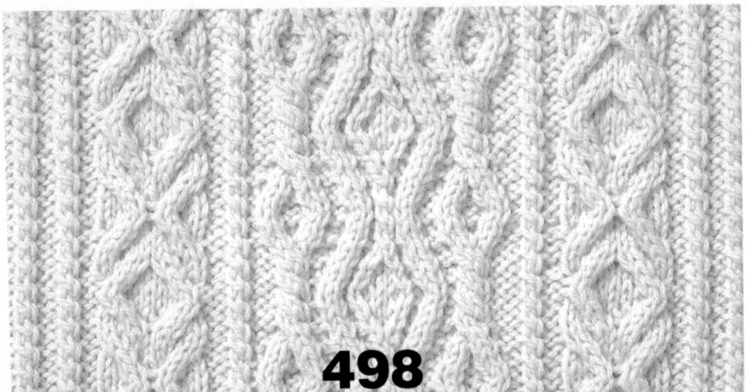
498

499

500

501

502

503

504

505

506

507

508

509

510

511

512

515 款式编织见 166 页

513

514

516

517

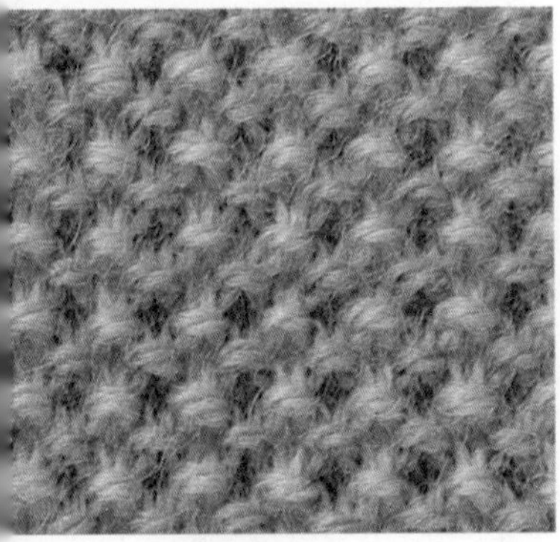

518

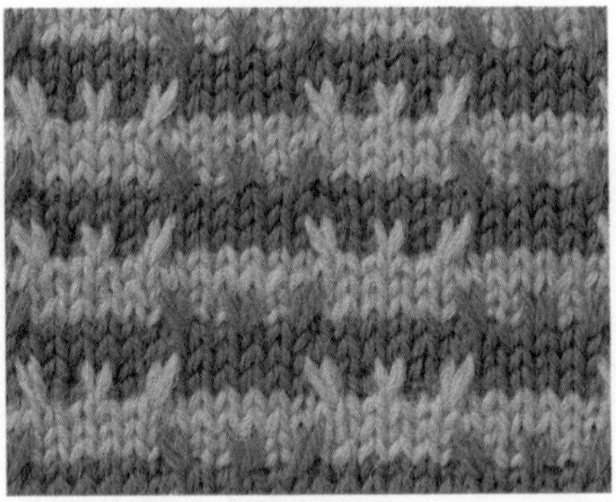

519

520

521

522

523

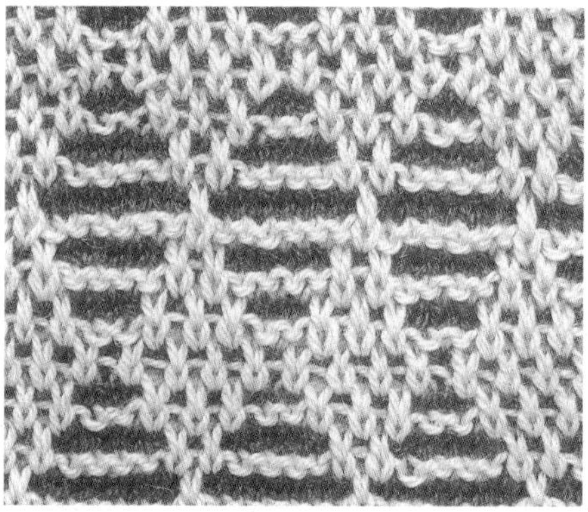
524

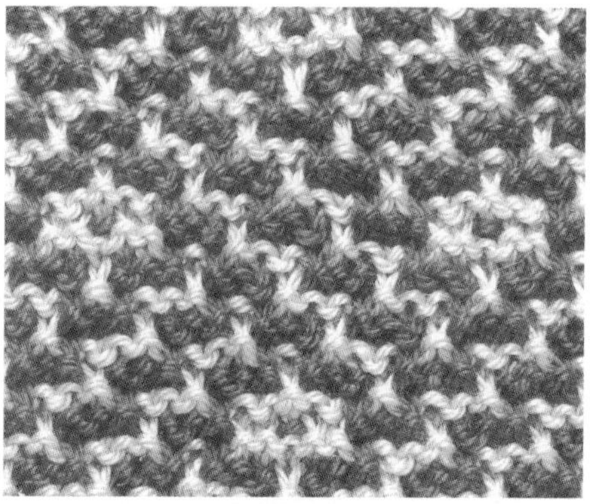
525

526

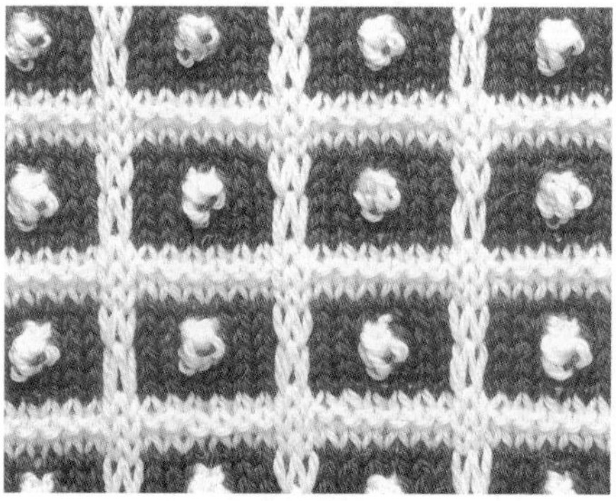
527

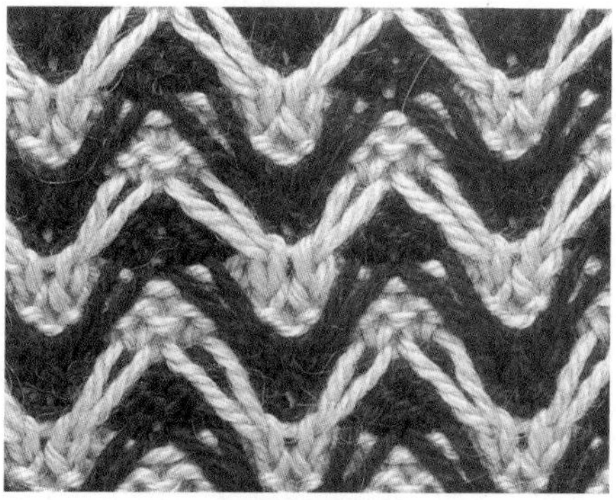
528

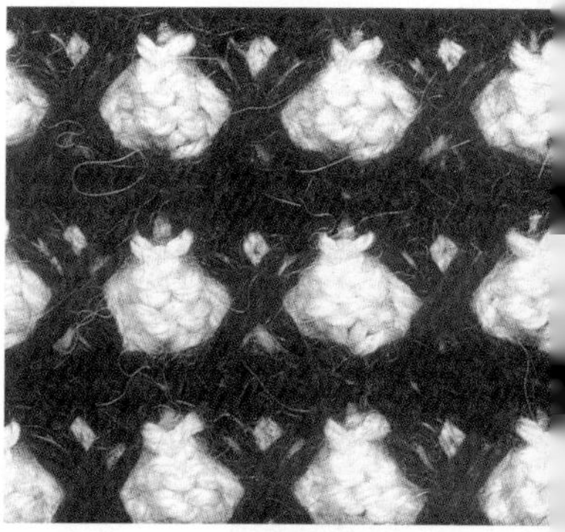
529

530

531

532

533

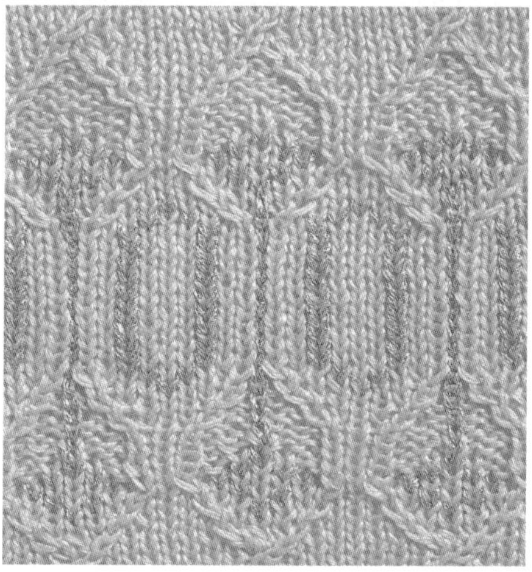
534

535

537 款式编织见167页

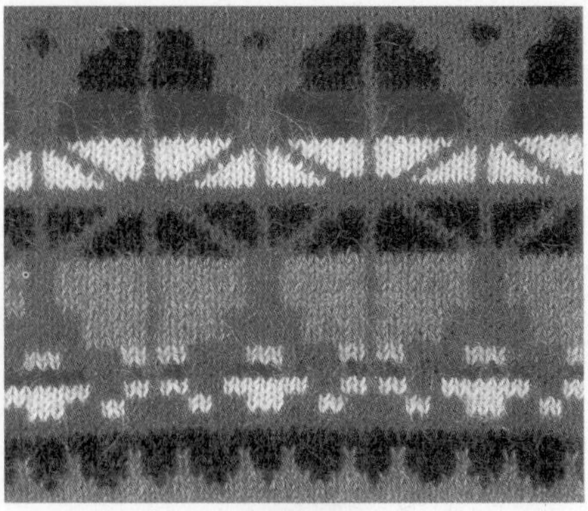

536

538

539

540

541

542

543

544

545

546

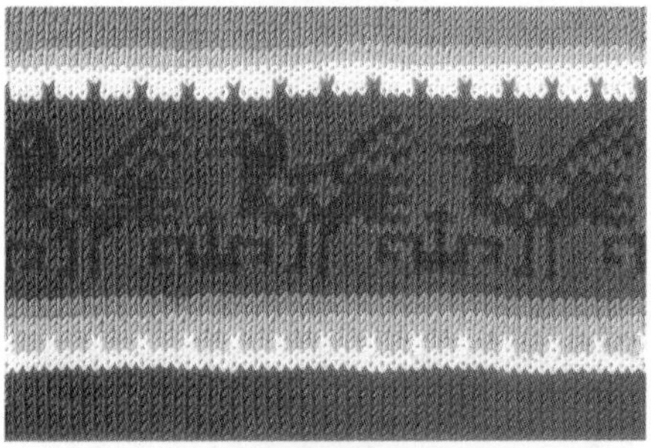

547

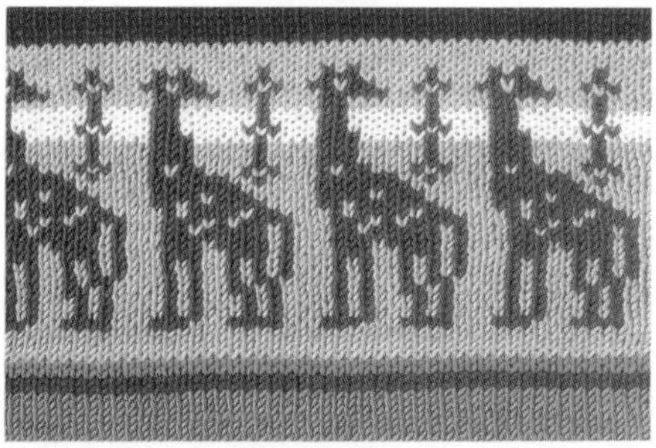

548

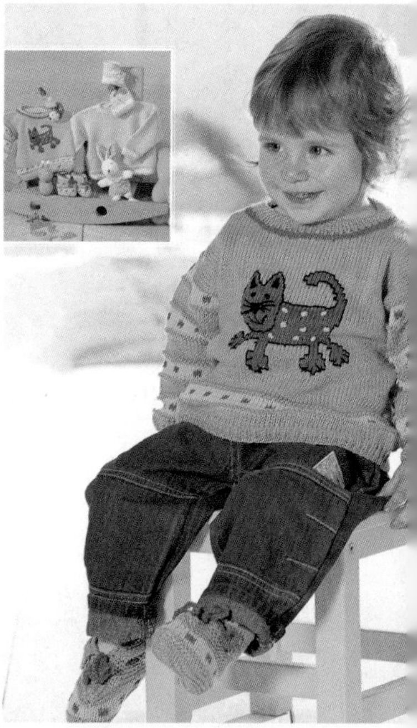

549 款式编织见168

550

551

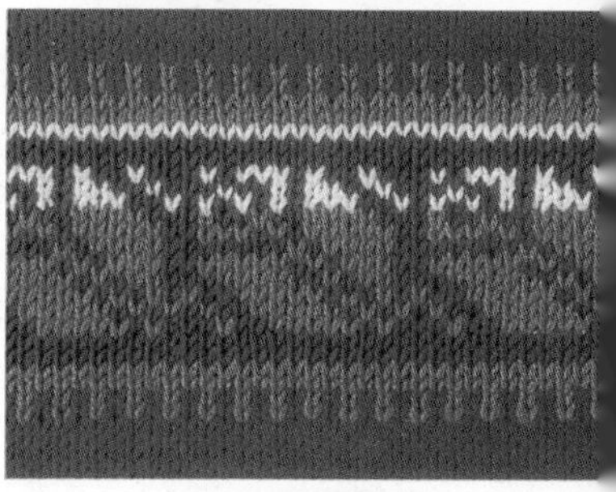

552

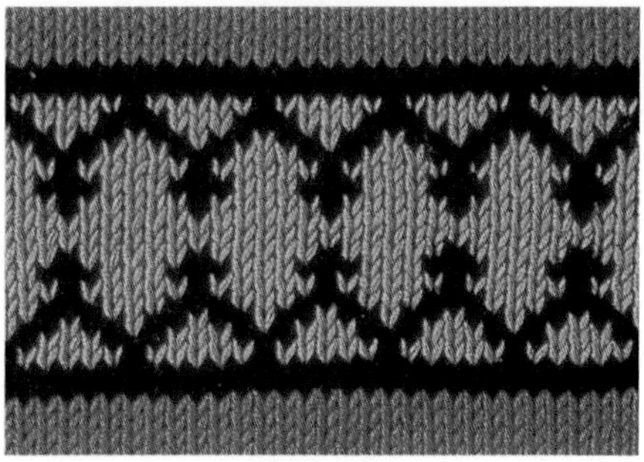

553

554

555

556

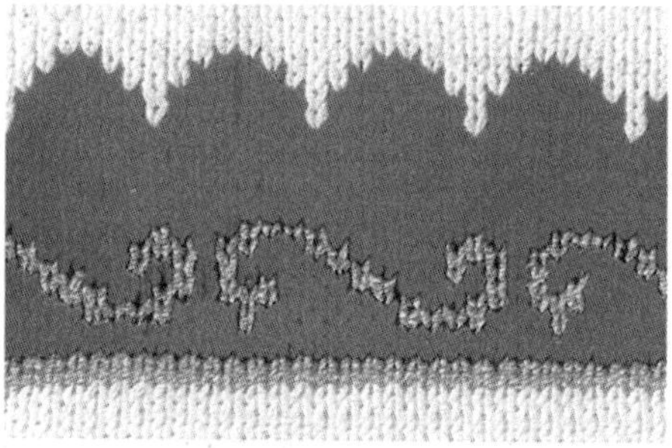

557

558

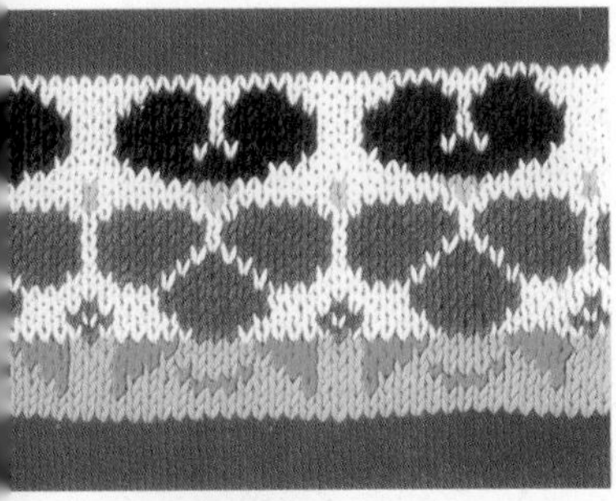

559

560

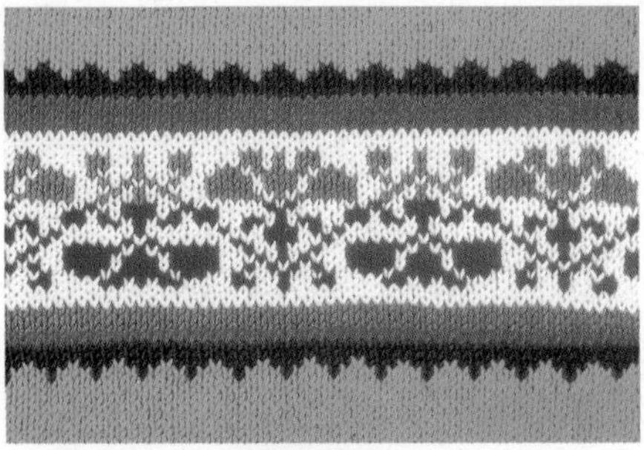

561

562

563

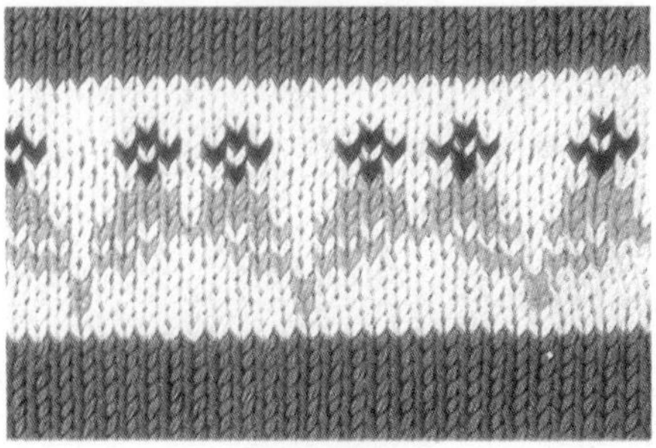

564

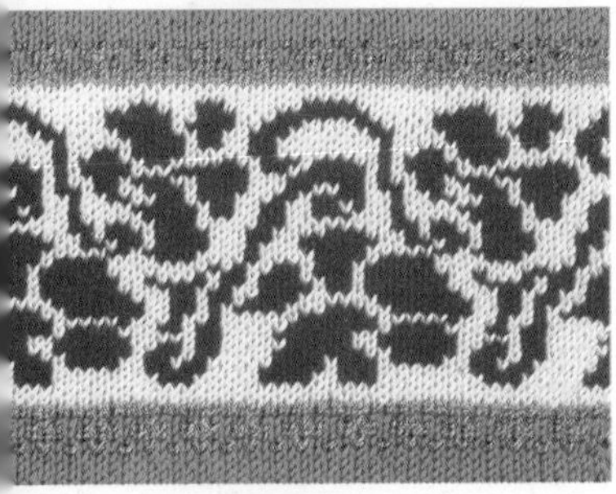

565

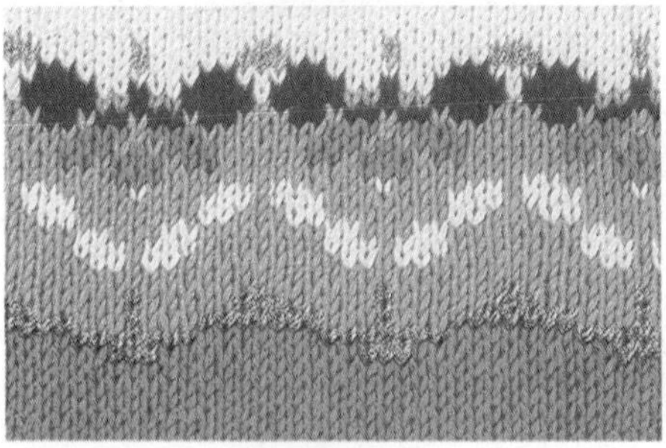

566

567

568

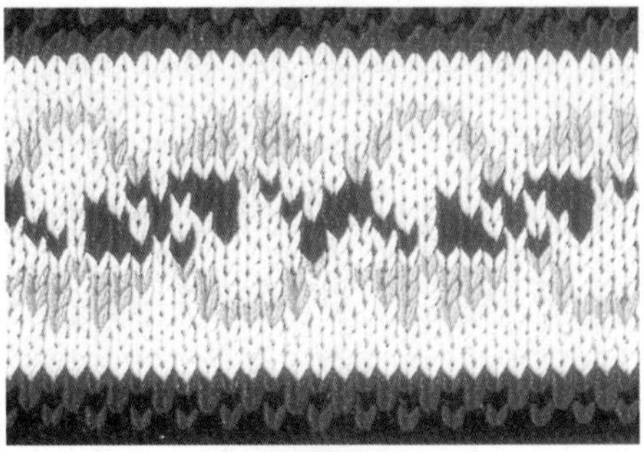

569

570

571

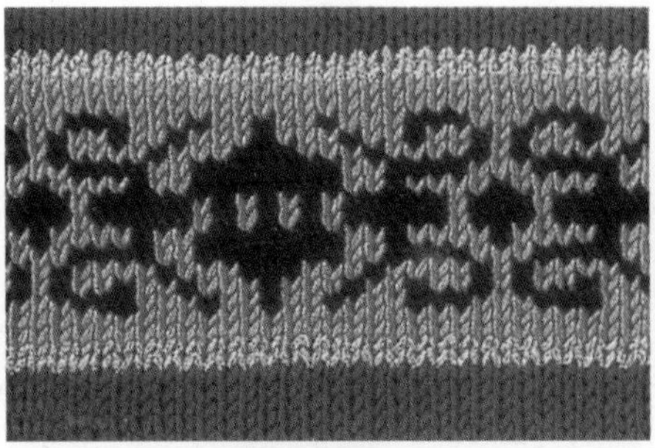

572

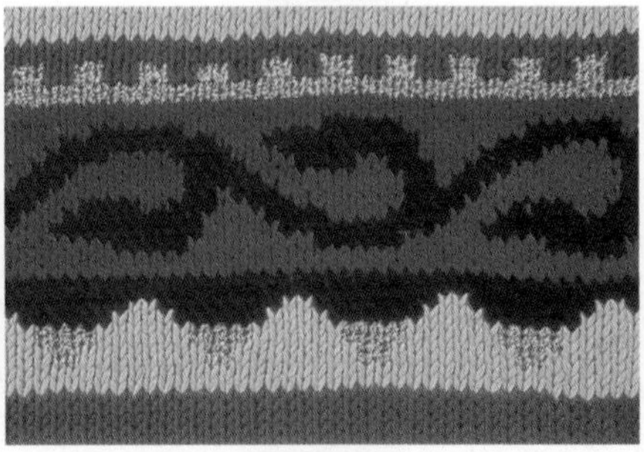

573

574

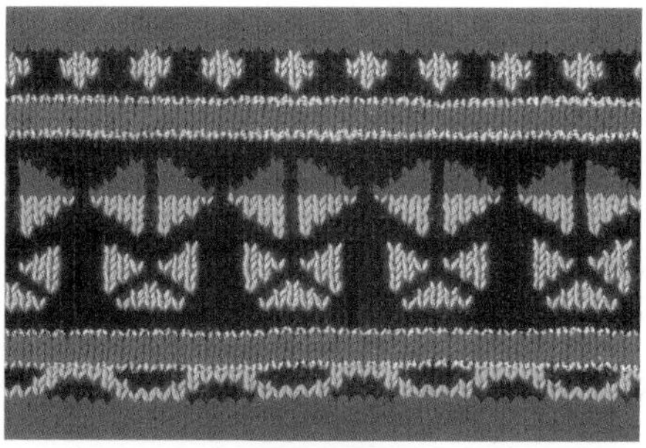
575

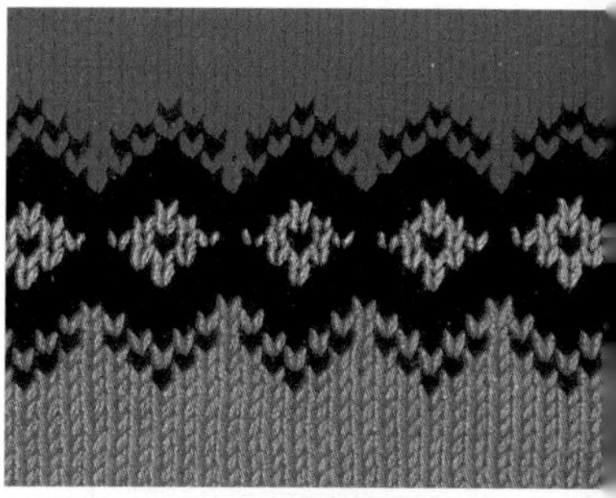
576

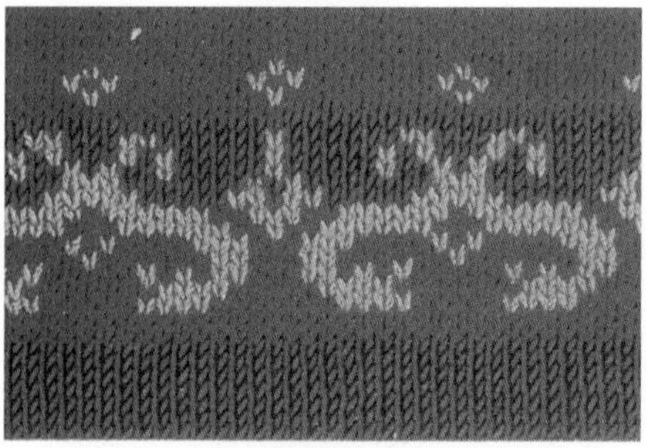
577

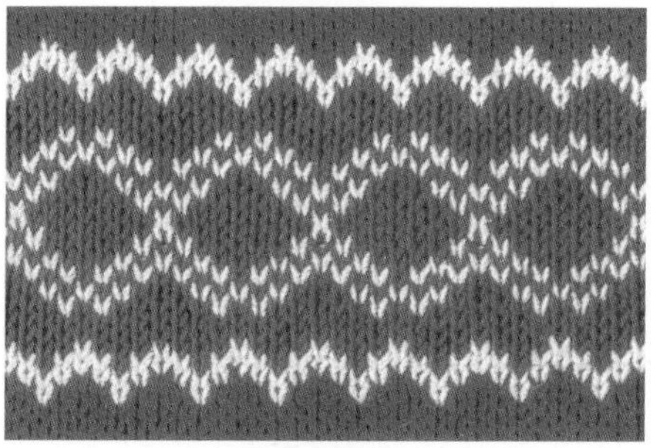
578

579

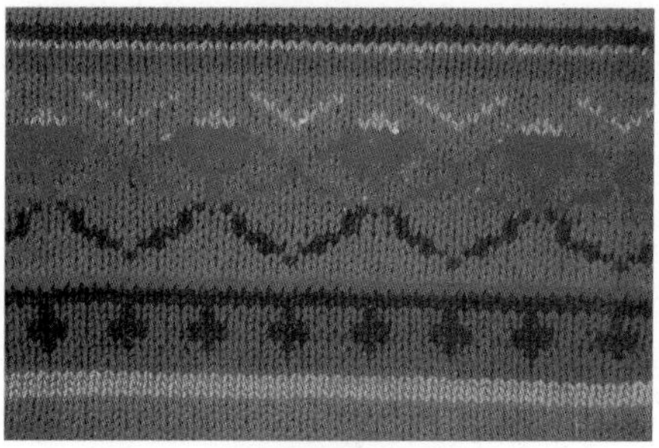
580

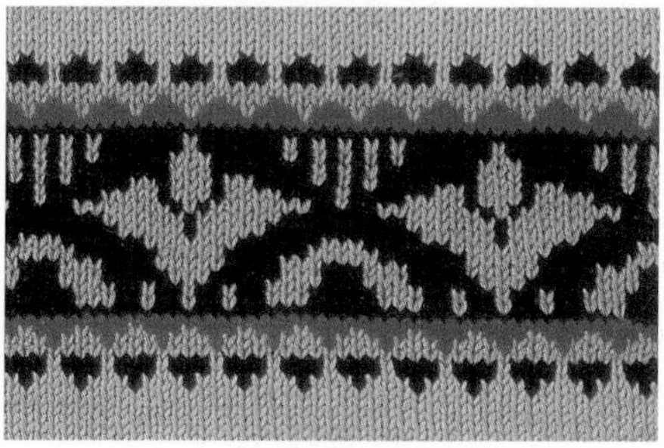
581

582

583

584

585

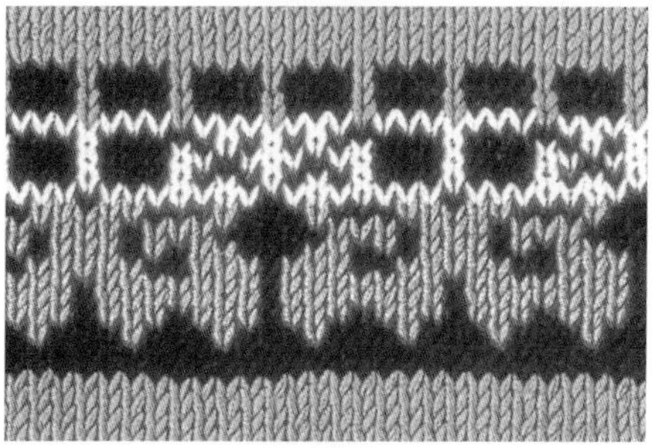
586

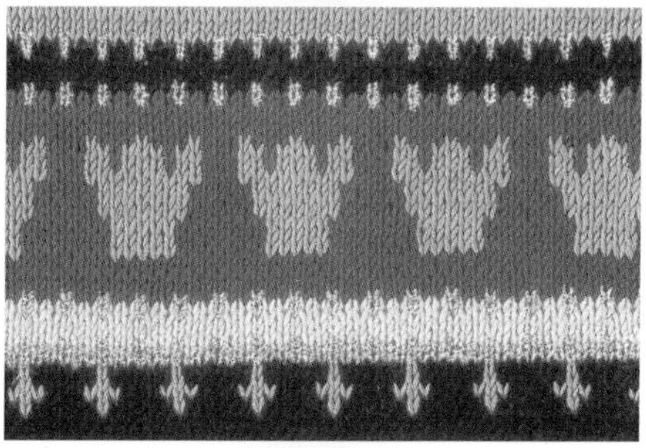
587

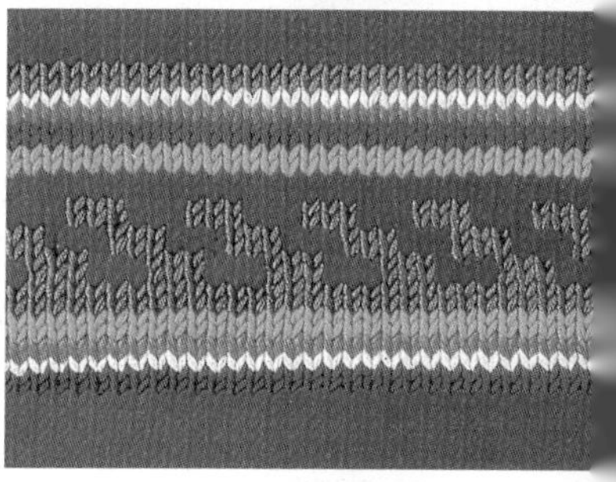
588

591 款式编织见 169 页

589

590

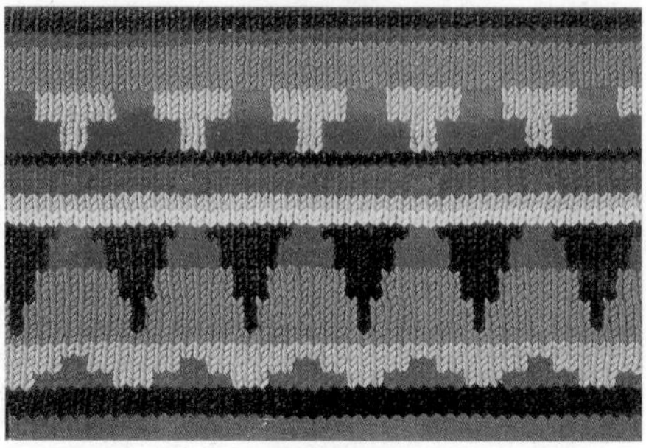

592

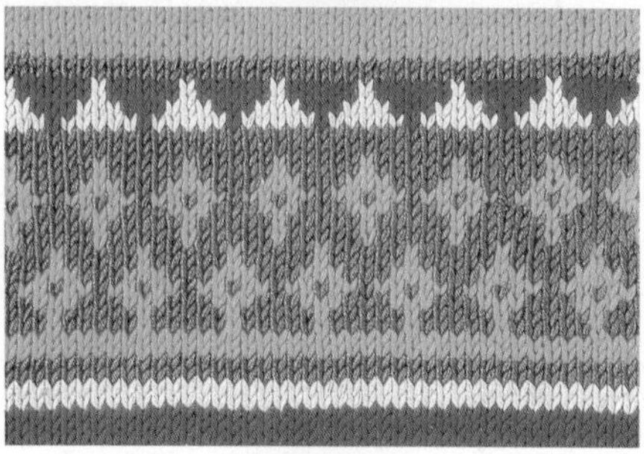

593

594

595

596

597

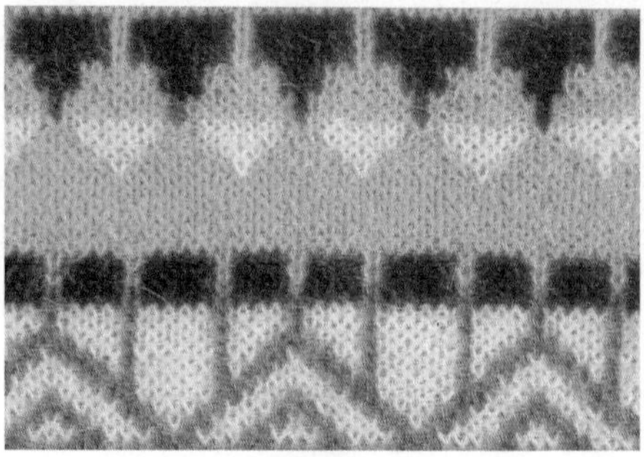

598

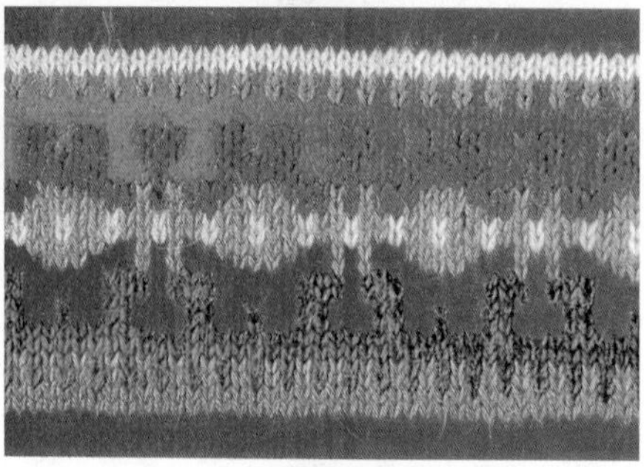

599

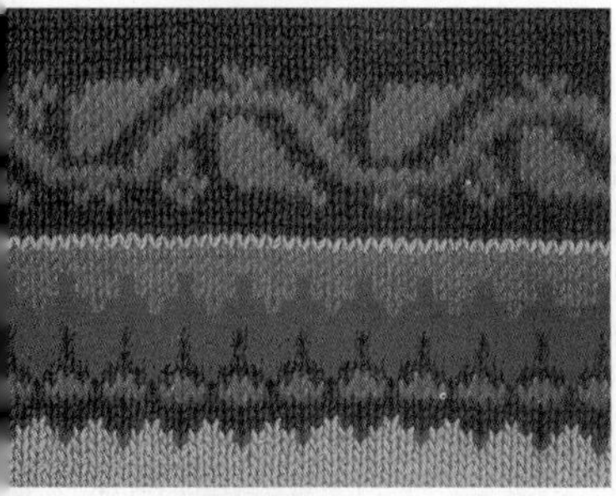

600

601

602

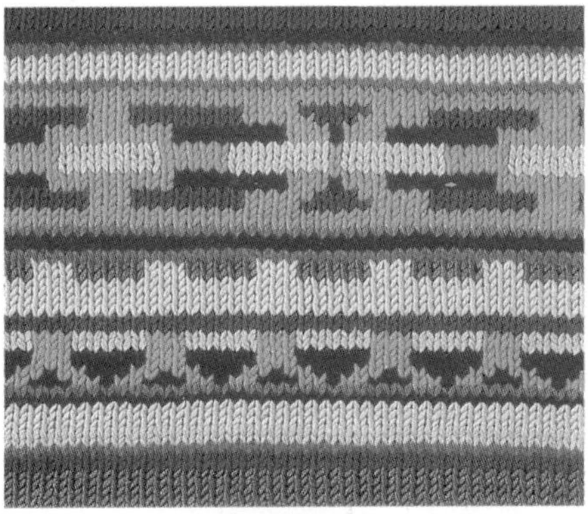

603

604

605

606

607

608 款式编织见 170 页

609

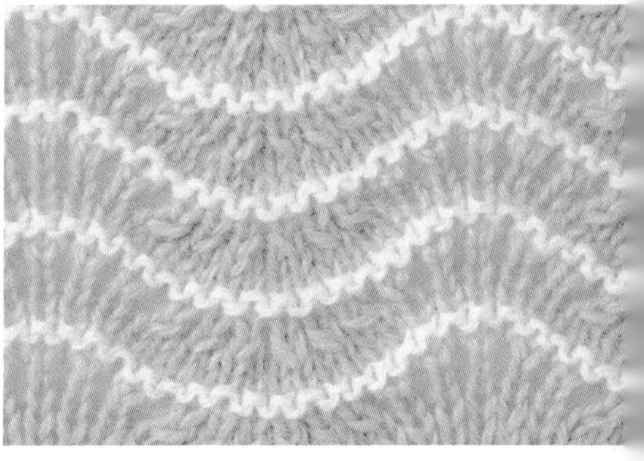

610

# 棒针花样针法图

## 1

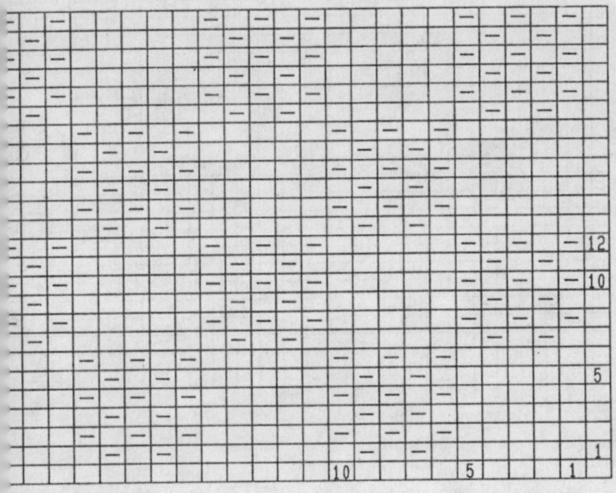
12
10
5
1
10
5
1

□ = I

## 2

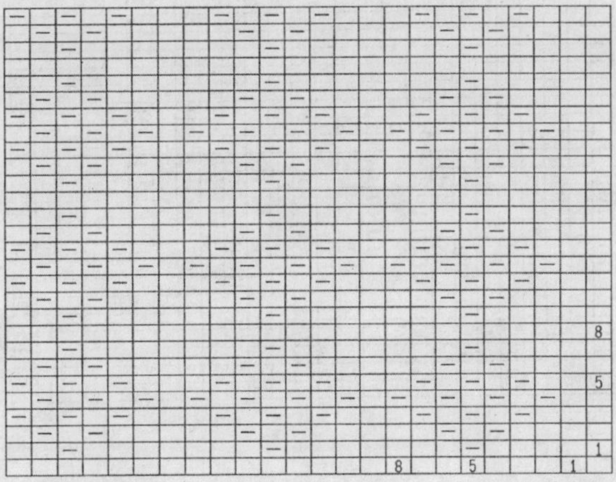
8
5
1
8
5
1

□ = I

## 3

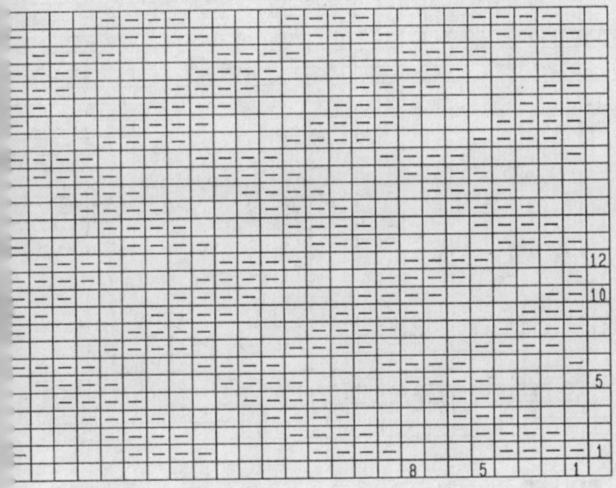
12
10
5
1
8
5
1

□ = I

## 4

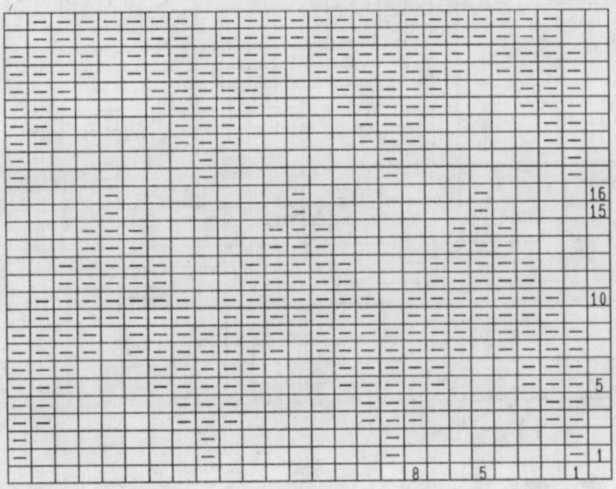
16
15
10
5
1
8
5
1

□ = I

## 5

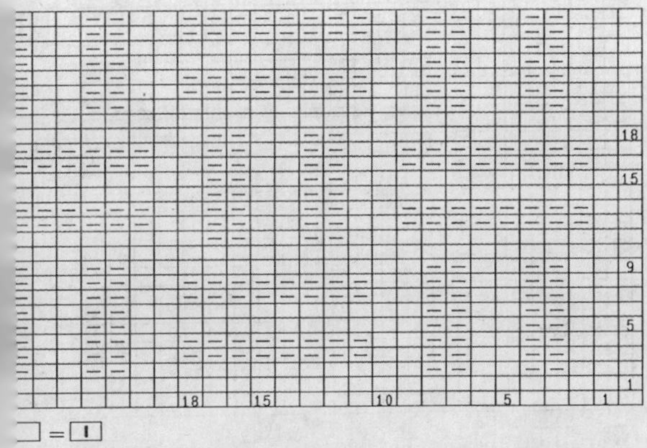
18
15
9
5
1
18
15
10
5
1

□ = I

## 6

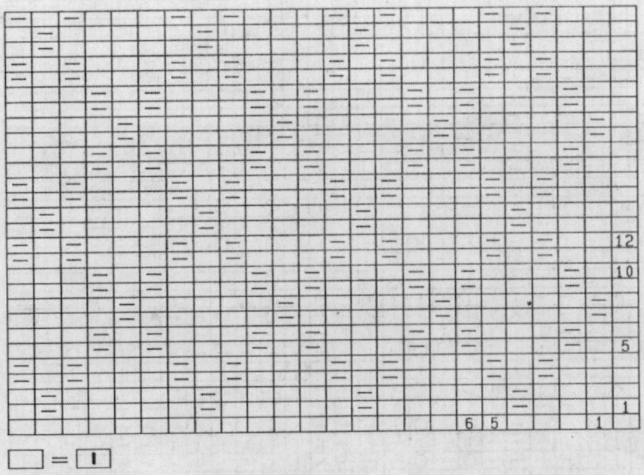
12
10
5
1
6
5
1

□ = I

# 7

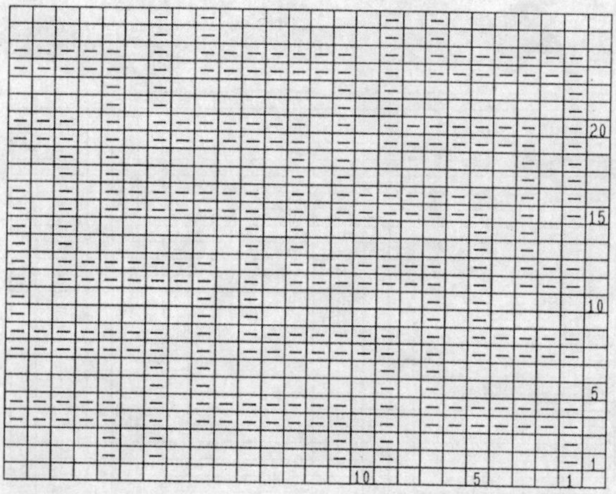
20
15
10
5
1
10
5
1

□ = 丨

# 8

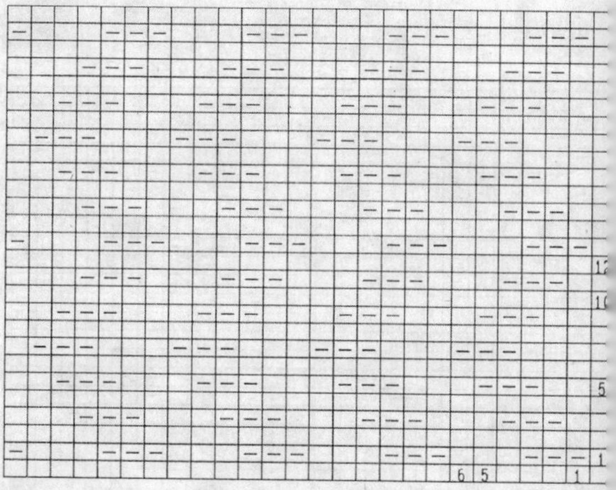
5
1
6
5
1

□ = 丨

# 9

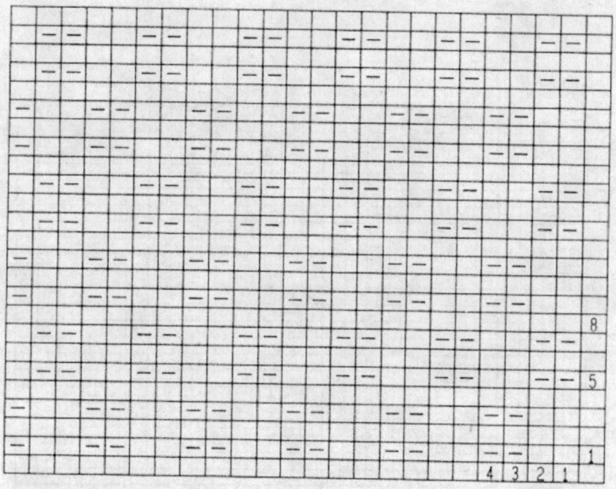
8
5
1
4
3
2
1

□ = 丨

# 10

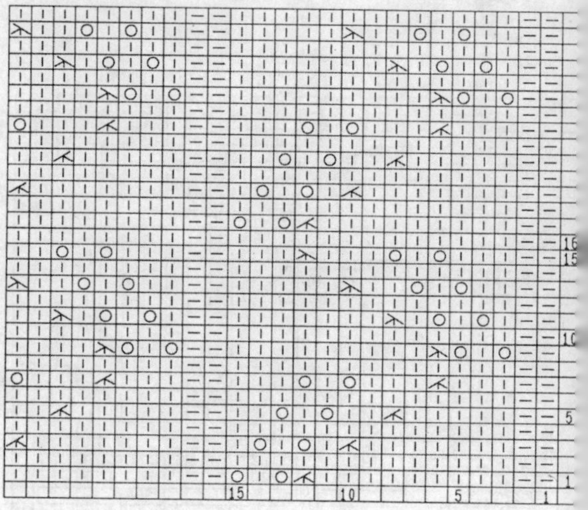
16
15
10
5
1
15
10
5
1

# 11

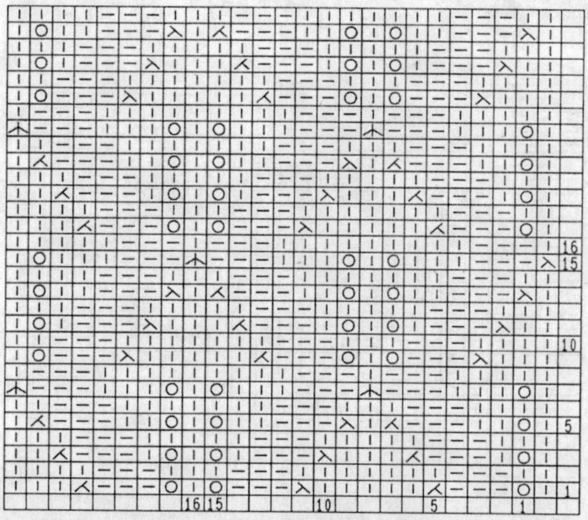
16
15
10
5
1
16
15
10
5
1

# 12

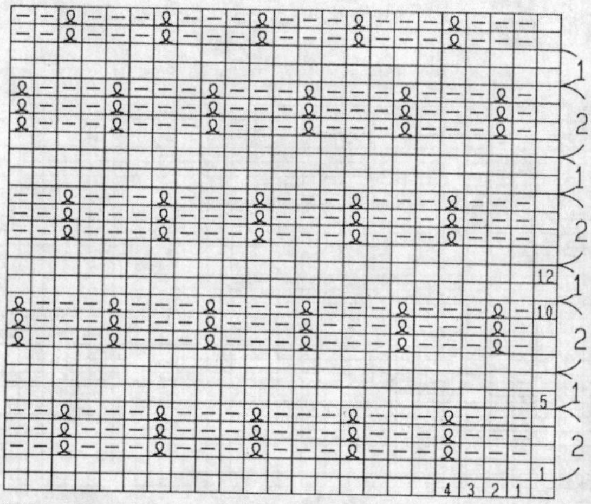
12
10
5
1
4
3
2
1

□ = 丨

# 13

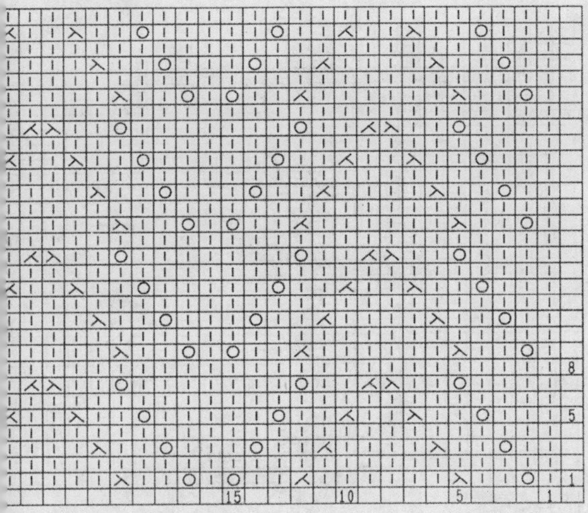
8
5
1
15 10 5 1

# 14

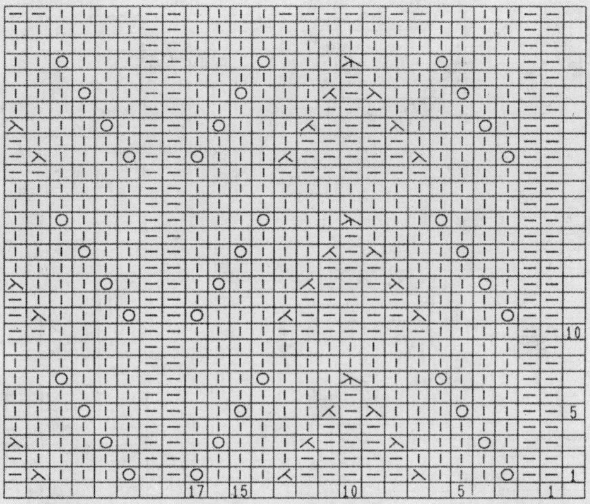
10
5
1
17 15 10 5 1

# 15

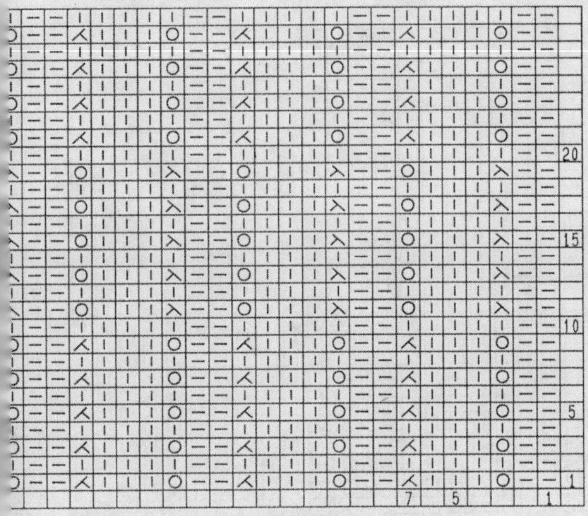
20
15
10
5
1
7 5 1

# 16

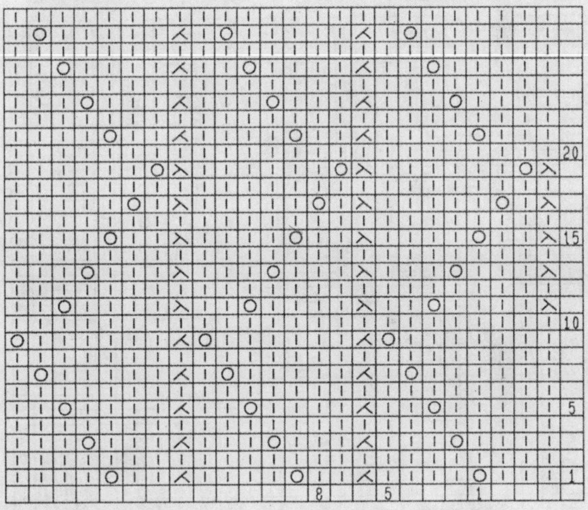
20
15
10
5
1
8 5 1

# 17

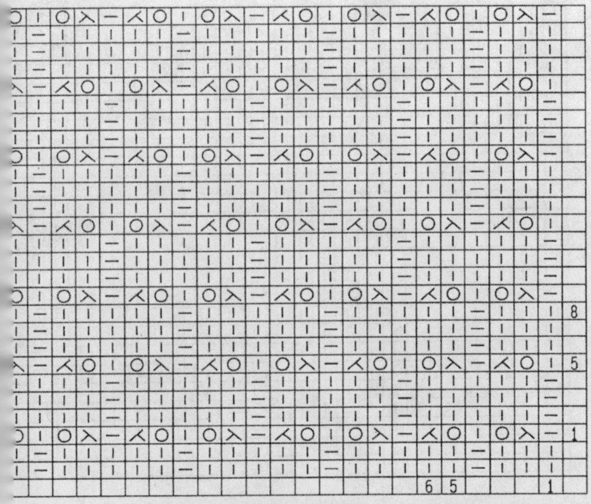
8
5
1
6 5 1

# 18

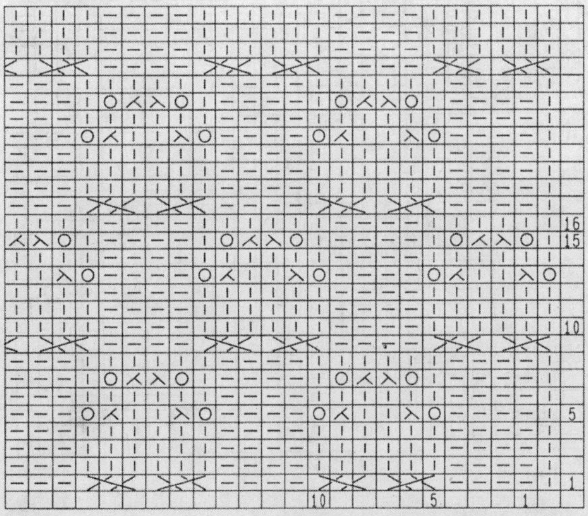
16
15
10
5
1
10 5 1

## 19

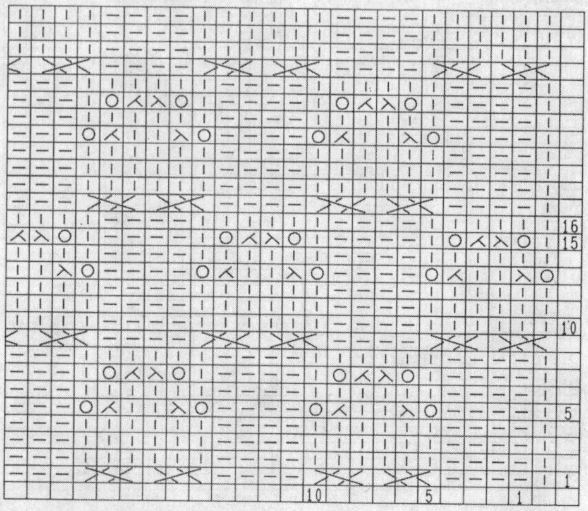
16
15
10
5
1
10
5
1

## 20

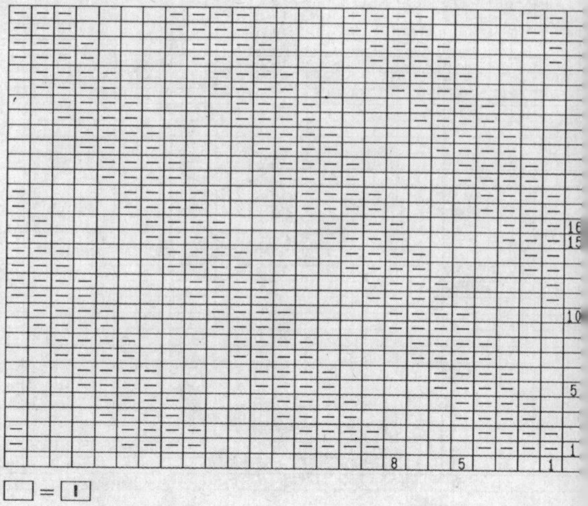
16
15
10
5
1
8
5
1

## 22

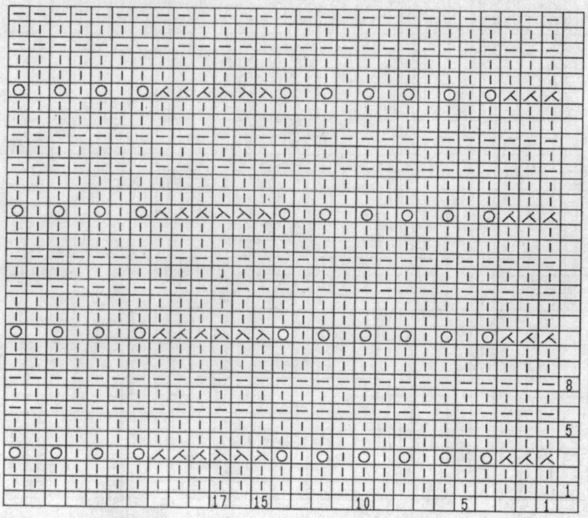
8
5
1
17
15
10
5
1

## 23

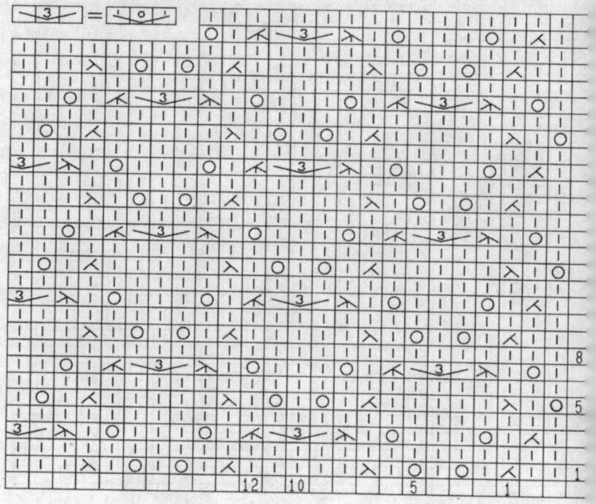
8
5
1
12
10
5
1

## 24

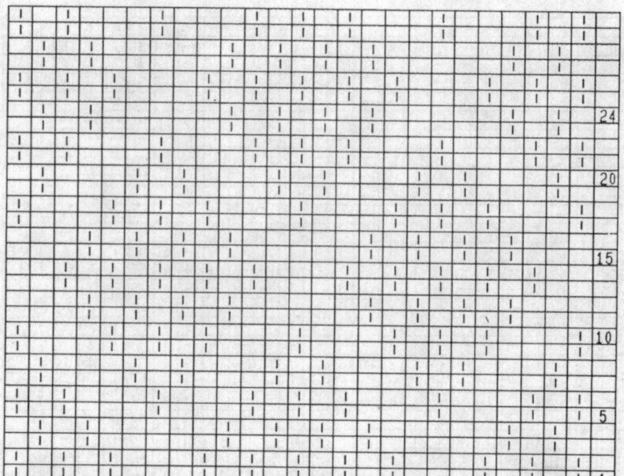
24
20
15
10
5
1
12
10
5
1

## 25

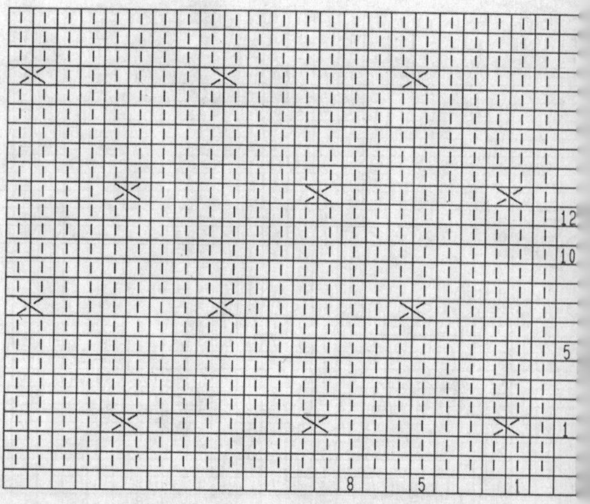
12
10
5
1
8
5
1

# 26

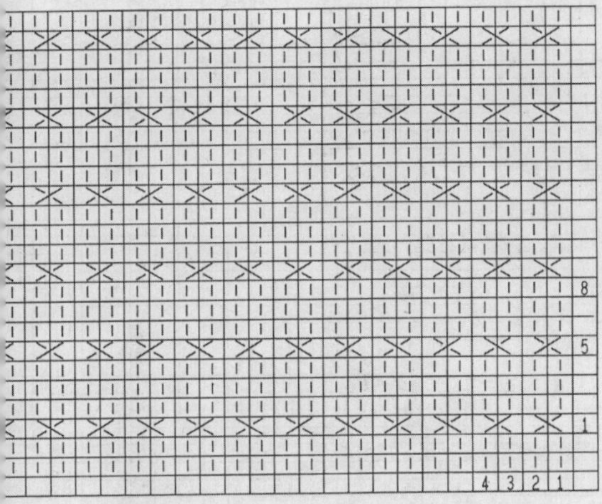
8
5
1
4 3 2 1

# 27

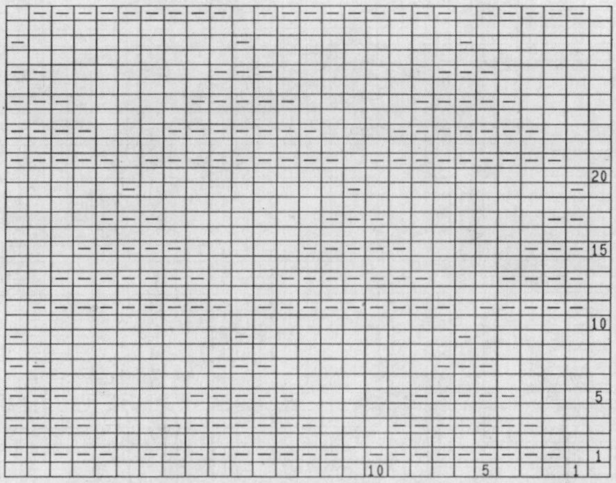
20
15
10
5
1
10 5 1

□ = I

# 28

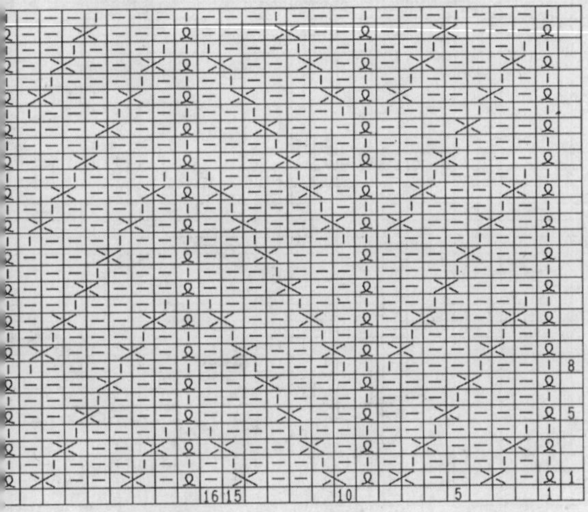
8
5
1
16 15 10 5 1

# 29

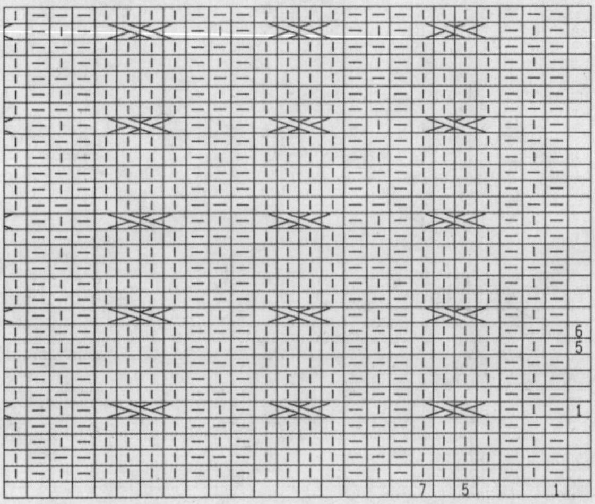
6
5
1
7 5 1

# 30

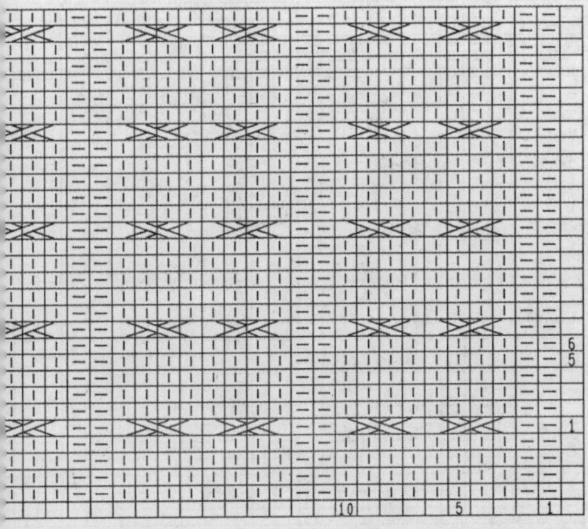
6
5
1
10 5 1

# 31

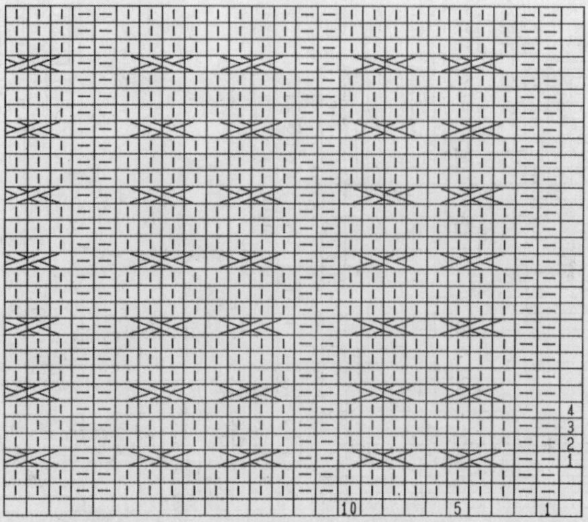
4
3
2
1
10 5 1

32

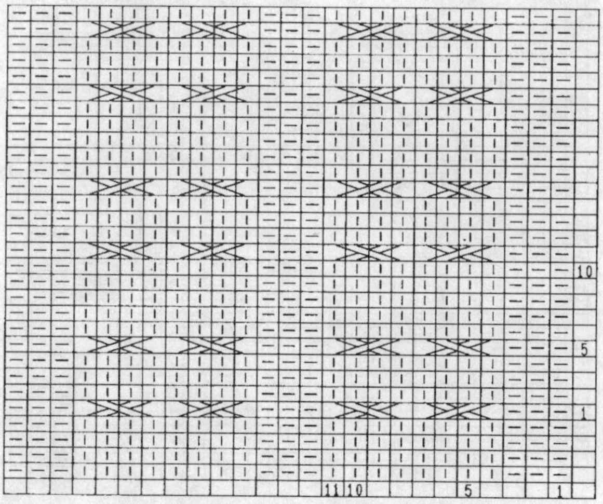

33

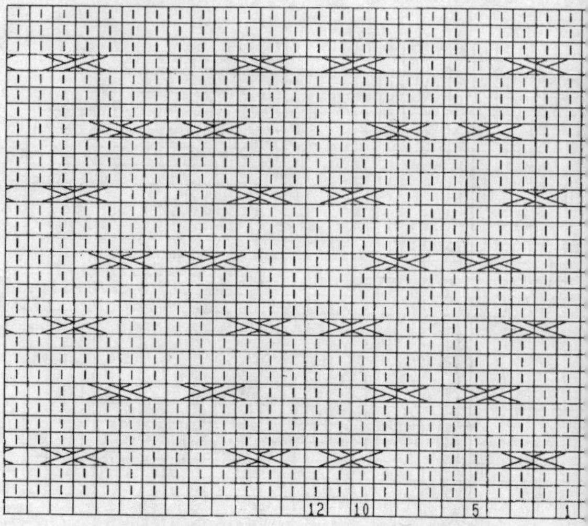

34

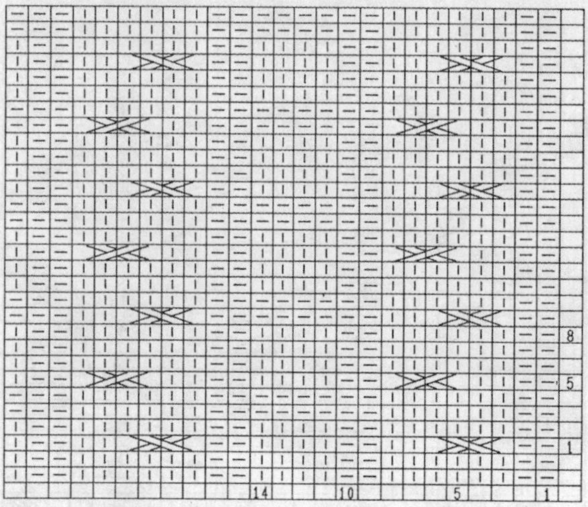

35

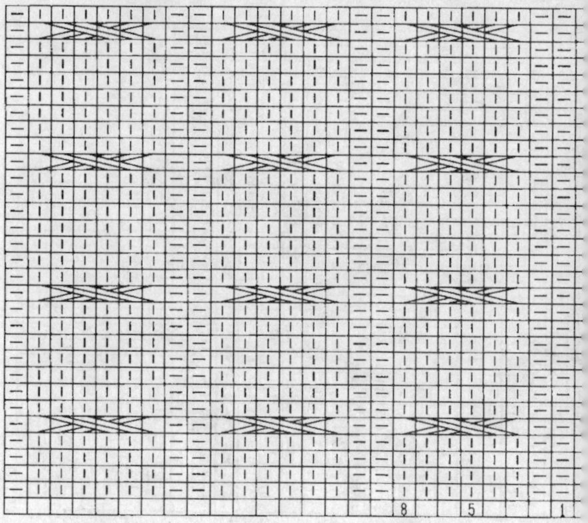

36

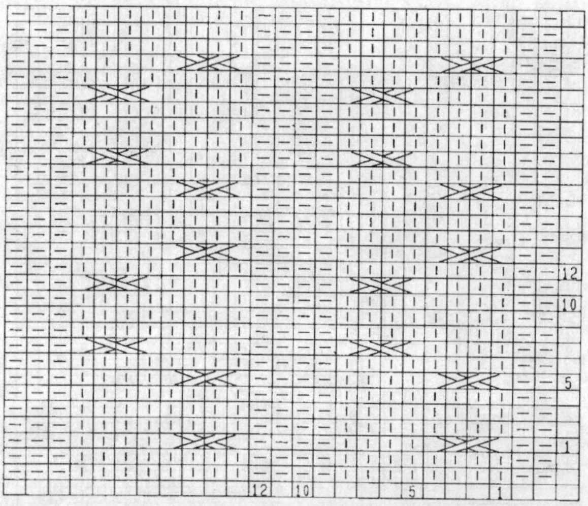

37

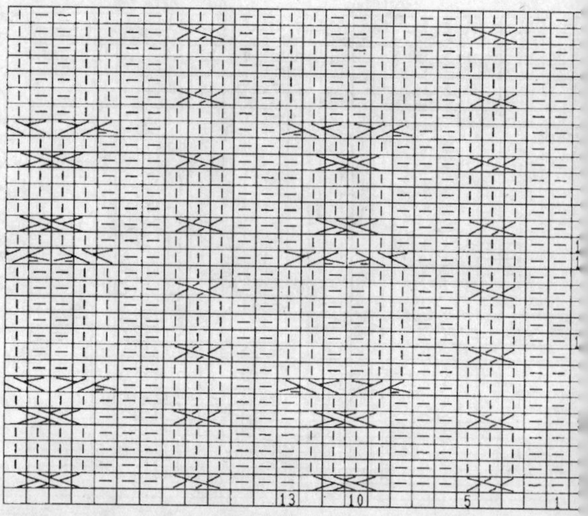

# 39

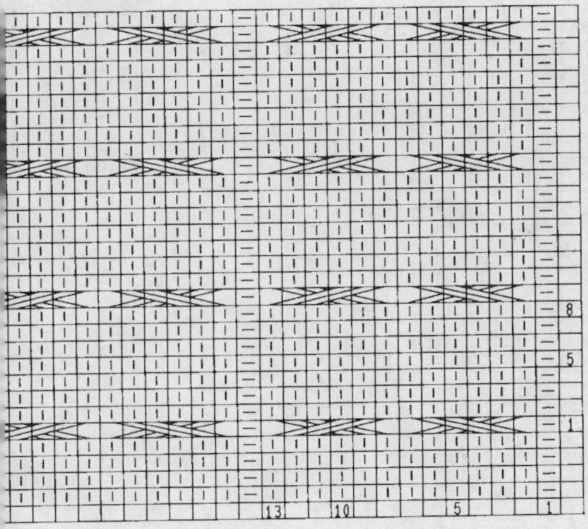

# 40

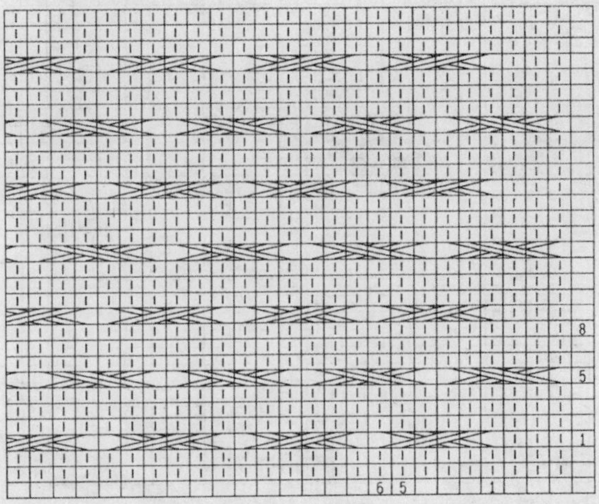

# 41

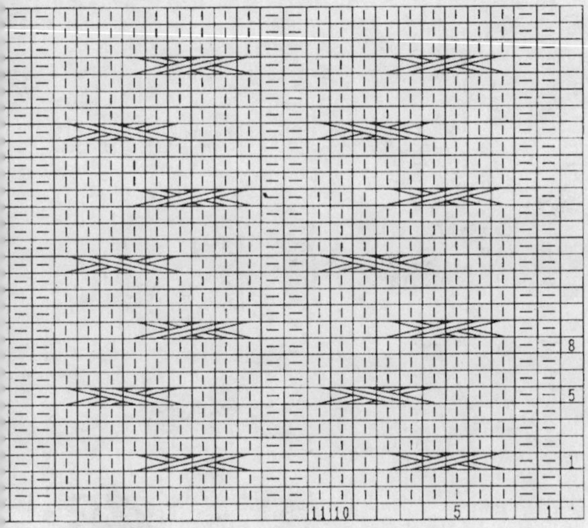

# 42

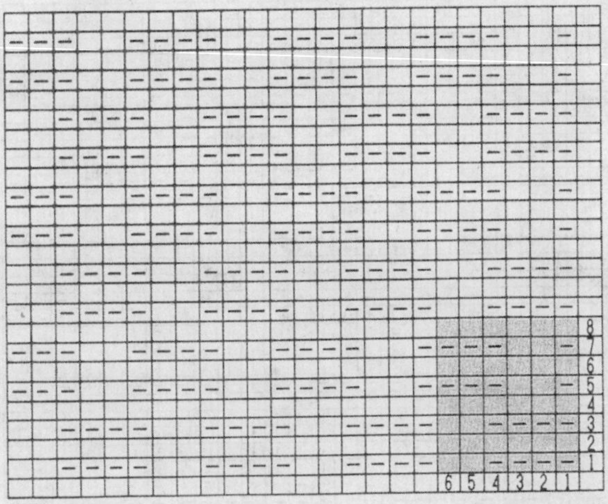

□ 表目

# 43

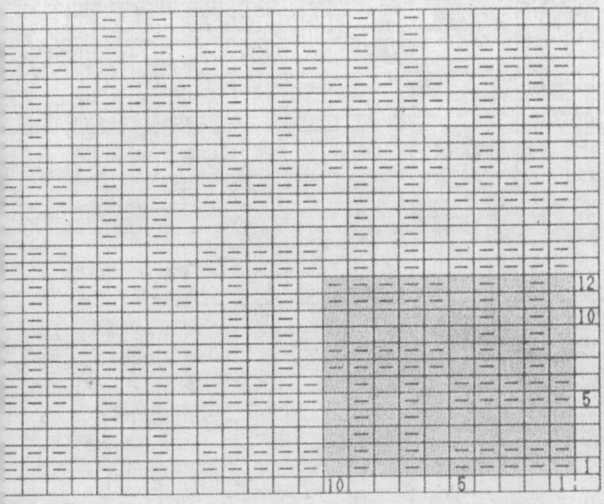

□ = I

# 44

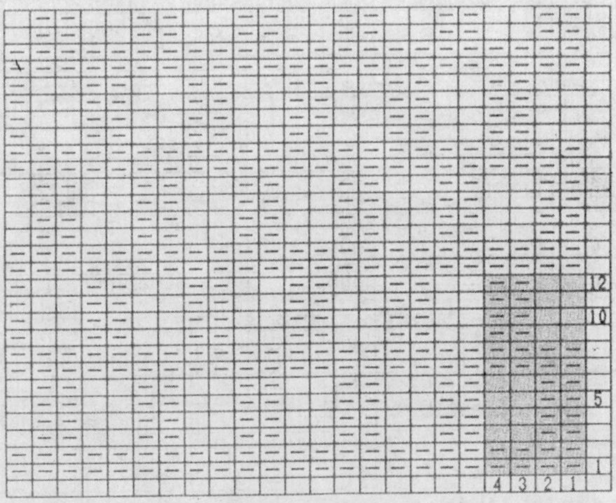

□ = I

## 45

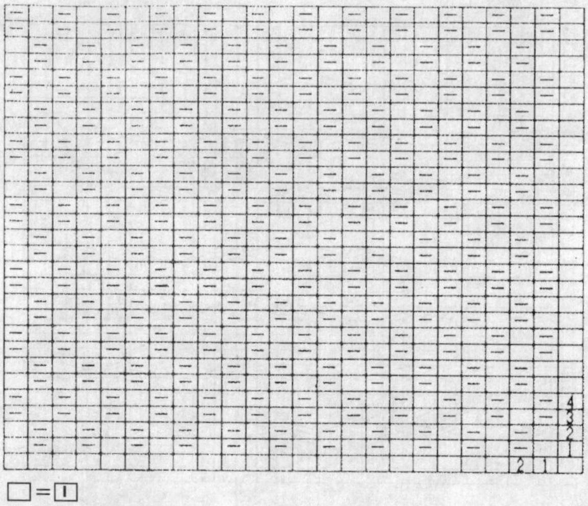

## 46

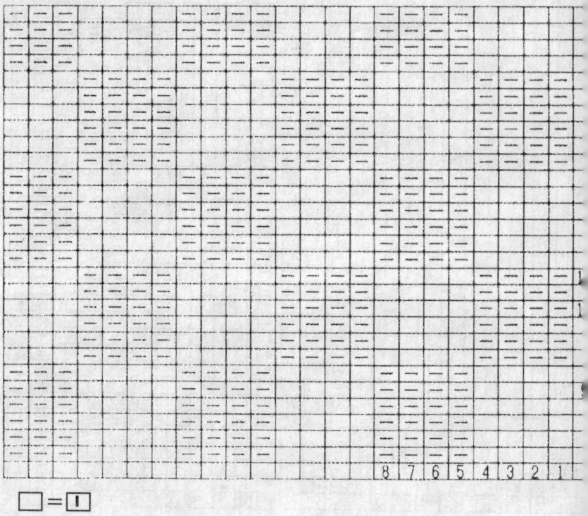

## 47

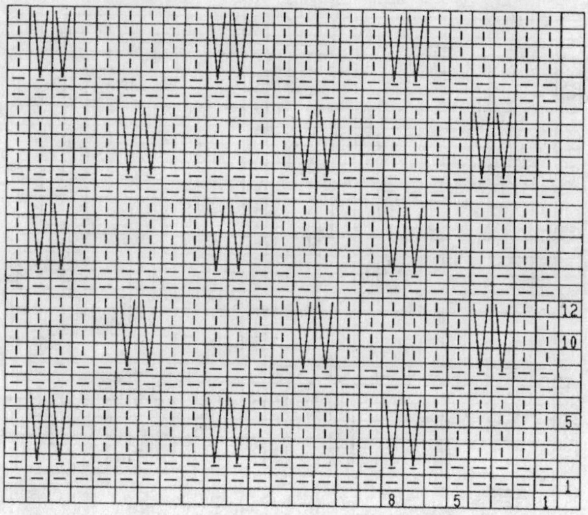

## 48

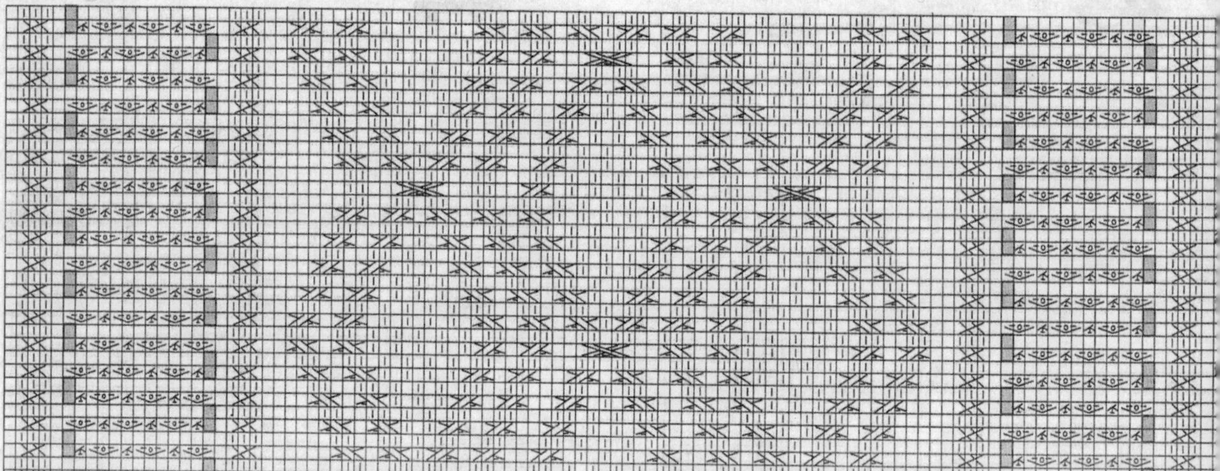
中心

空针

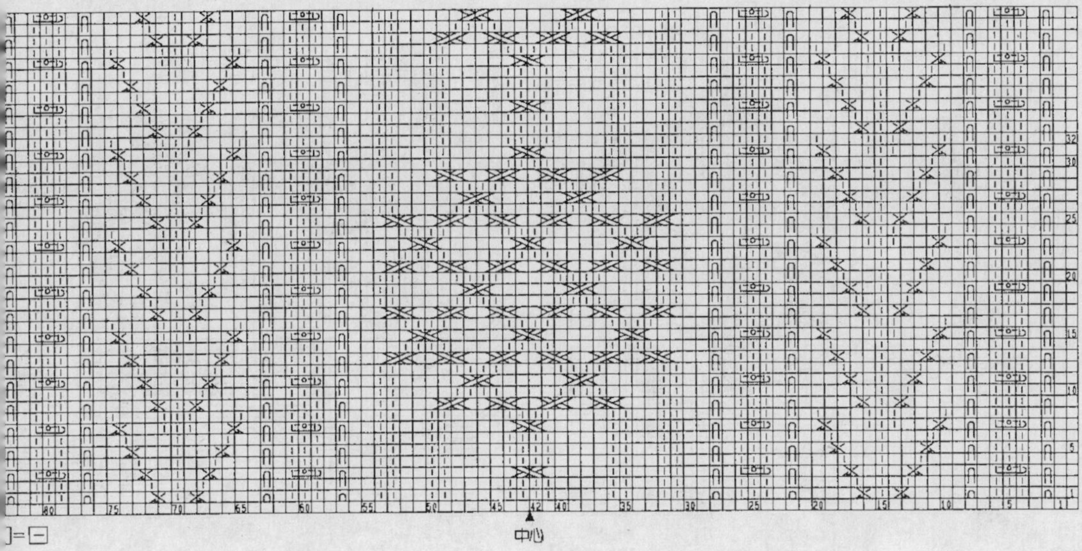
中心

**49**

**50**

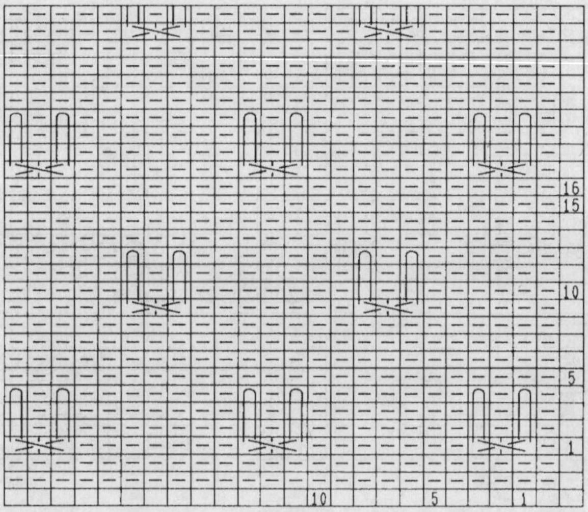

**51**

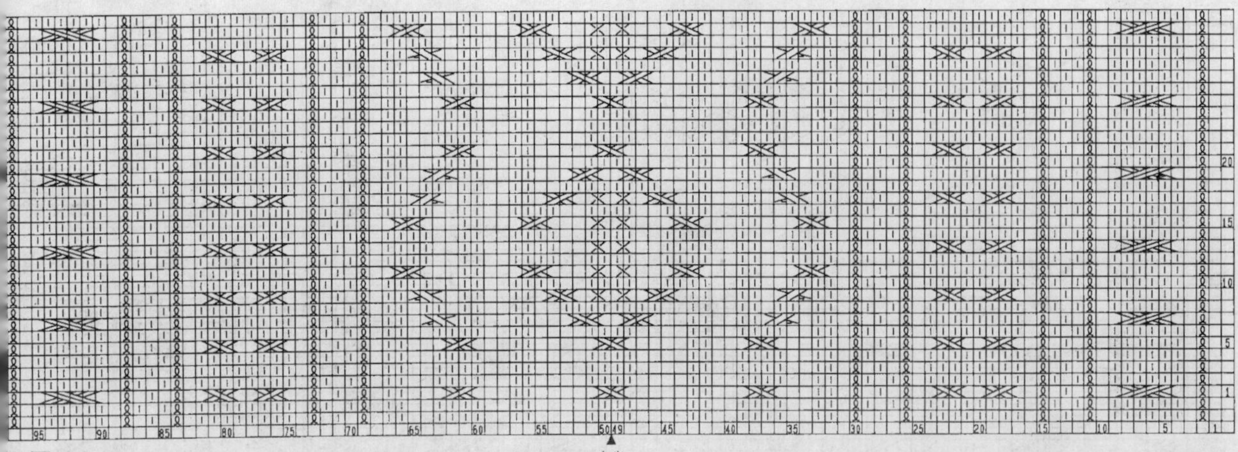
中心

# 52

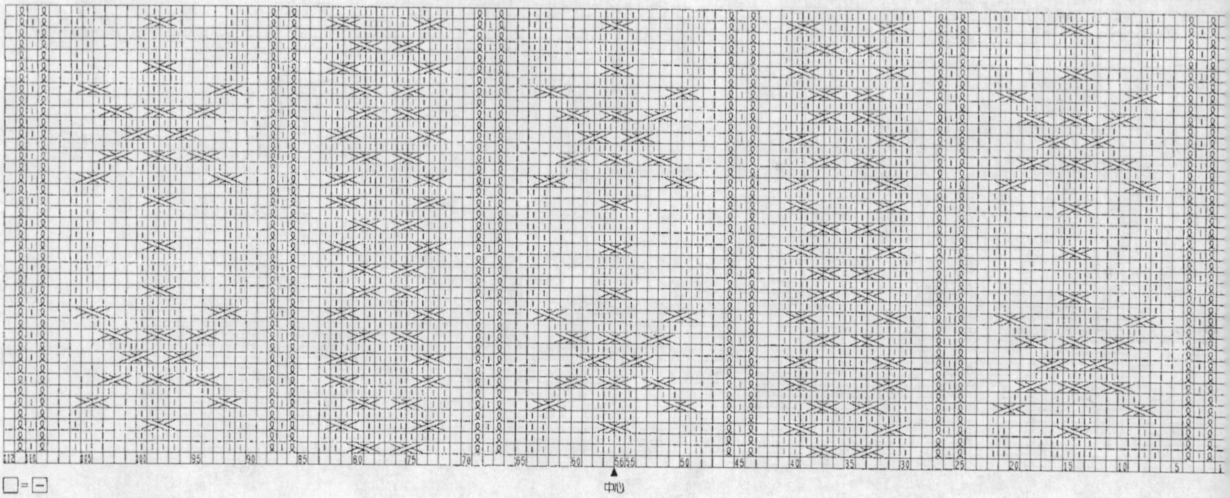
中心

□=⊟

# 53

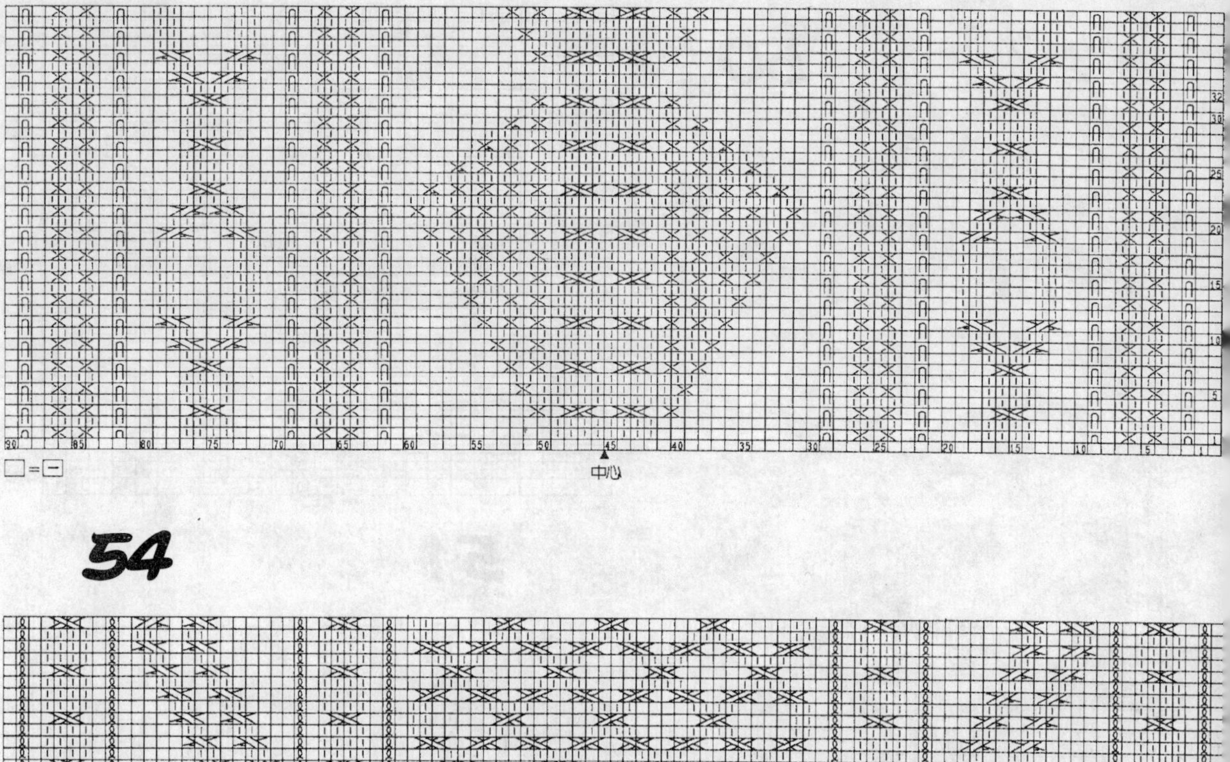
中心

□=⊟

# 54

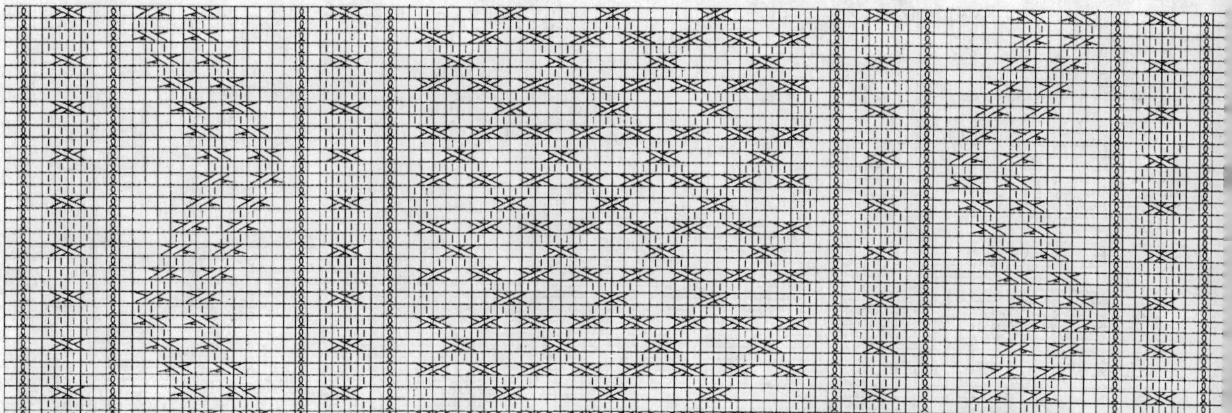
中心

□=⊟

## 55

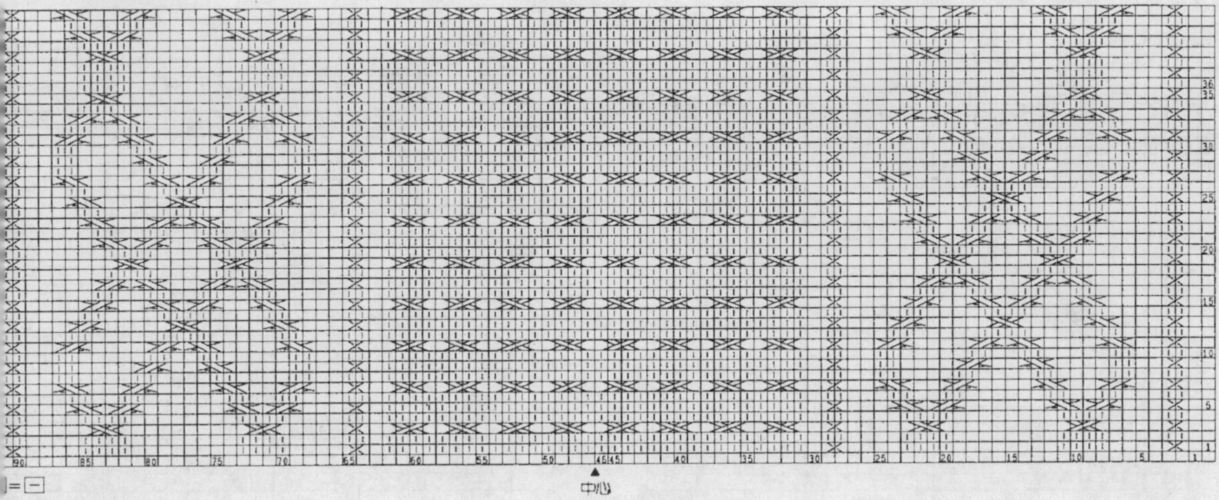
中心

## 56

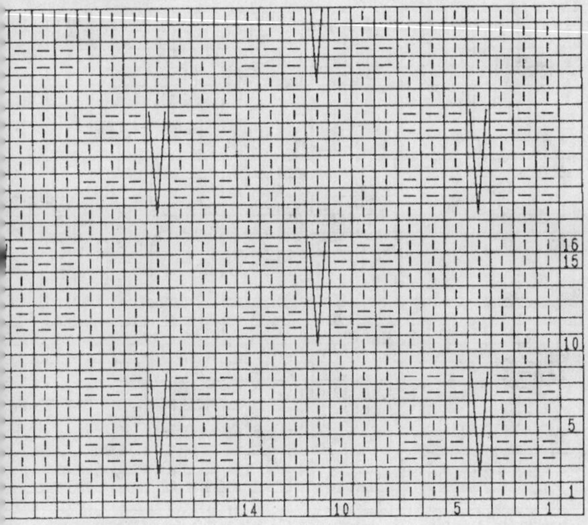

## 57

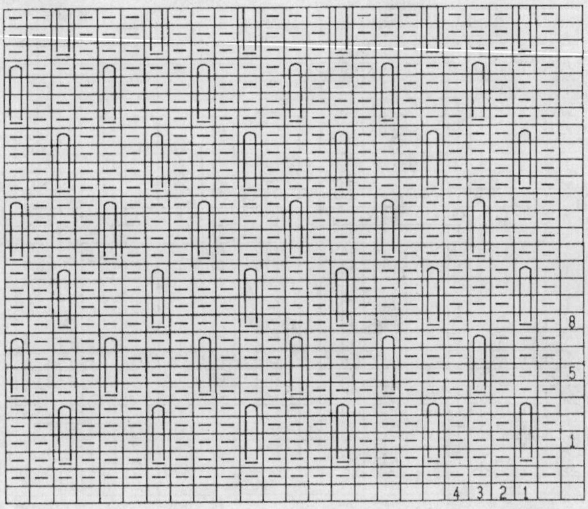

## 58

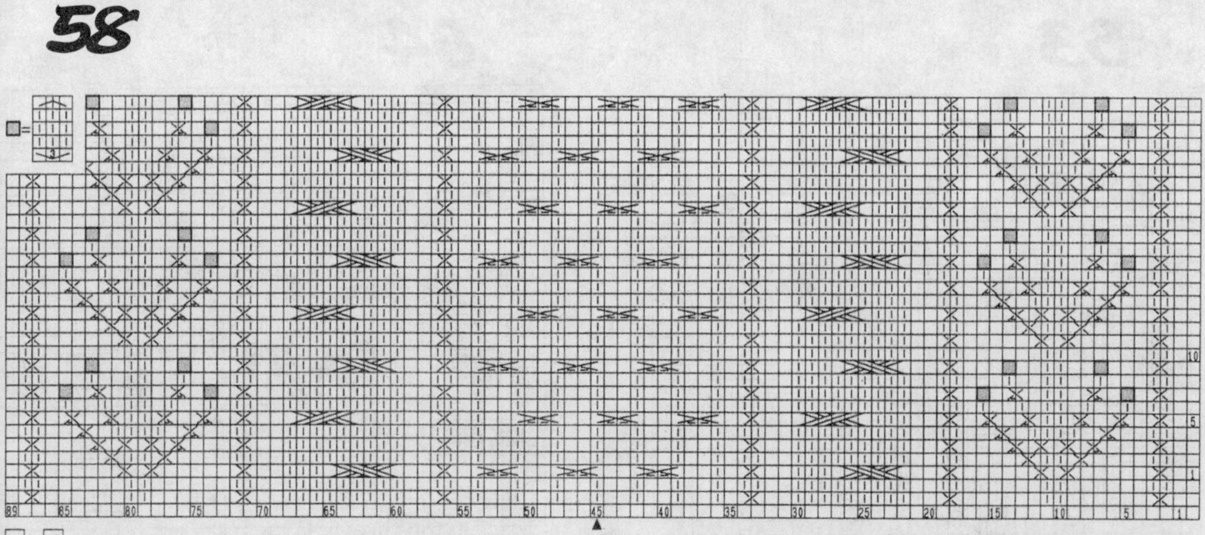
中心

## 59

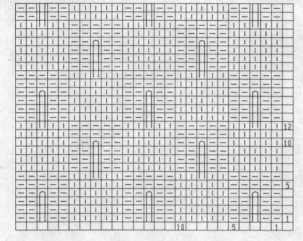

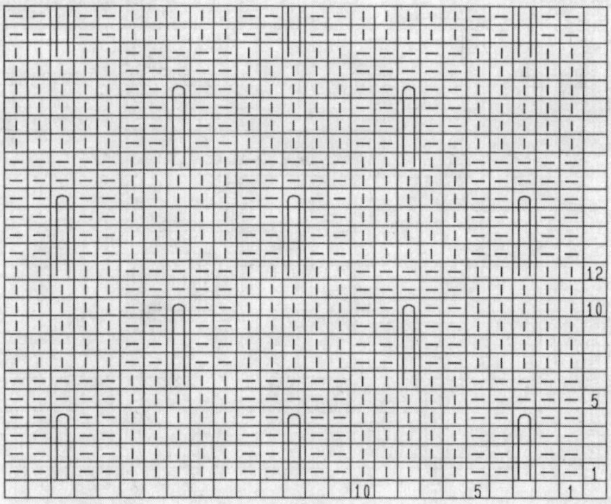

## 60

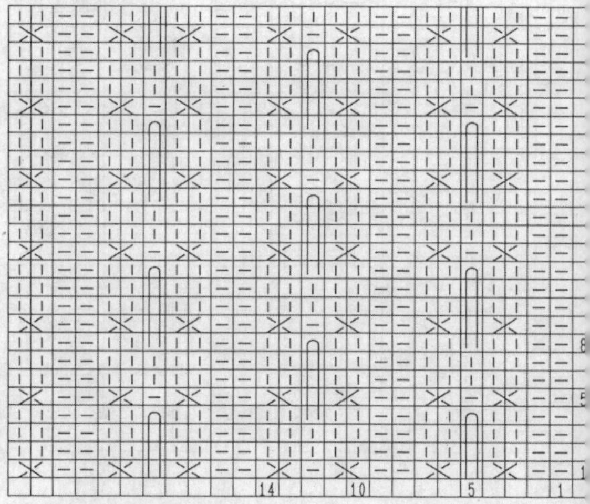

## 61

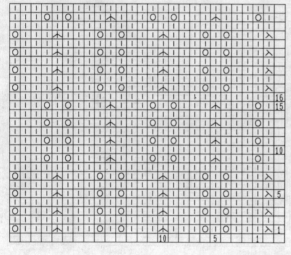

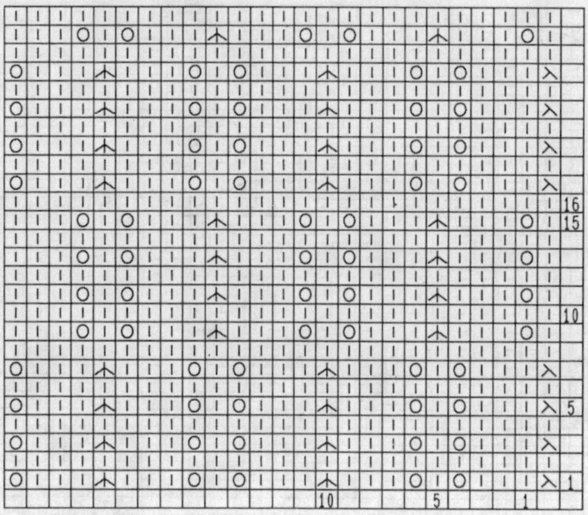

## 62

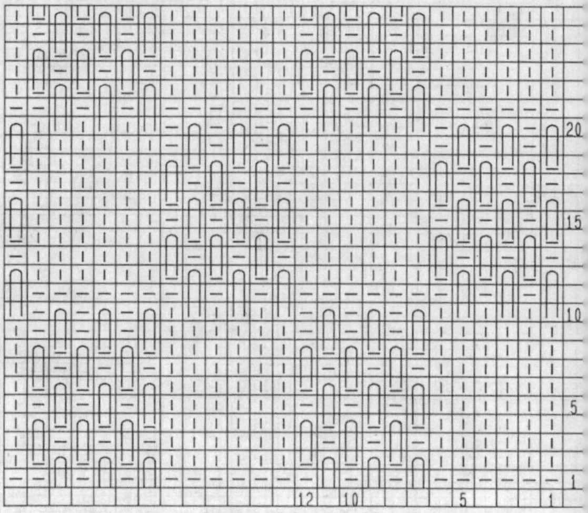

## 63

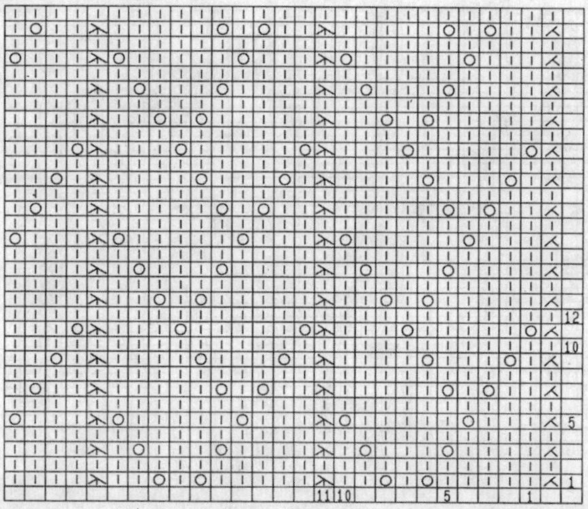

## 64

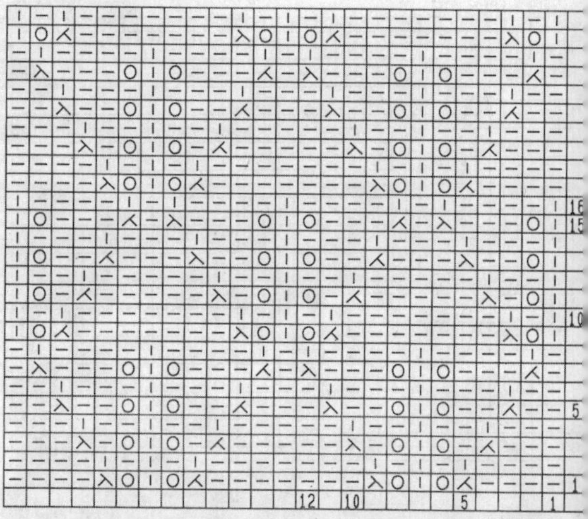

# 65

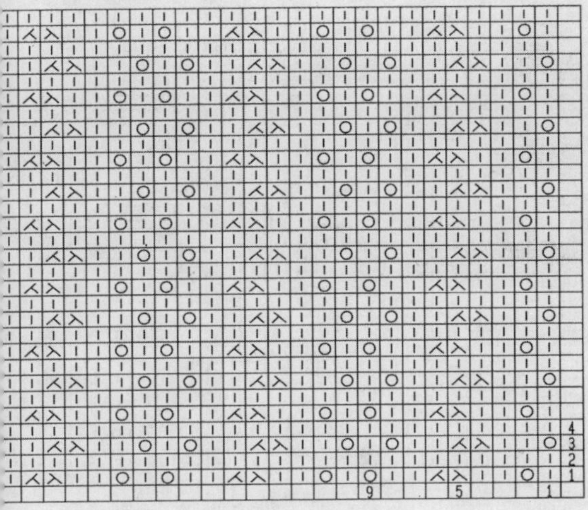

# 66

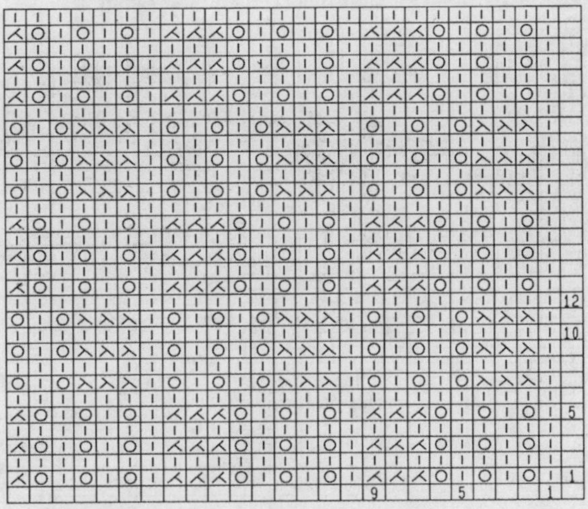

# 67

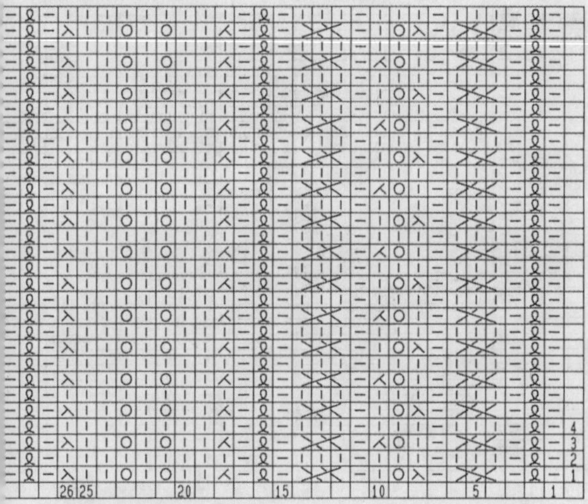

# 68

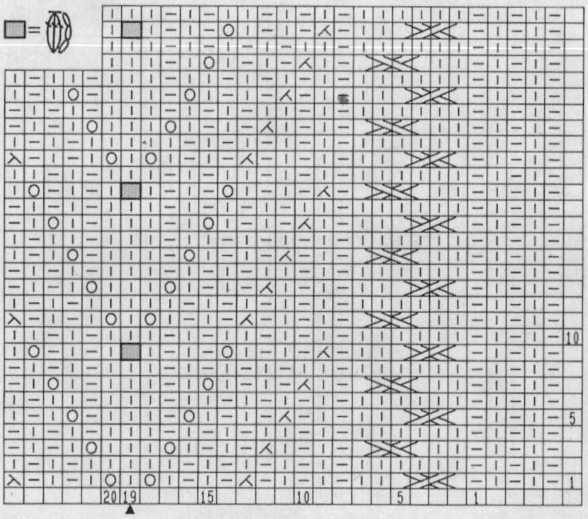

# 69

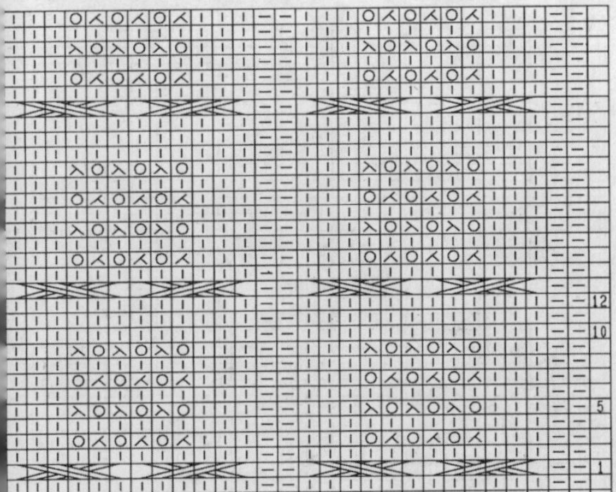

# 70

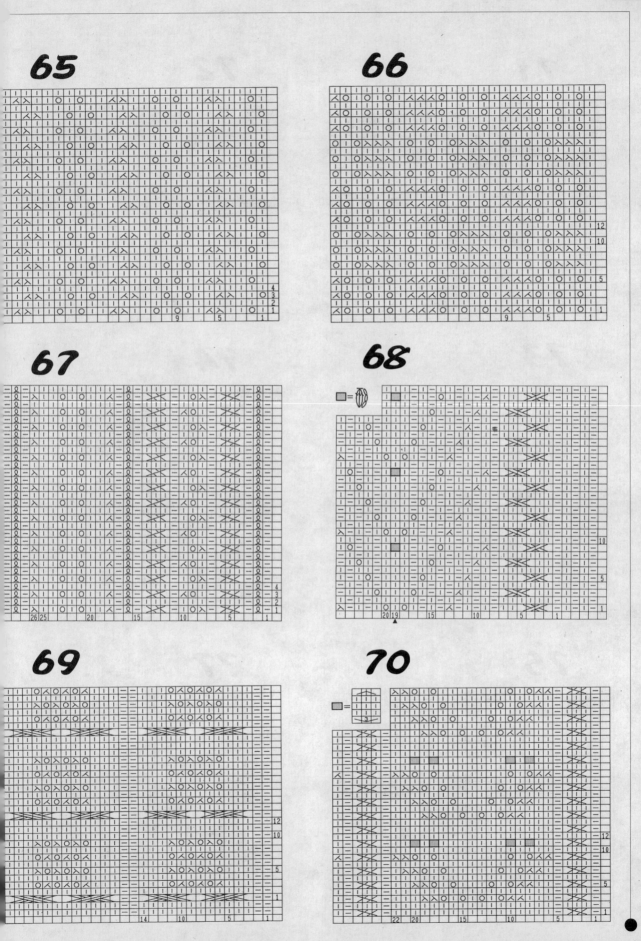

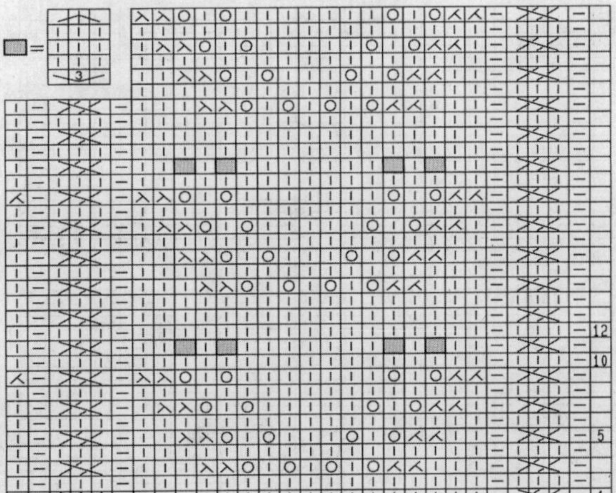

## 71

## 72

## 73

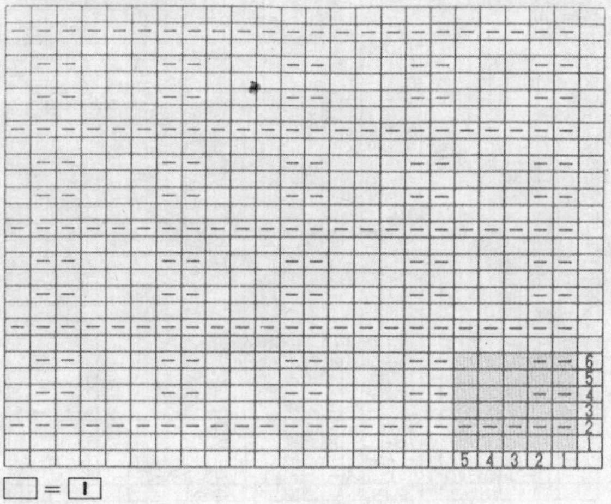

## 74

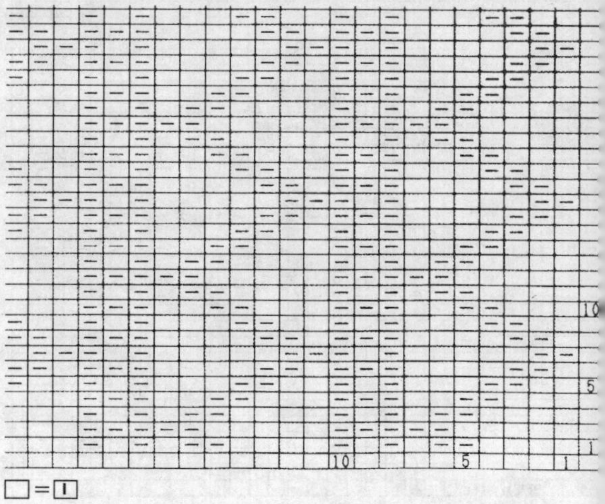

## 76

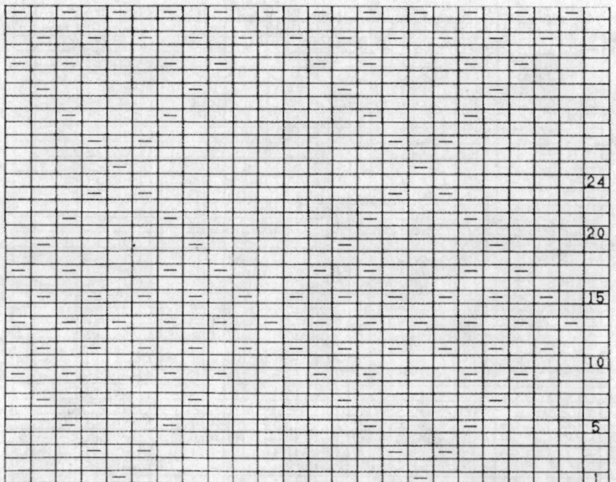

## 77

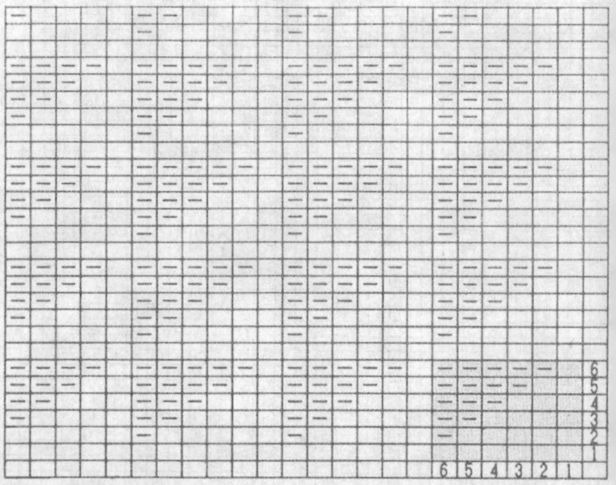

# 78

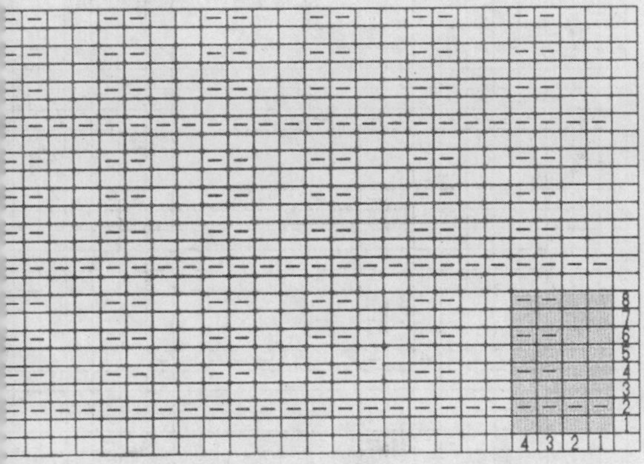

□ = I

# 79

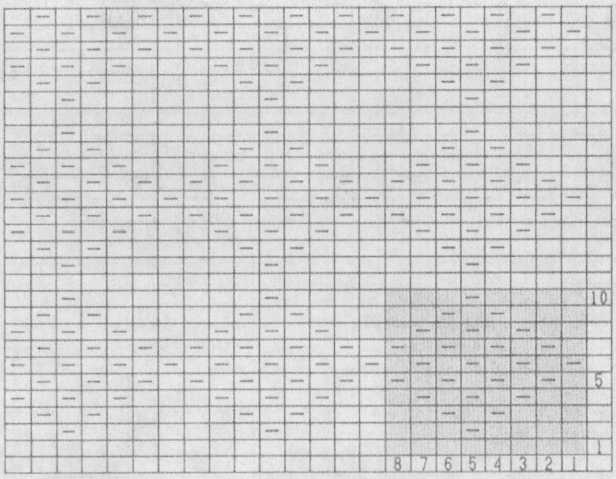

□ = I

# 80

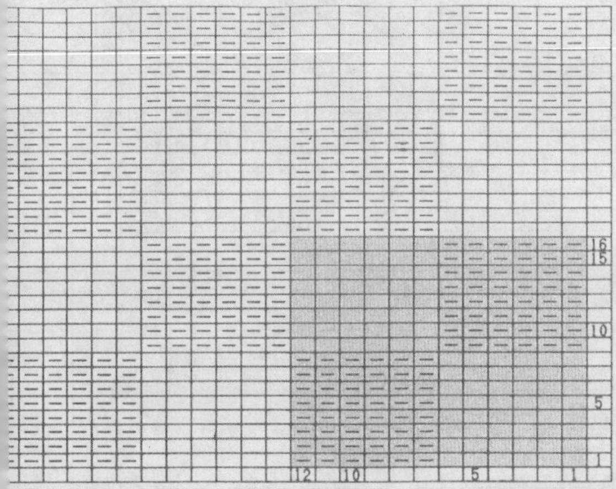

□ = I

# 81

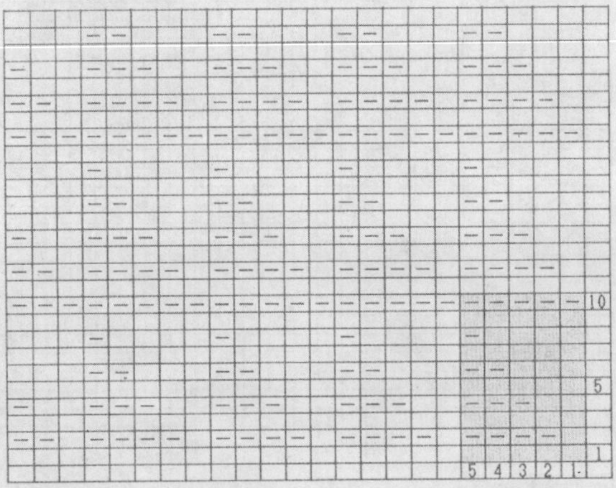

□ = I

# 82

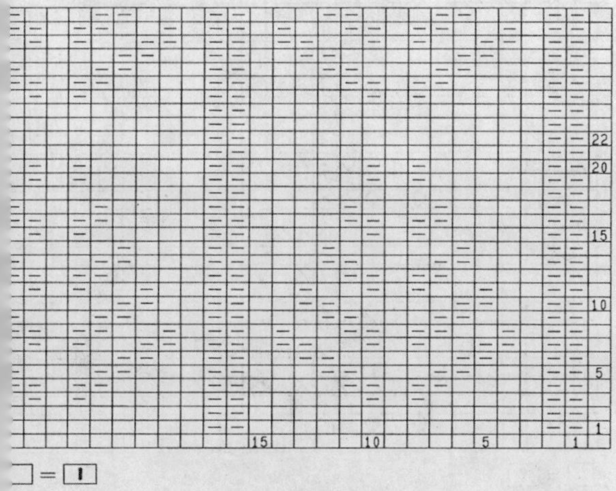

□ = I

# 83

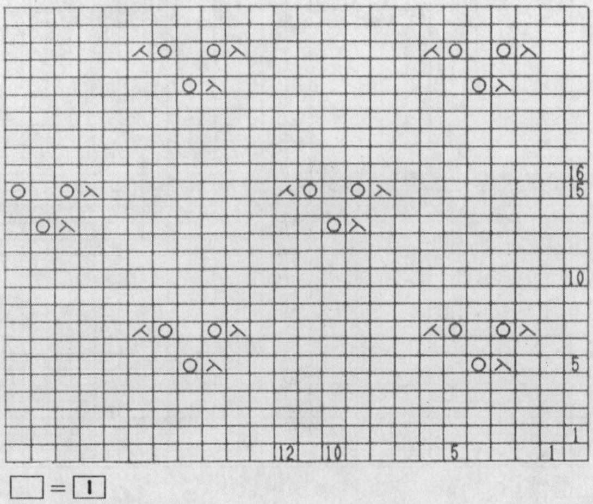

□ = I

# 84

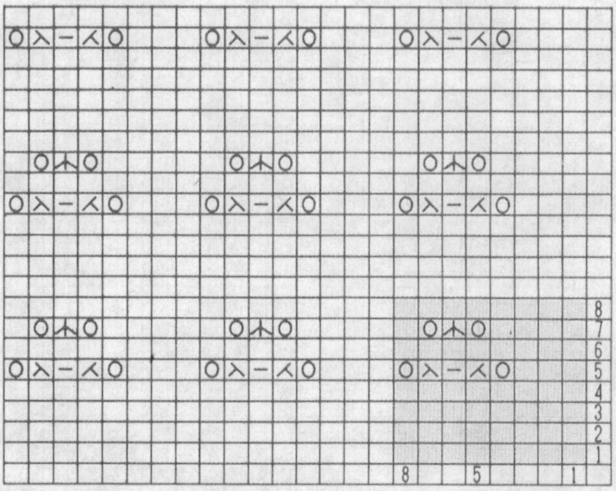

□ = |

# 85

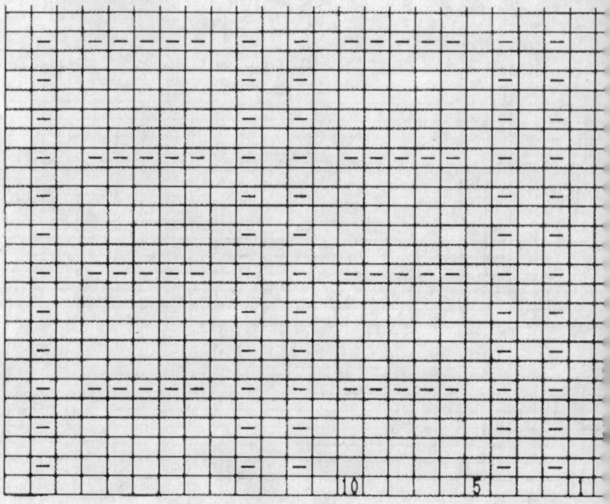

□ = |

# 86

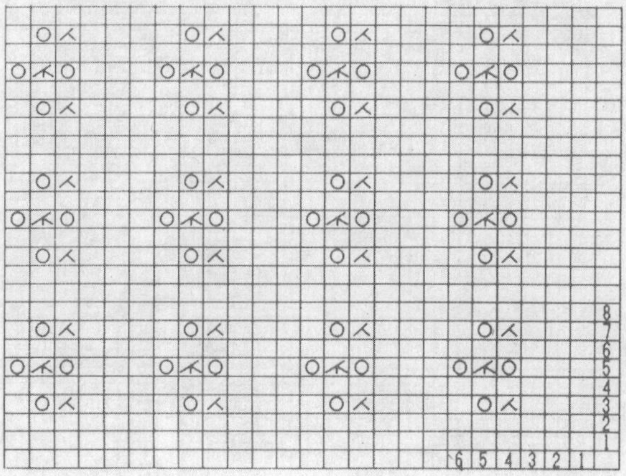

□ = |

# 87

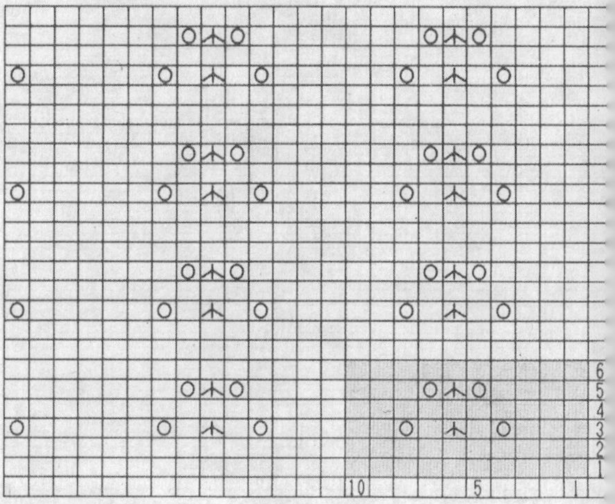

□ = |

# 88

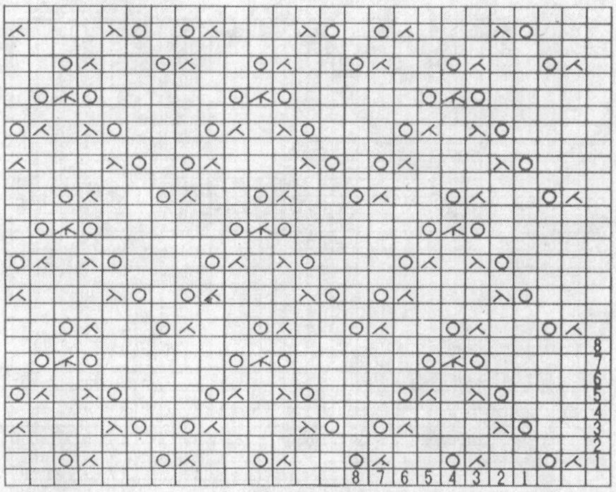

□ = |

# 89

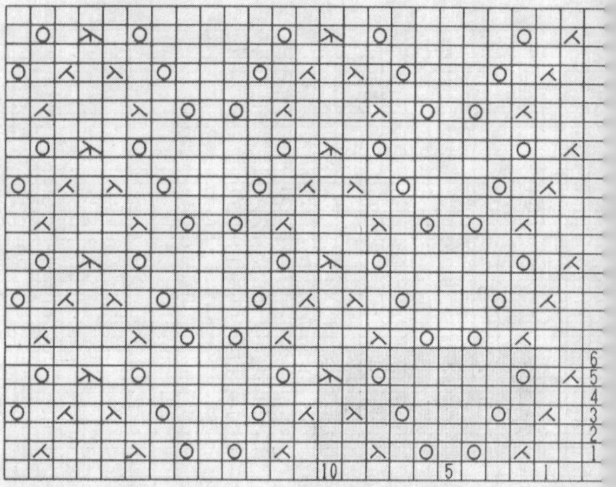

□ = |

## 90

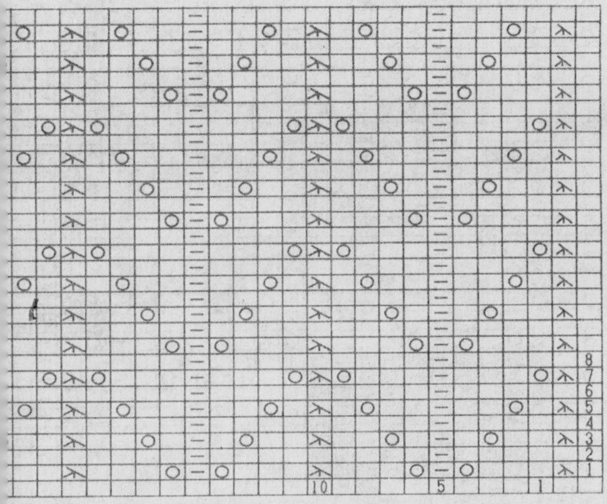

□ = I

## 91

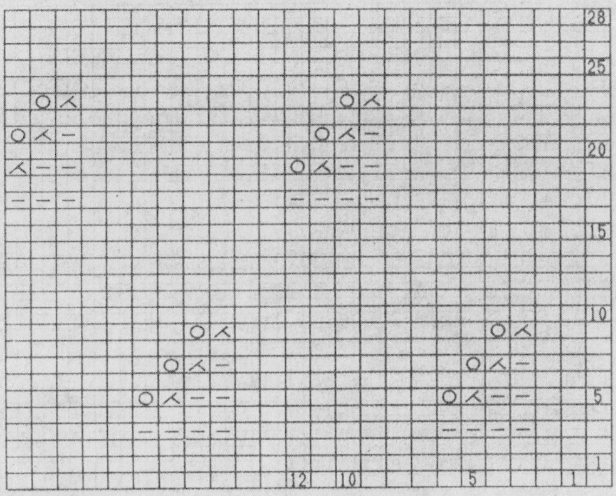

□ = I

## 92

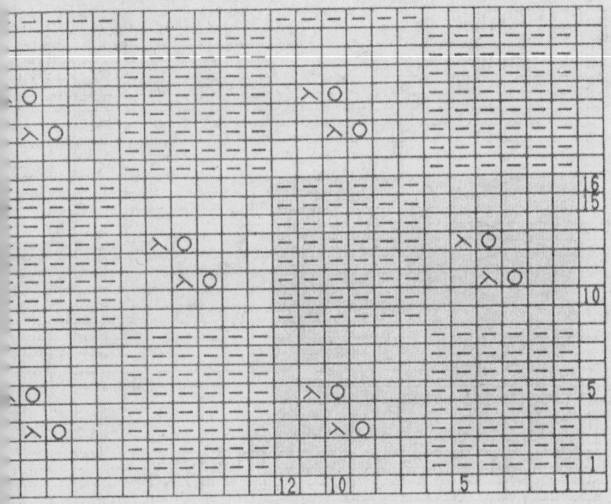

□ = I

## 93

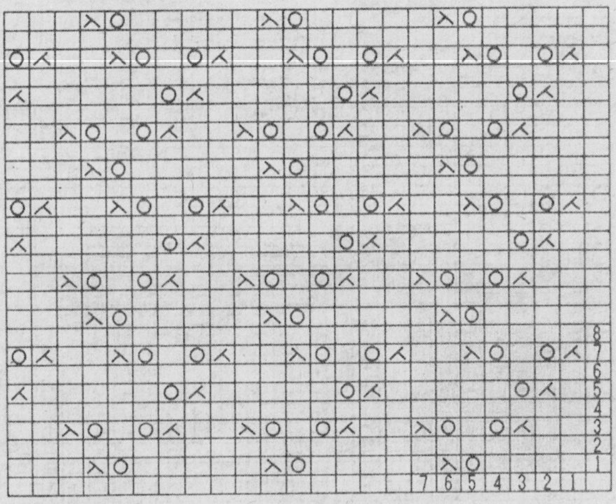

□ = I

## 94

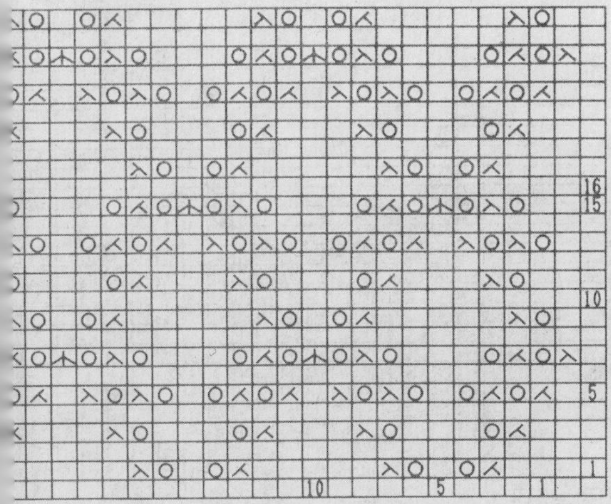

□ = I

## 95

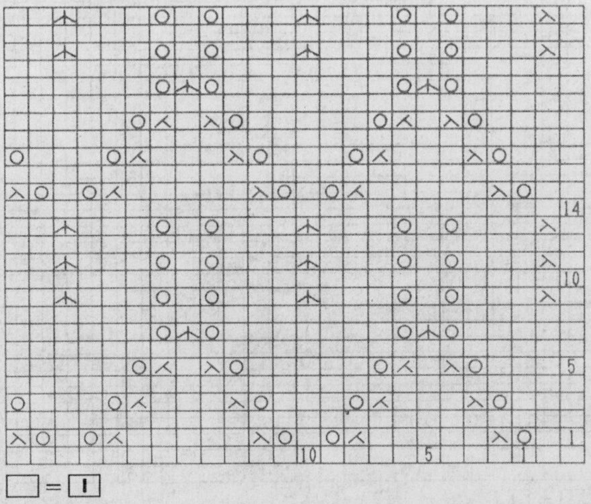

□ = I

# 96

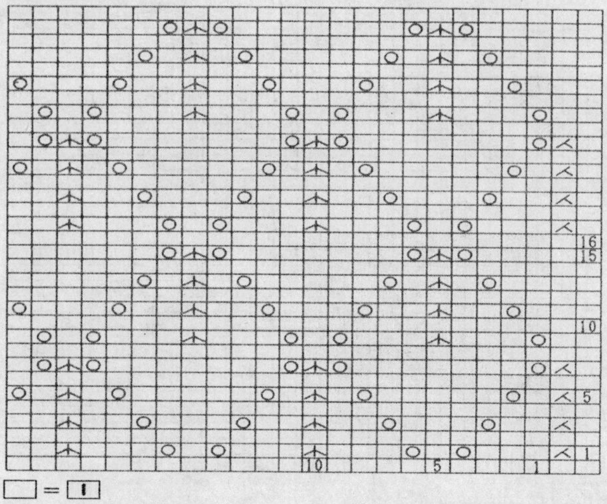

# 97

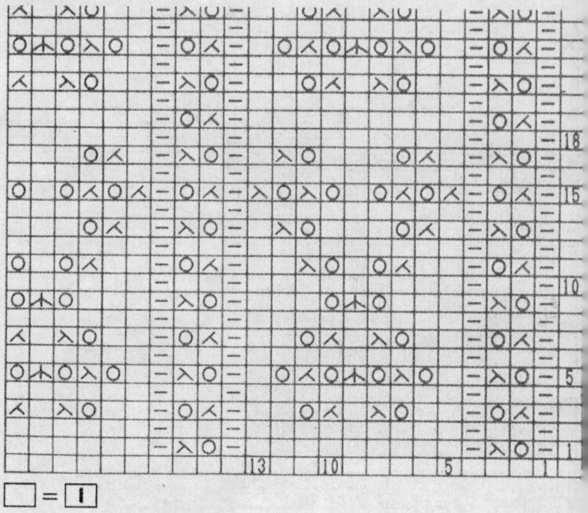

# 99

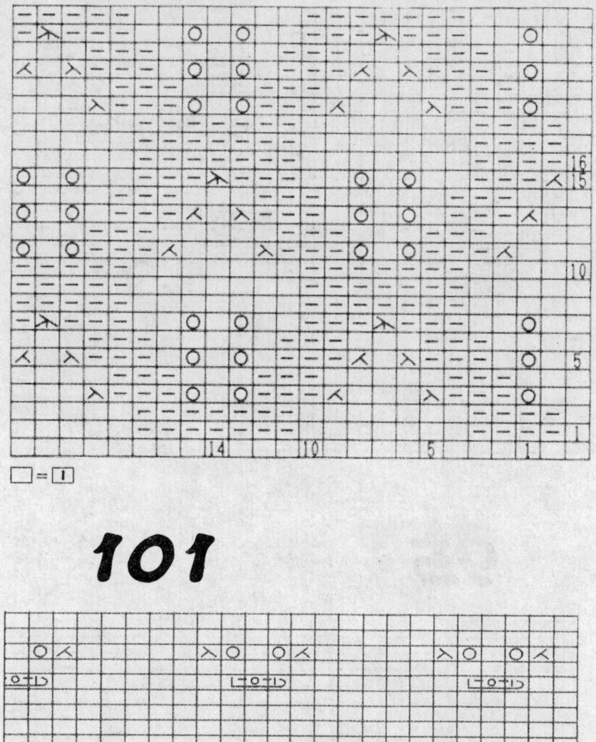

# 100

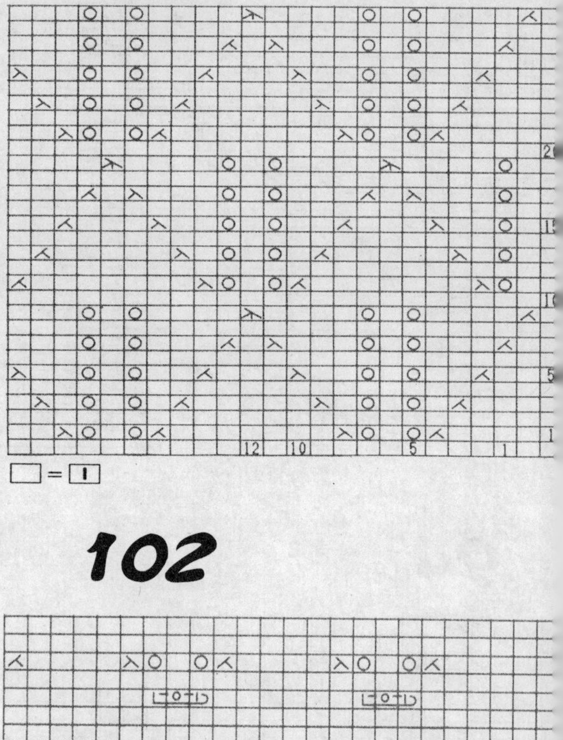

# 101

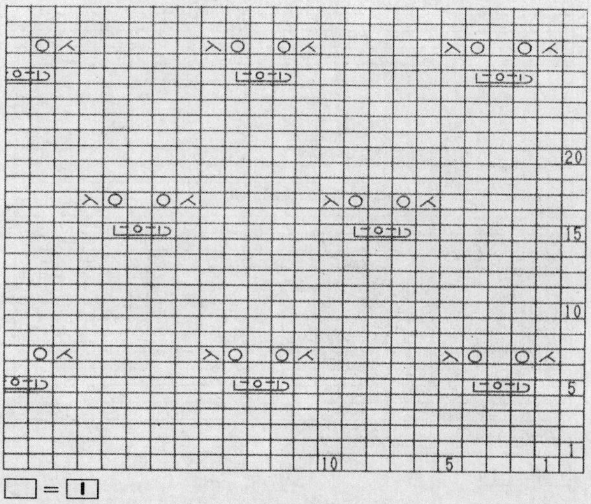

# 102

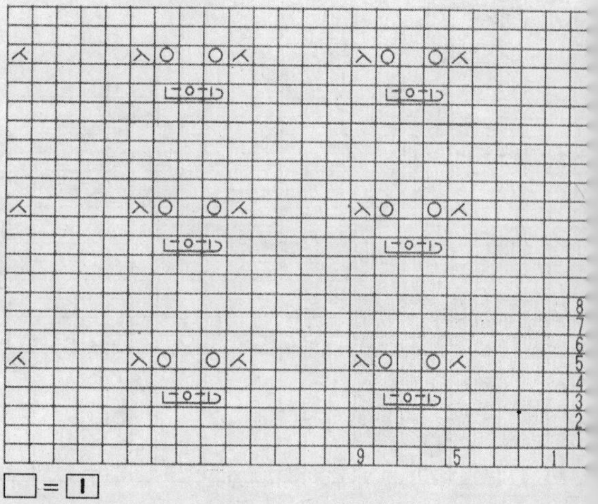

## 103

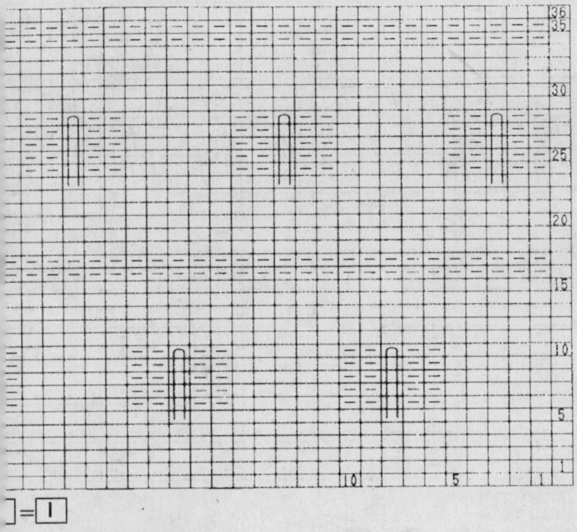

## 104

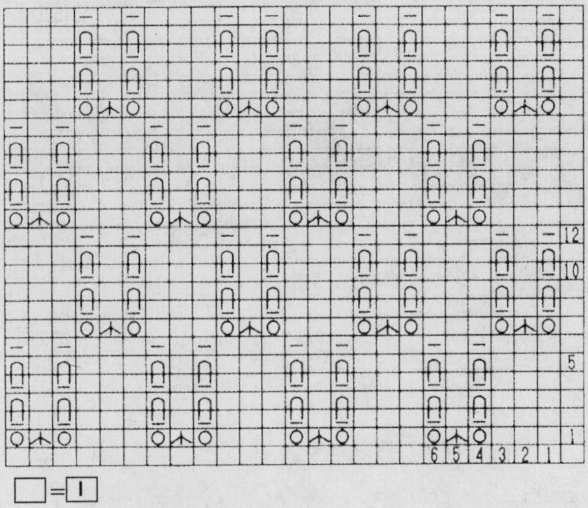

## 105

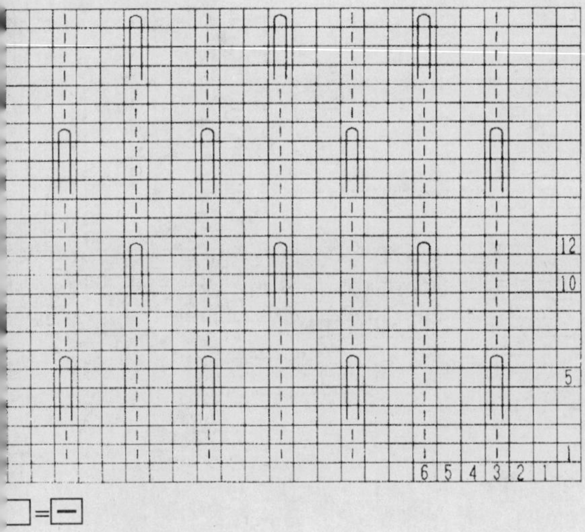

## 106

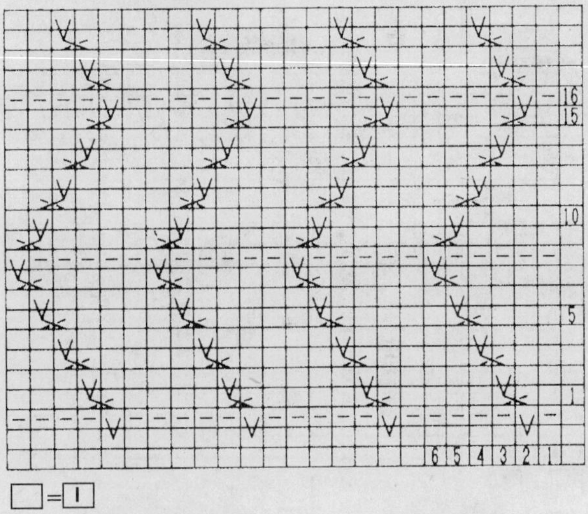

## 107

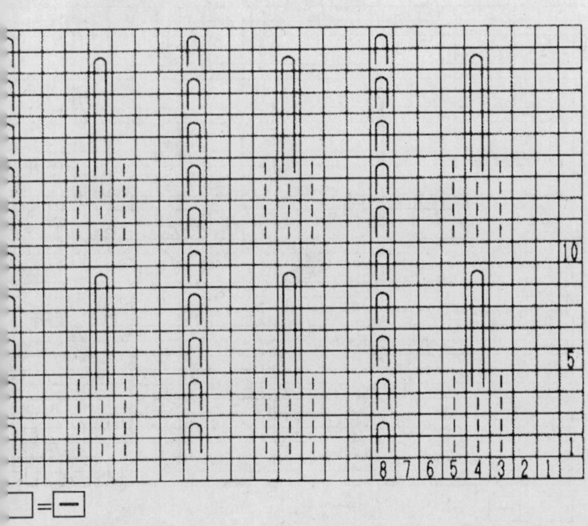

## 108

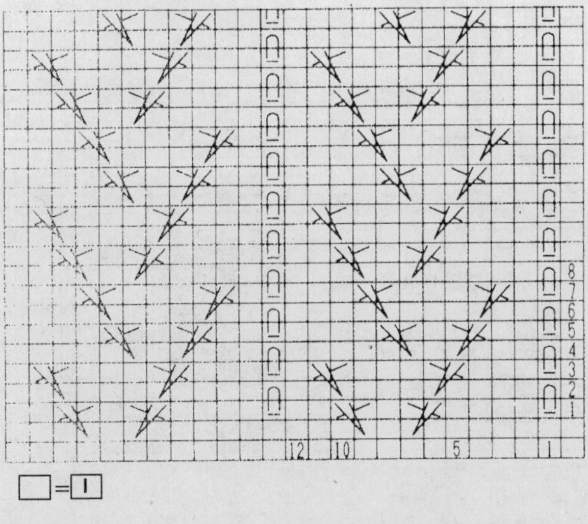

## 109

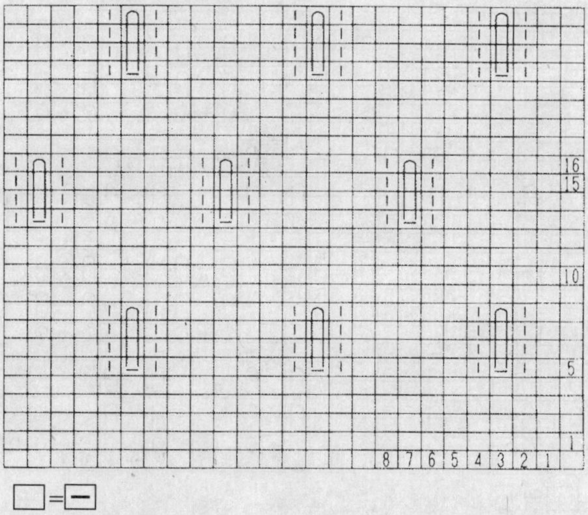

## 110

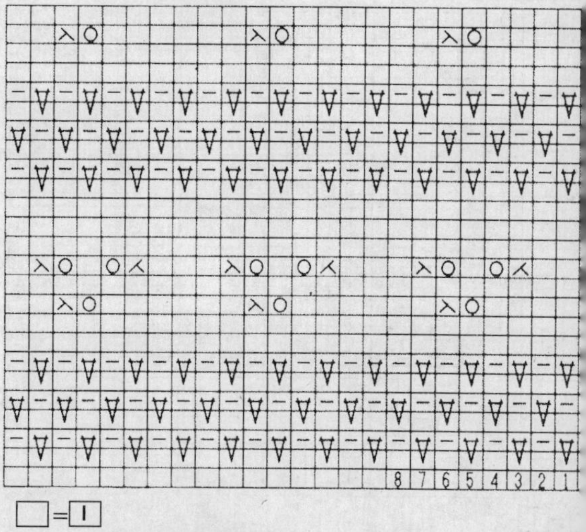

## 111

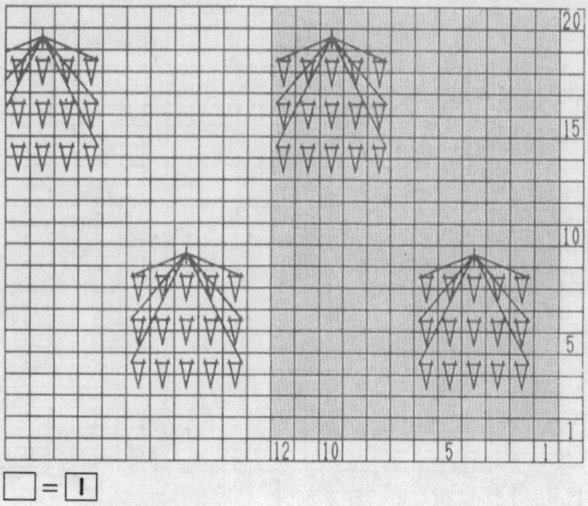

## 112

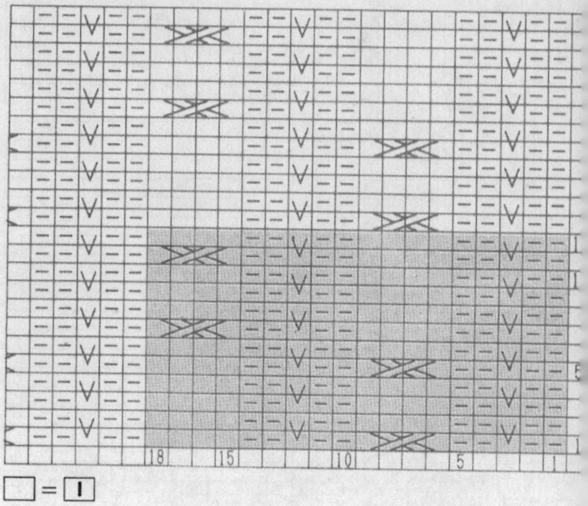

## 113

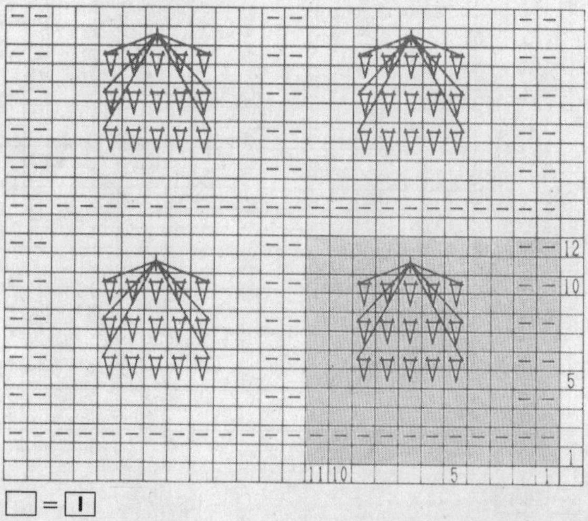

## 114

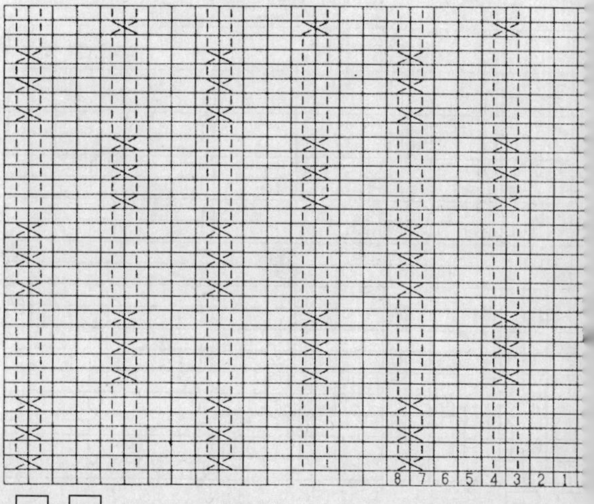

# 115

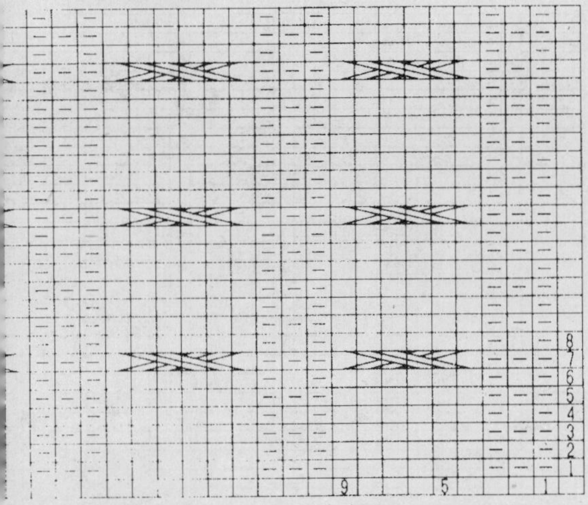

□ = |

# 116

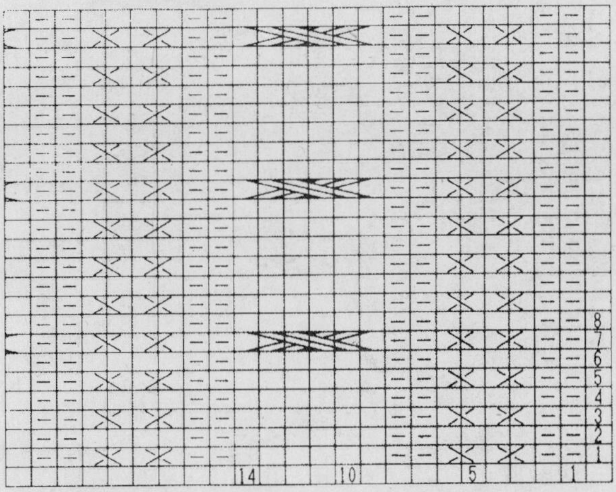

□ = |

# 117

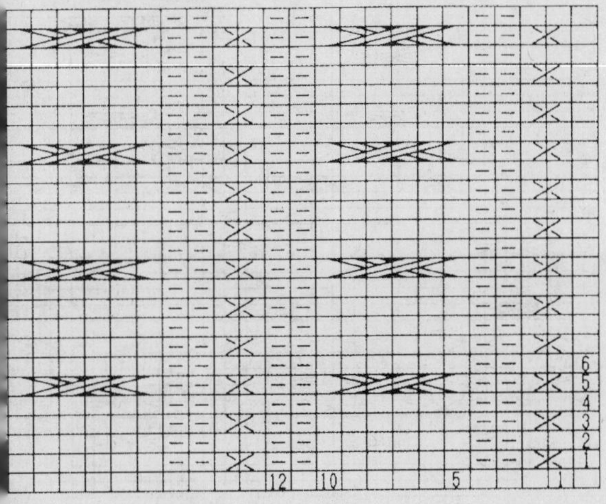

□ = |

# 118

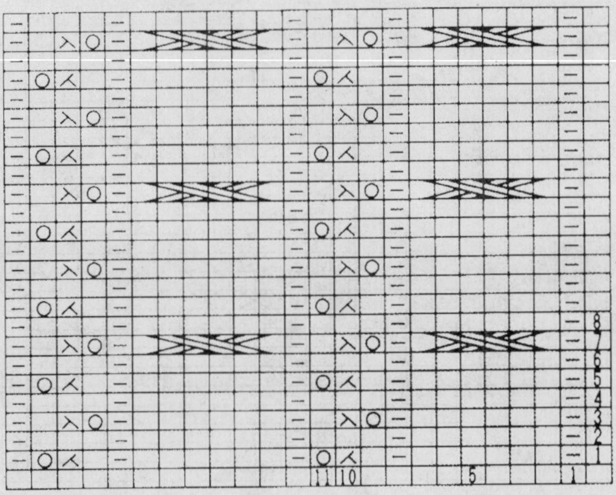

□ = |

# 119

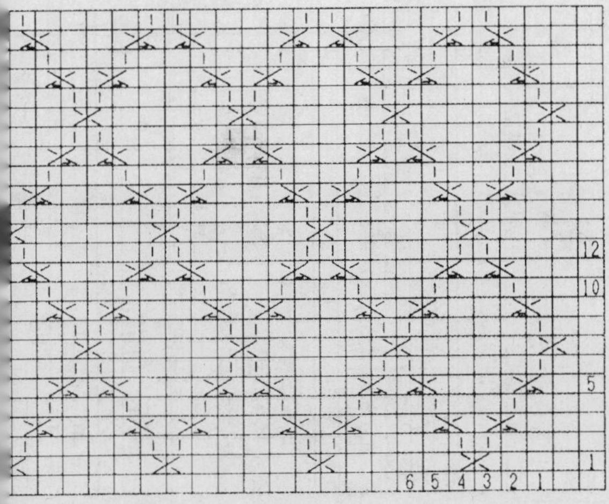

□ = —

# 120

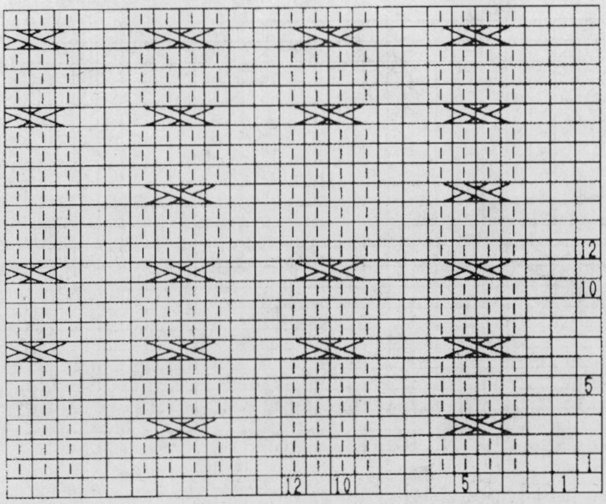

□ = —

## 121

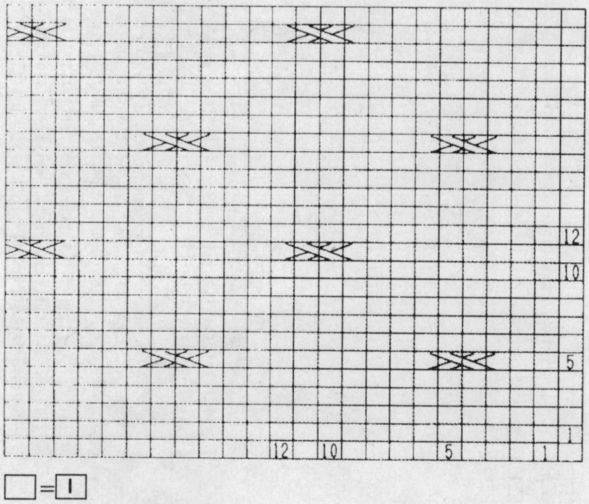

## 122

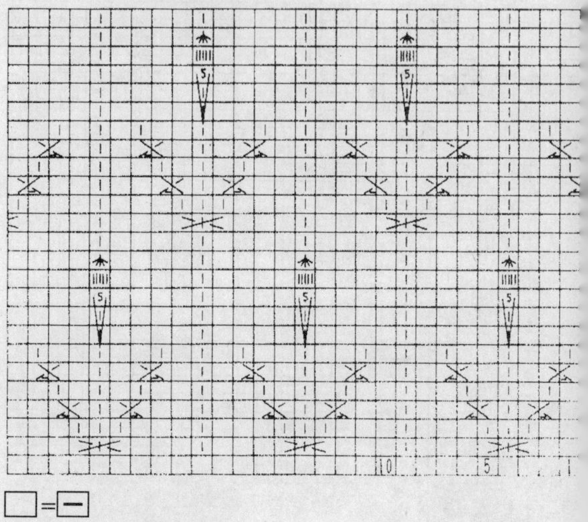

## 123

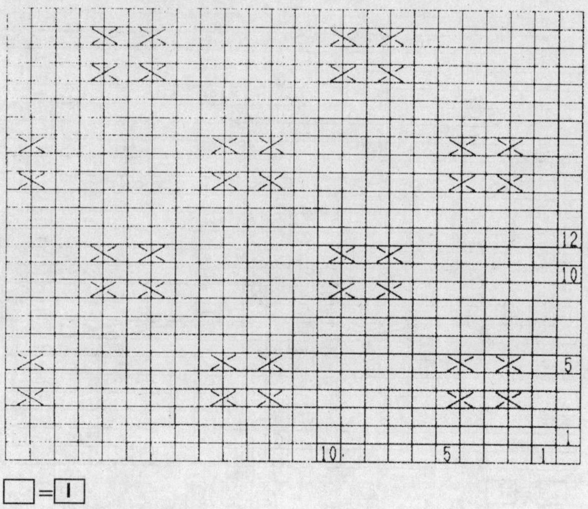

## 124

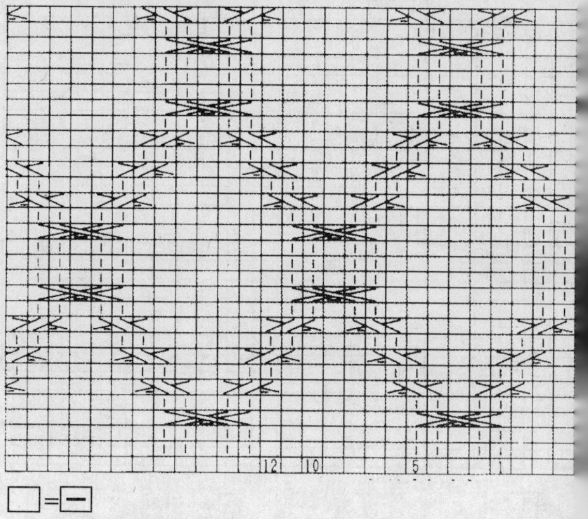

## 125

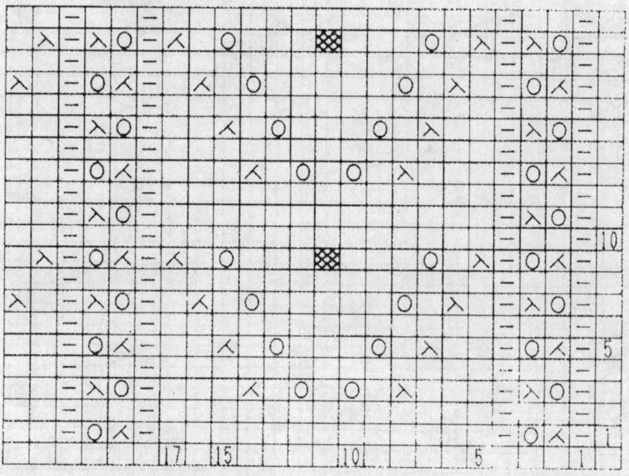

## 126

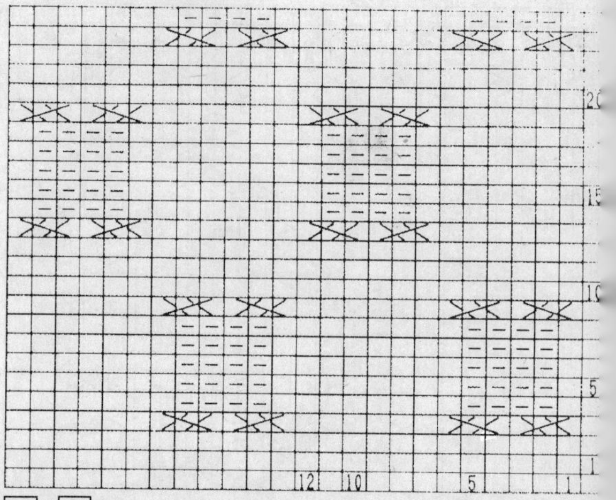

## 127

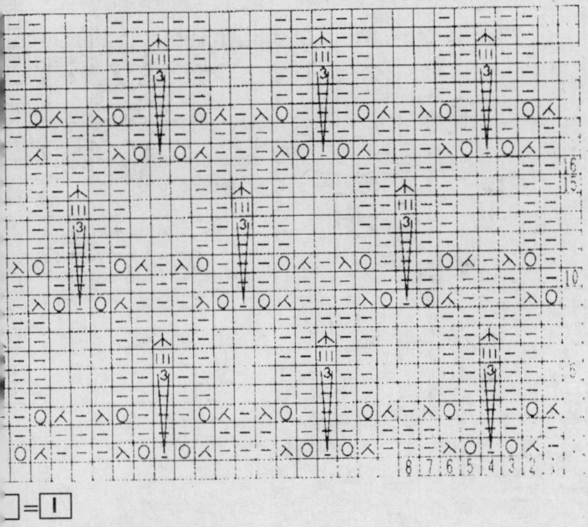

□=|

## 128

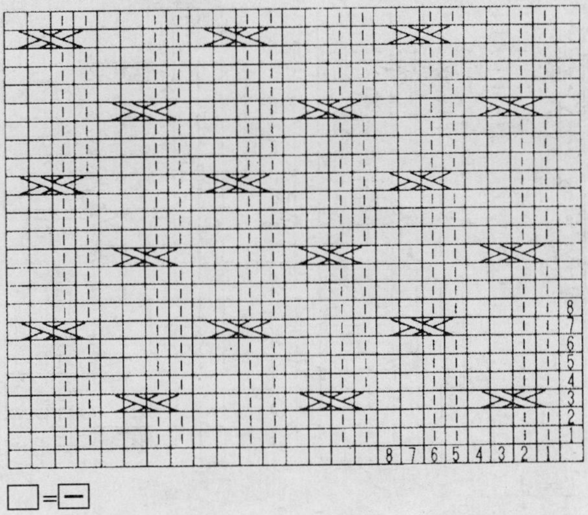

□=—

## 129

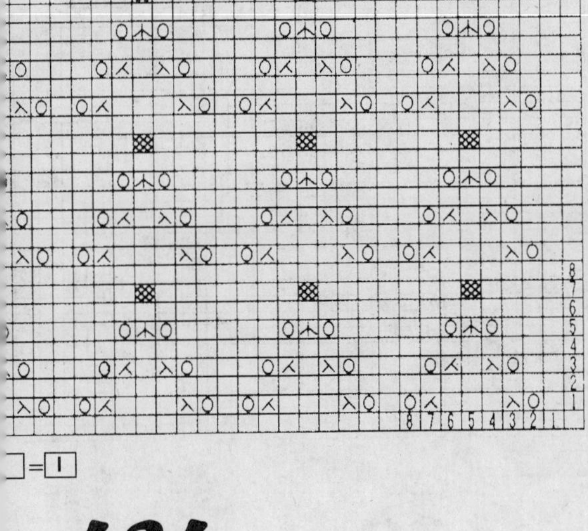

□=|

## 130

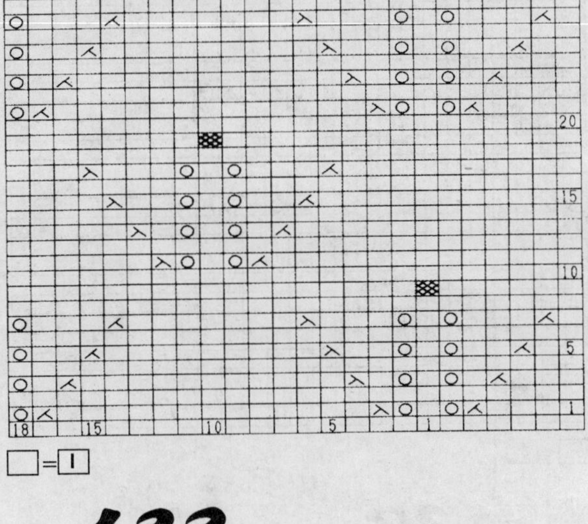

□=|

## 131

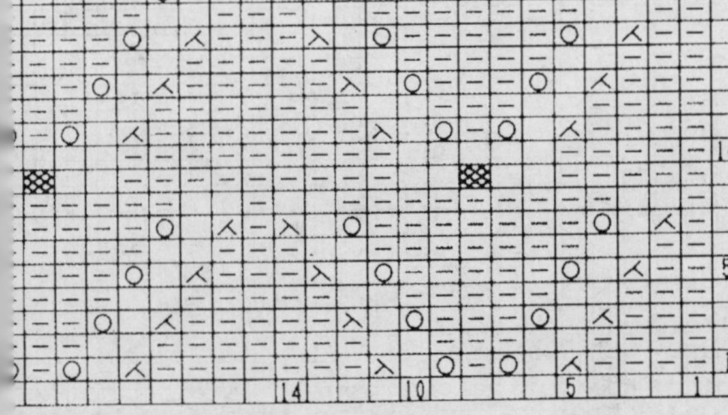

□=| ▩=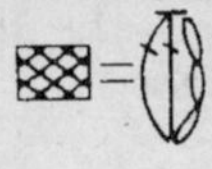

## 132

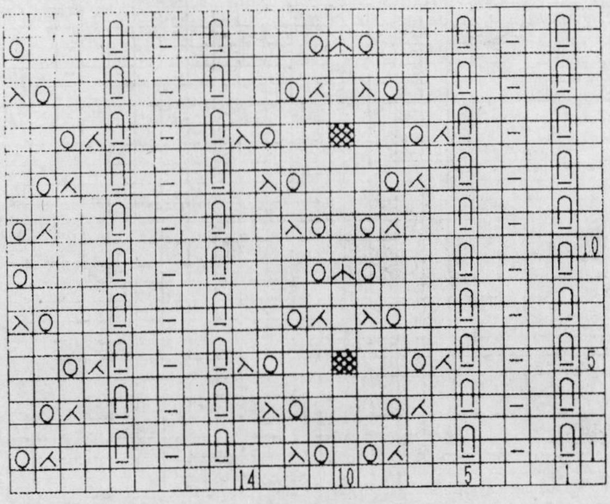

□=|

## 134

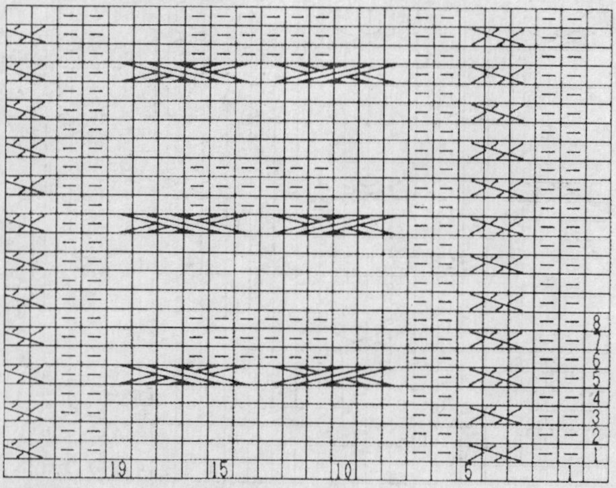

□ = |

## 135

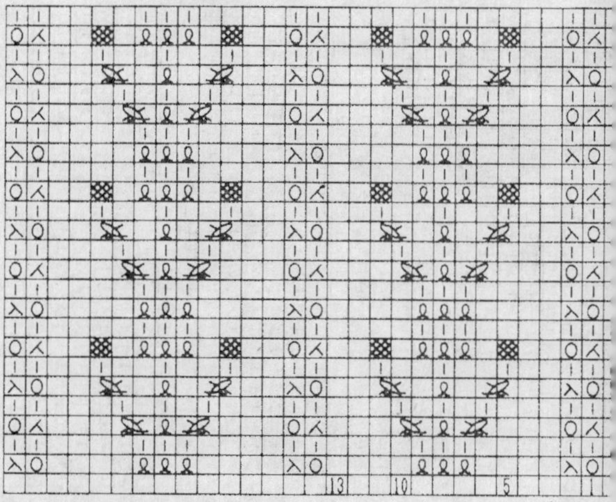

□ = —

## 136

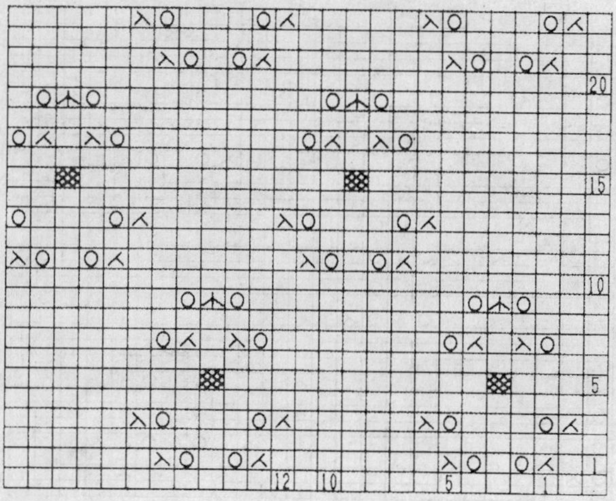

□ = |

## 137

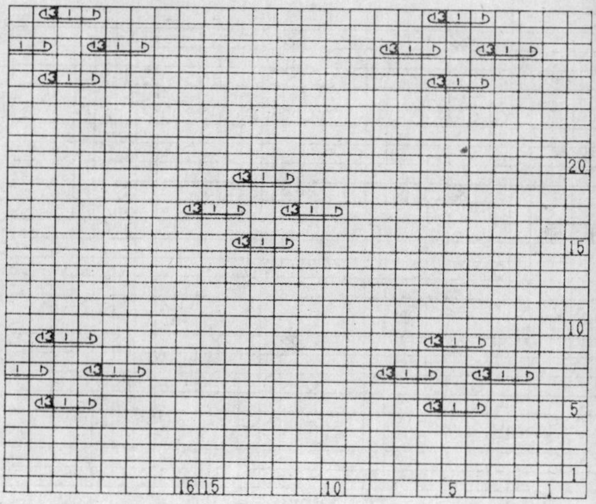

□ = —

## 138

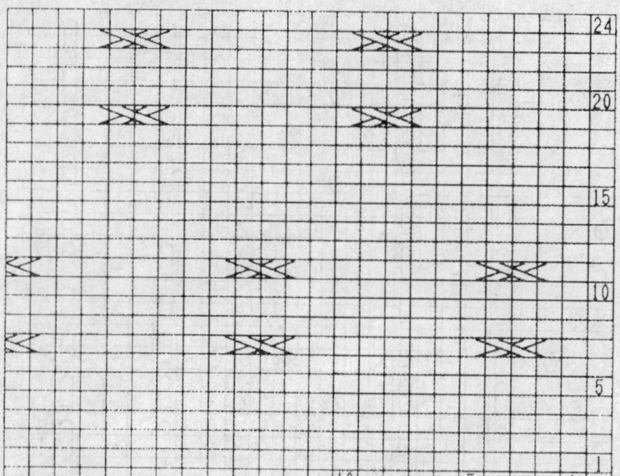

□ = |

## 139

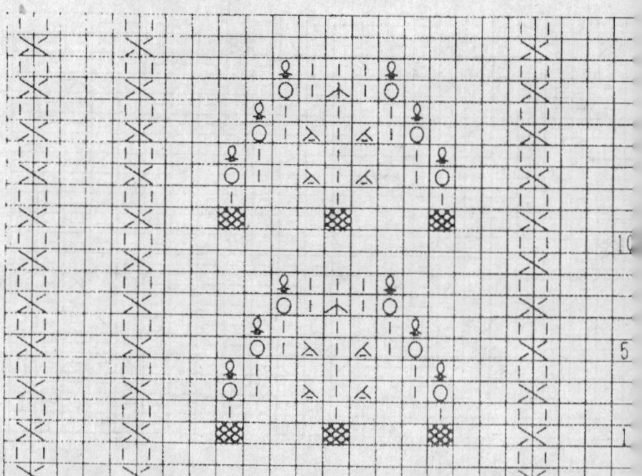

□ = —

140

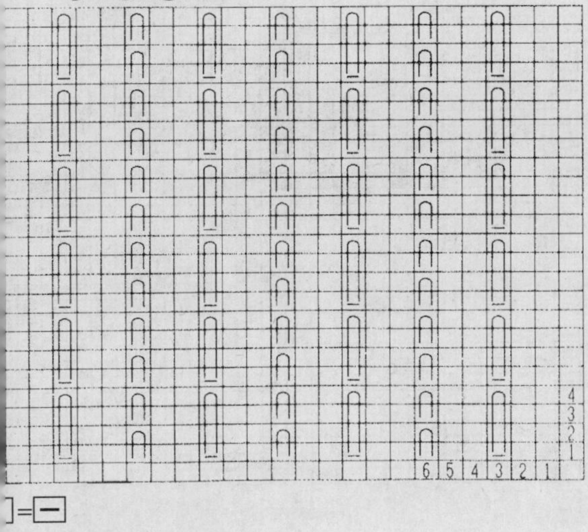

141

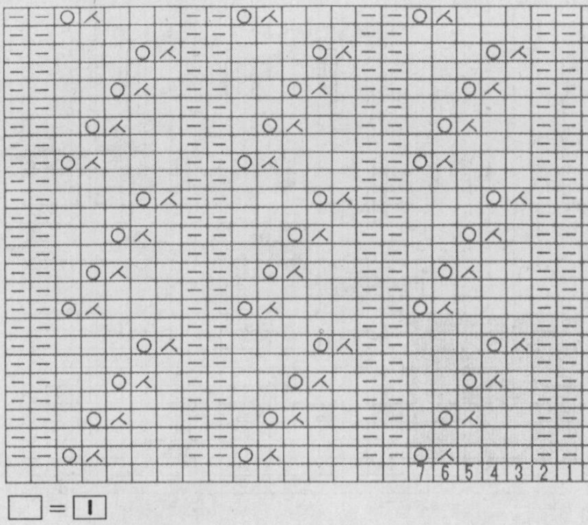

142

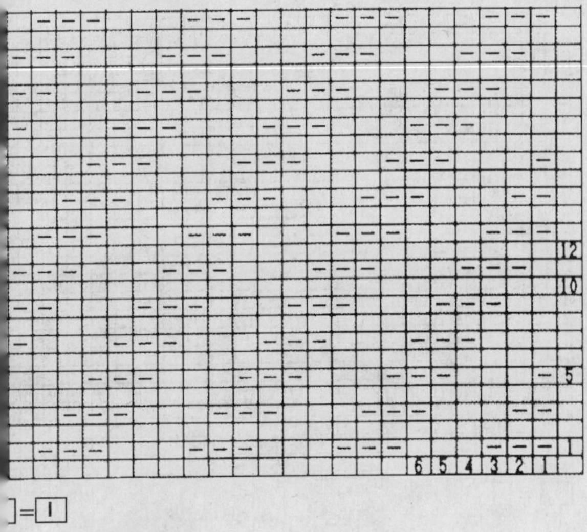

143

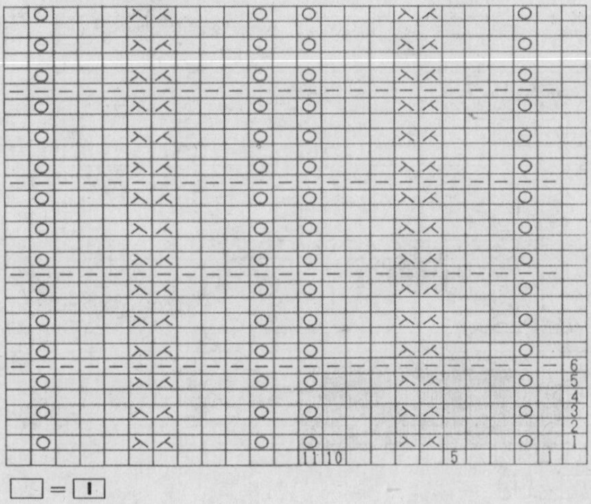

144

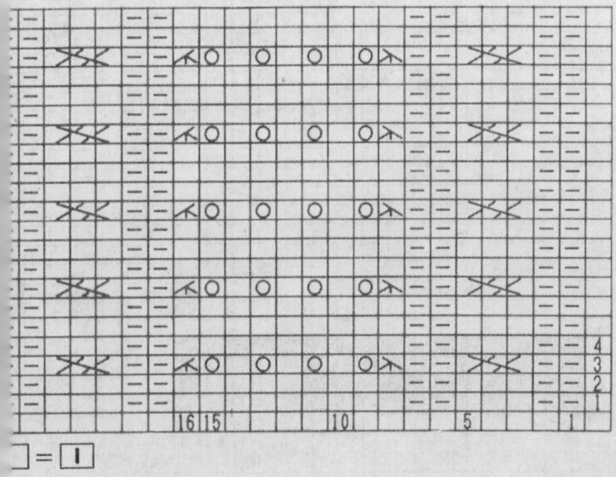

145

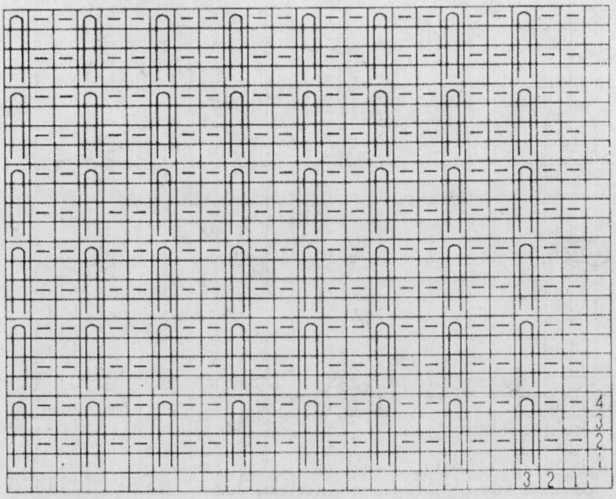

## 146

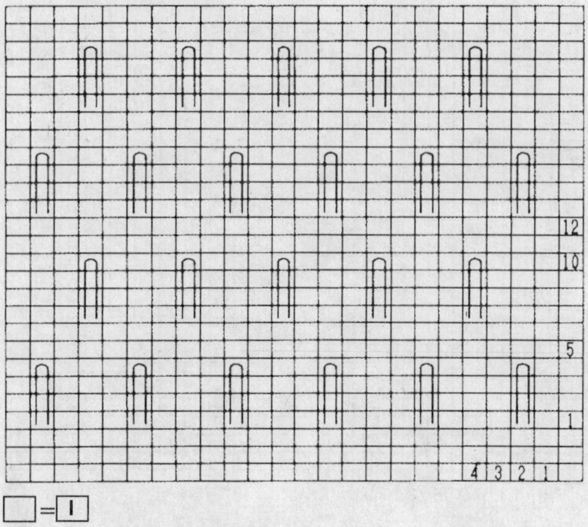

## 147

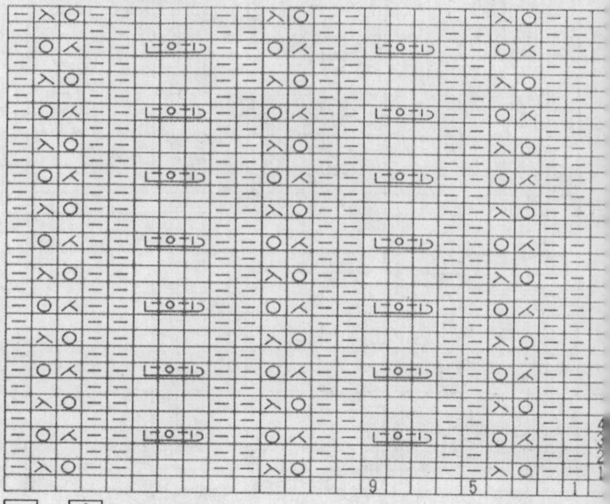

## 148

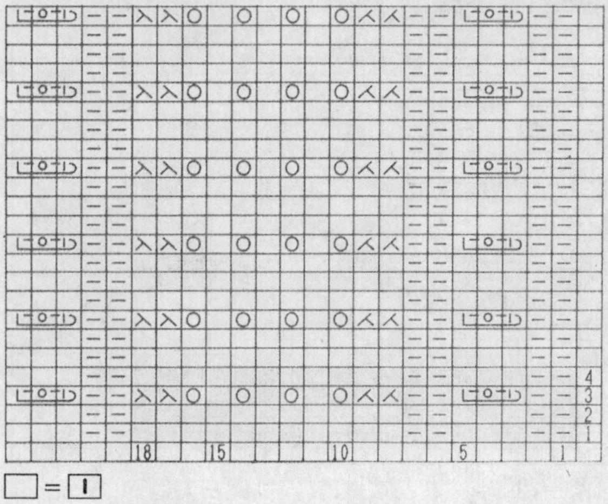

## 149

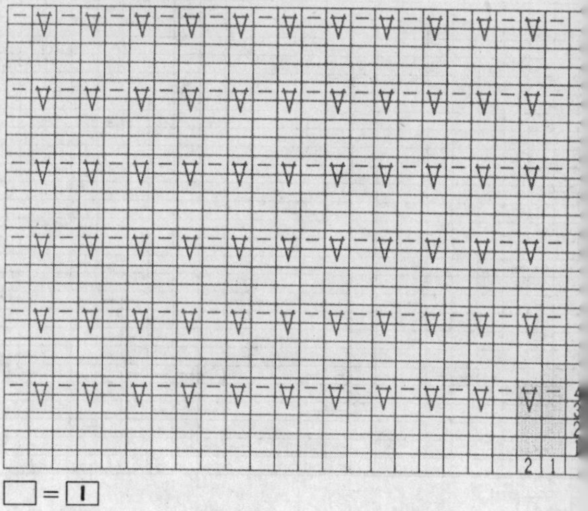

## 150

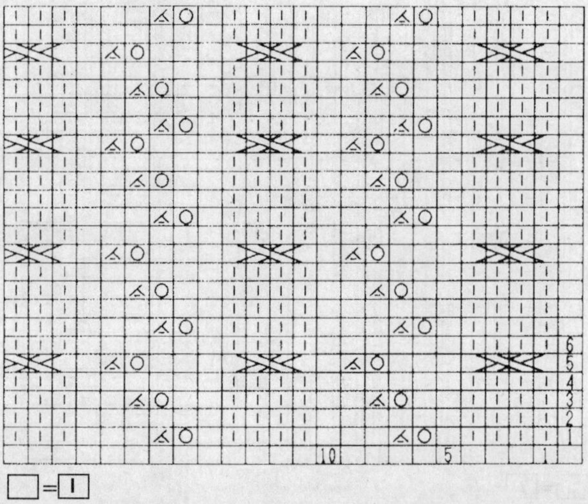

## 151

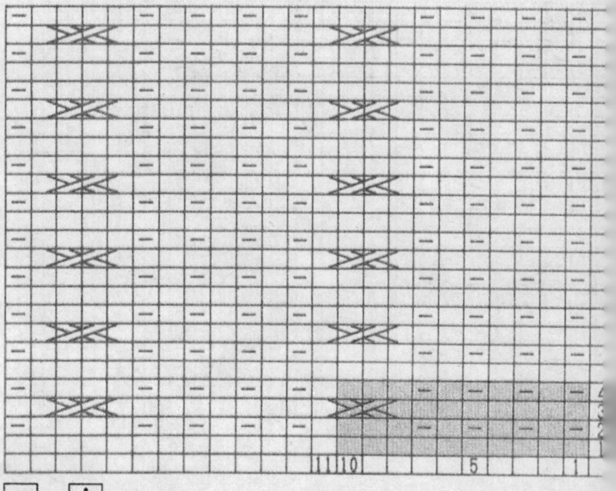

## 152

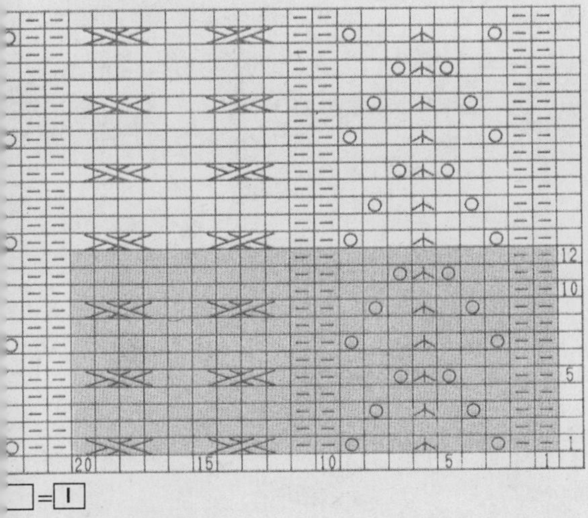

## 153

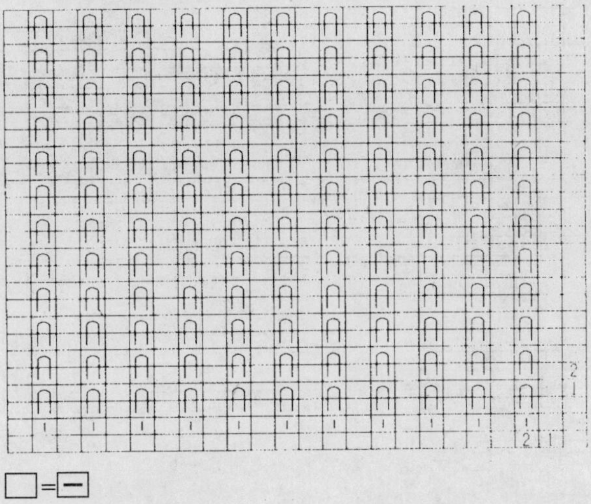

## 154

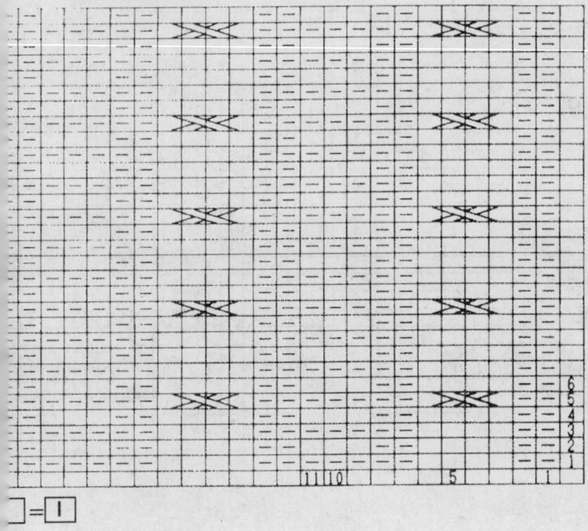

## 155

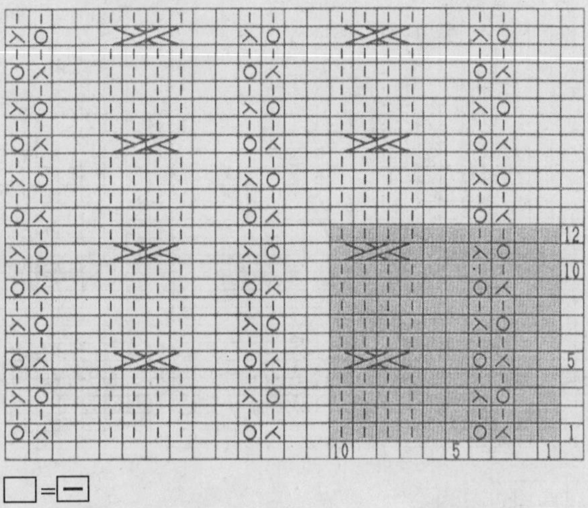

## 156

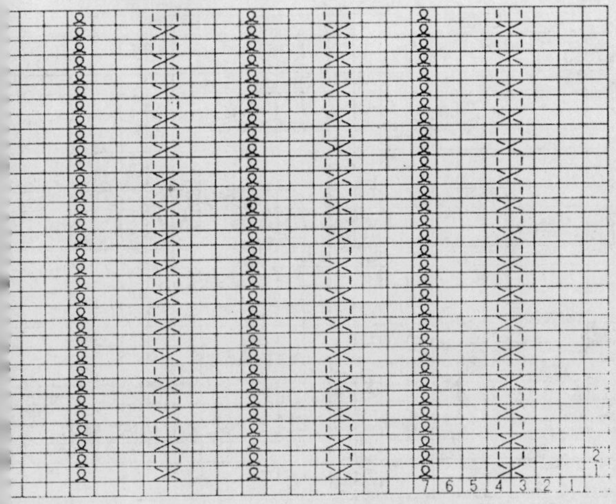

## 157

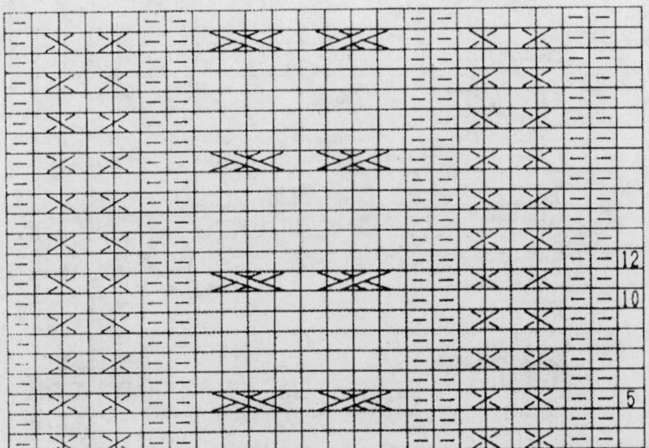

## 158

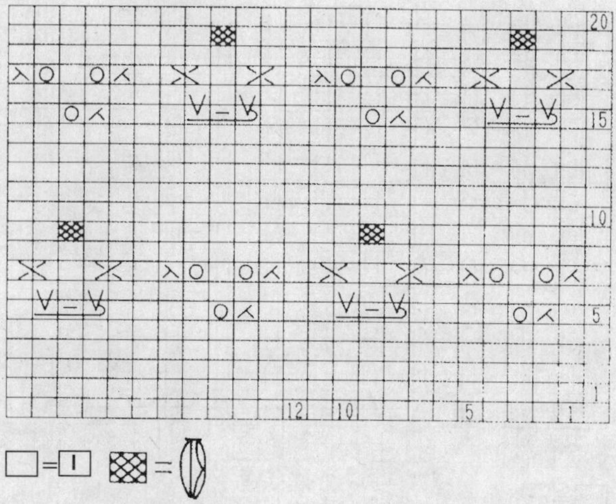

## 159

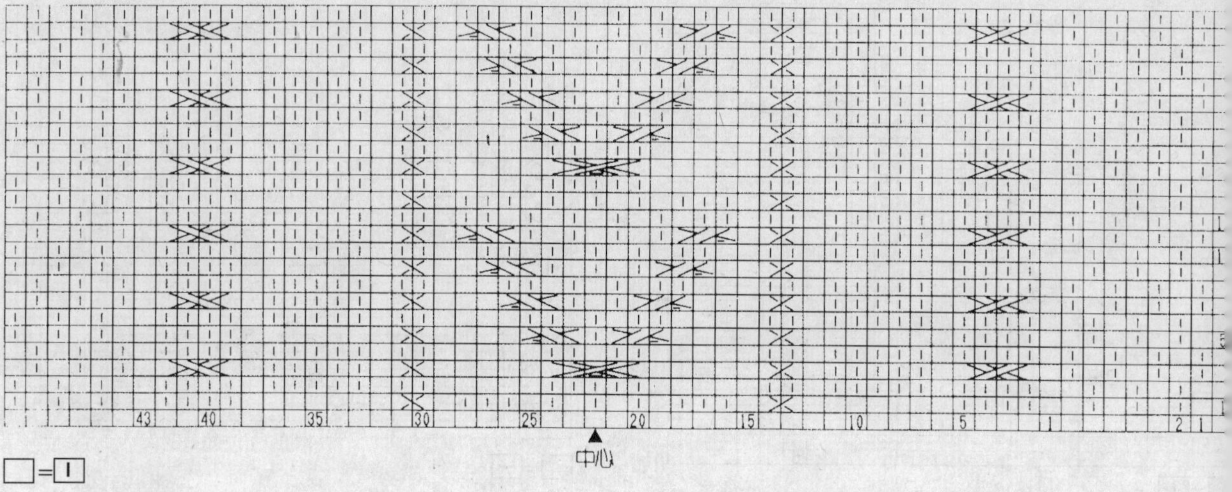
中心

## 160

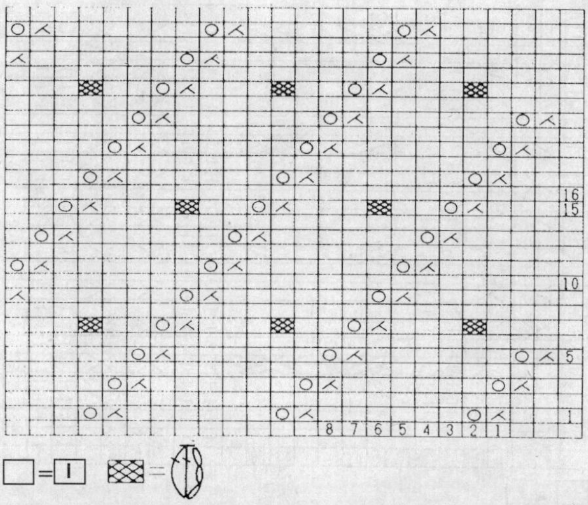

## 161

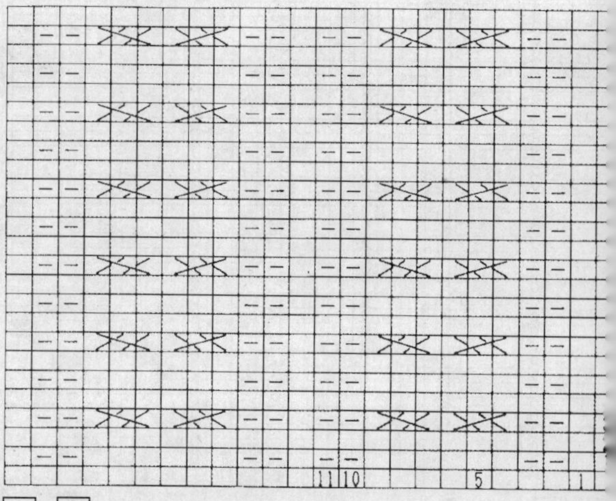

# 162

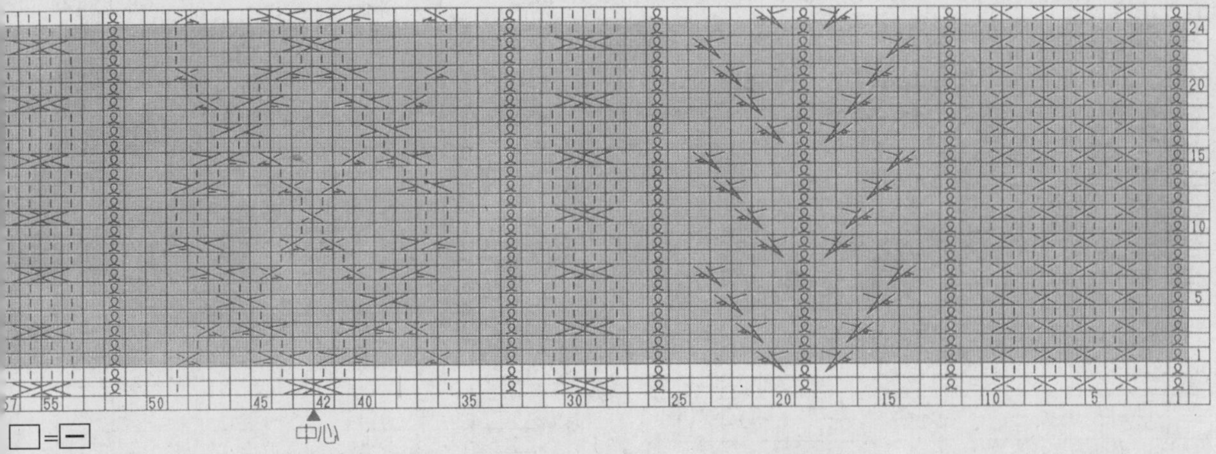
中心
□=—

# 163

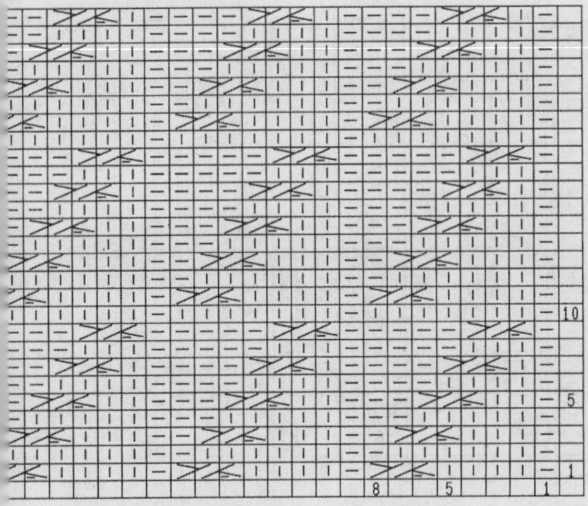

# 164

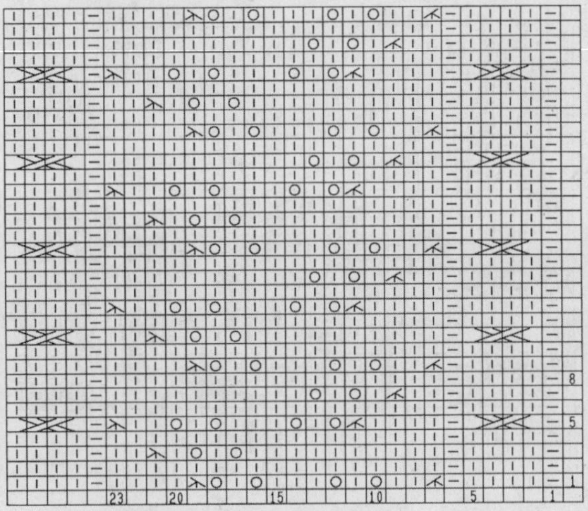

# 165

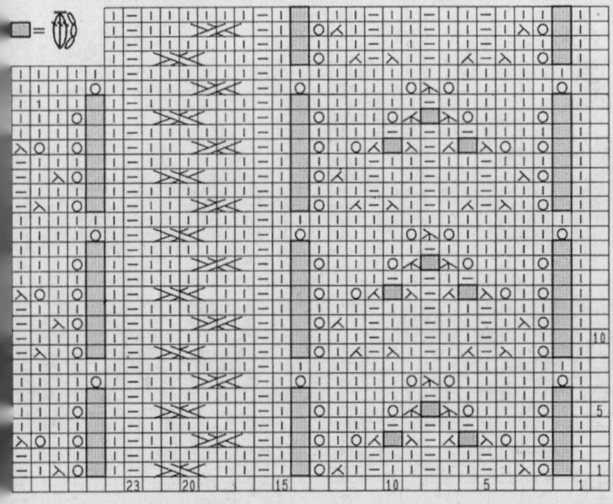

# 166

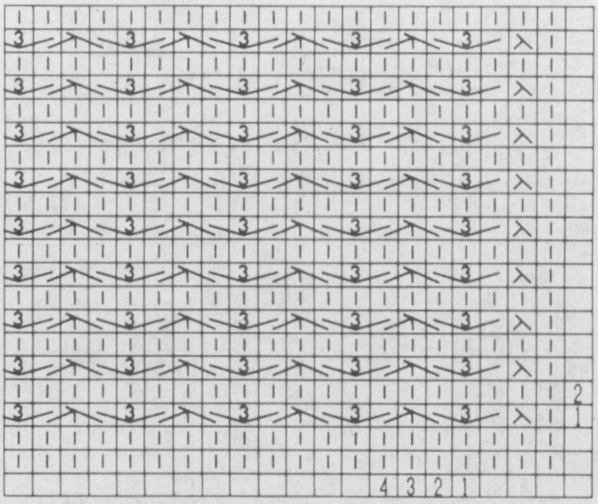

# 167

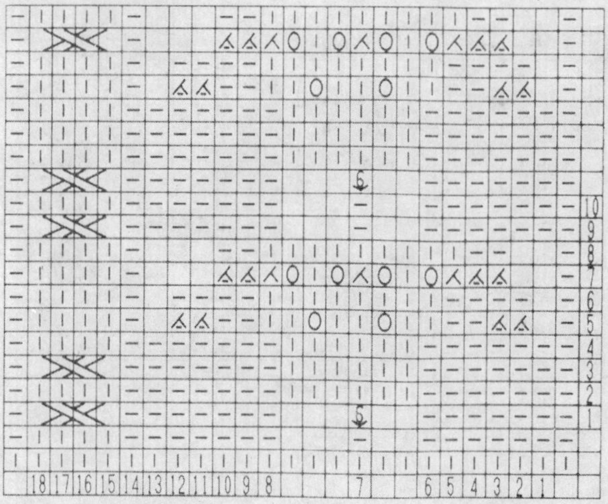

# 168

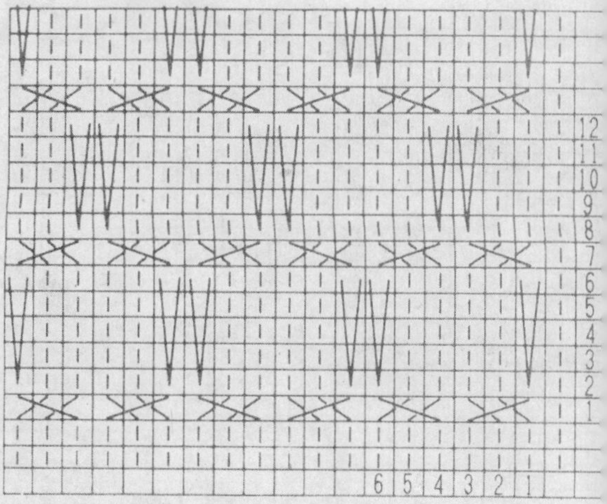

# 169

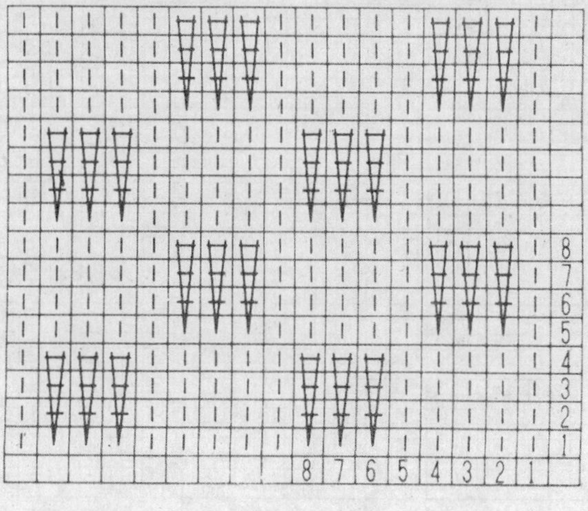

# 170

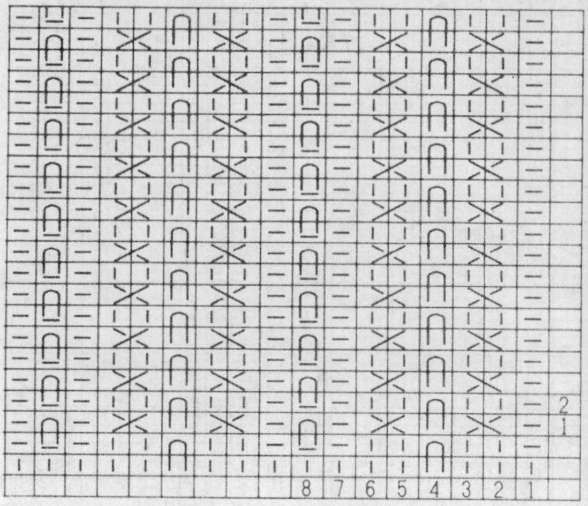

# 171

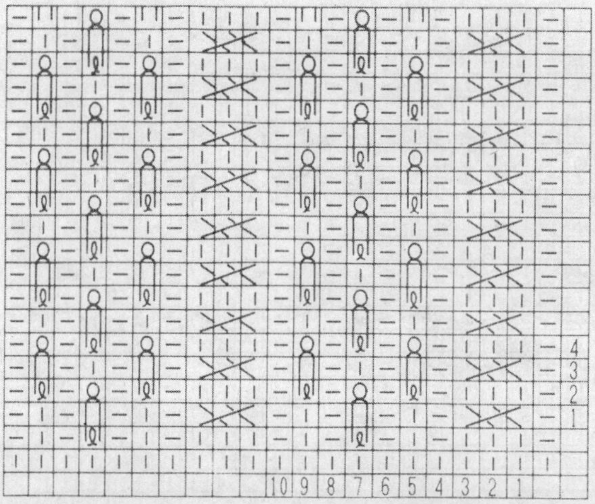

# 172

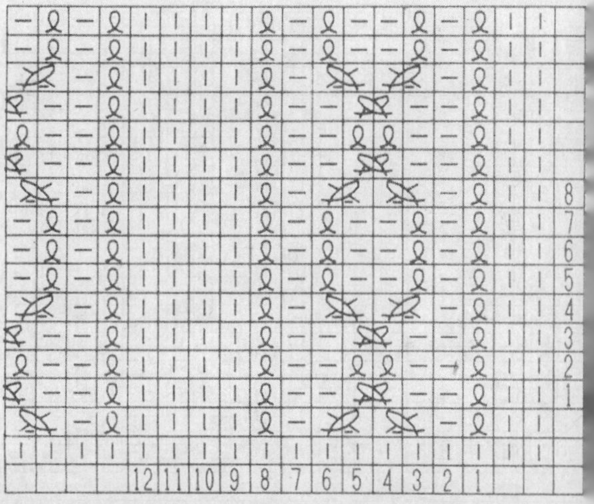

# 173

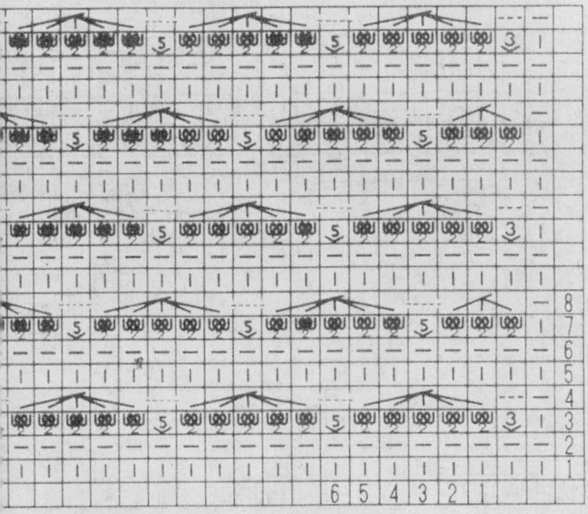

# 174

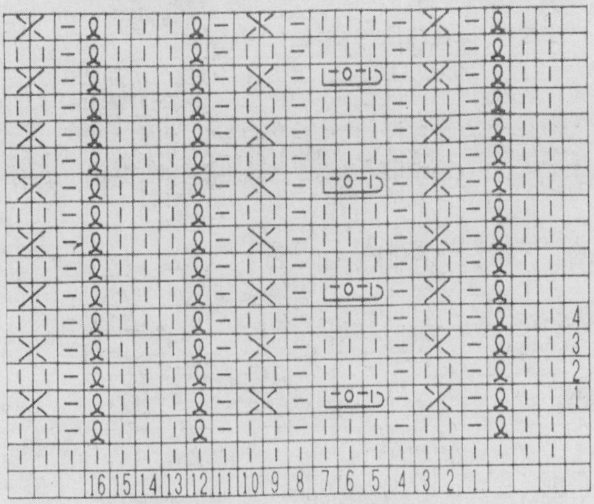

# 175

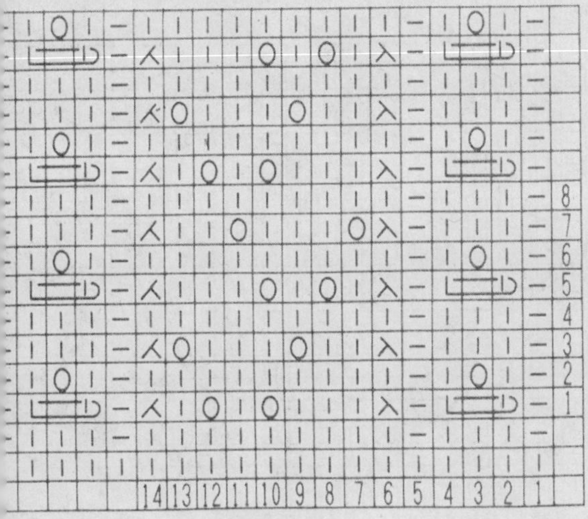

# 176

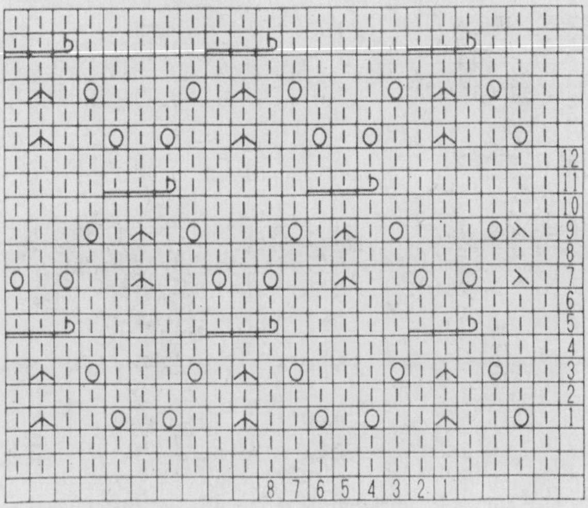

# 177

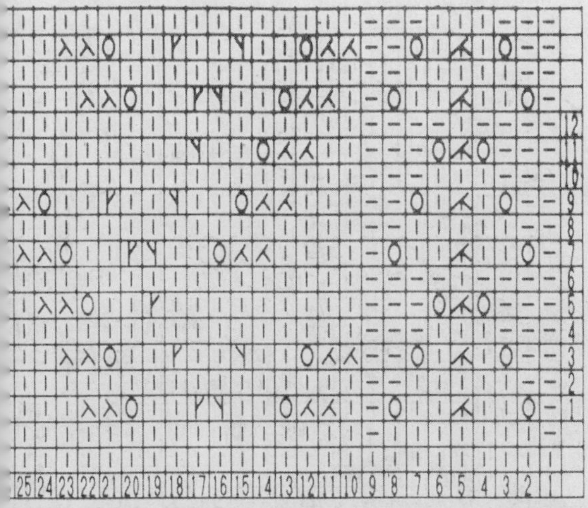

# 179

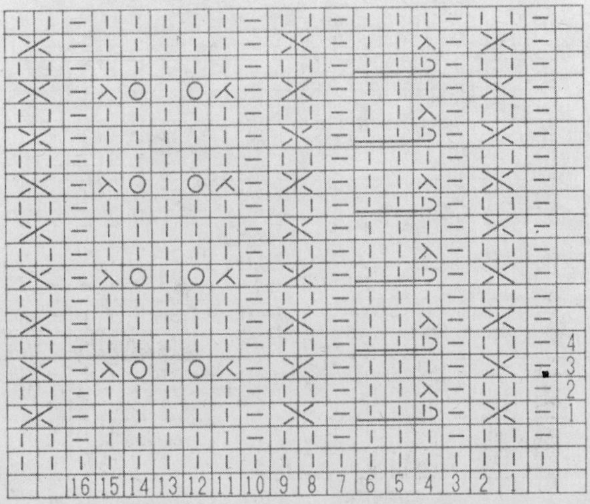

## 180

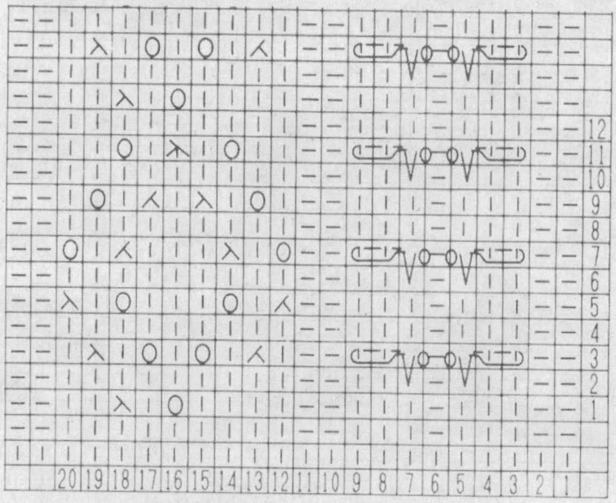

## 181

## 182

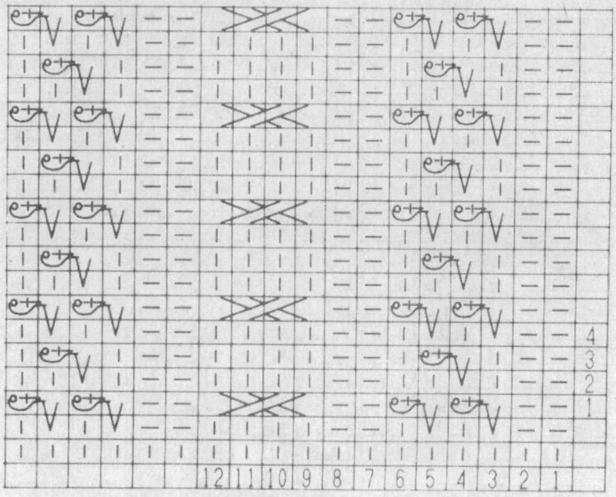

## 183

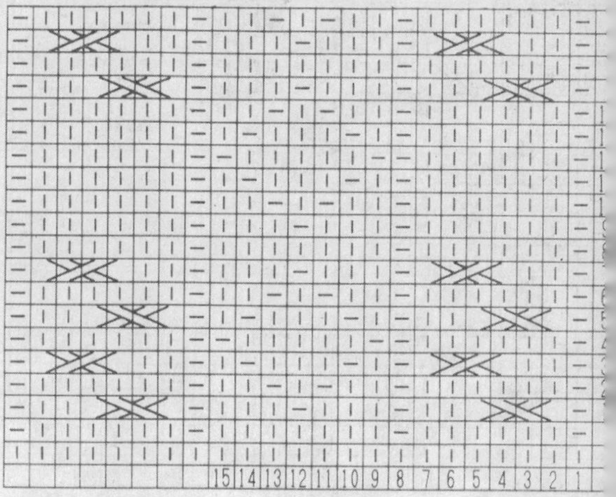

## 184

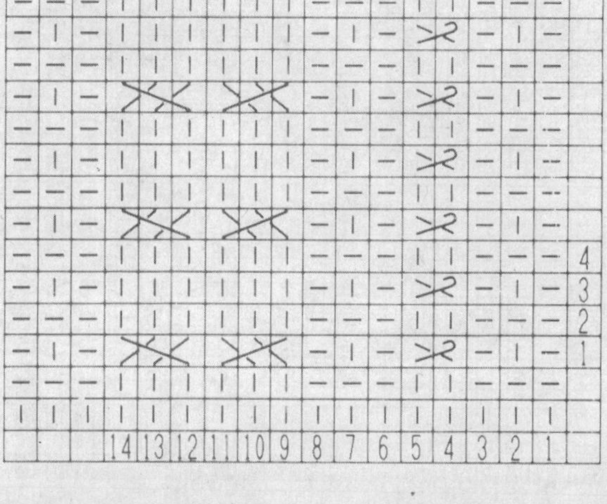

## 185

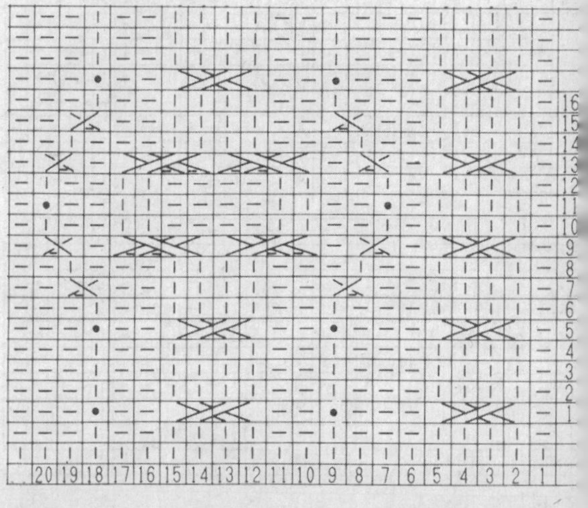

## 186

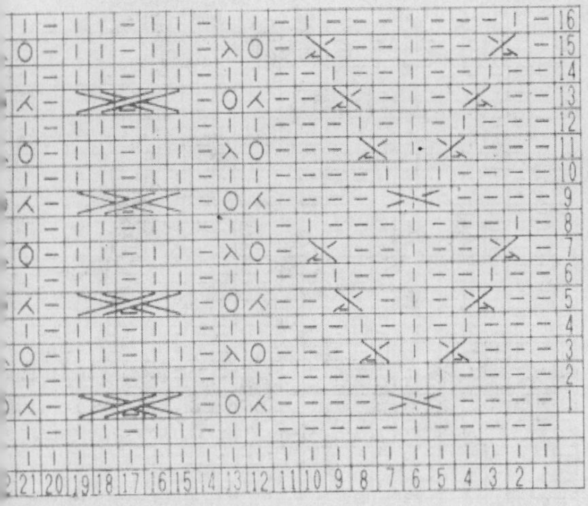

## 187

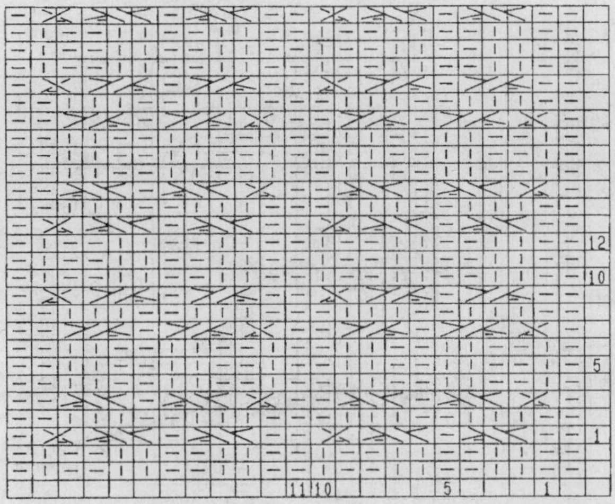

## 188

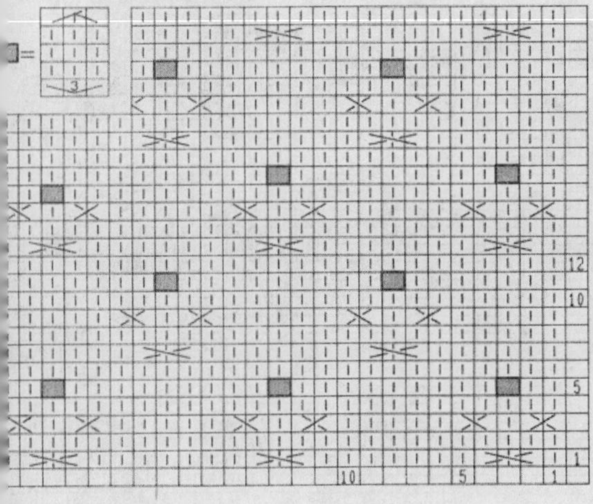

## 189

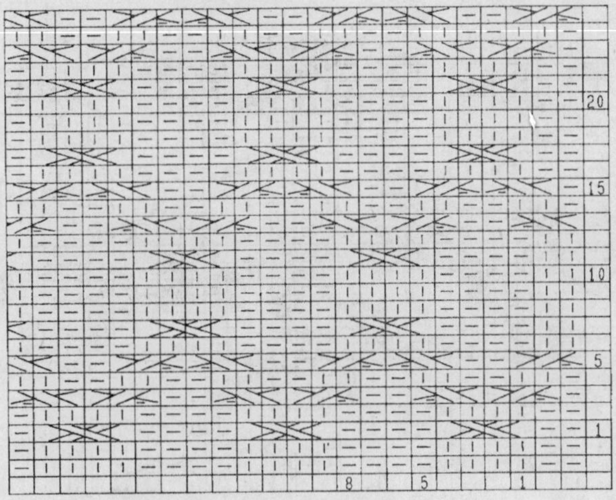

## 190

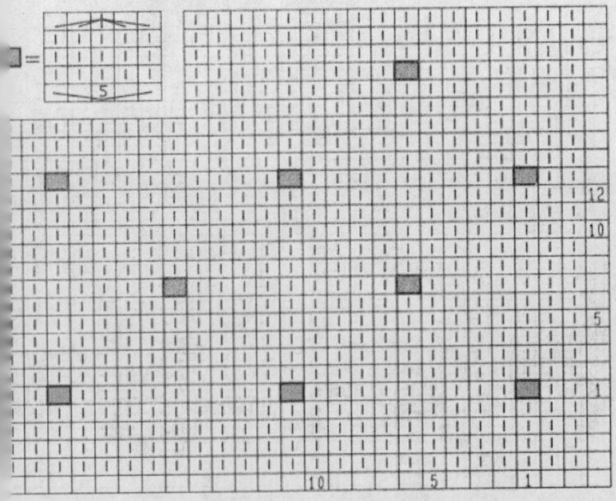

## 191

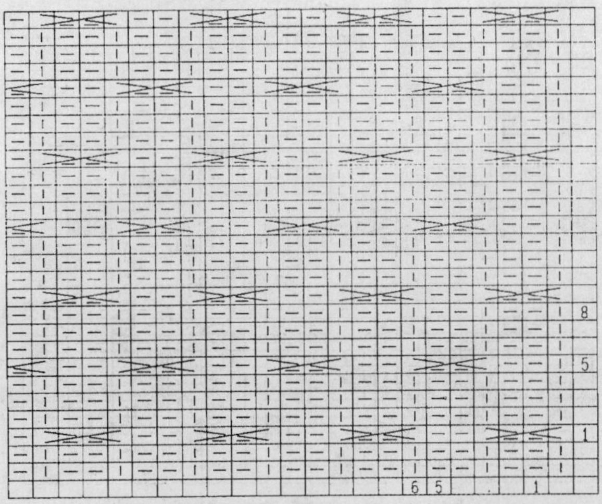

## 192

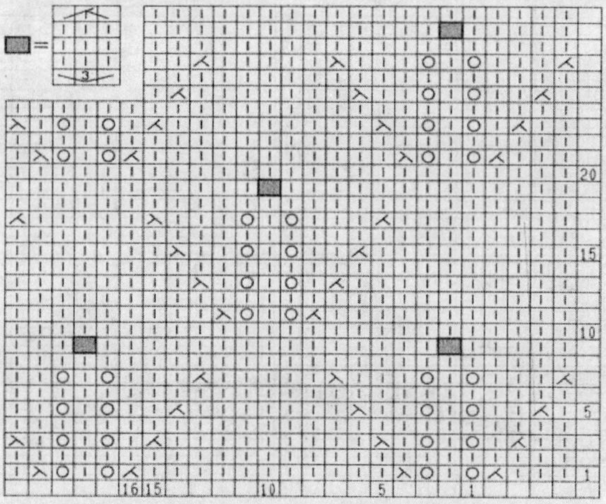

## 193

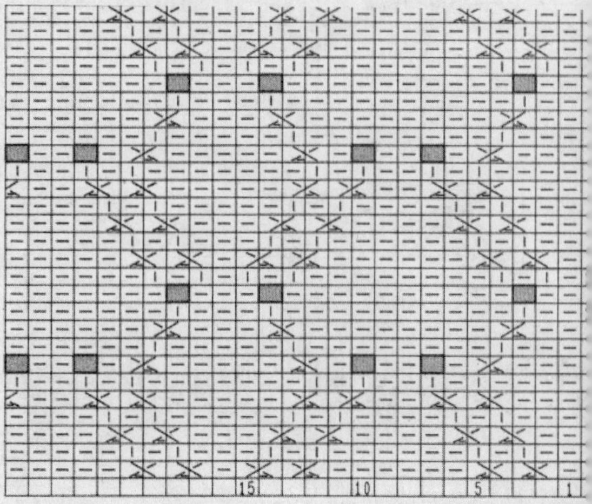

## 194

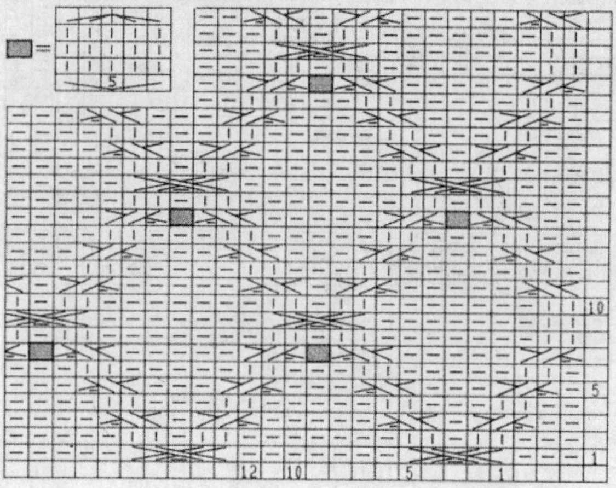

## 195

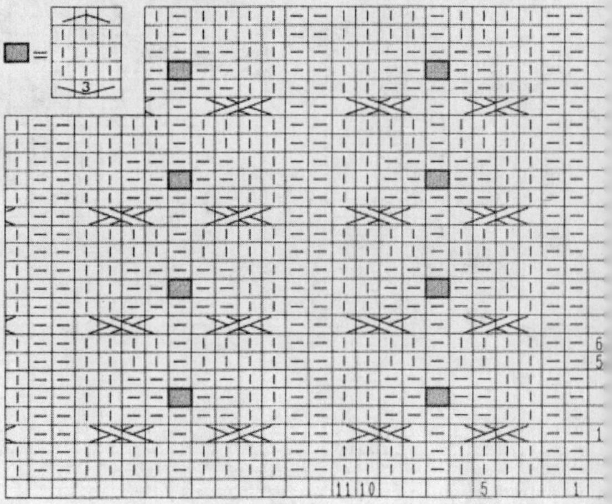

## 197

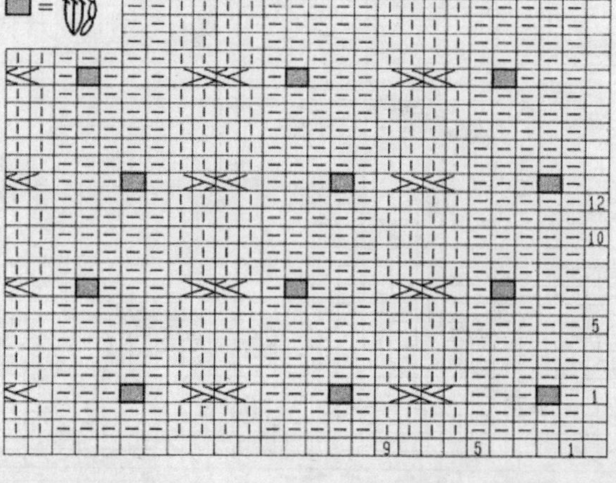

## 198

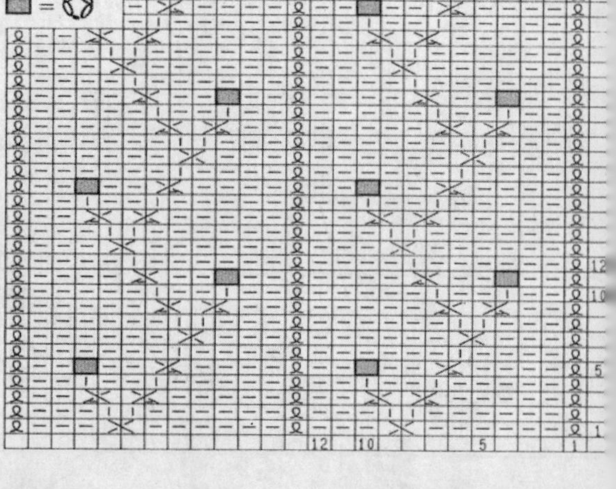

# 199

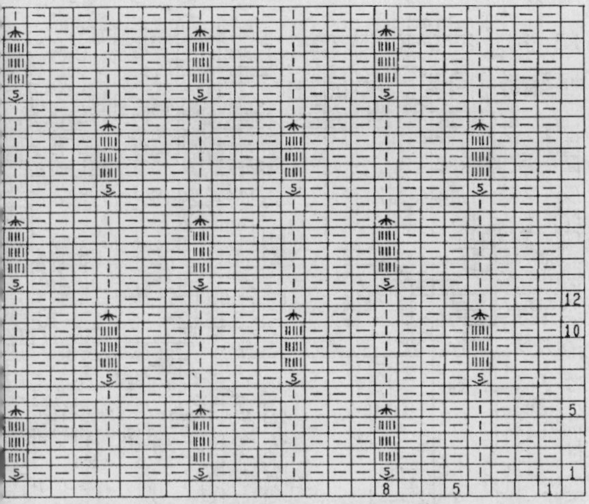

# 200

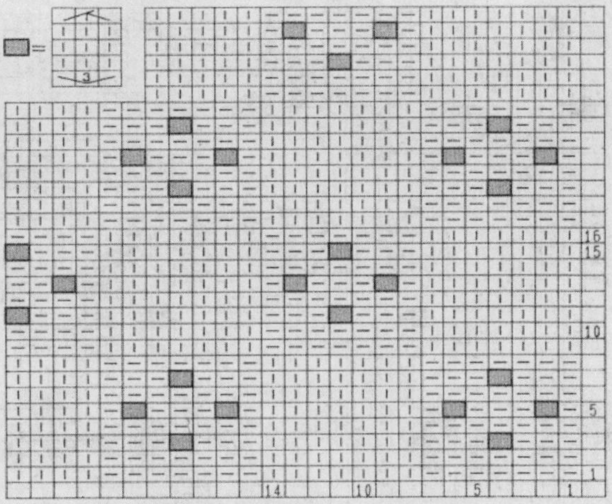

# 201

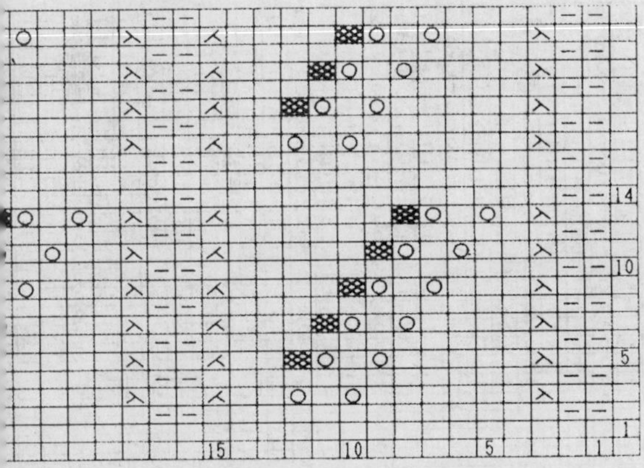

□ 表目

# 202

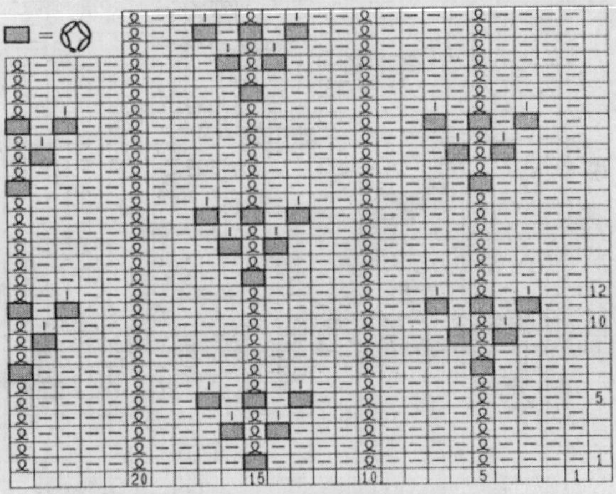

# 203

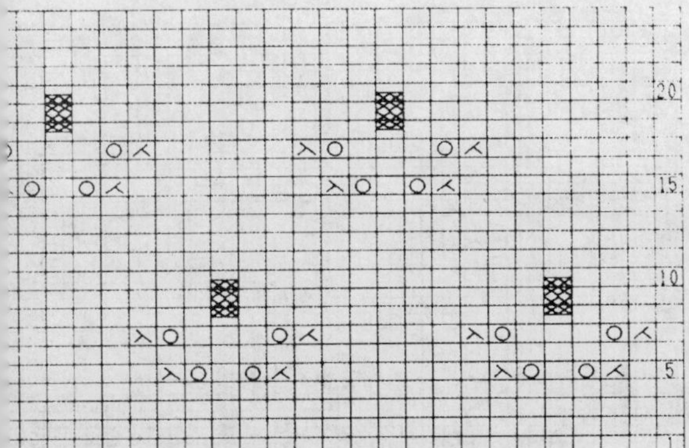

□ 表目

# 204

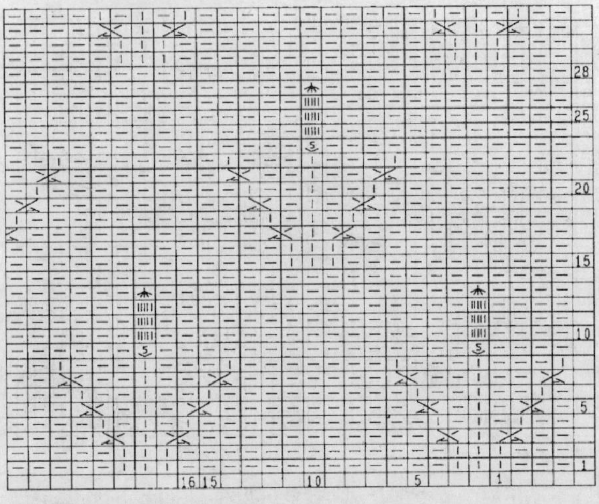

## 206

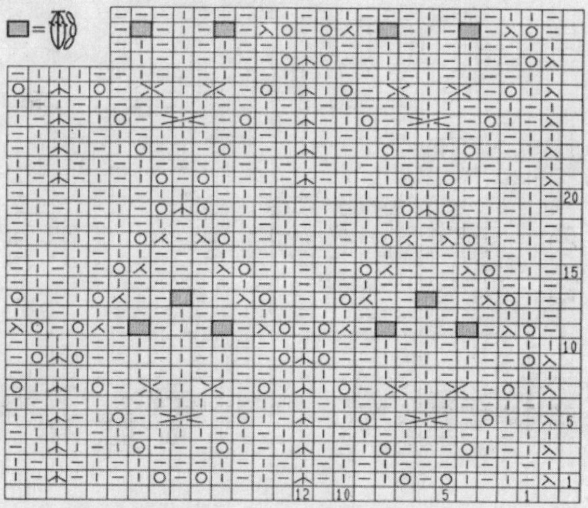

## 207

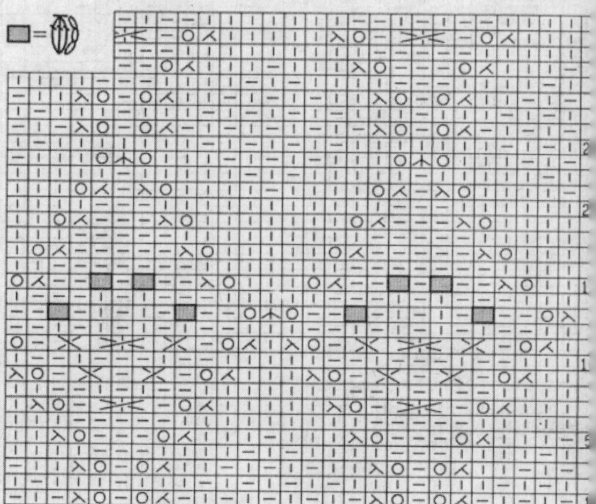

## 208

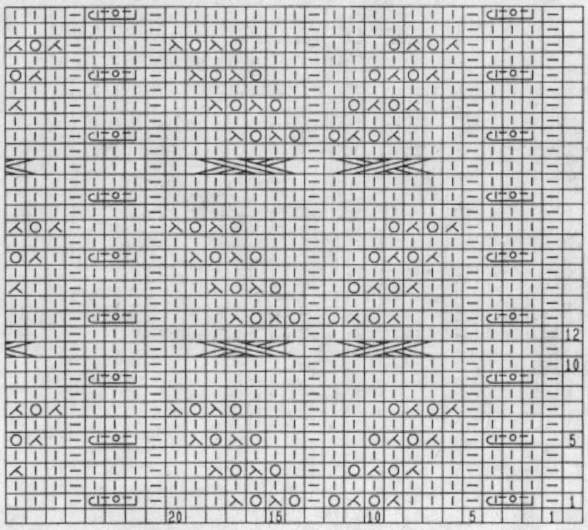

## 209

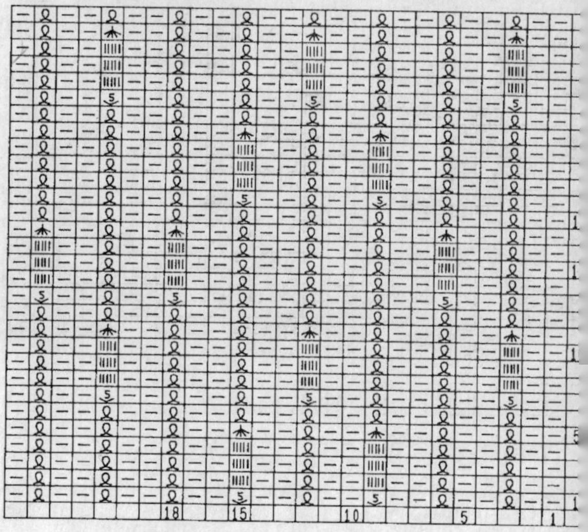

## 210

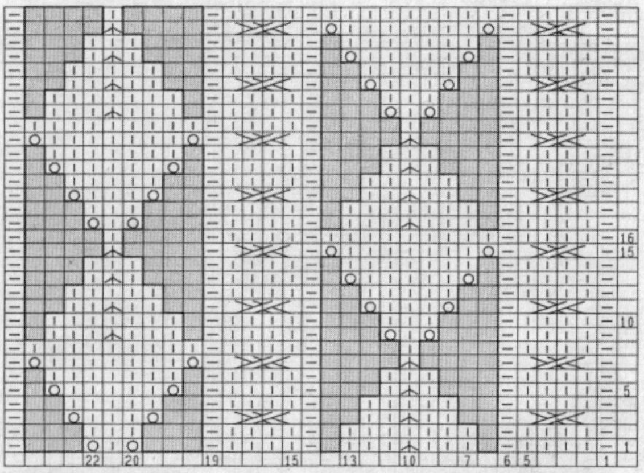

## 211

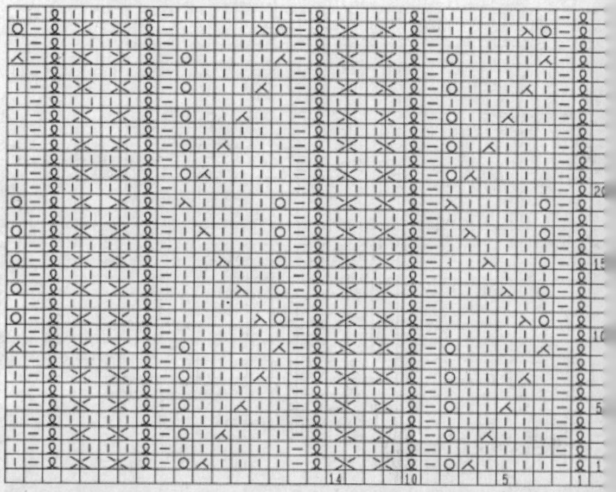

## 212

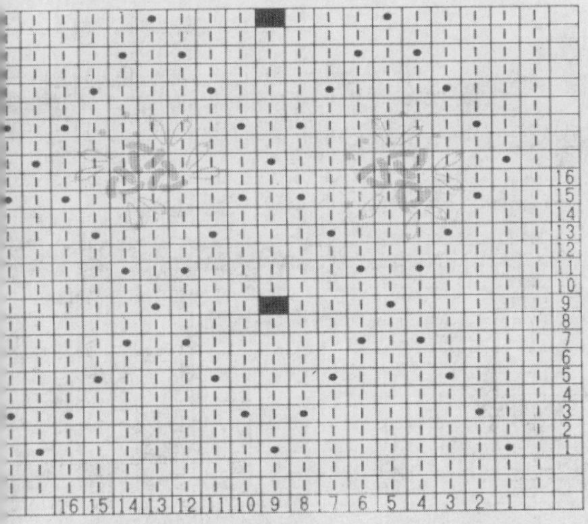

## 213

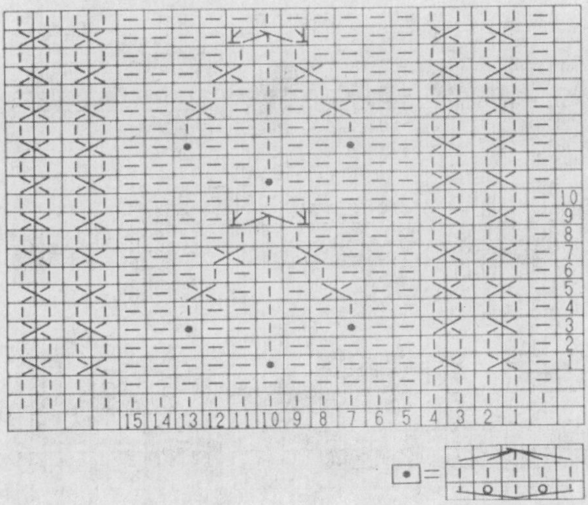

## 214

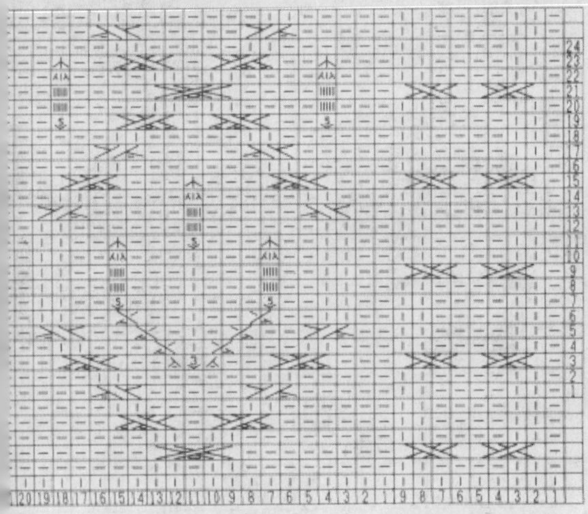

## 215

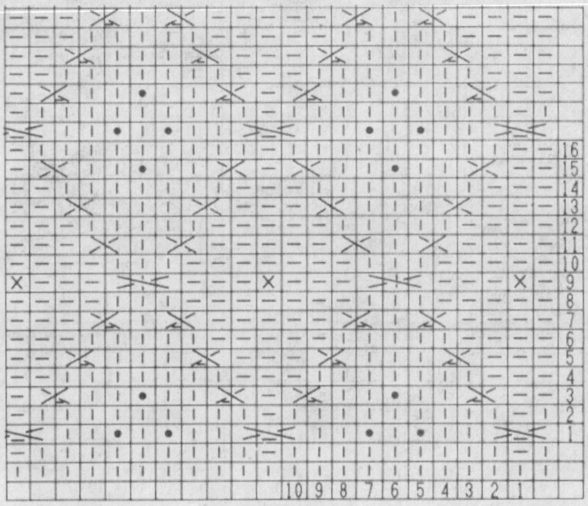

## 216

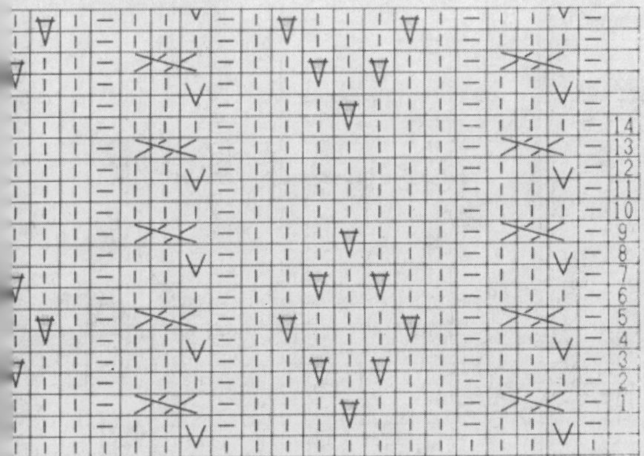

## 217

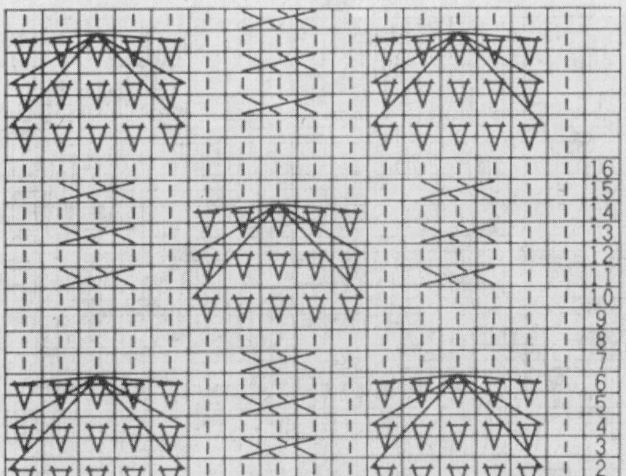

# 218

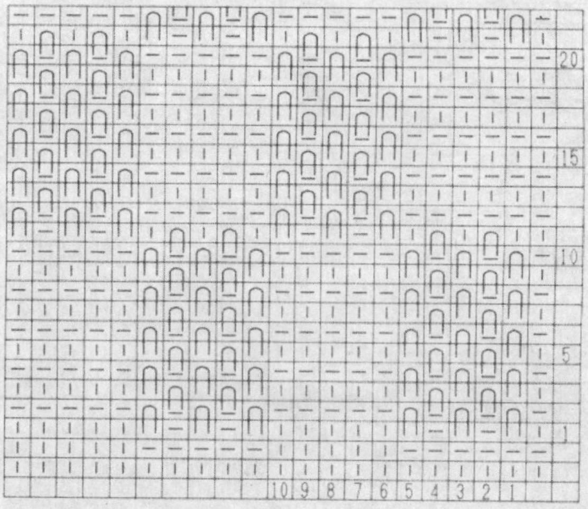

# 219

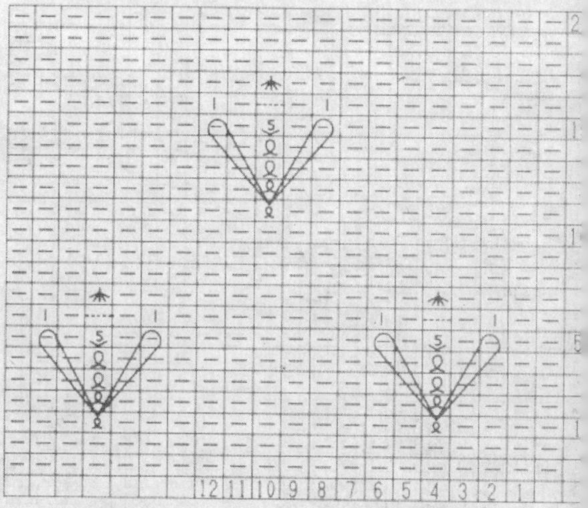

# 220

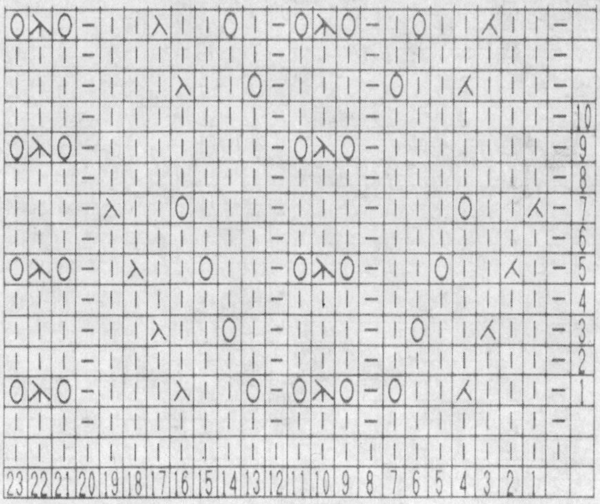

# 221

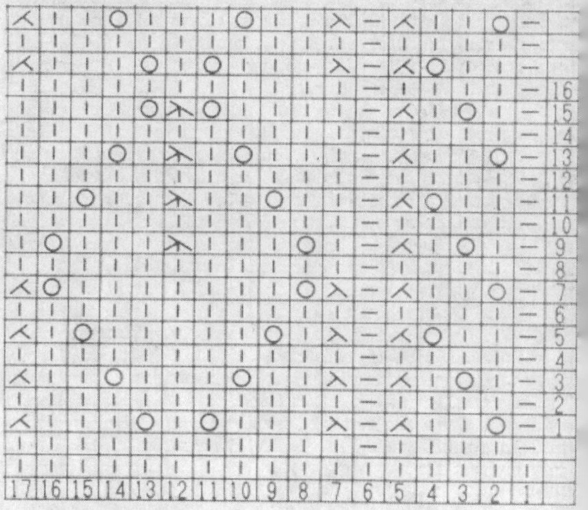

# 222

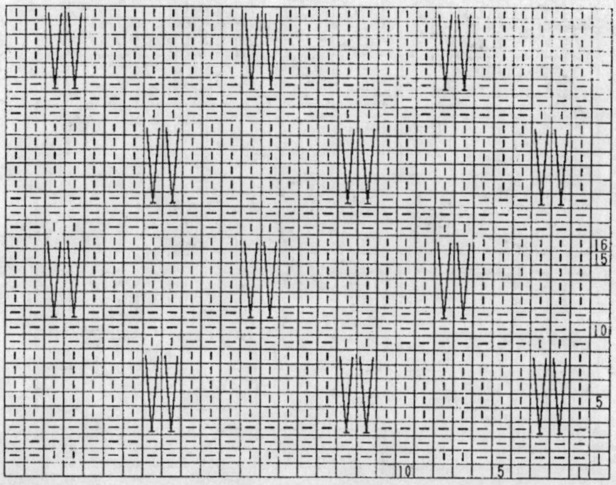

# 223

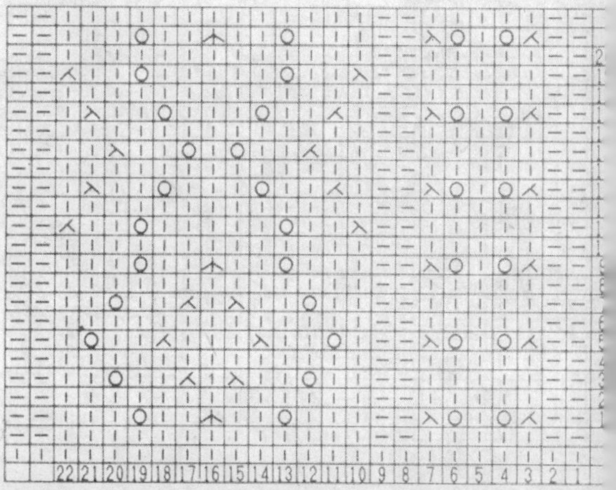

## 225

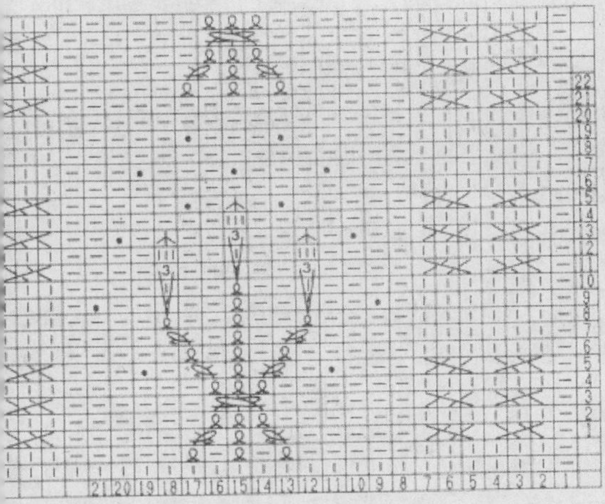

## 226

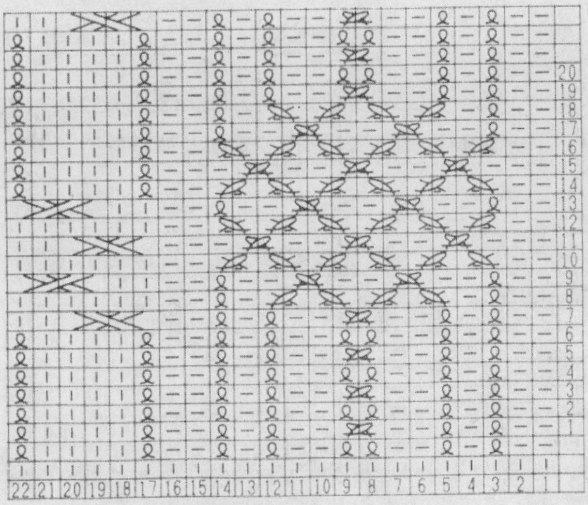

## 227

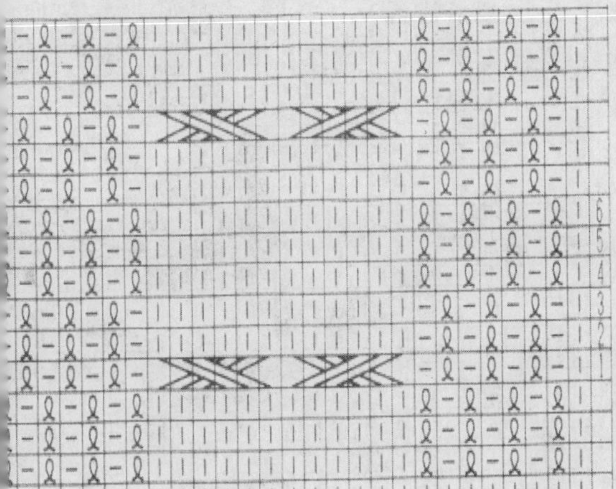

## 228

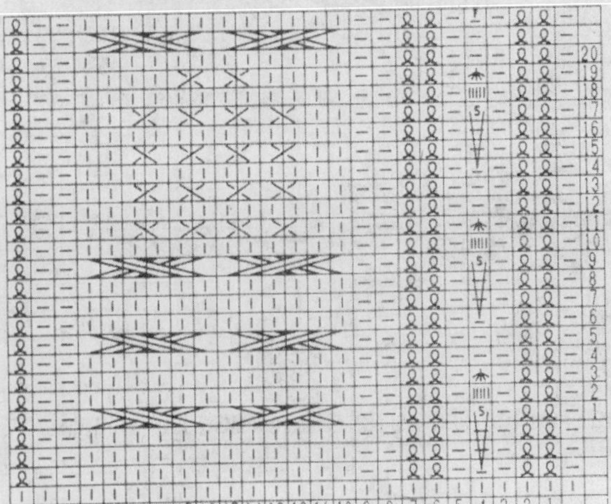

## 229

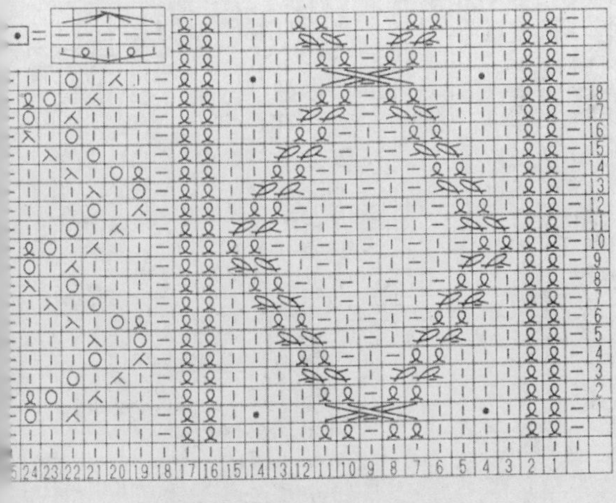

## 230

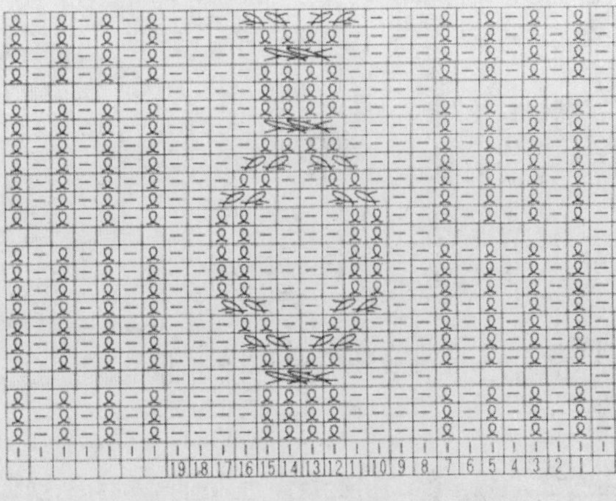

# 231

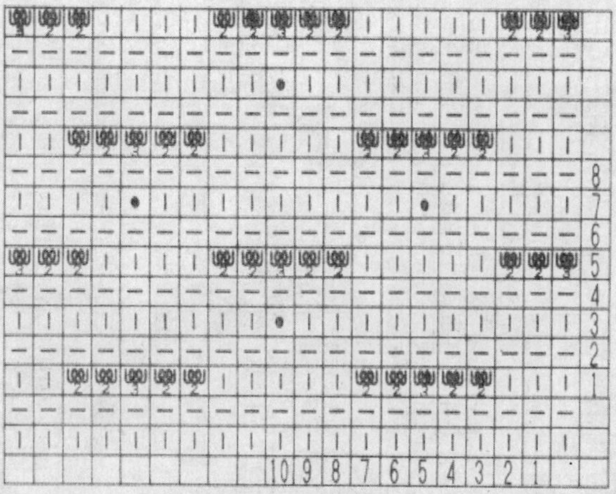

# 232

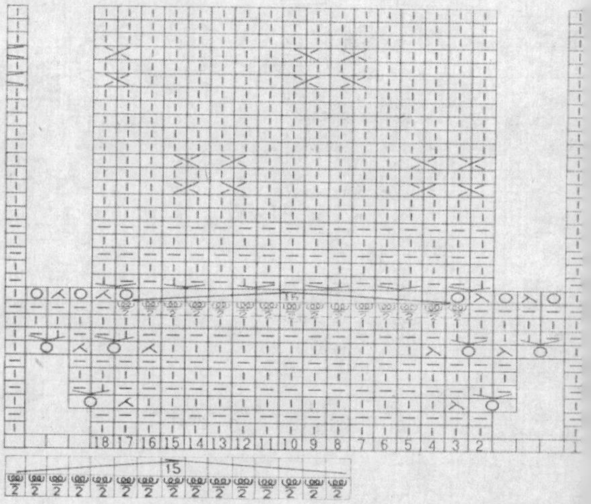

# 233

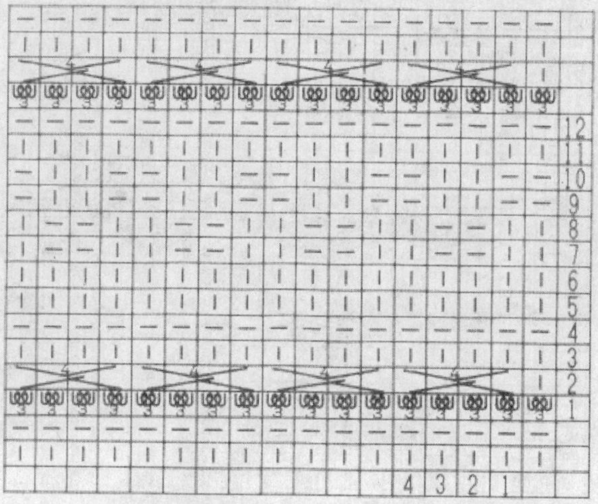

# 234

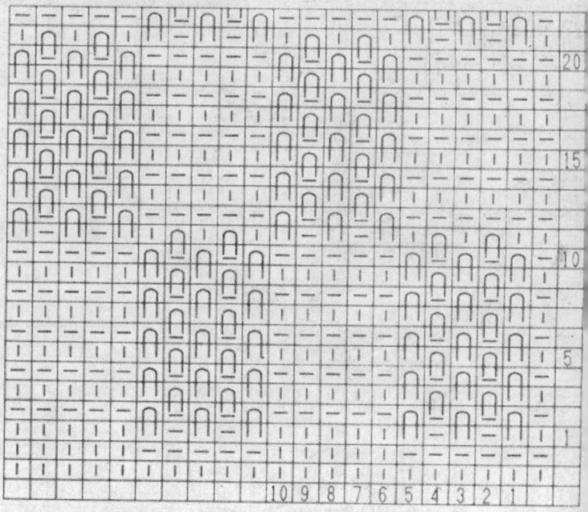

# 235

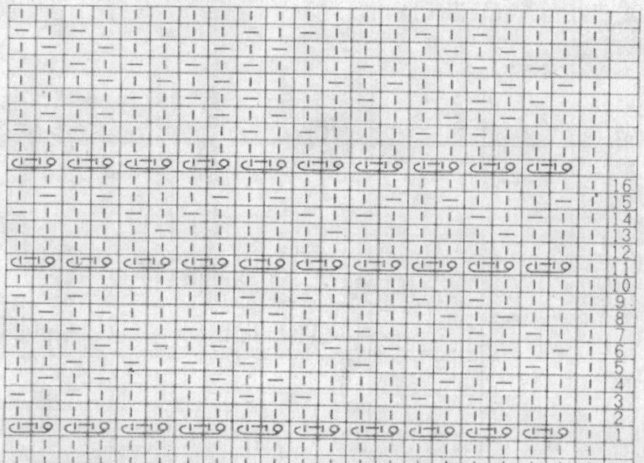

# 236

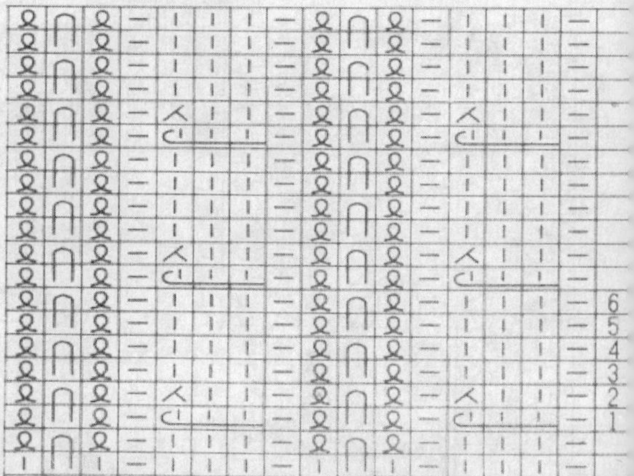

## 238

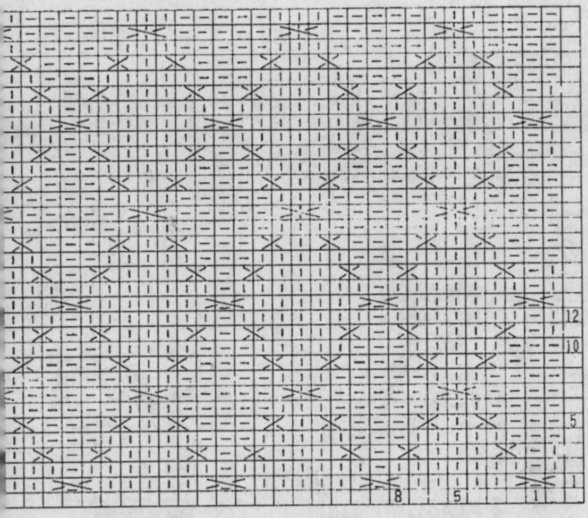

## 239

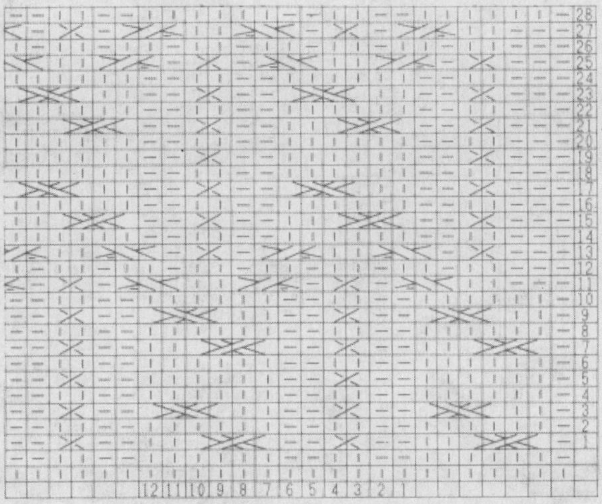

## 240

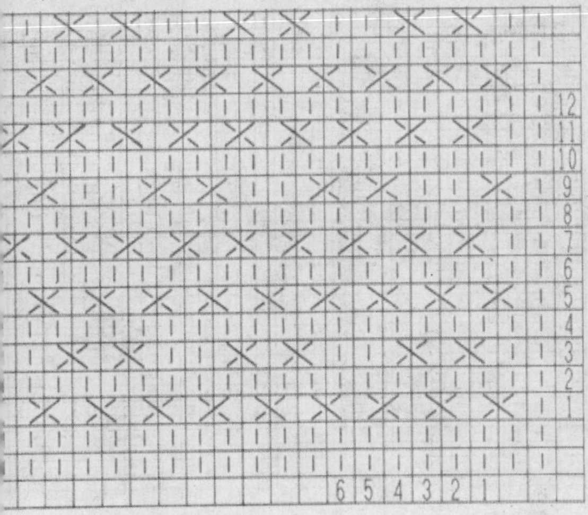

## 241

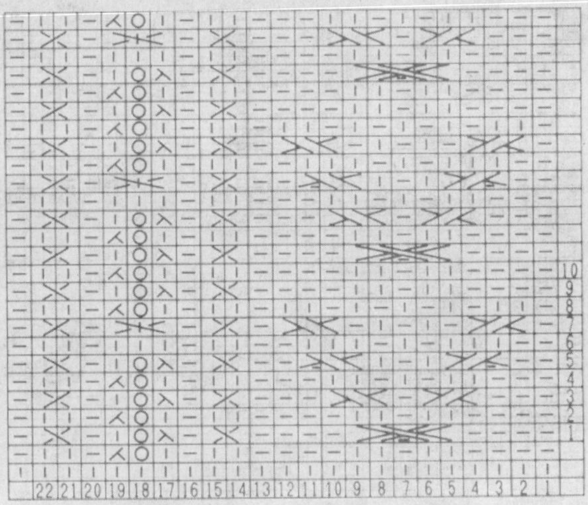

## 242

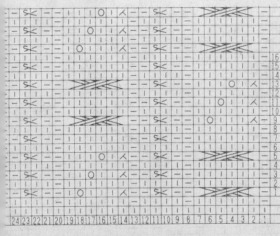

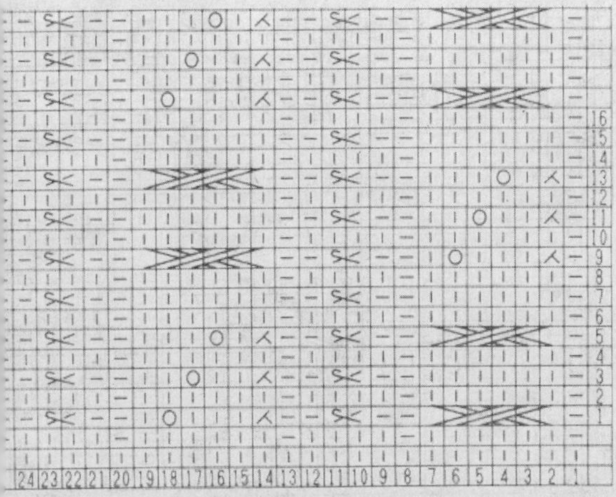

## 243

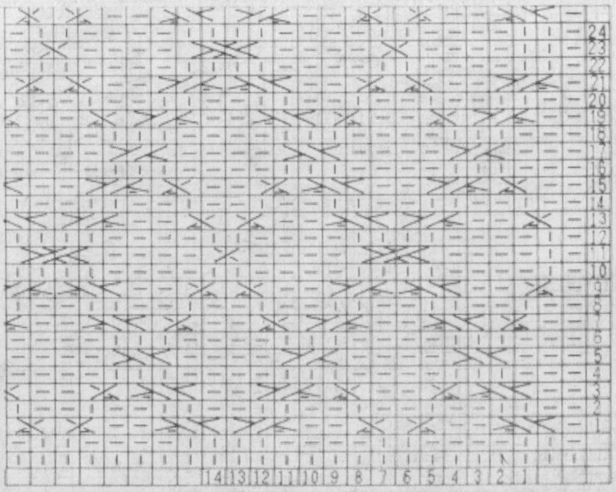

## 244

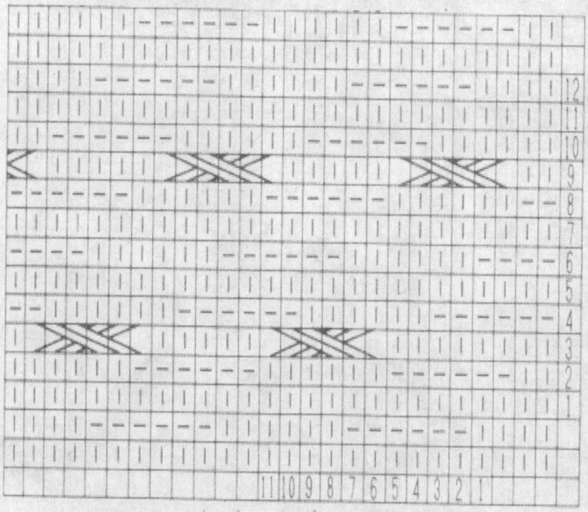

## 245

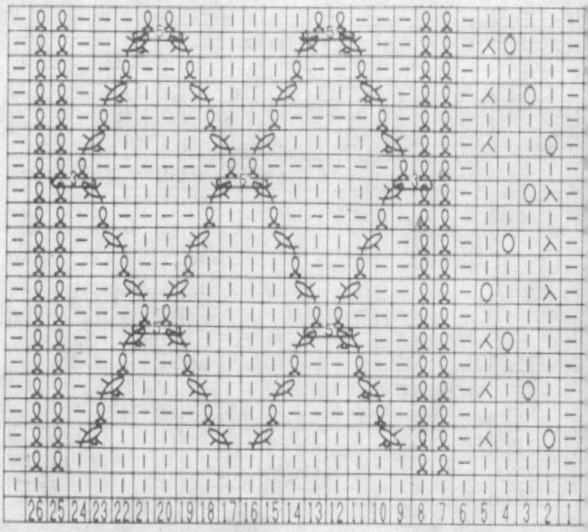

## 246

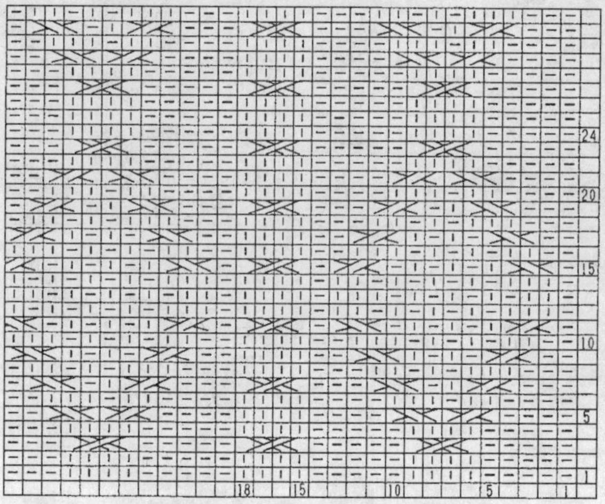

## 247

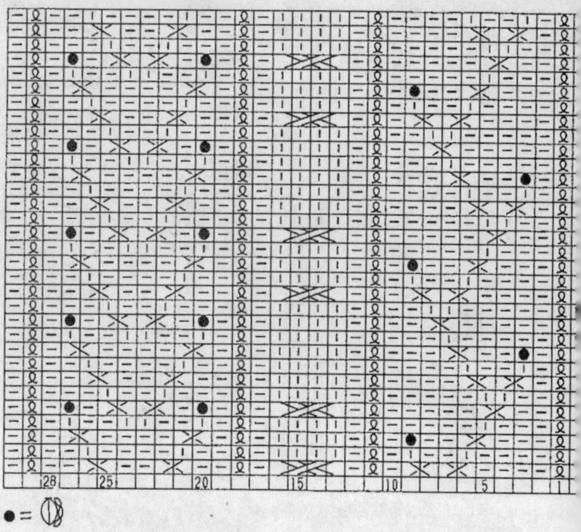

## 248

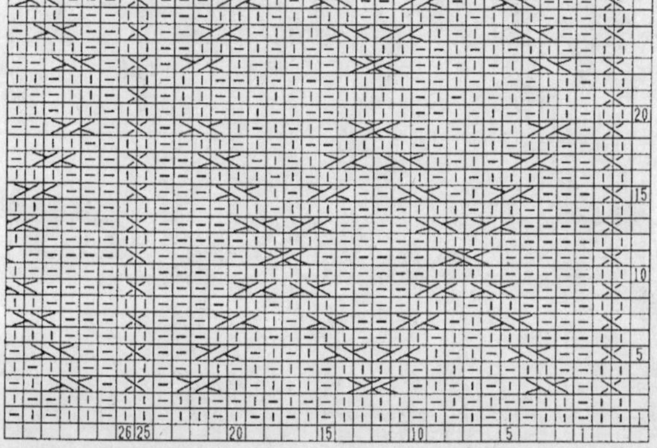

## 249

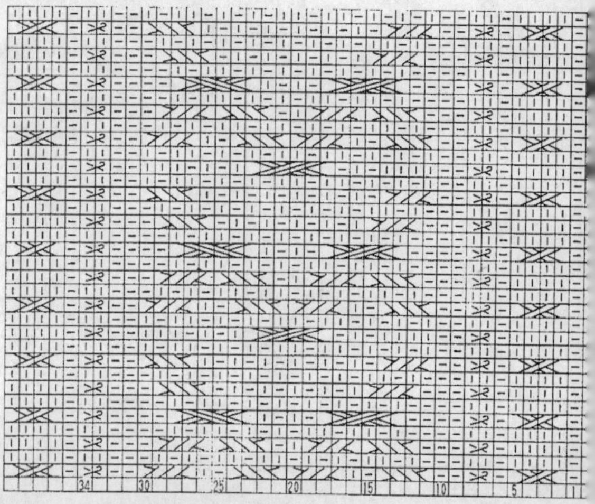

## 250

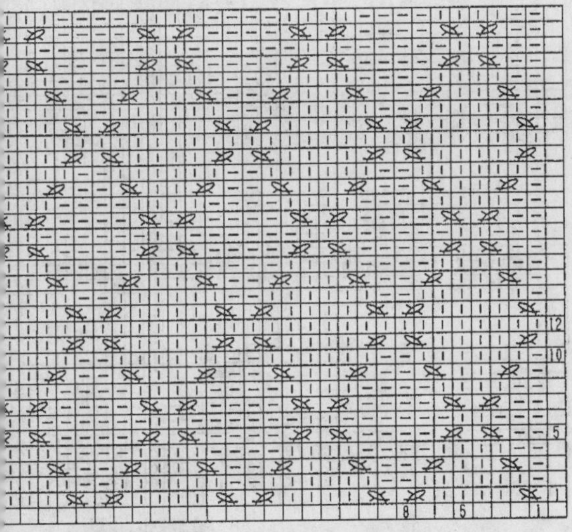

## 251

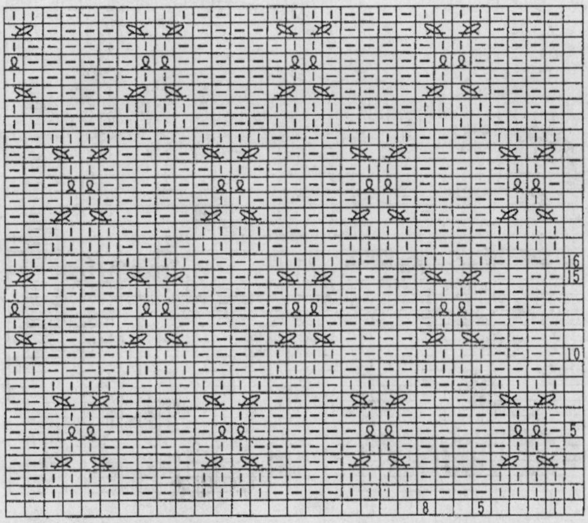

## 252

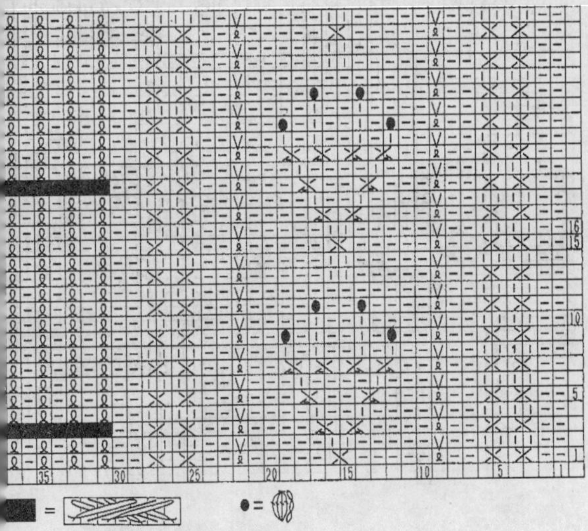

## 253

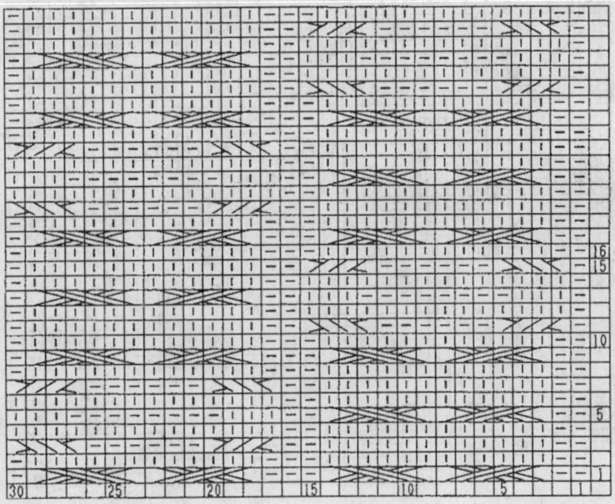

## 254

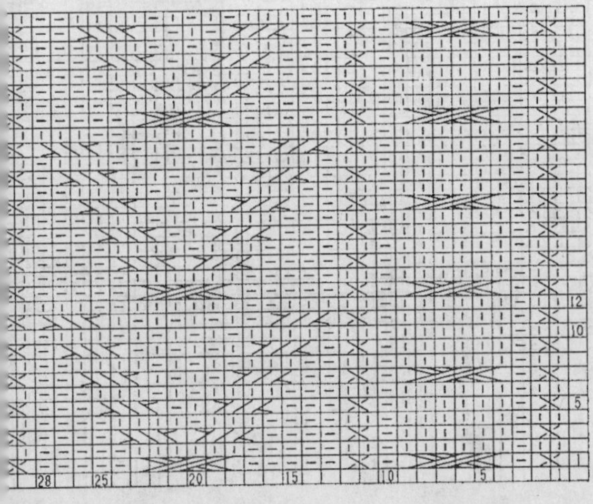

## 255

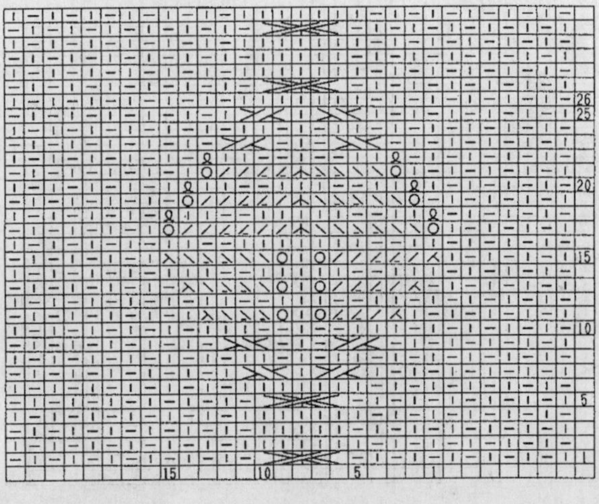

## 256

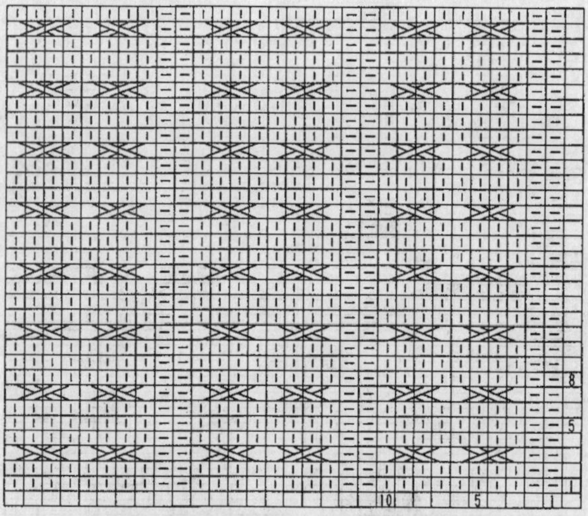

## 257

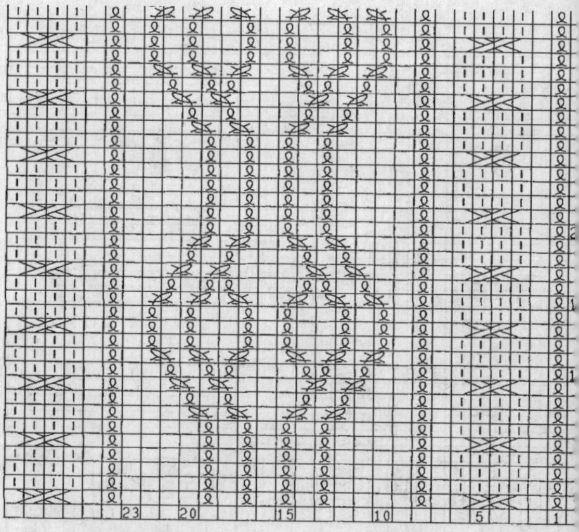

□=⊟

## 258

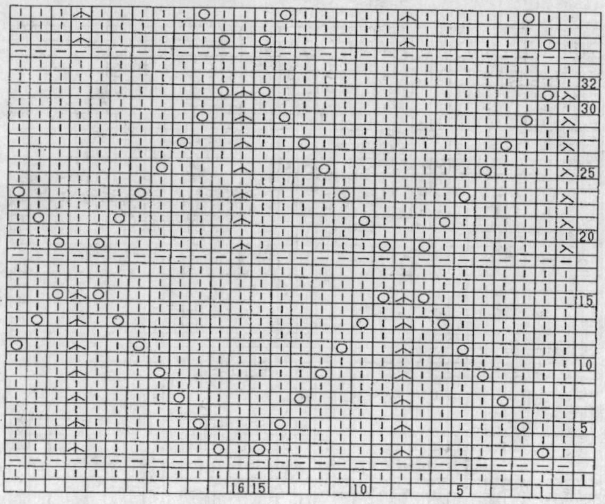

## 259

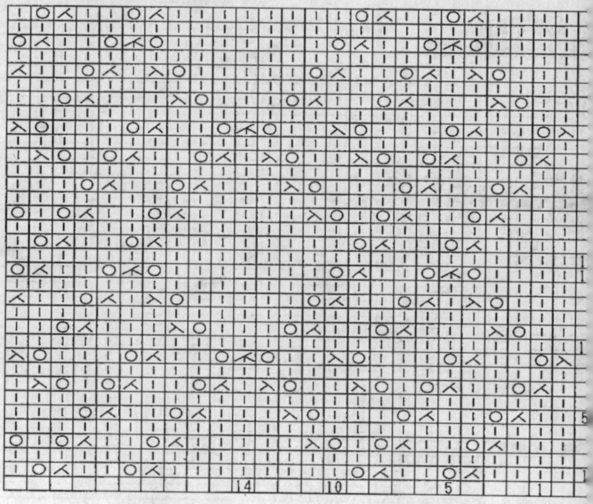

## 260

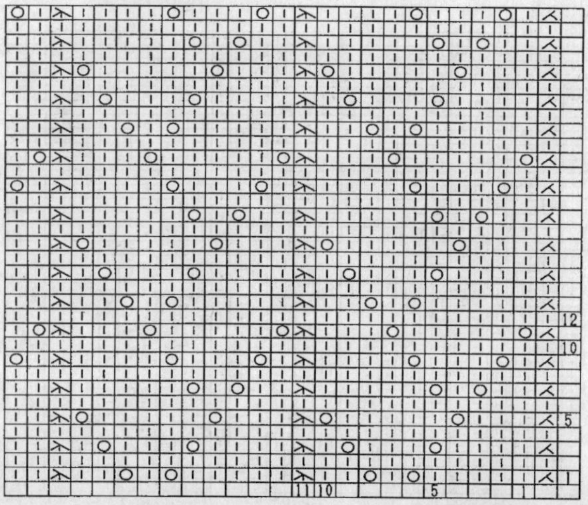

## 261

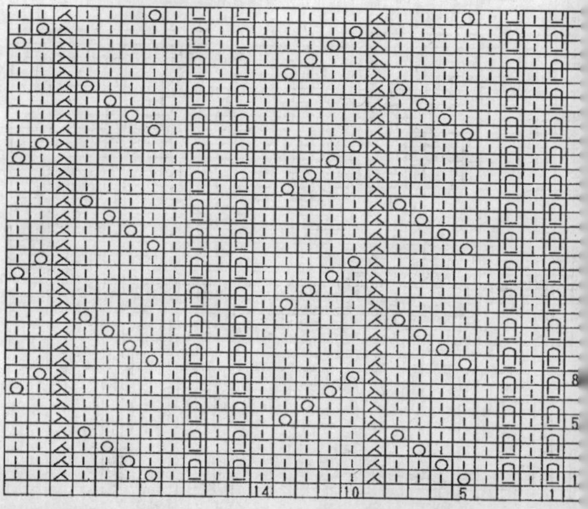

## 262

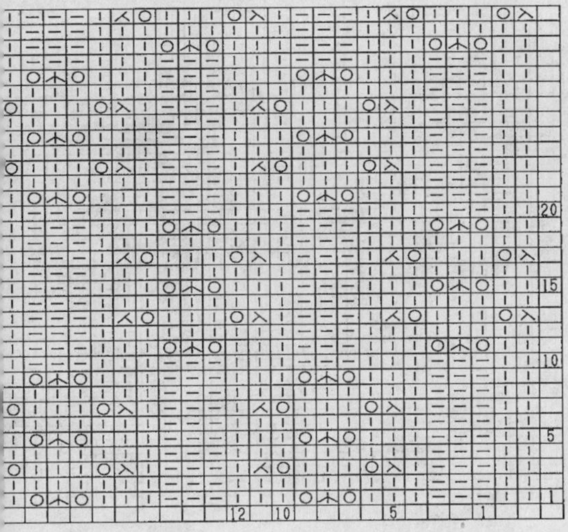

## 263

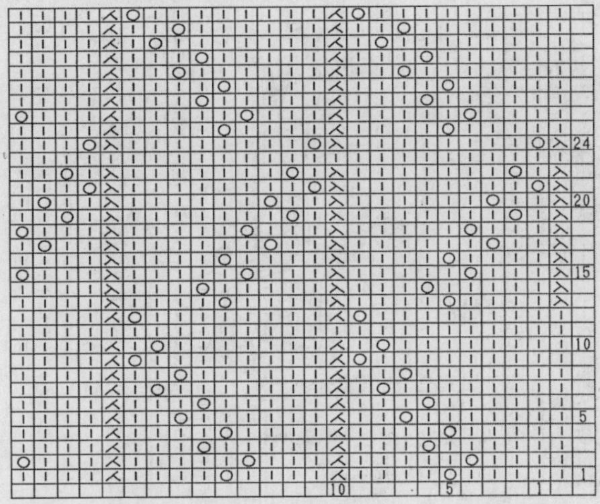

## 264

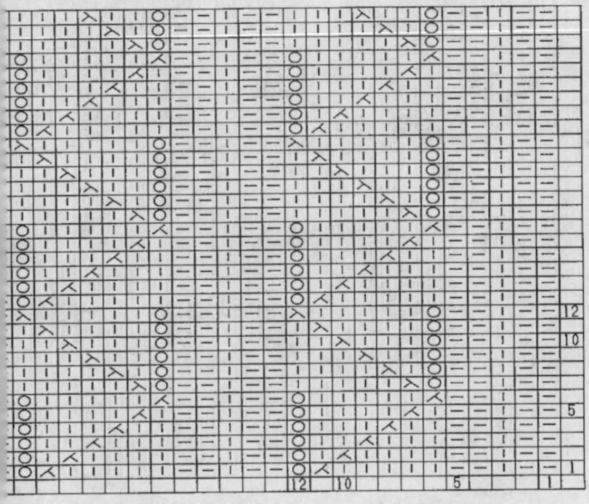

## 265

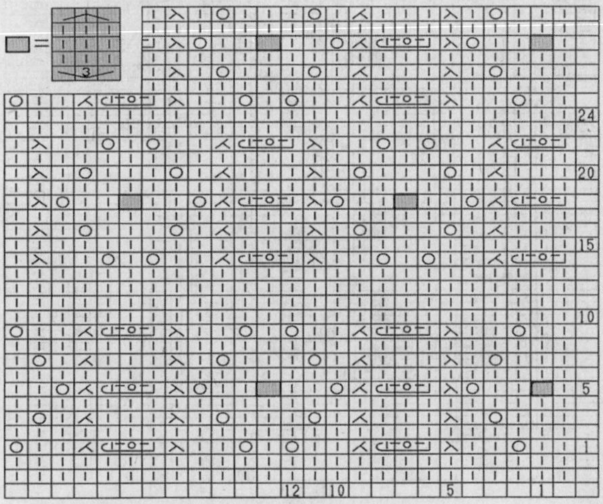

## 266

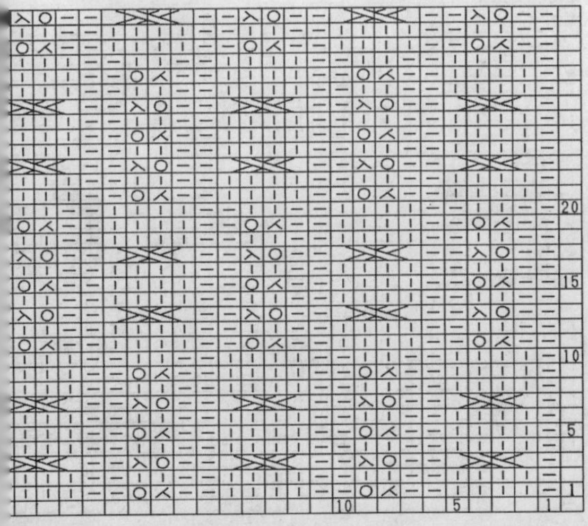

## 267

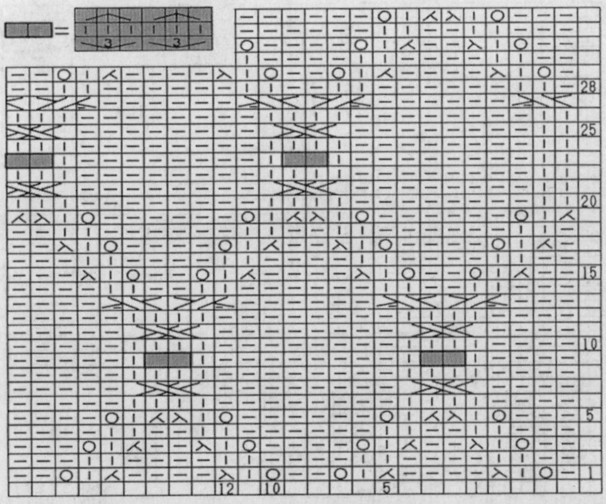

## 268

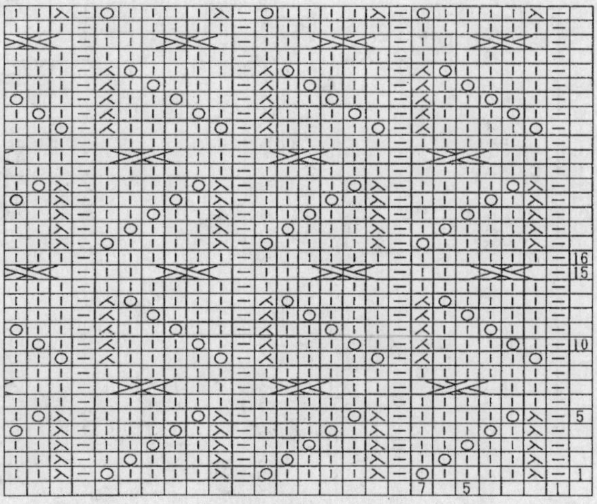

## 269

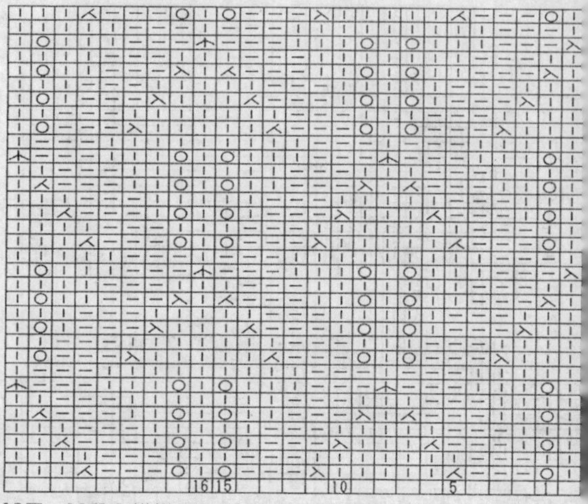

## 270

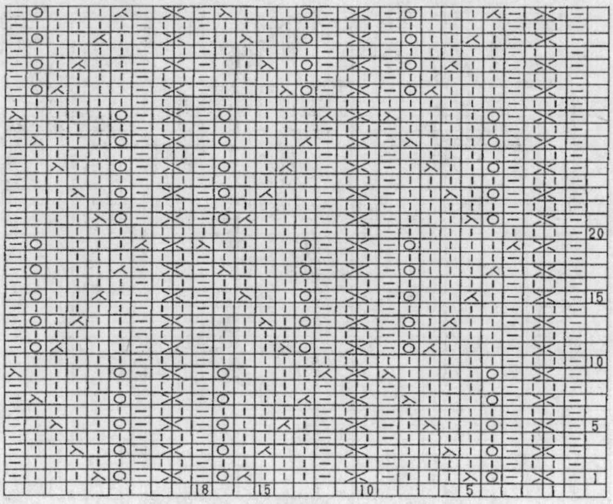

## 271

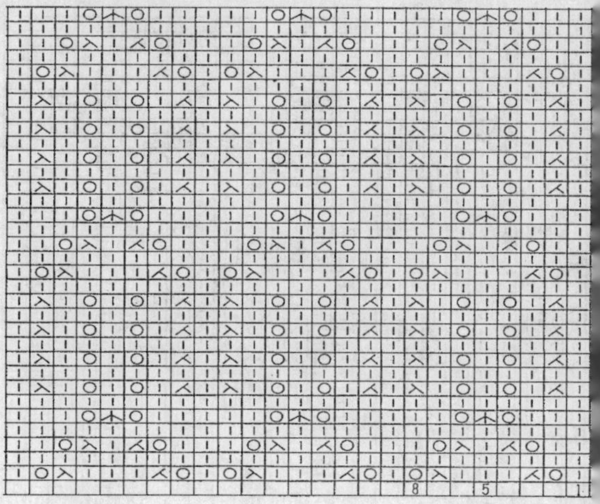

## 272

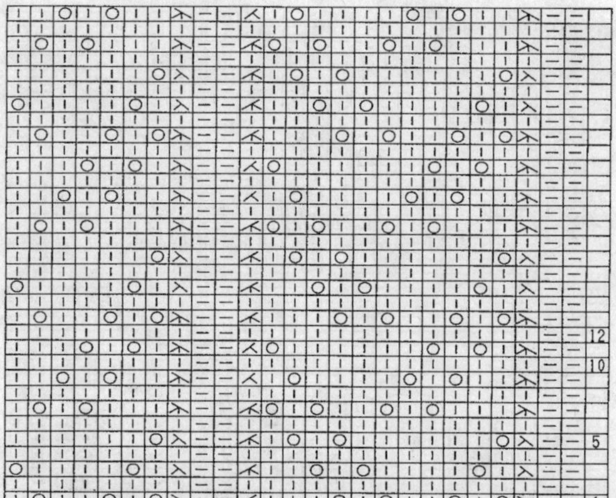

## 273

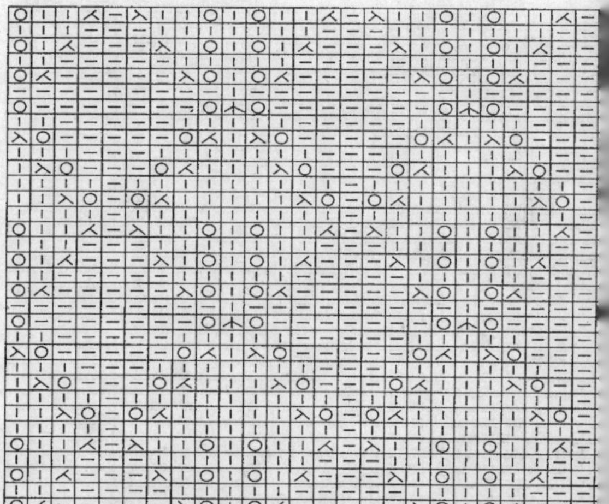

274

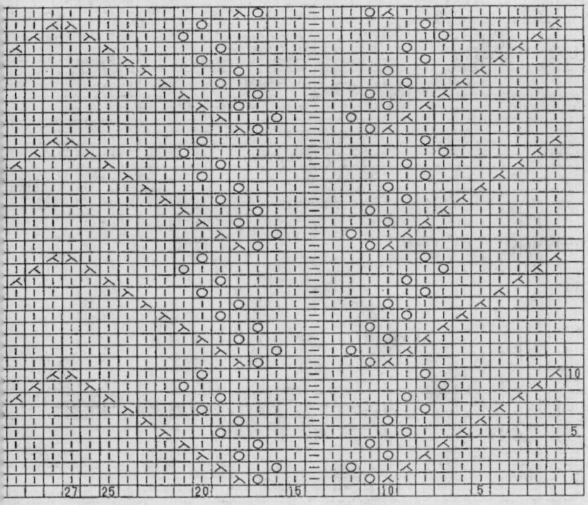

275

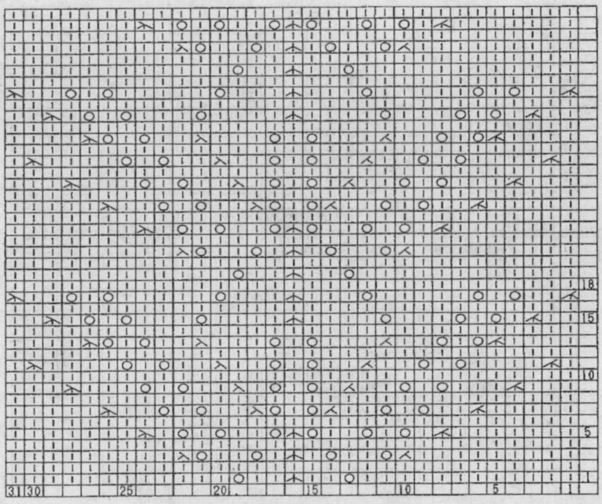

276

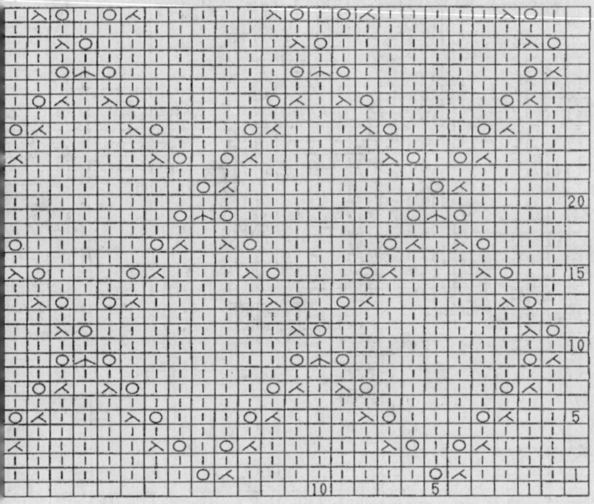

277

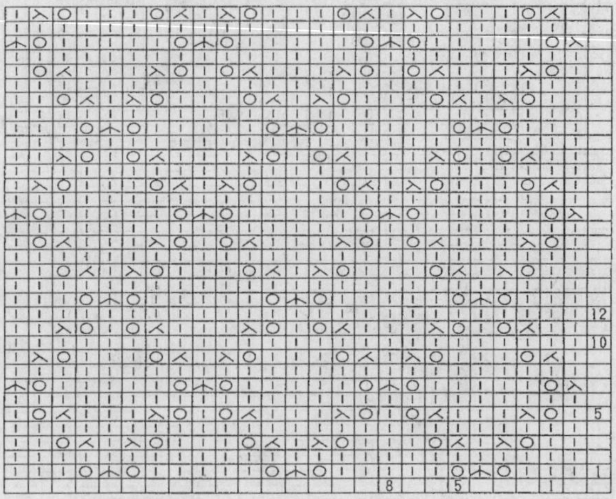

278

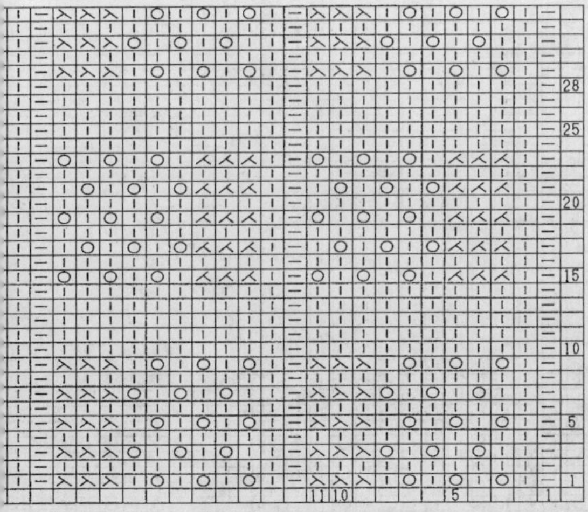

279

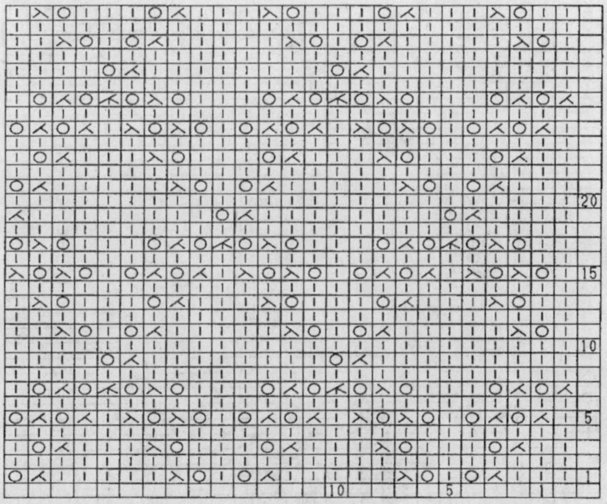

## 280

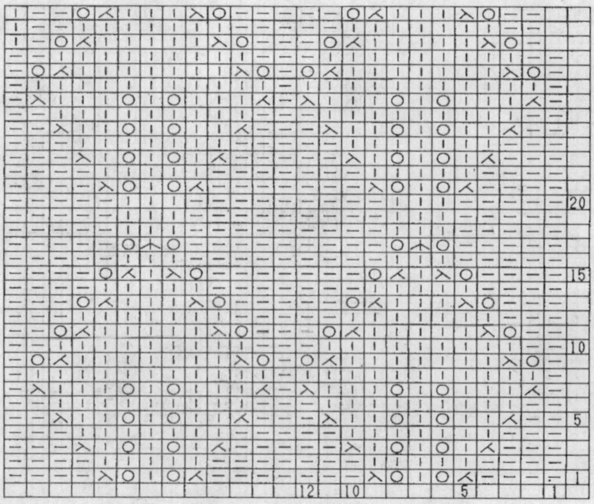

## 281

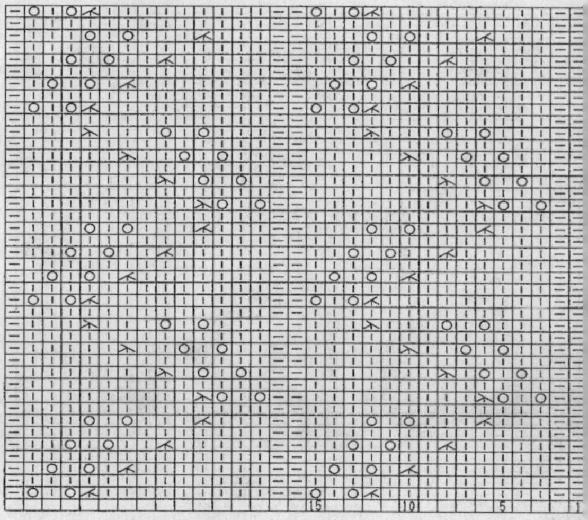

## 282

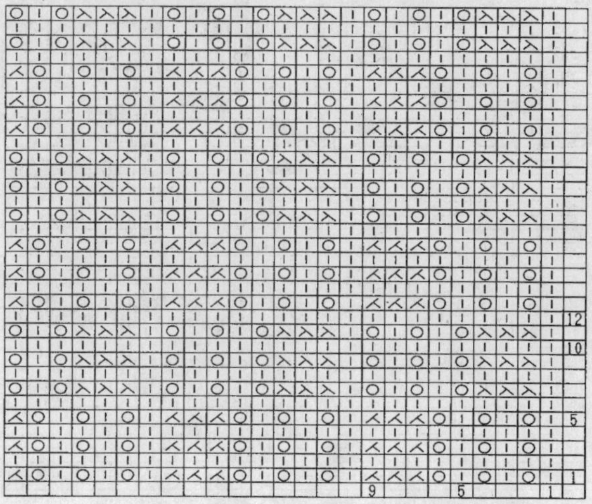

## 283

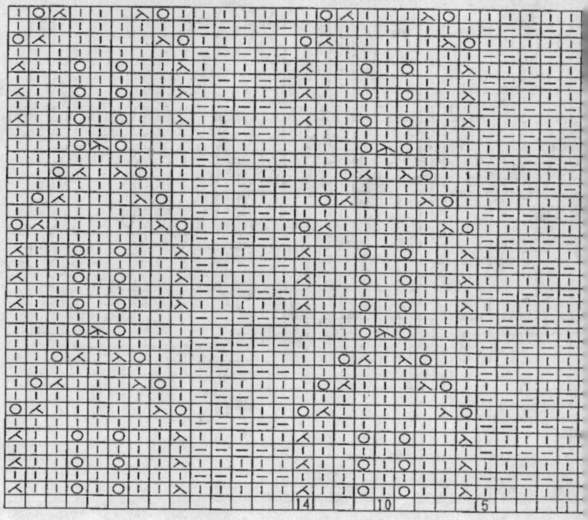

## 284

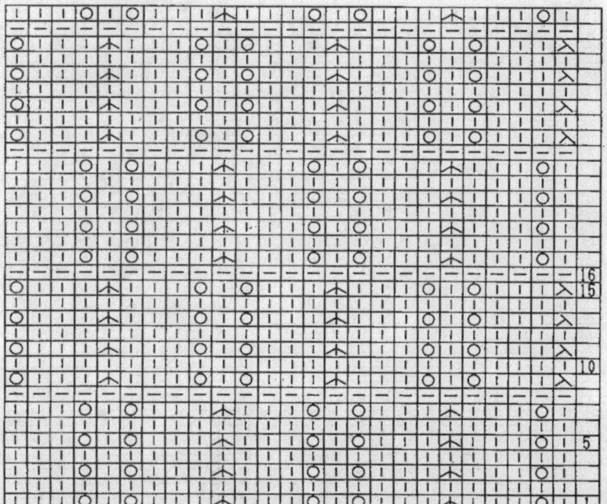

## 285

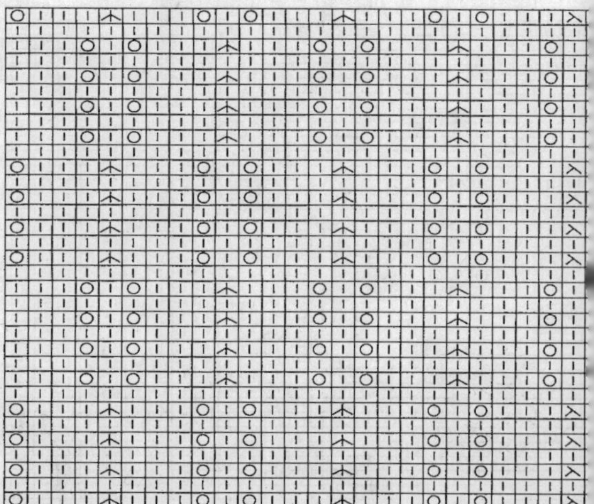

286

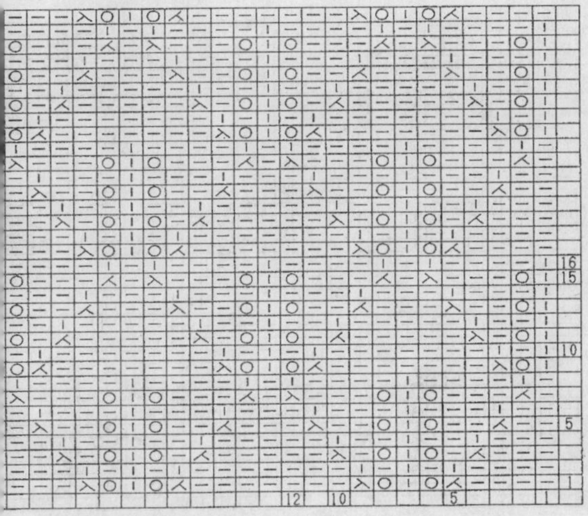

287

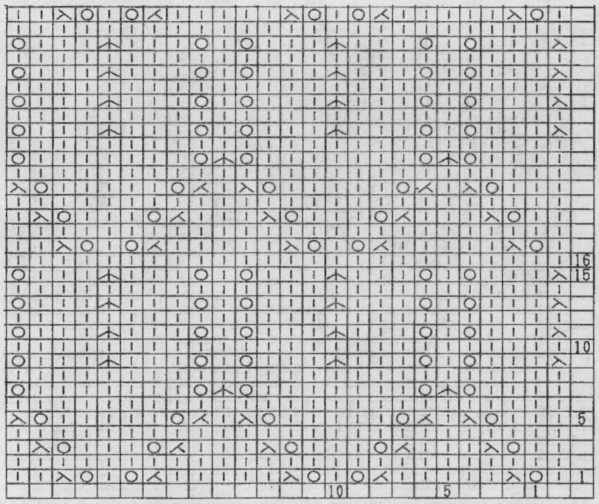

288

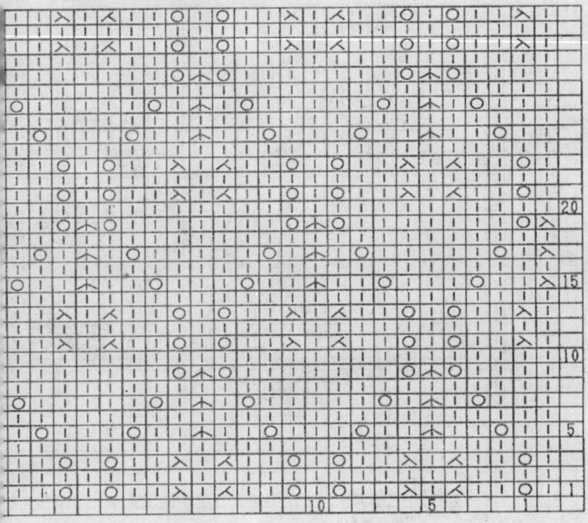

289

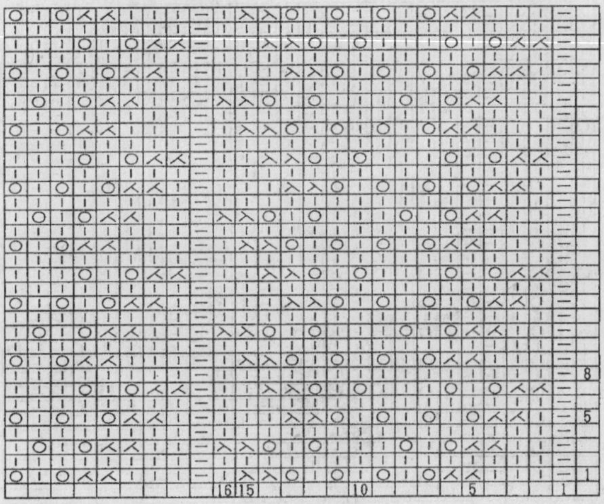

290

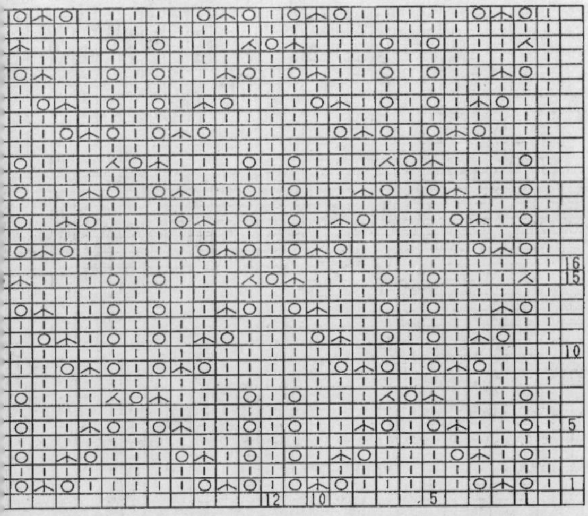

291

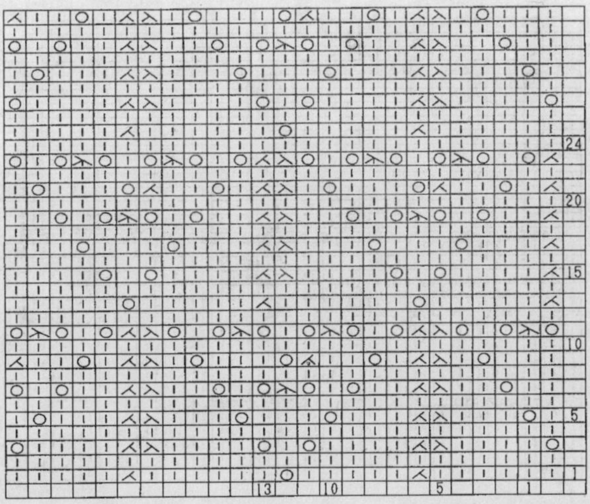

## 292

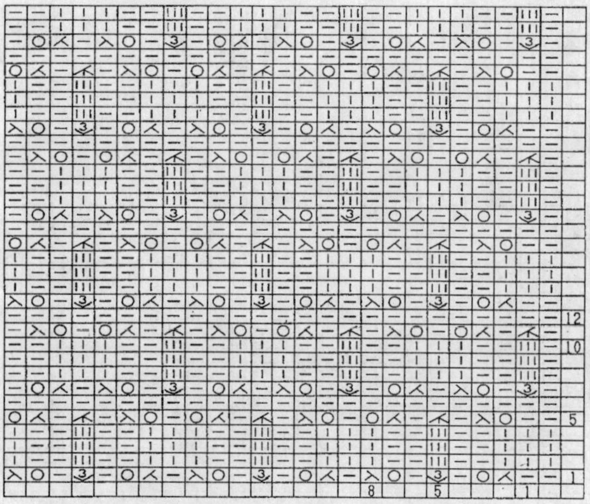

## 294

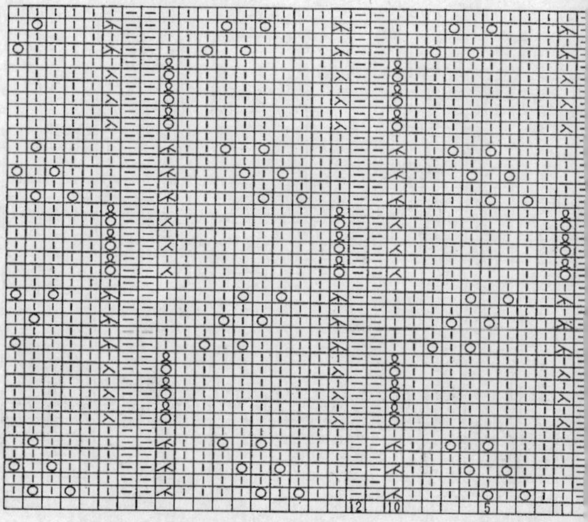

## 295

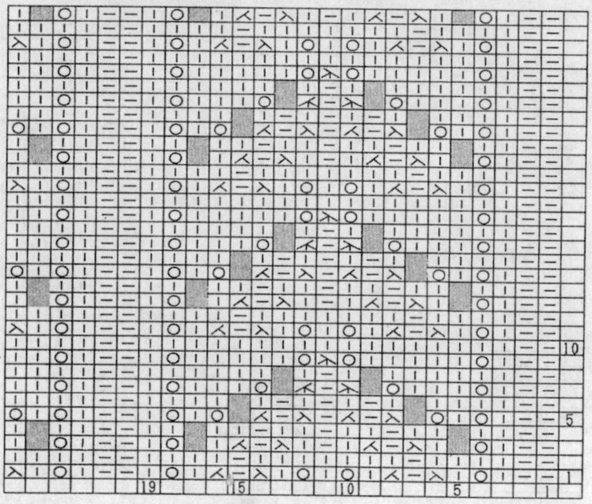

## 296

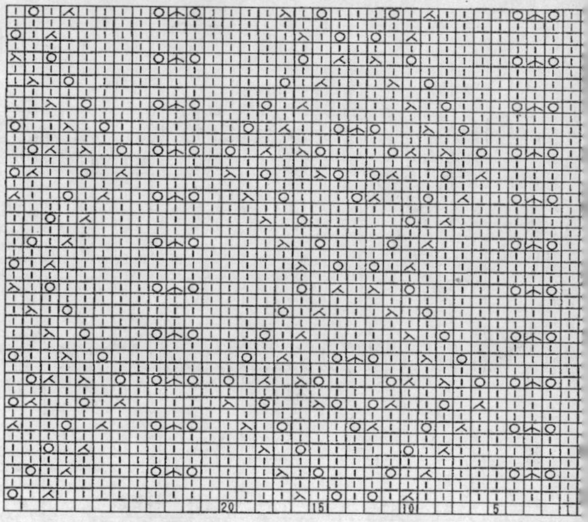

## 297

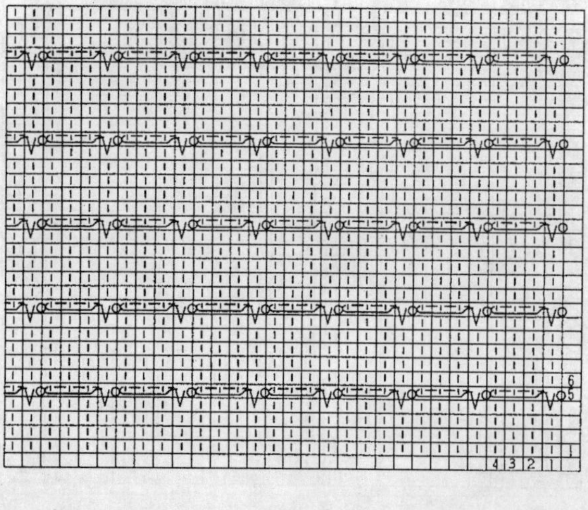

## 298

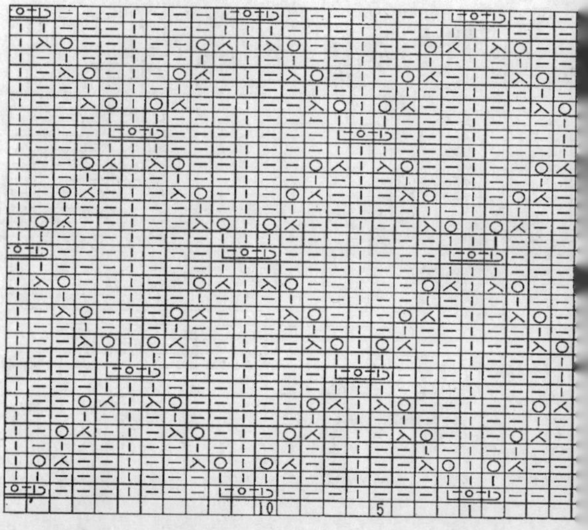

# 299

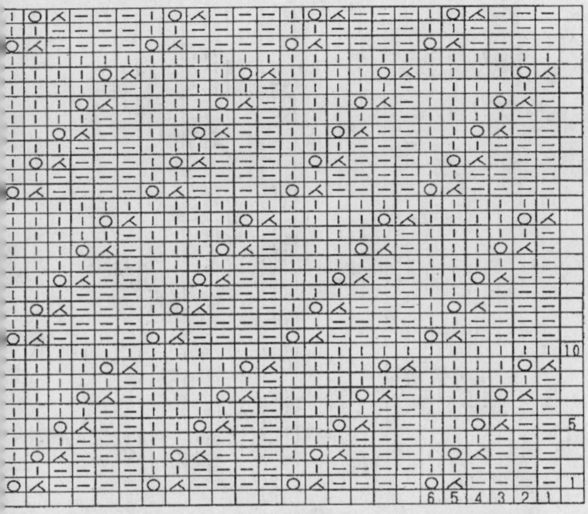

# 300

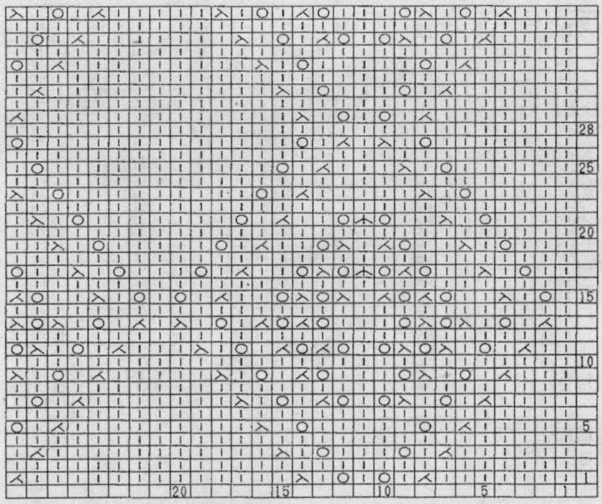

# 301

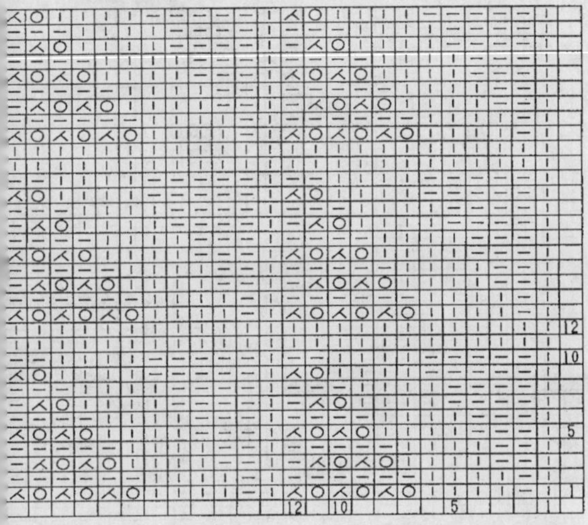

# 302

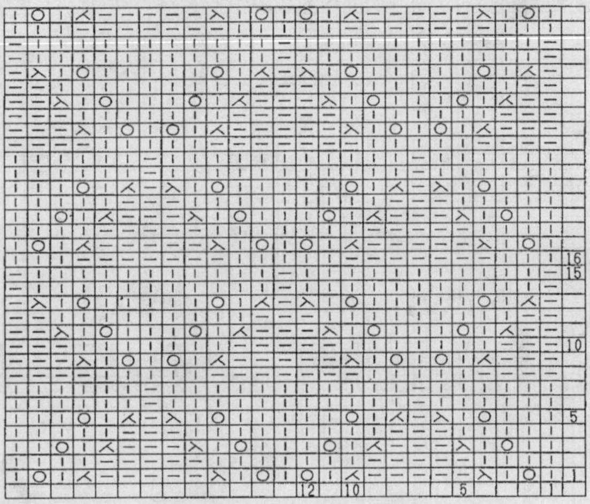

# 303

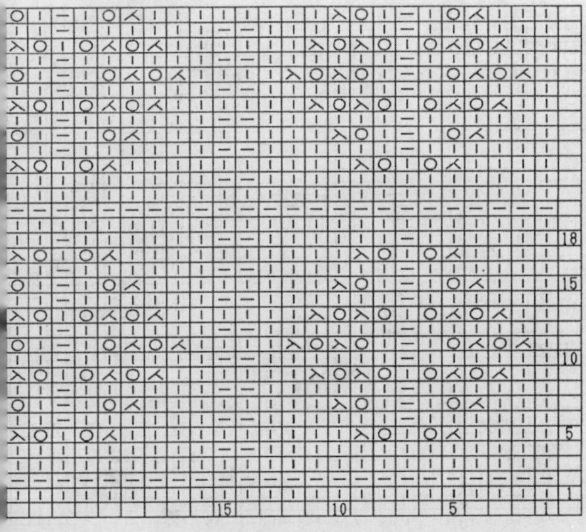

# 304

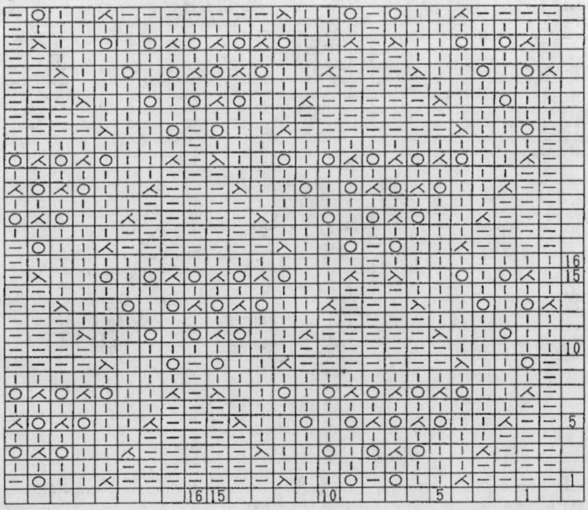

## 305

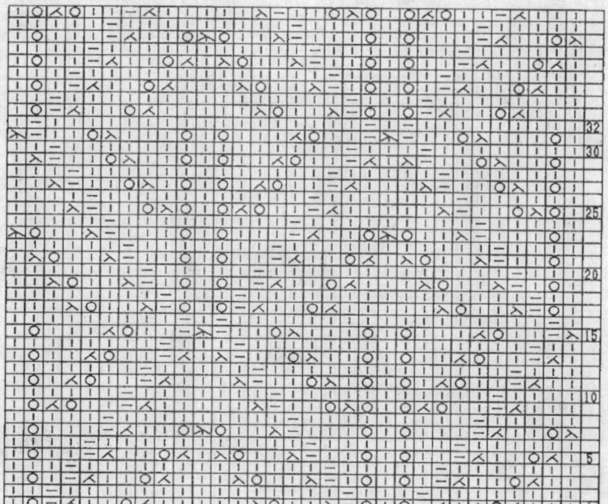

## 306

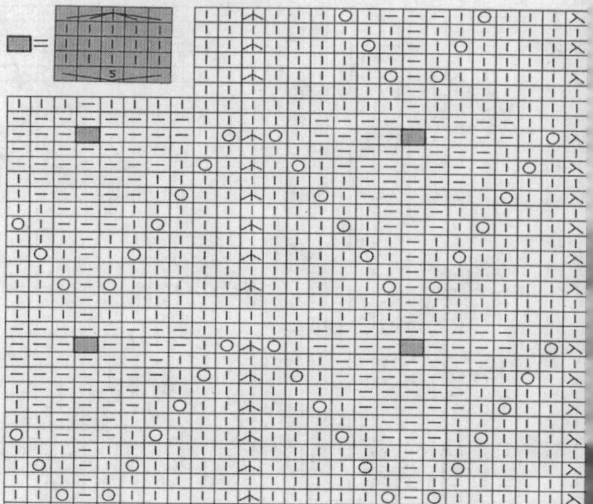

## 307

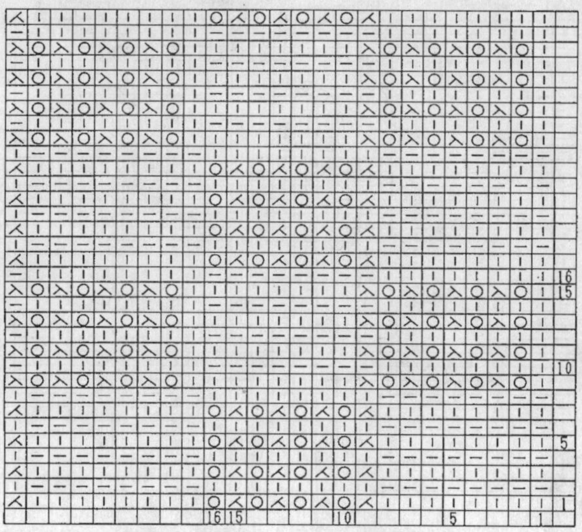

## 308

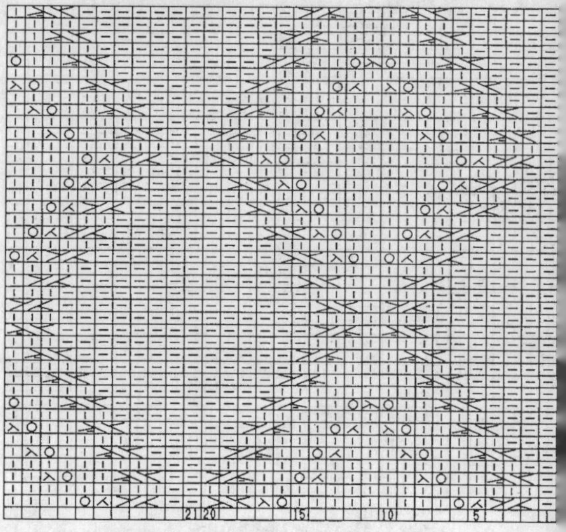

## 309

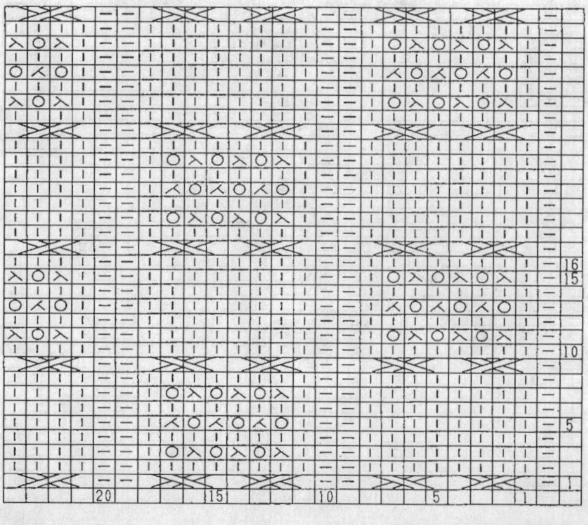

## 310

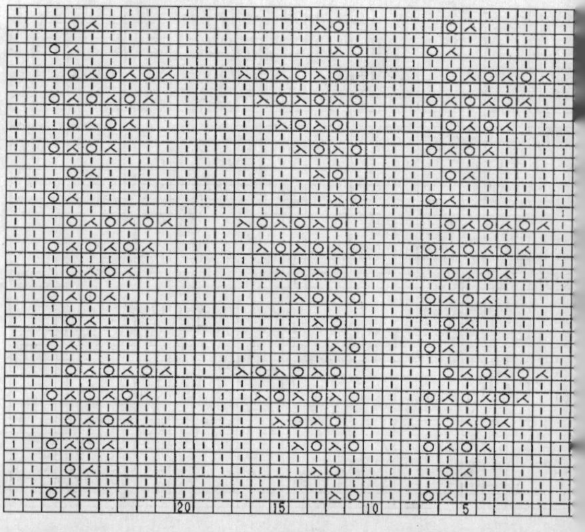

# 312

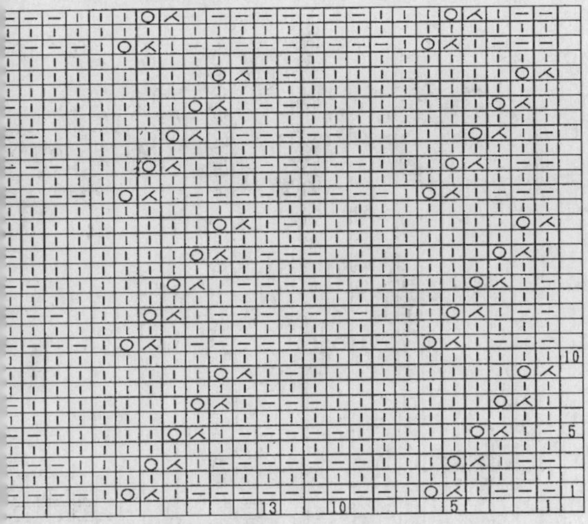
10
5
1
13
10
5
1

# 313

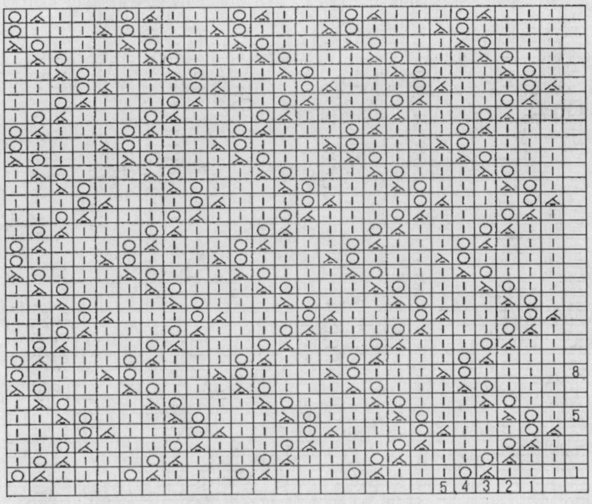
8
5
1
5 4 3 2 1

# 314

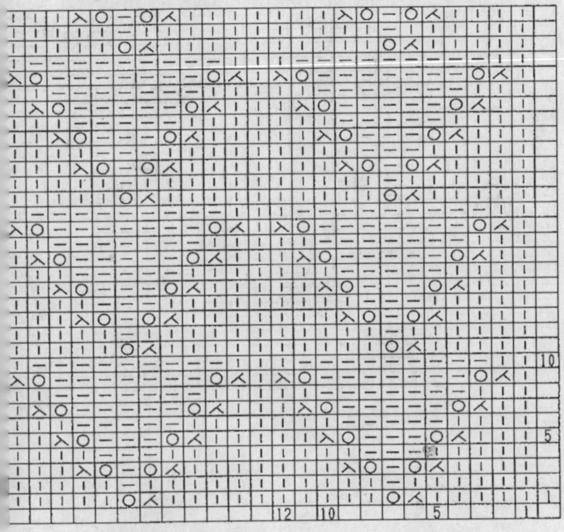
10
5
1
12
10
5
1

# 315

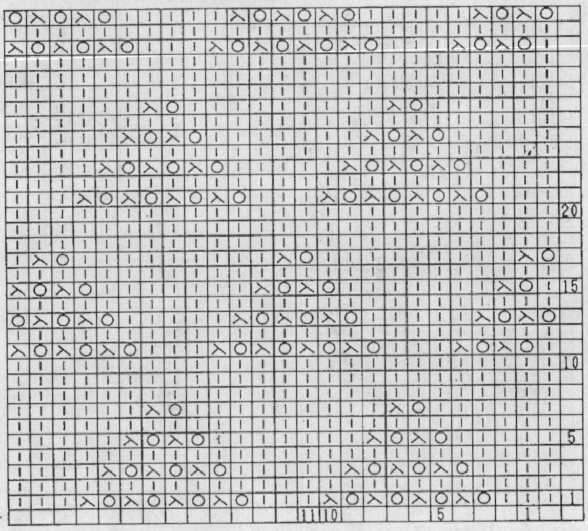
20
15
10
5
1
11 10
5
1

# 316

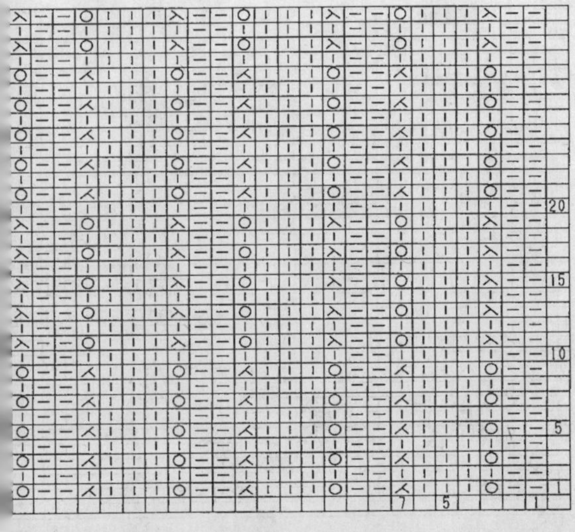
20
15
10
5
1
7
5
1

# 317

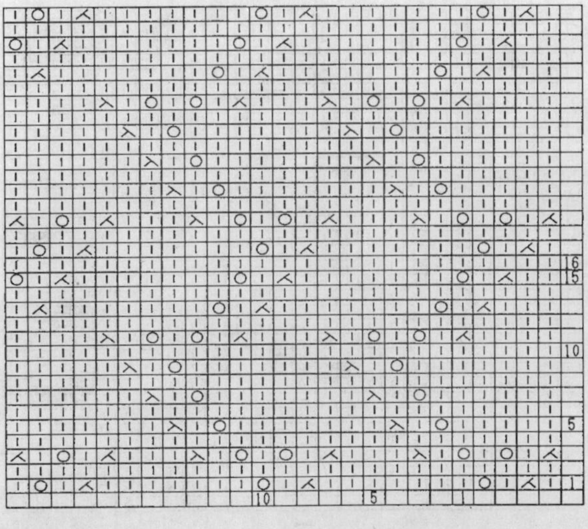
16
15
10
5
1
10
5

# 318

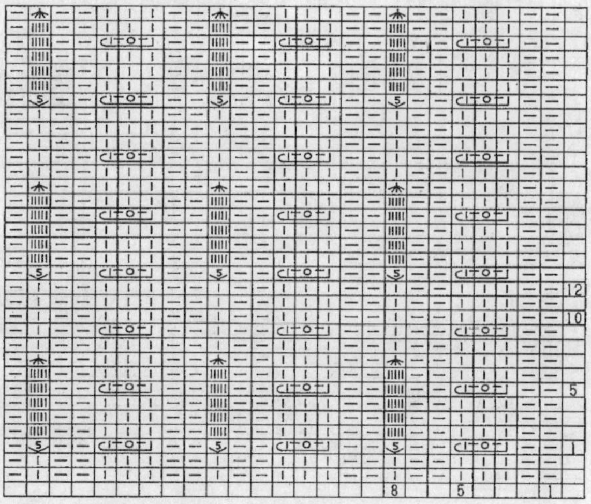
12
10
5
1
8
5
1

# 319

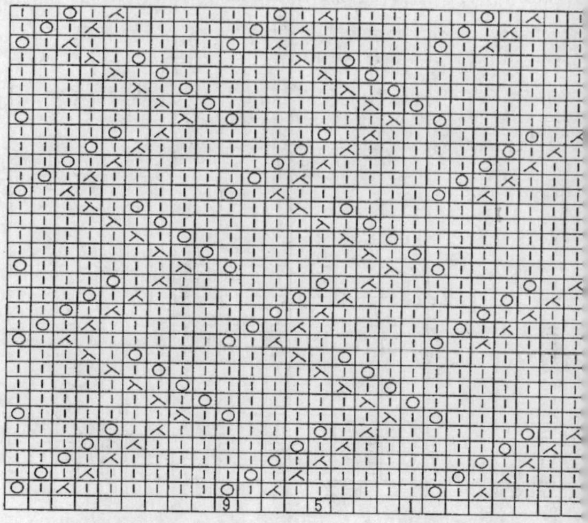
9
5
1

# 320

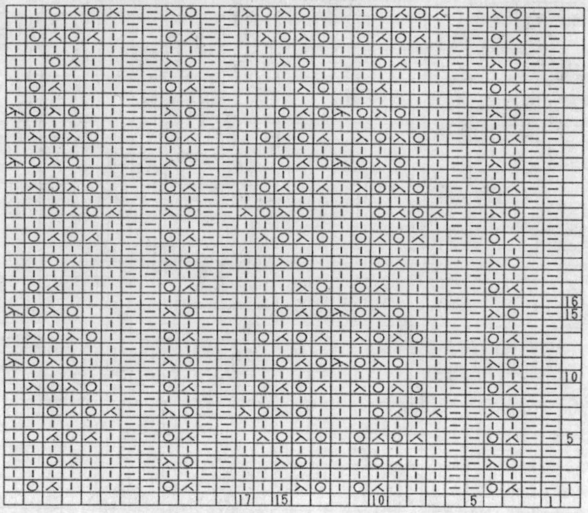
16
15
10
5
1
17
15
10
5
1

# 321

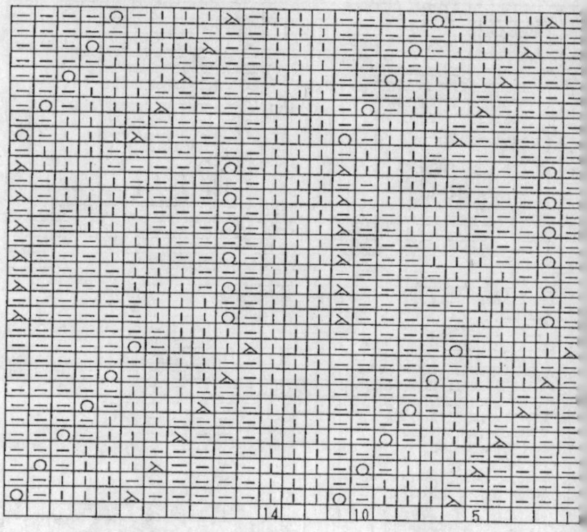
14
10
5
1

# 322

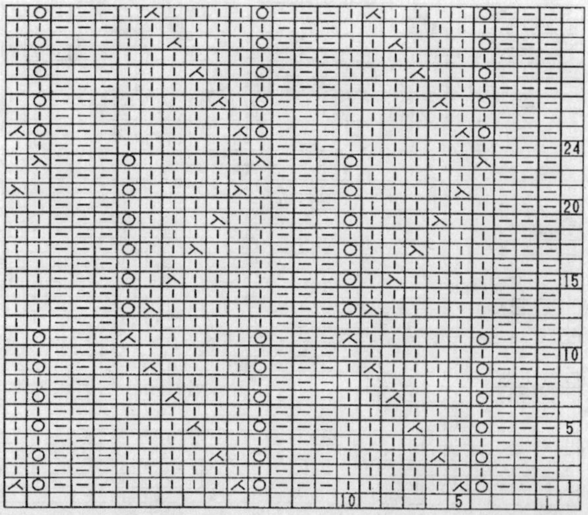
24
20
15
10
5
1
10
5
1

# 323

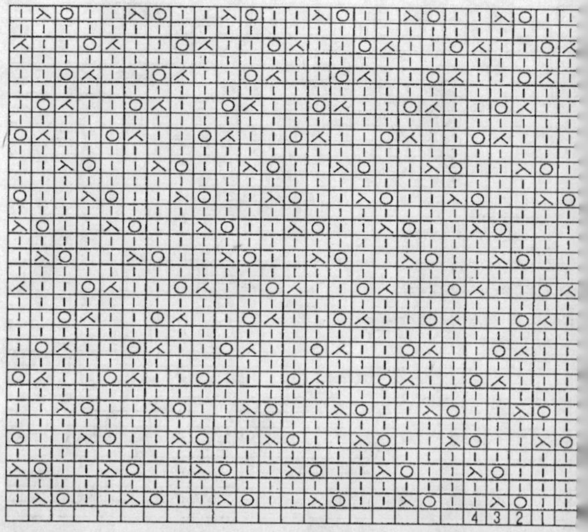
4
3
2

# 324

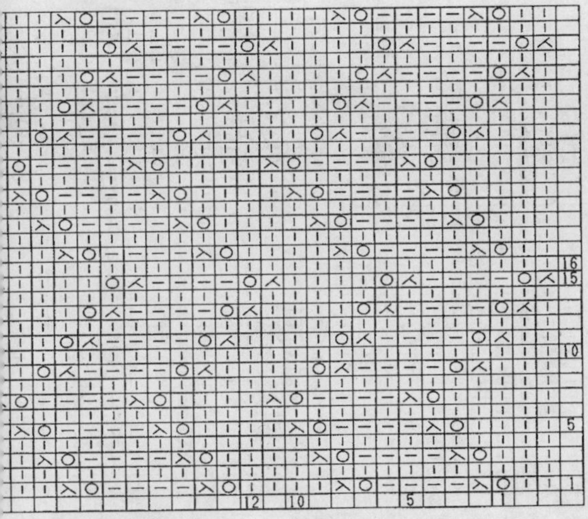

# 325

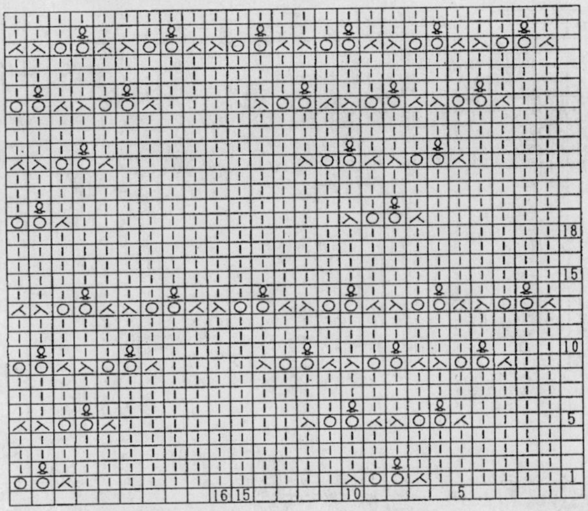

# 326

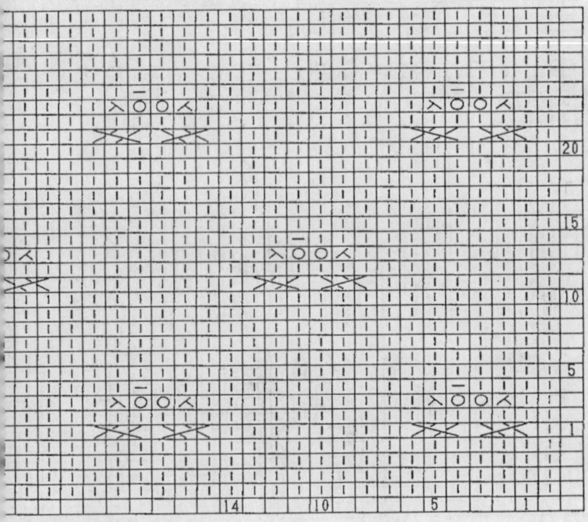

# 327

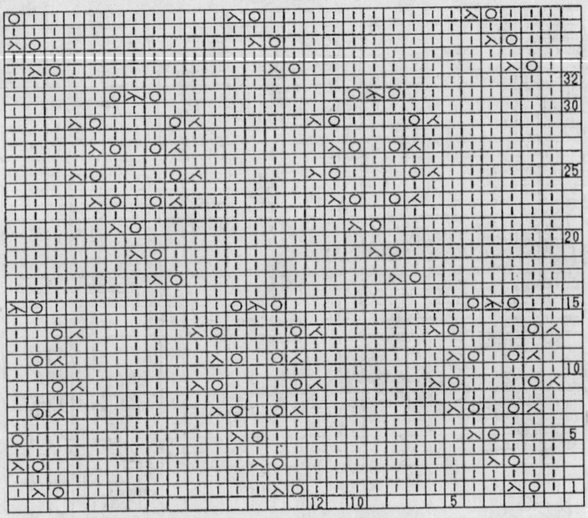

# 328

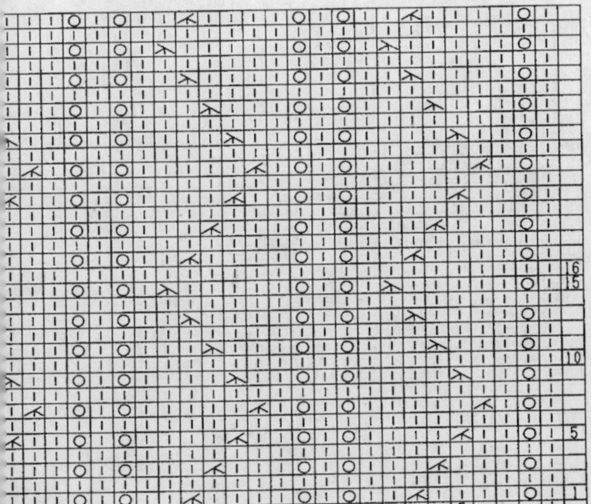

# 329

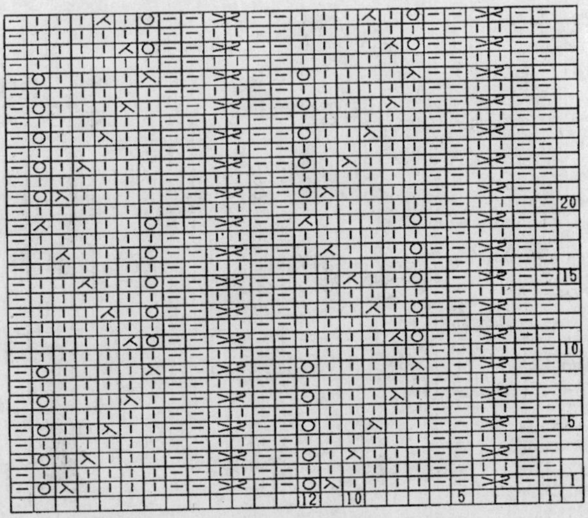

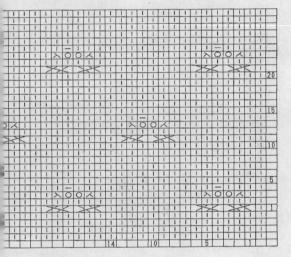

## 330

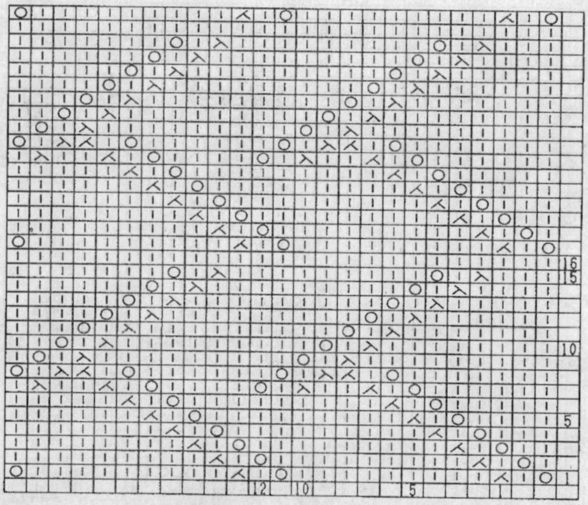

## 331

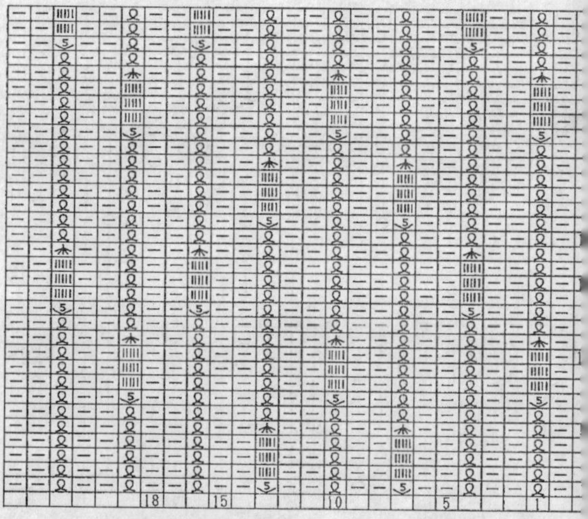

## 332

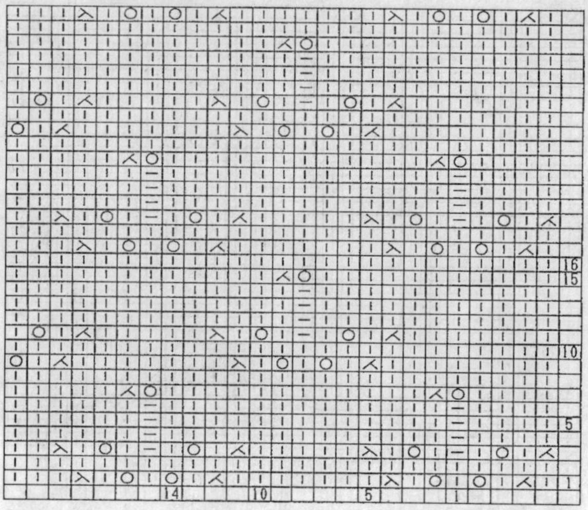

## 333

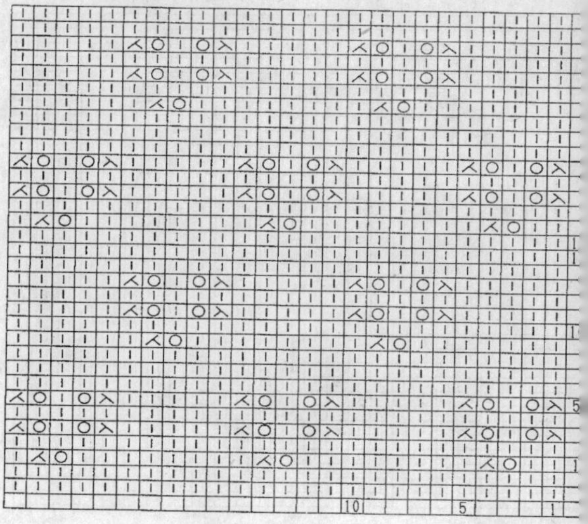

## 334

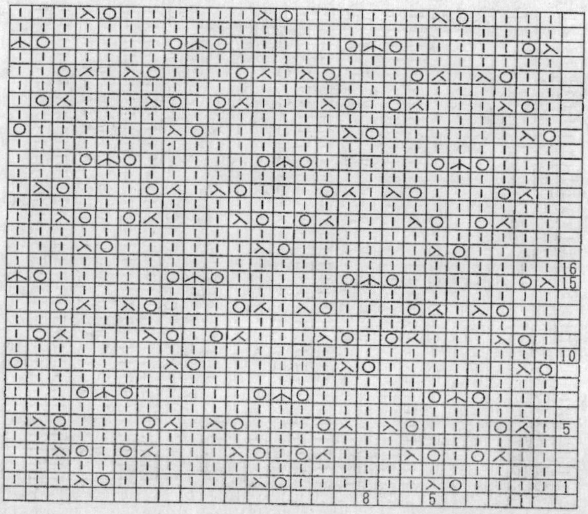

## 335

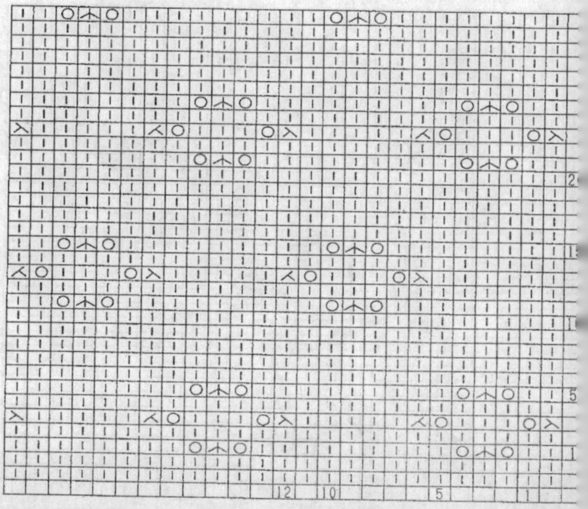

# 337

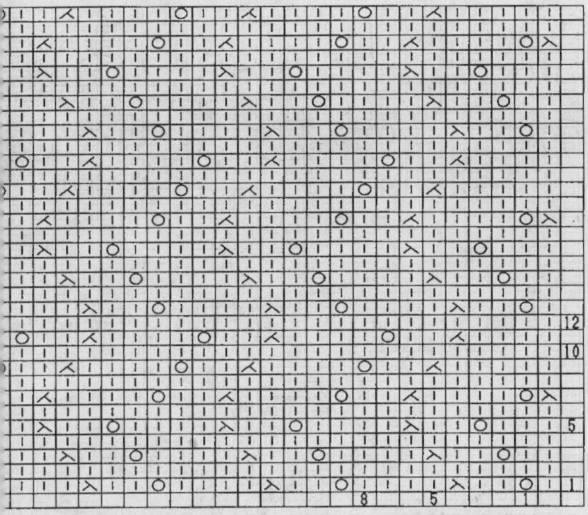
12
10
5
1
8
5
1

# 338

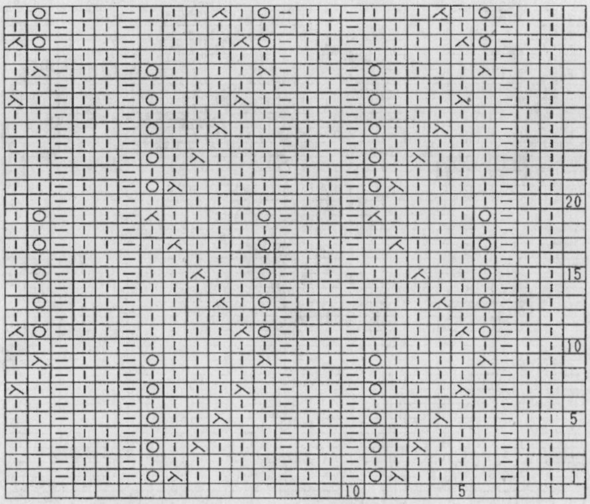
20
15
10
5
1
10
5
1

# 339

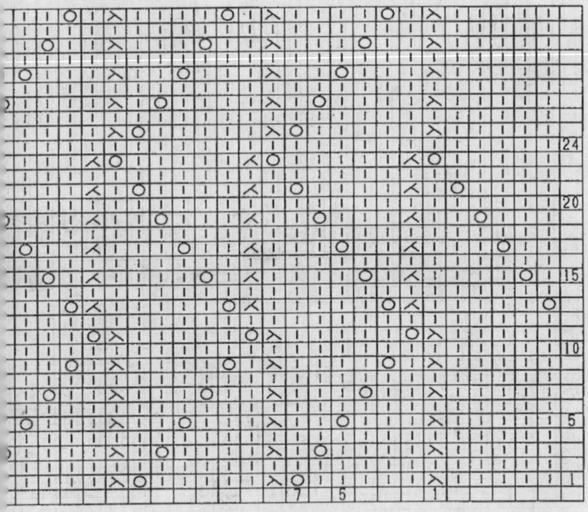
24
20
15
10
5
1
7
5
1

# 340

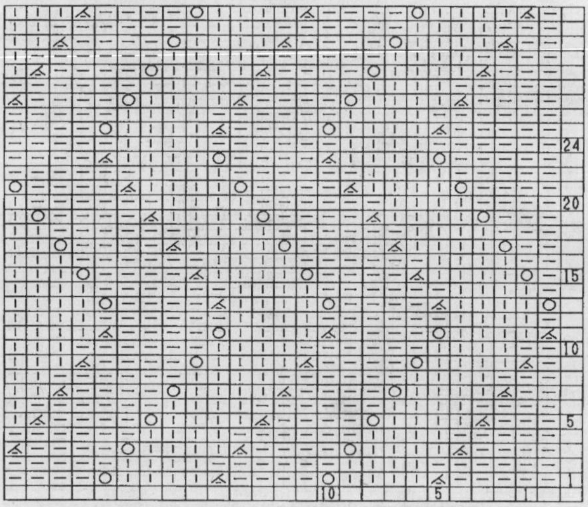
24
20
15
10
5
1
10
5
1

# 341

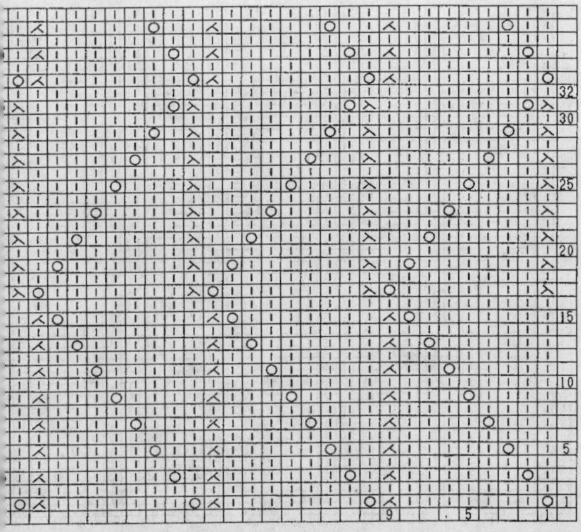
32
30
25
20
15
10
5
1
9
5
1

# 342

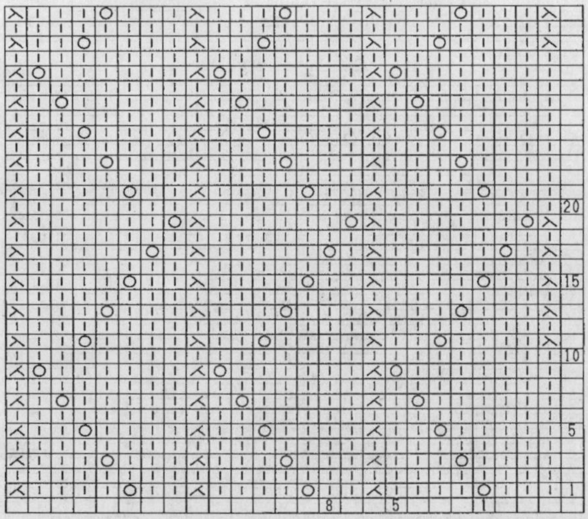
20
15
10
5
1
8
5
1

# 343

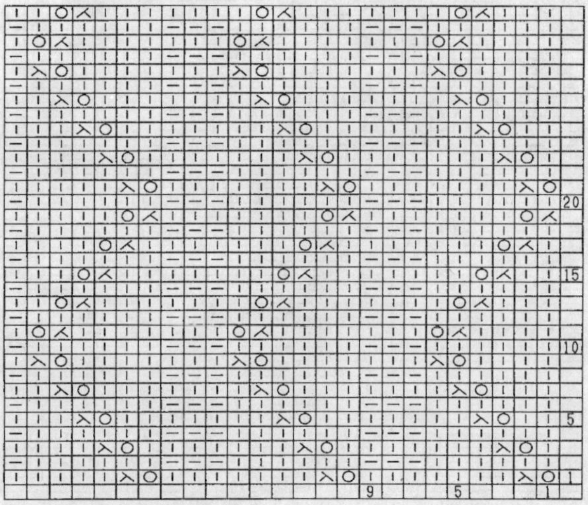
20
15
10
5
1
9
5
1

# 344

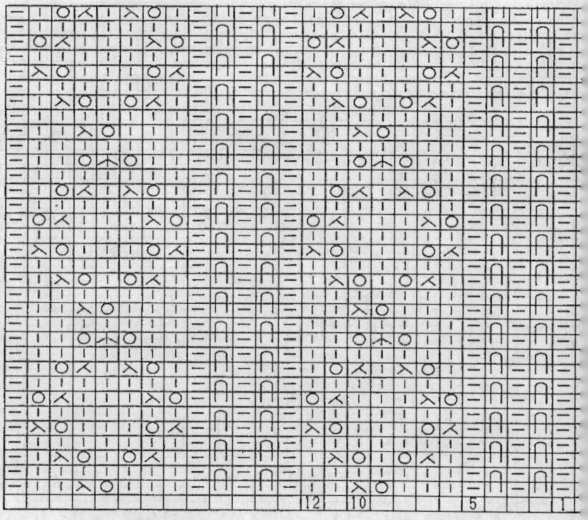
12
10
5
1

# 345

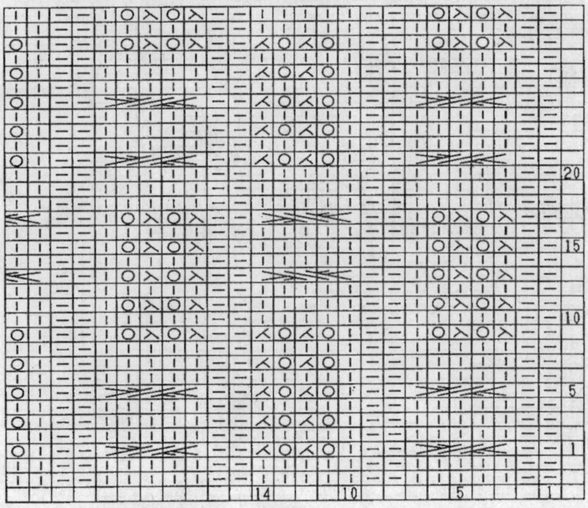
20
15
10
5
1
14
10
5
1

# 346

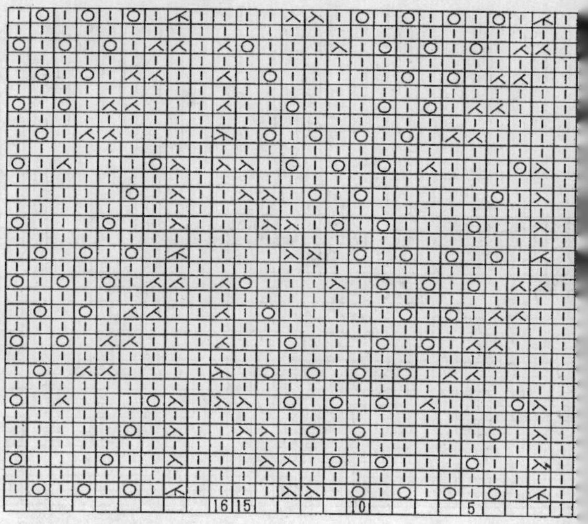
16
15
10
5
1

# 347

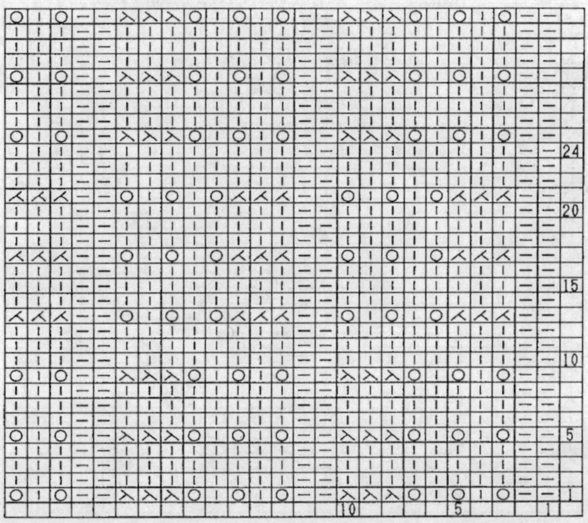
24
20
15
10
5
1
10
5
1

# 348

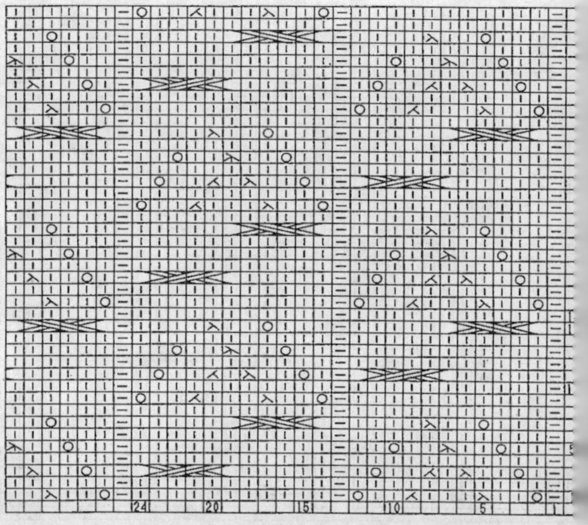
24
20
15
10
5
1

## 349

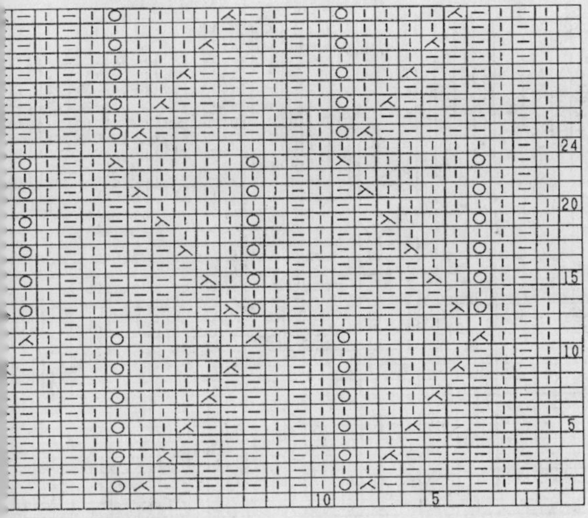

## 350

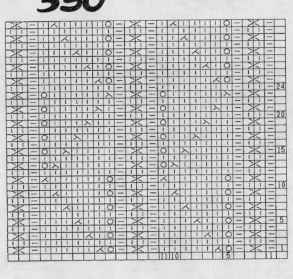

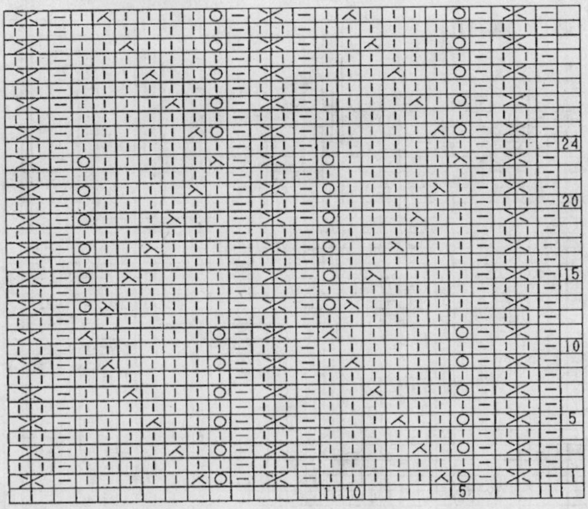

## 351

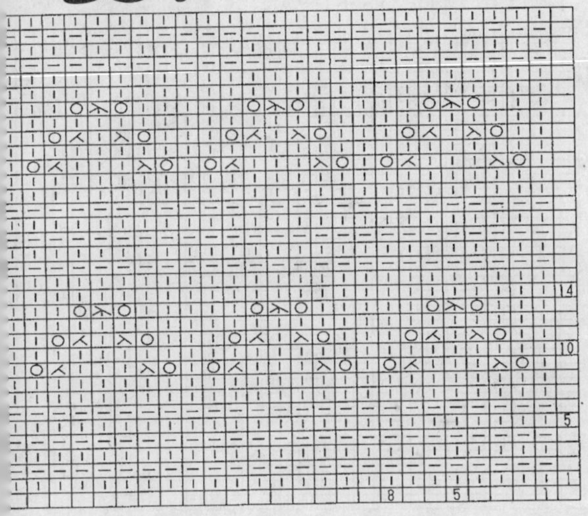

## 352

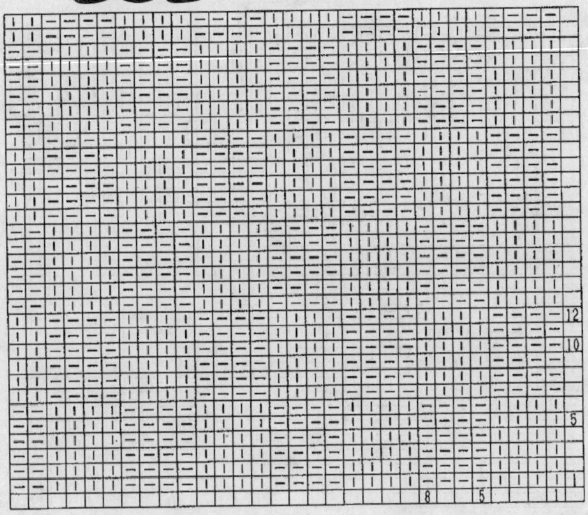

## 353

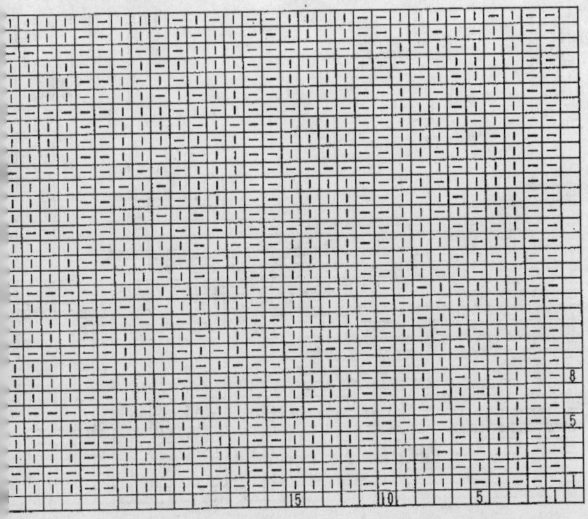

## 354

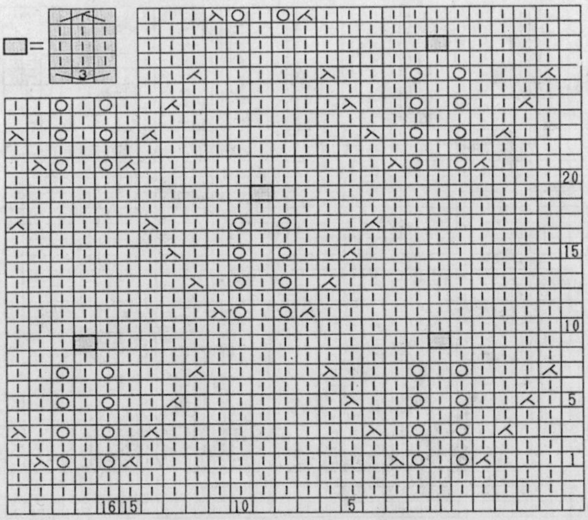

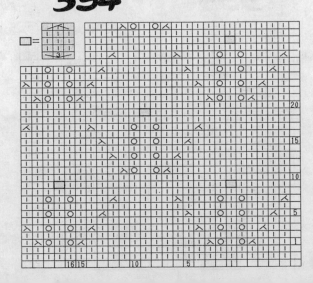

## 355

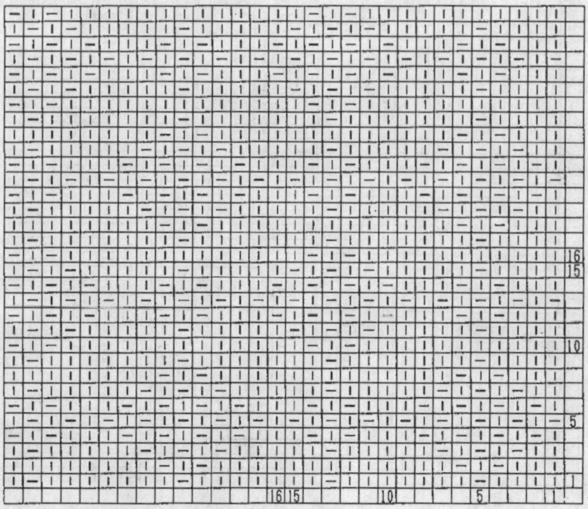

## 356

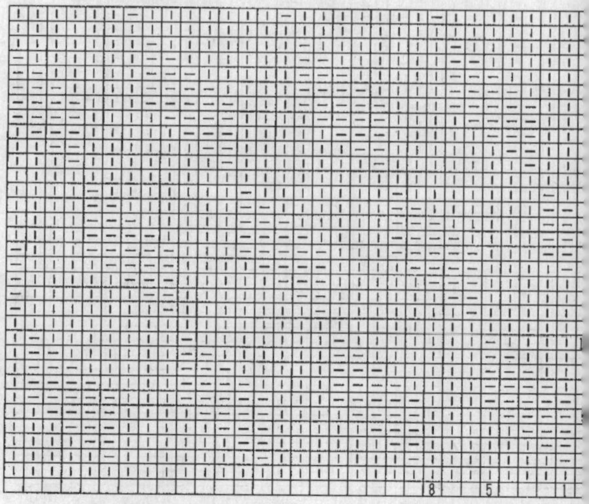

## 357

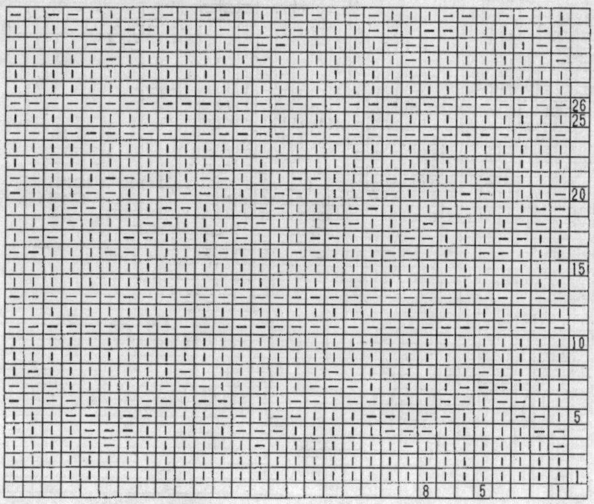

## 358

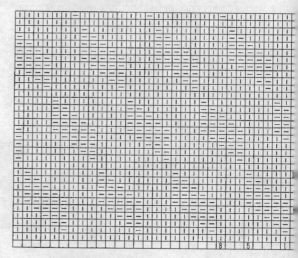

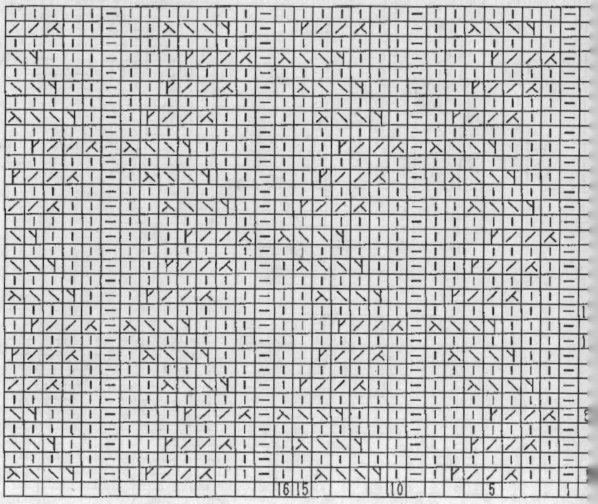

## 359

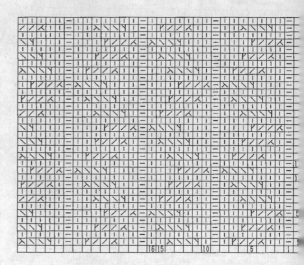

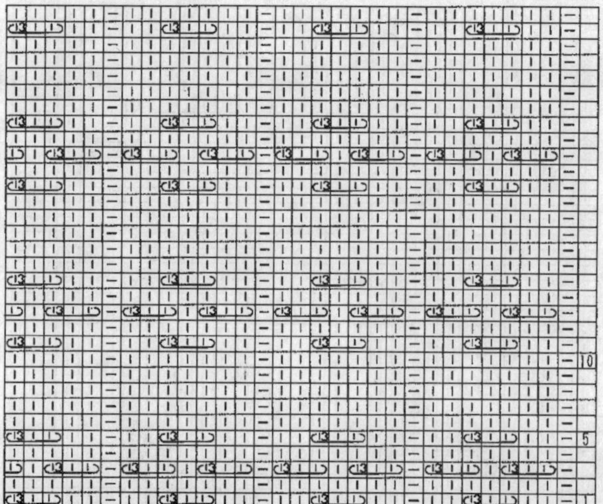

## 360

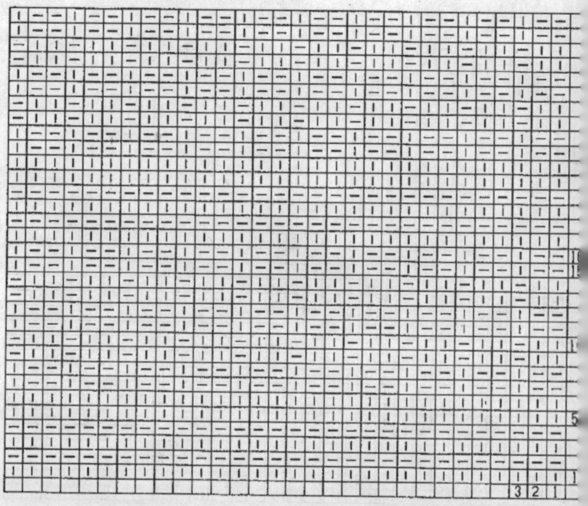

## 361

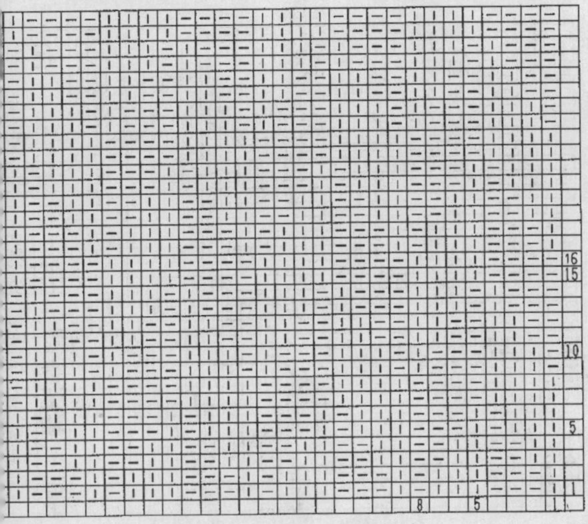
16
15
10
5
1
8
5
1

## 362

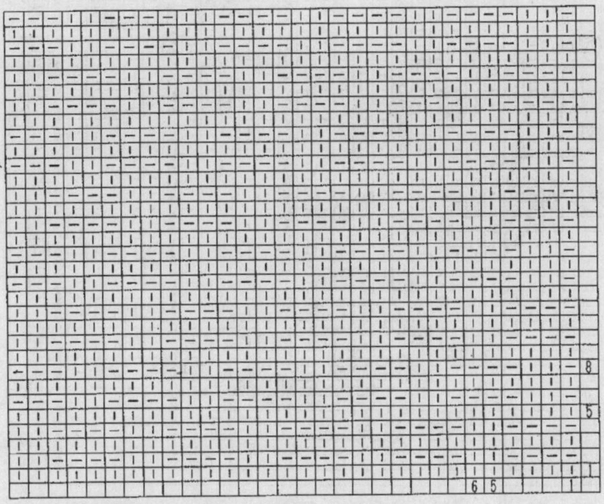
8
5
1
6
5
1

## 363

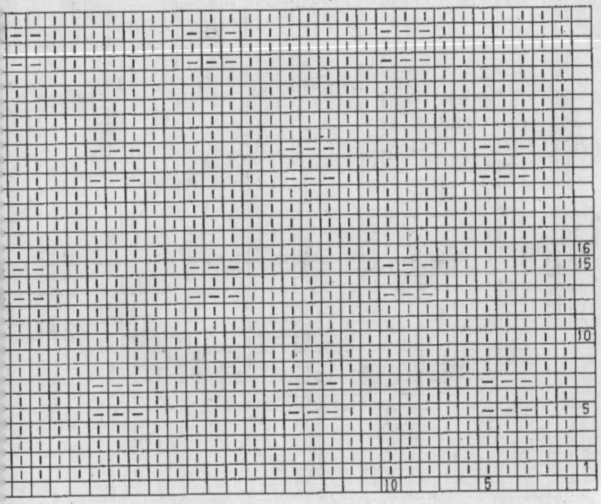
16
15
10
5
1
10
5

## 364

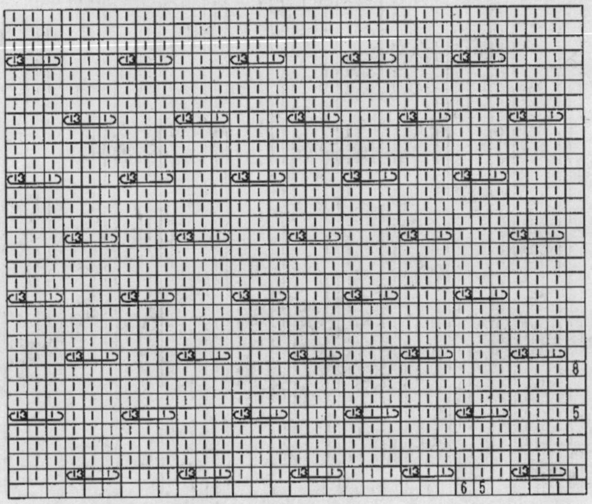
8
5
1
6
5
1

## 365

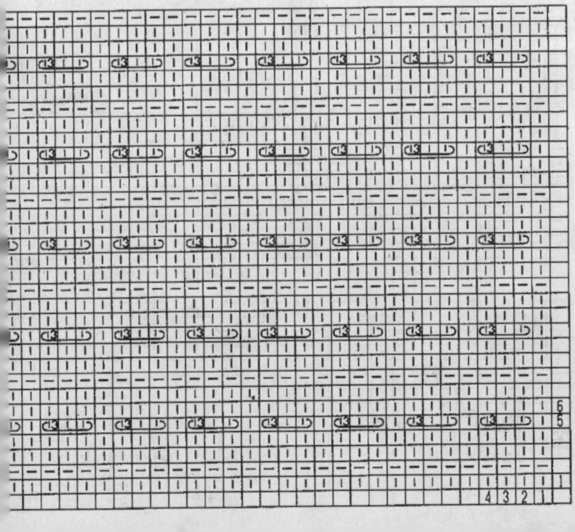
6
5
4
3
2
1

## 366

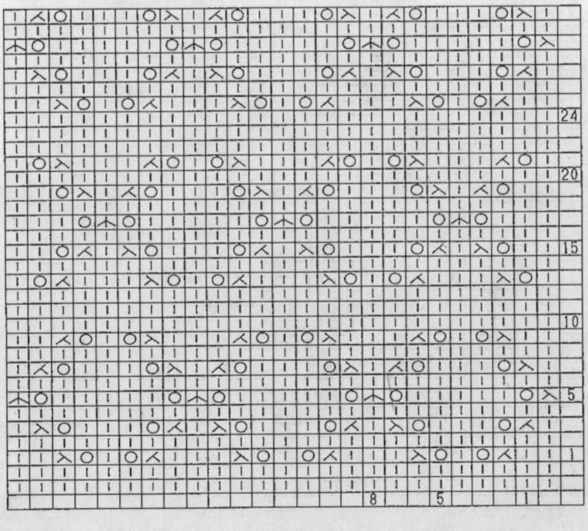
24
20
15
10
5
1
8
5
1

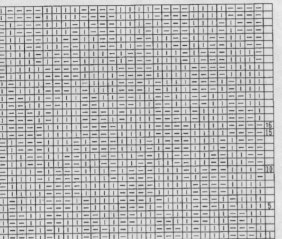

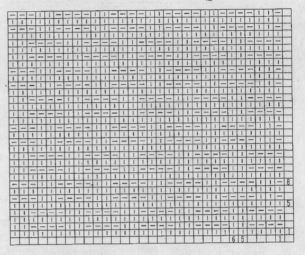

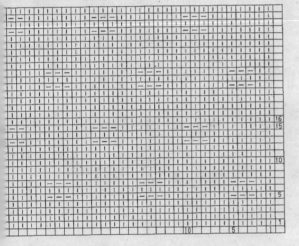

## 367

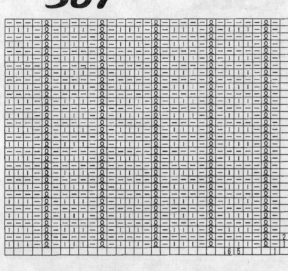

## 368

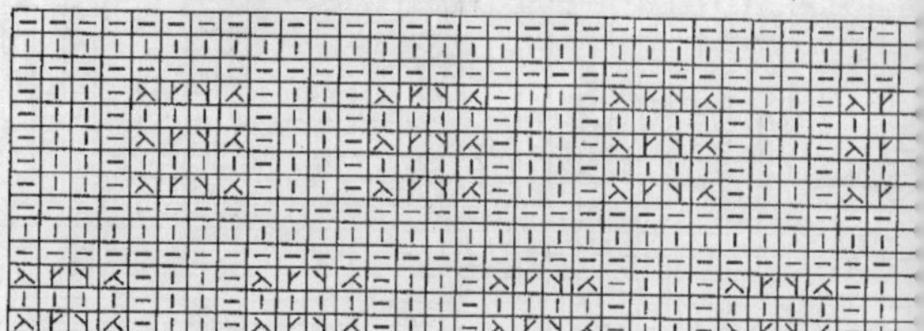

## 369

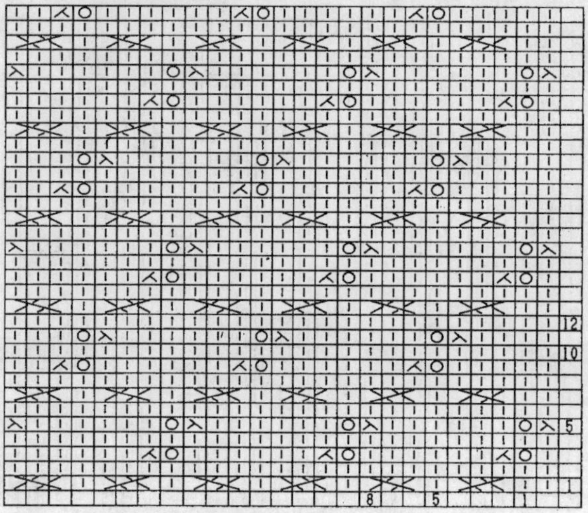

## 370

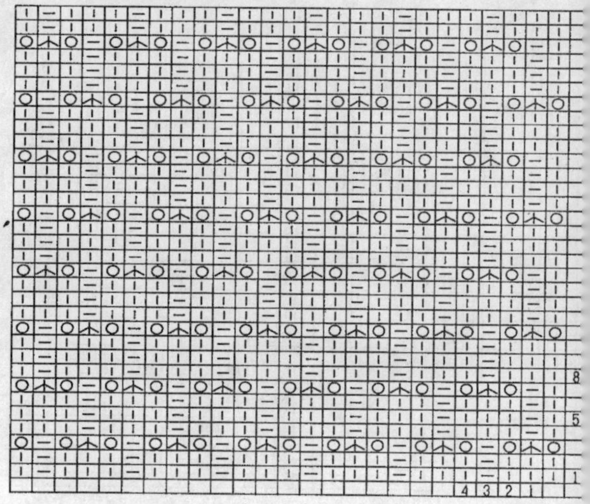

## 371

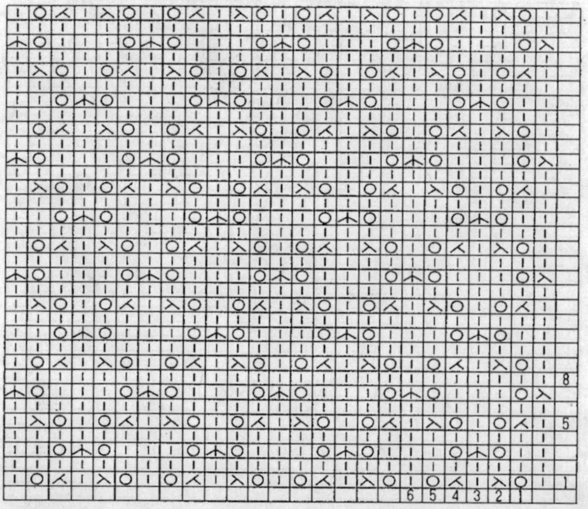

## 372

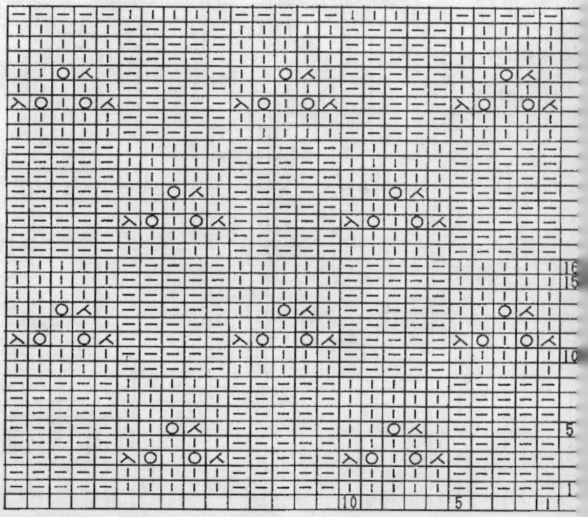

# 373

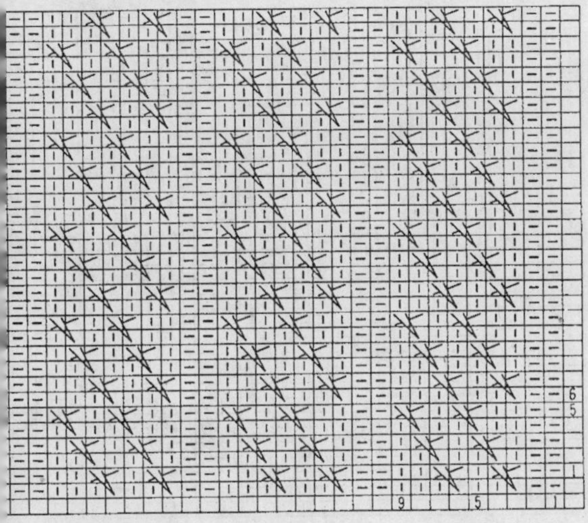

# 374

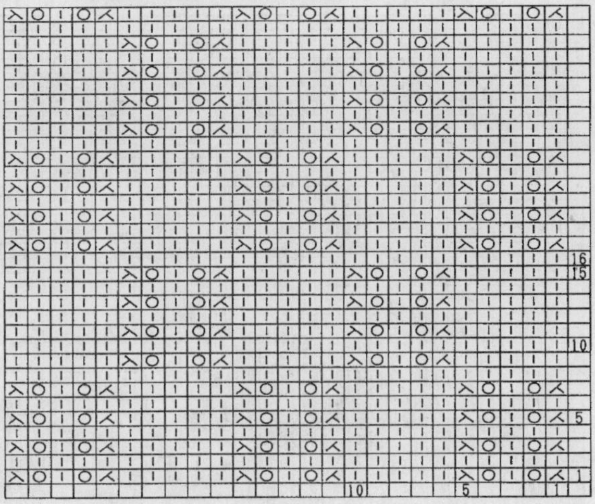

# 375

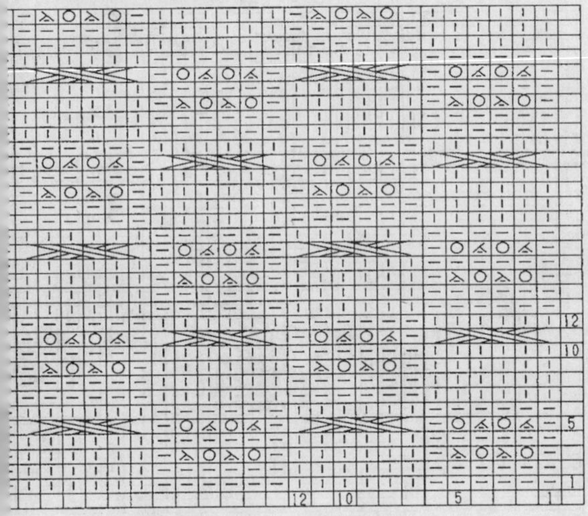

# 376

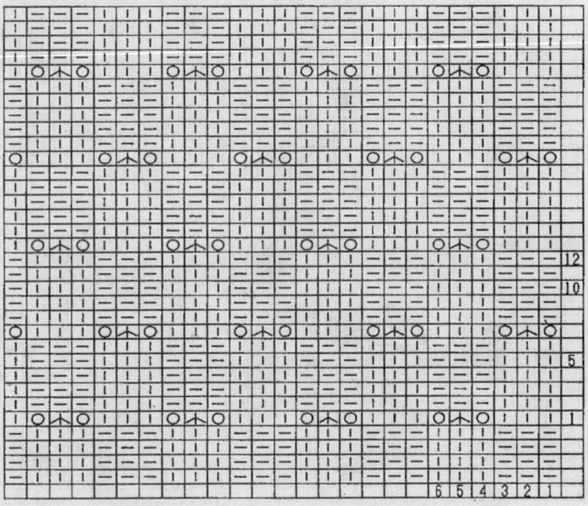

# 377

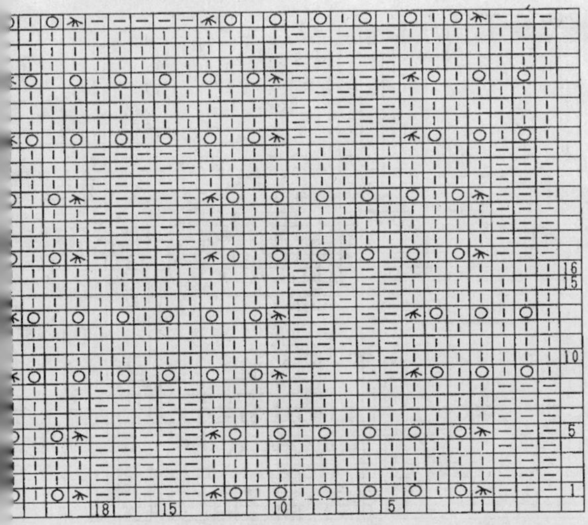

# 378

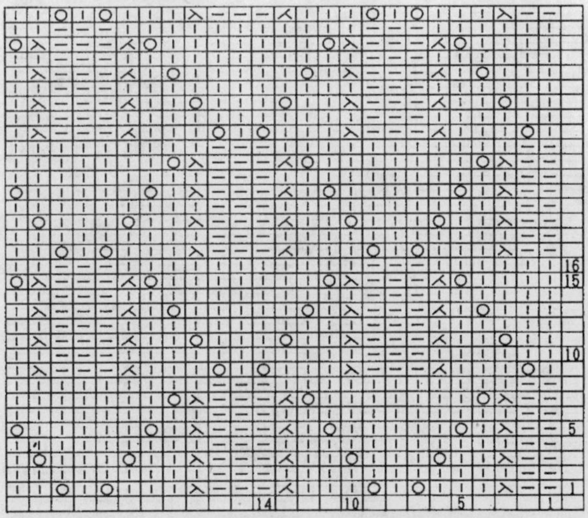

379

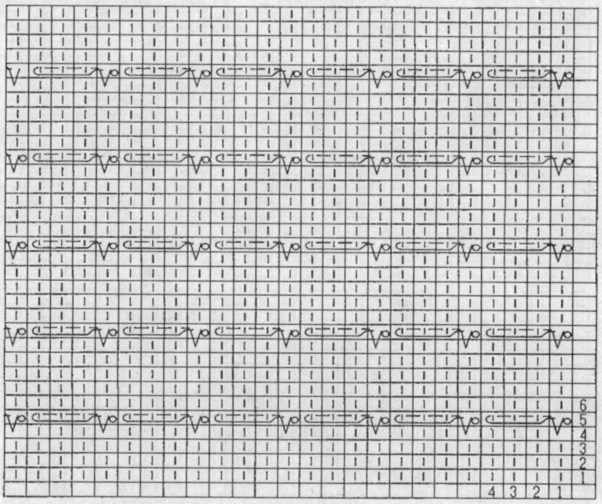

380

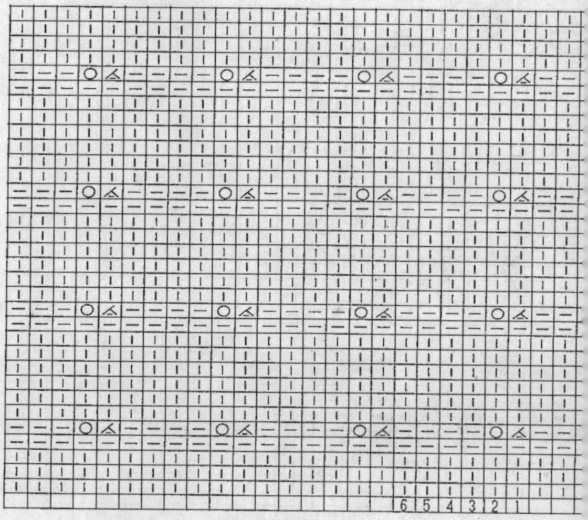

381

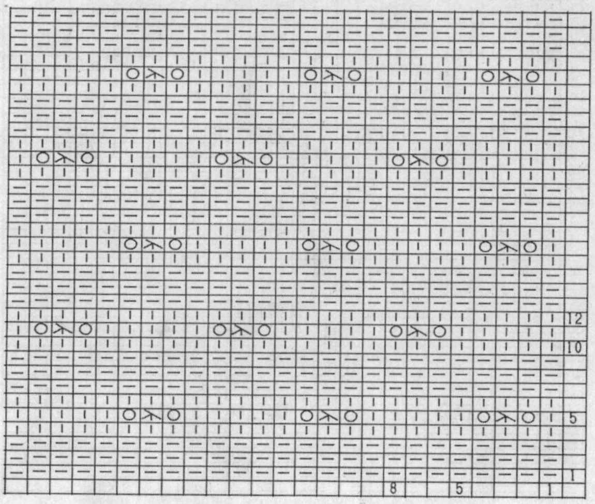

382

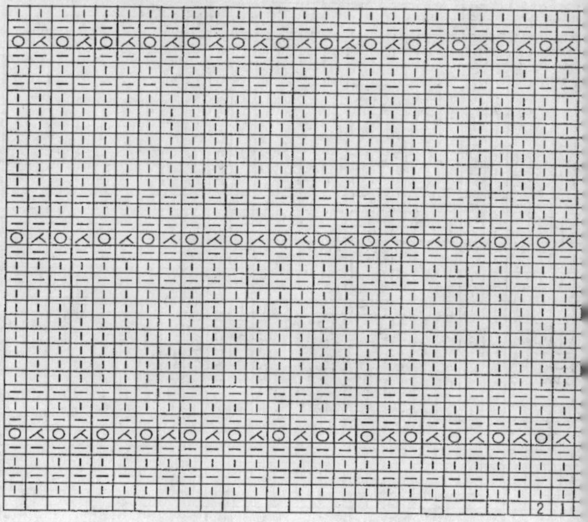

383

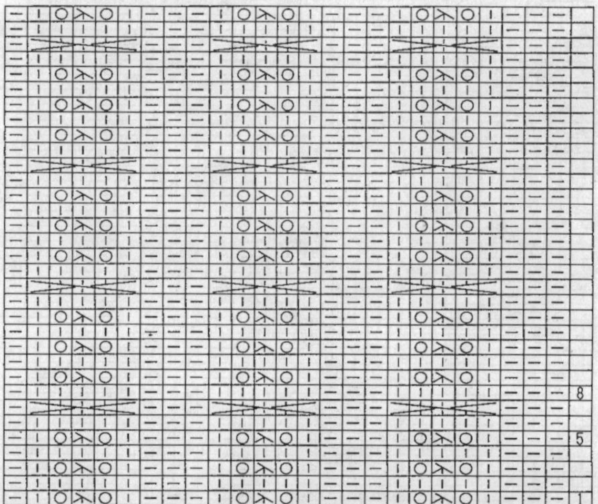

384

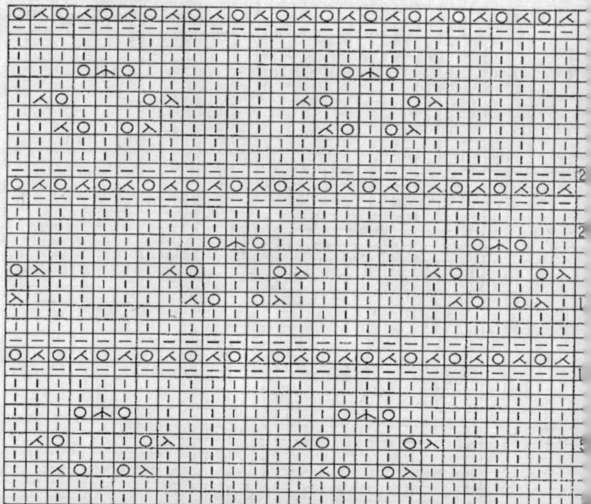

## 385

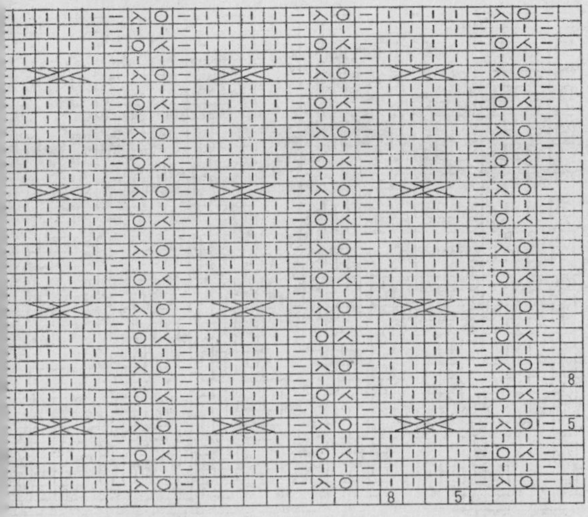

## 386

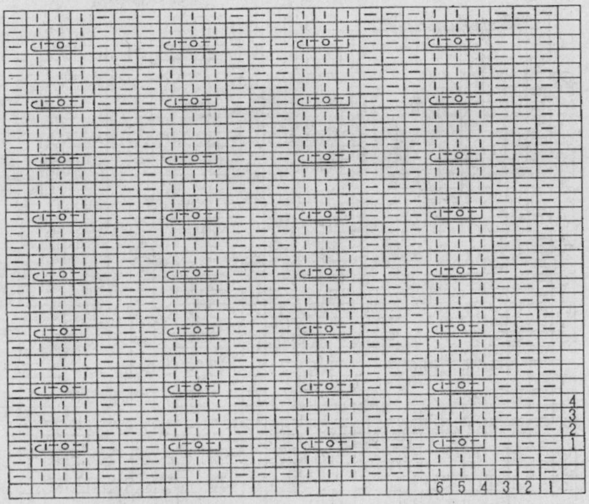

## 387

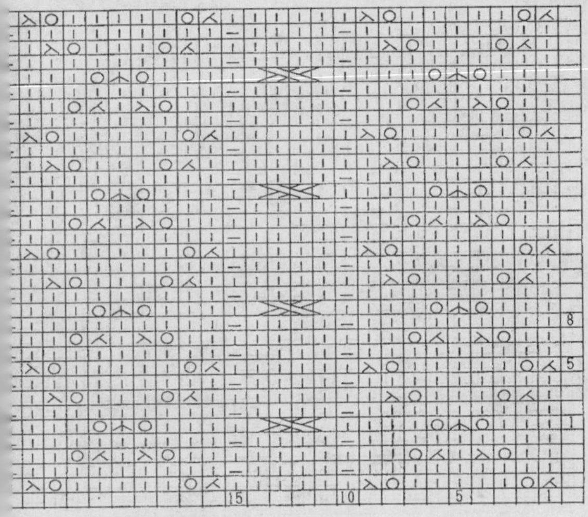

## 388

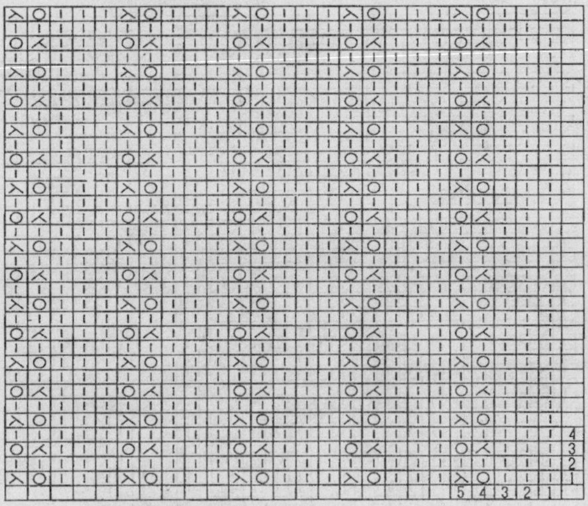

## 389

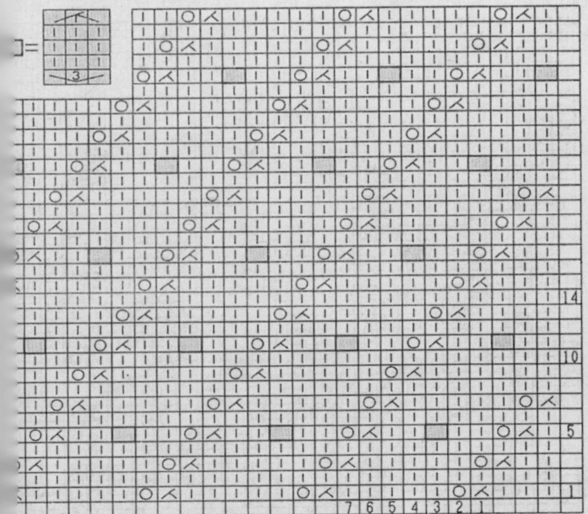

## 390

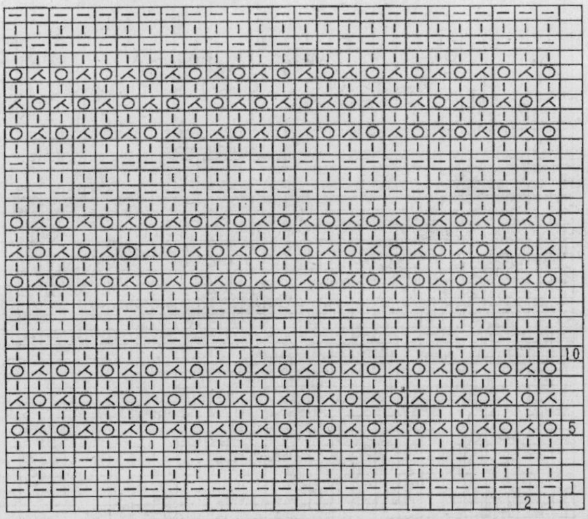

## 392

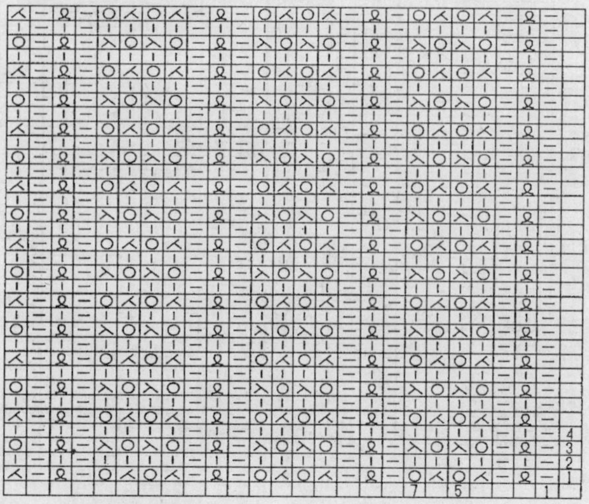
4
3
2
1
7
5
1

## 393

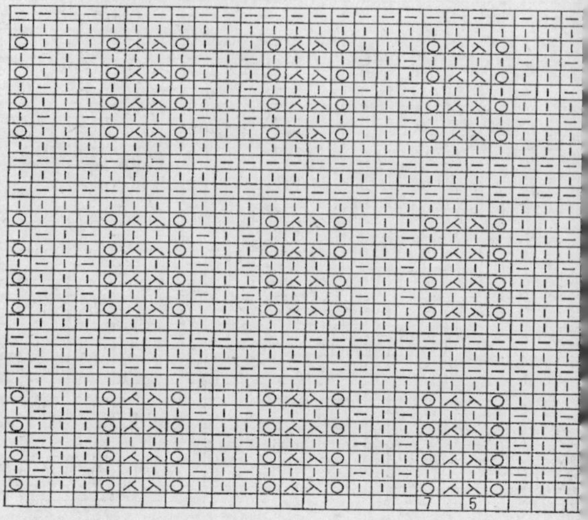
7
5
1

## 394

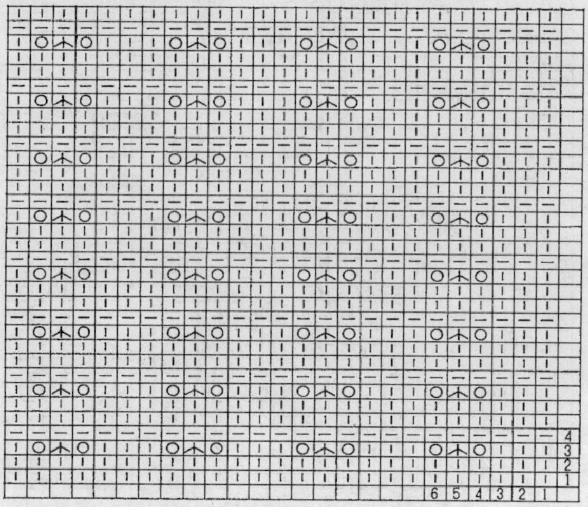
4
3
2
1
6 5 4 3 2 1

## 395

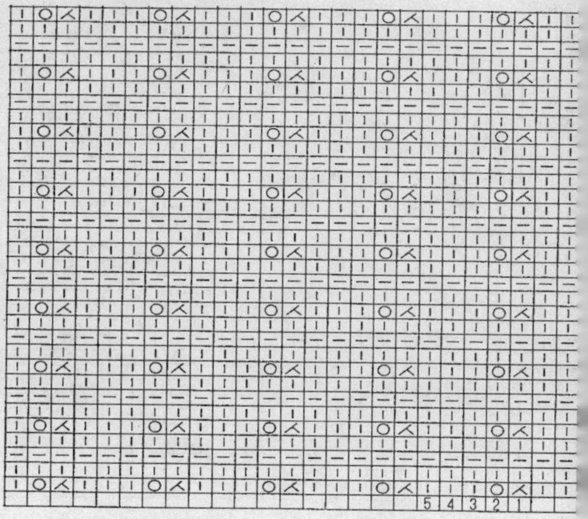
5 4 3 2 1

## 396

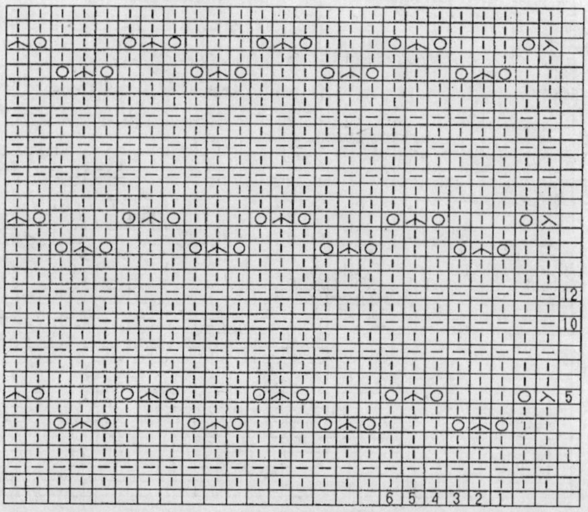
12
10
5
1
6 5 4 3 2 1

## 397

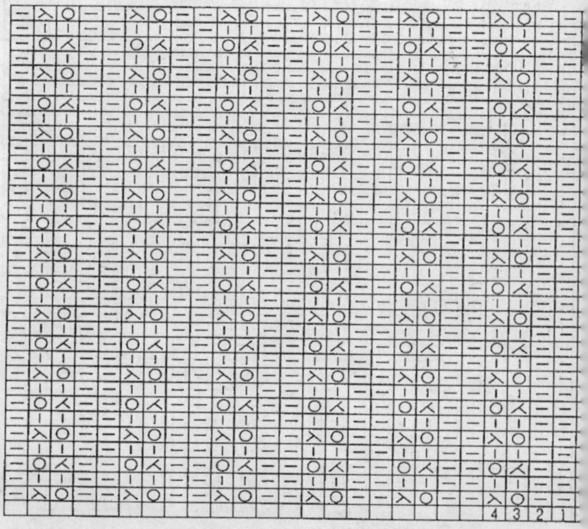
4 3 2 1

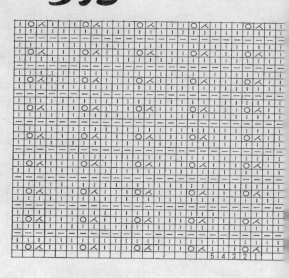

# 398

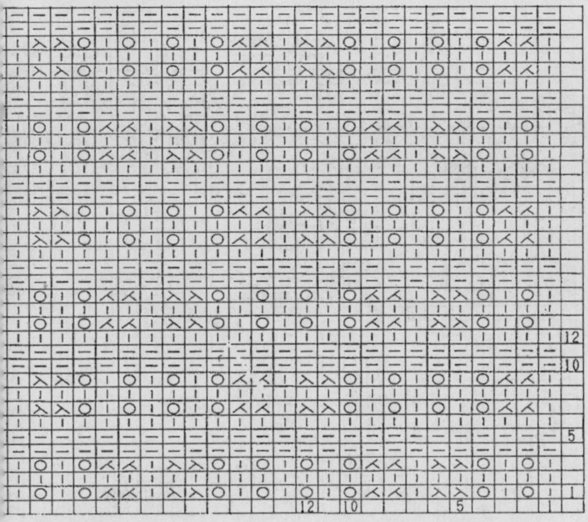

# 399

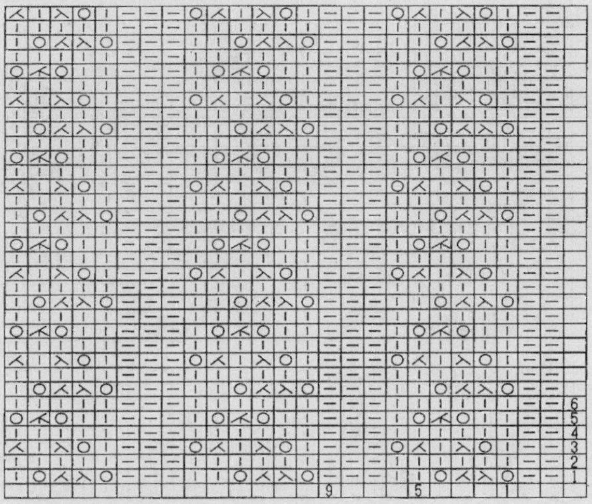

# 400

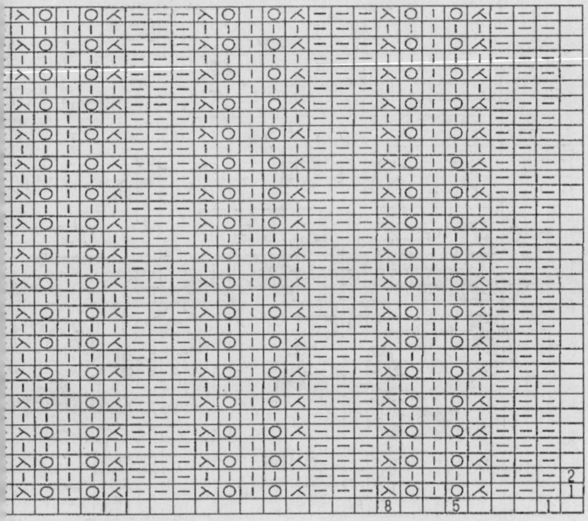

# 401

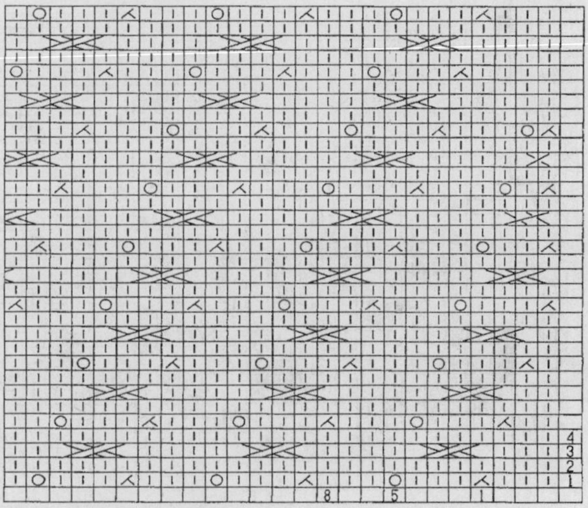

# 402

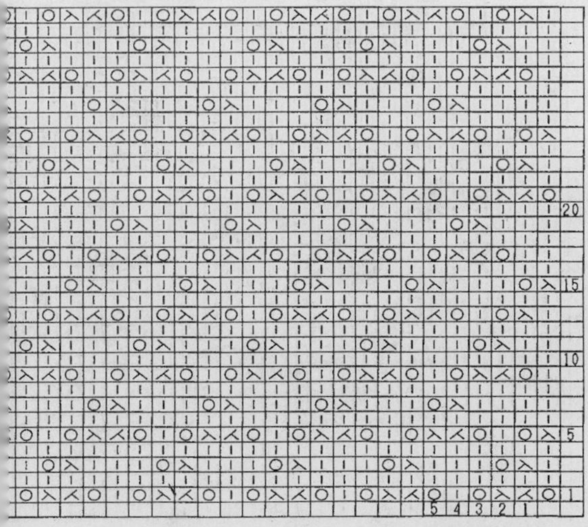

# 403

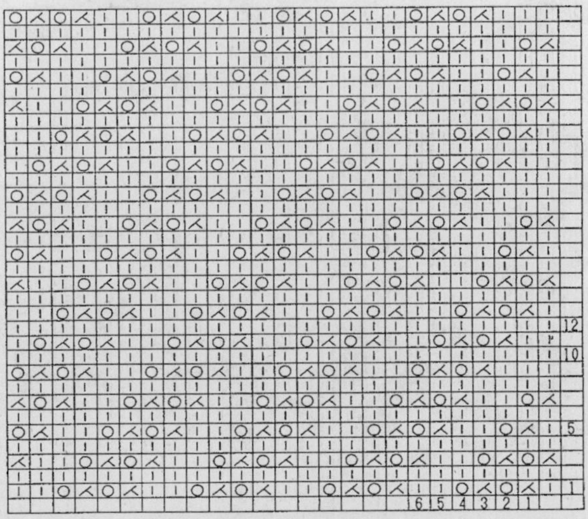

## 404

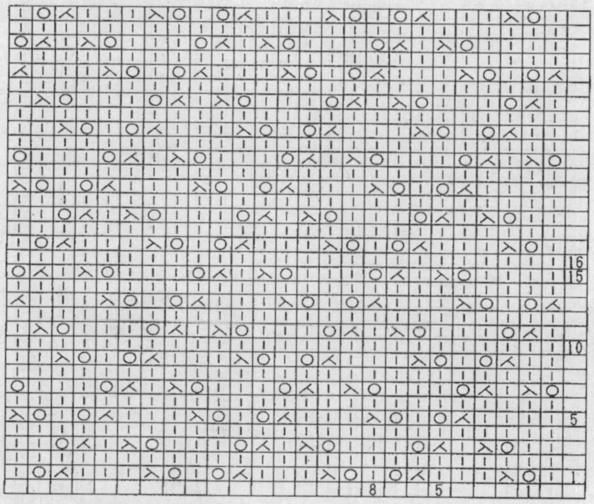
16
15
10
5
1
8
5
1

## 405

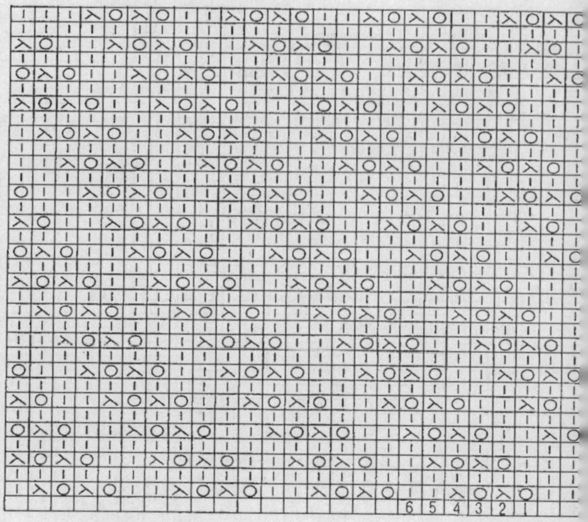
6 5 4 3 2 1

## 406

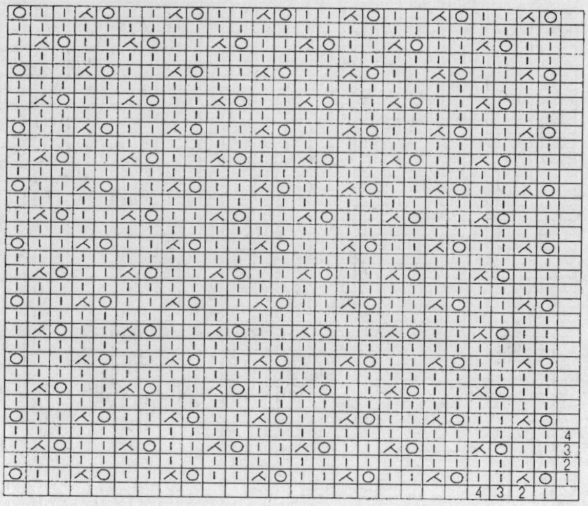
4
3
2
1
4 3 2 1

## 407

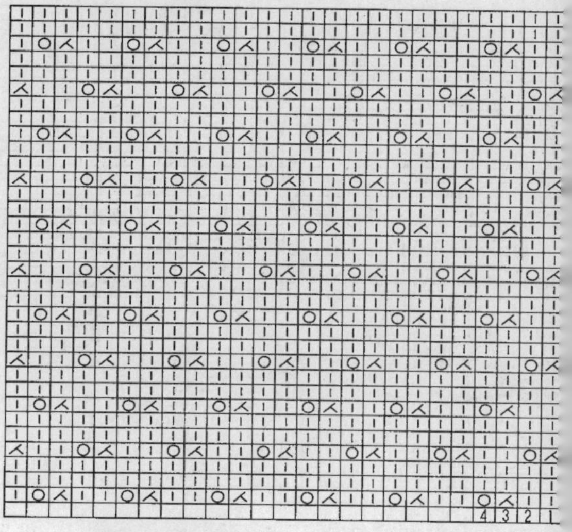
4 3 2 1

## 408

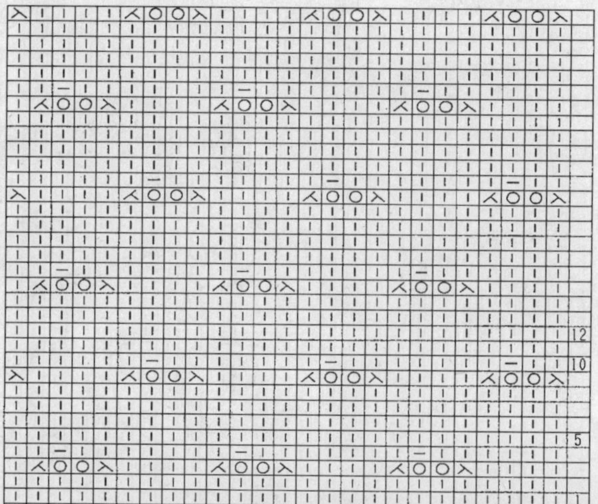
12
10
5
1
8
5
1

## 409

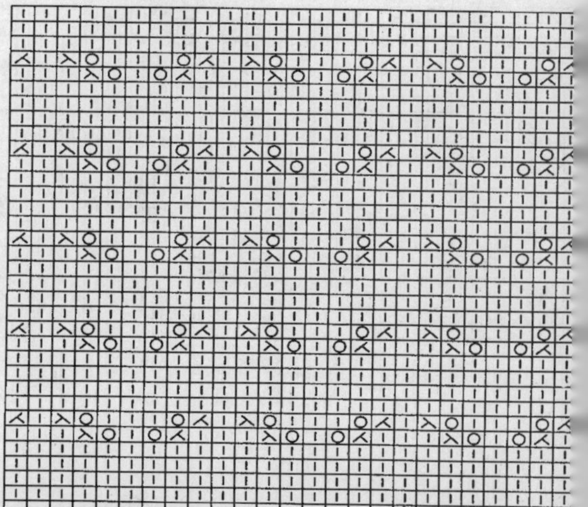
8
5
1

# 410

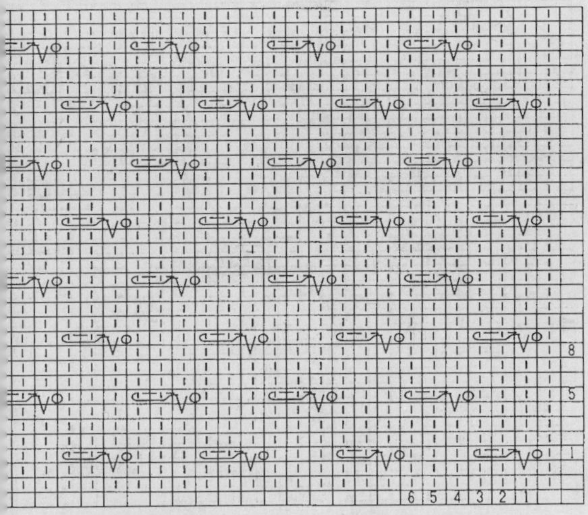
8
5
1
6 5 4 3 2 1

# 411

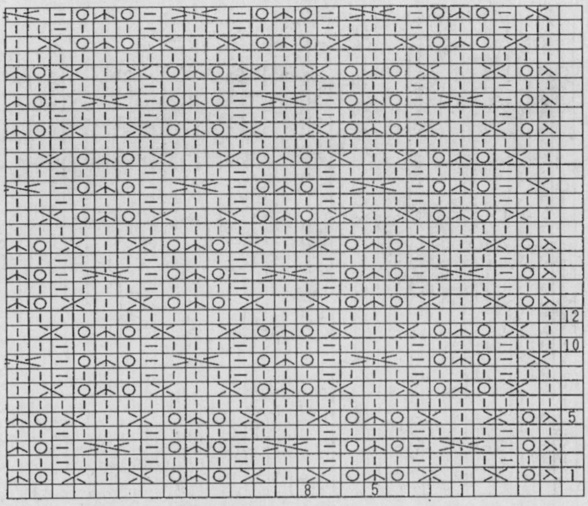
12
10
5
1
8 5 1

# 412

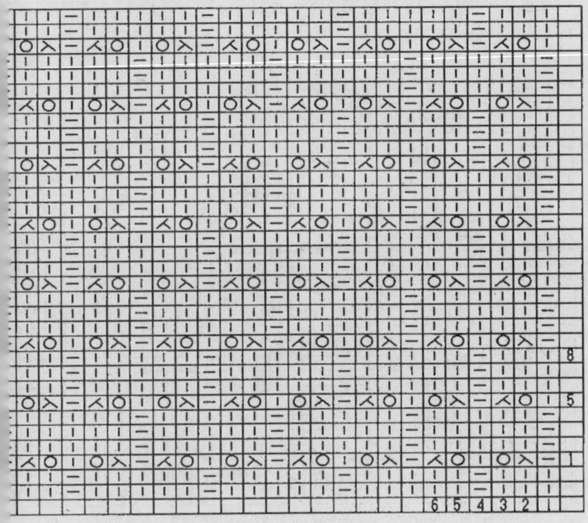
8
5
1
6 5 4 3 2

# 413

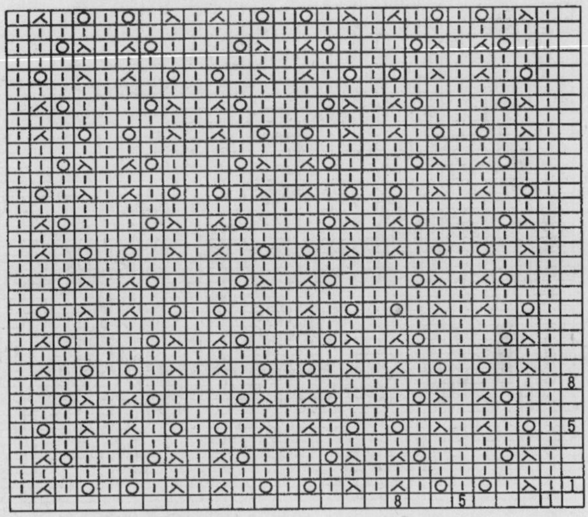
8
5
1
8 5 1

# 414

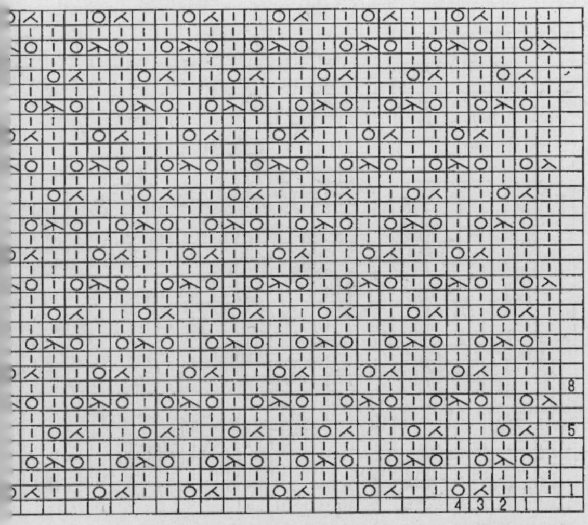
8
5
1
4 3 2 1

# 415

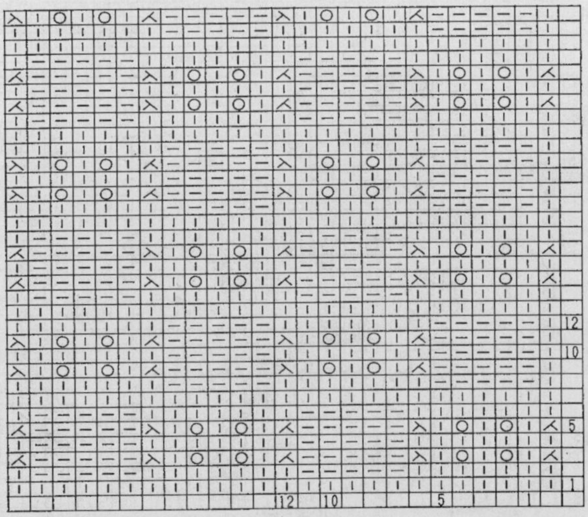
12
10
5
1
12 10 5 1

## 416

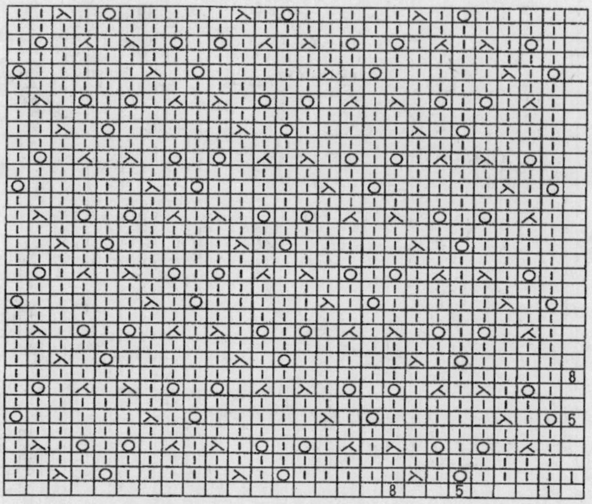

## 417

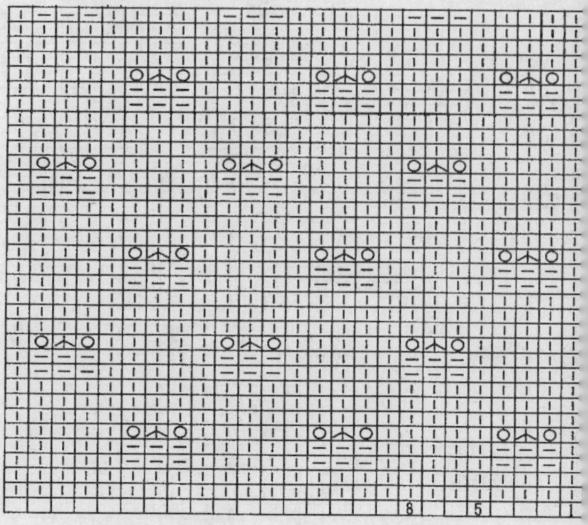

## 418

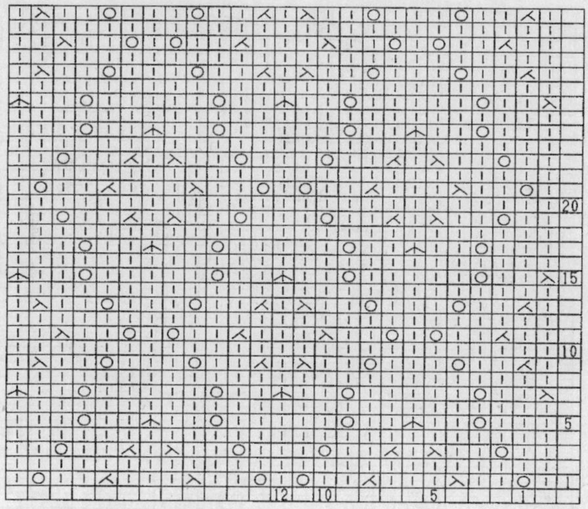

## 419

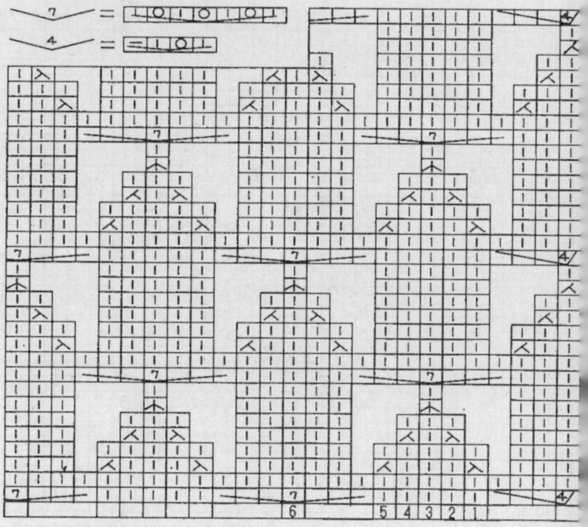

## 420

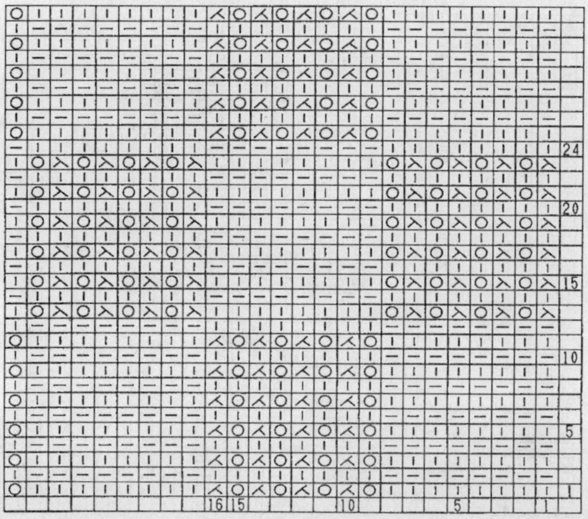

## 421

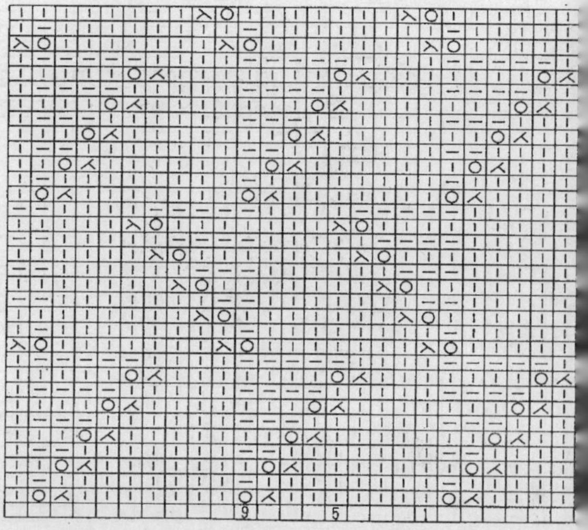

## 422

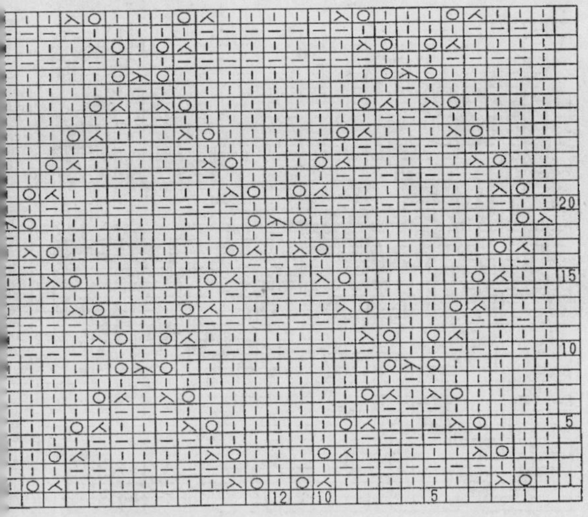

## 423

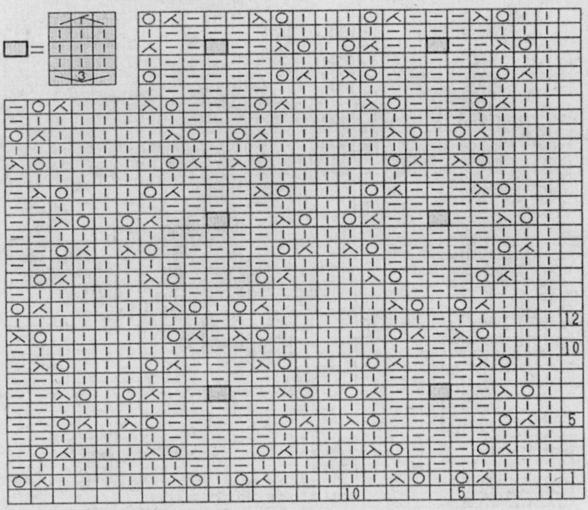

## 424

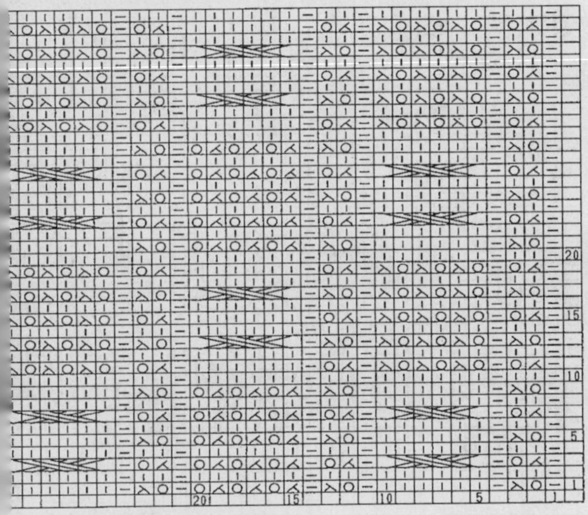

## 425

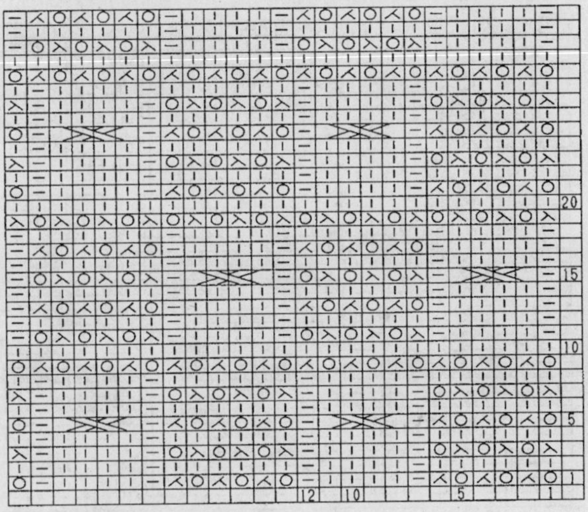

## 426

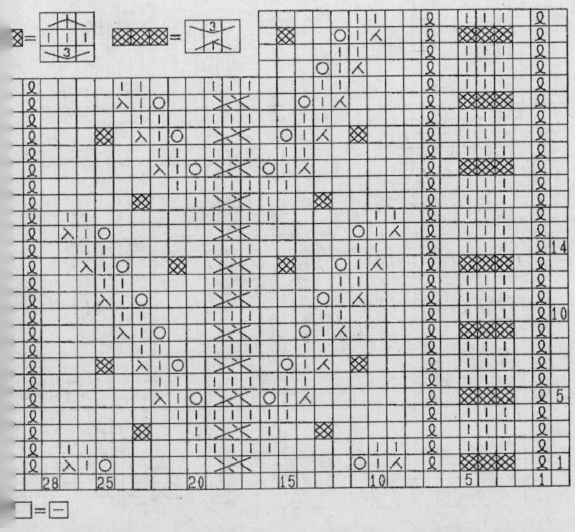

## 427

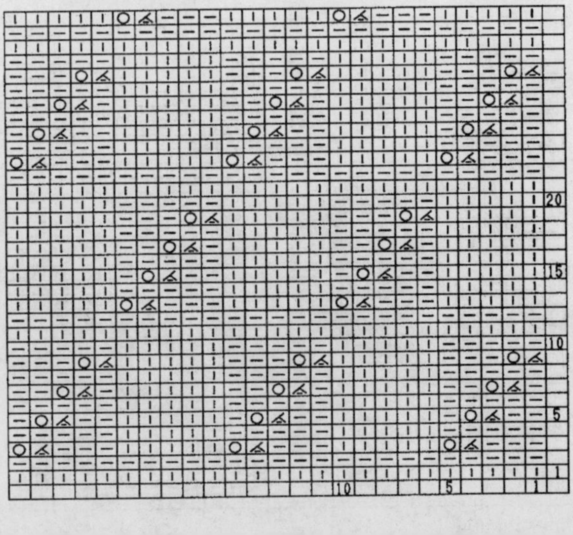

# 428

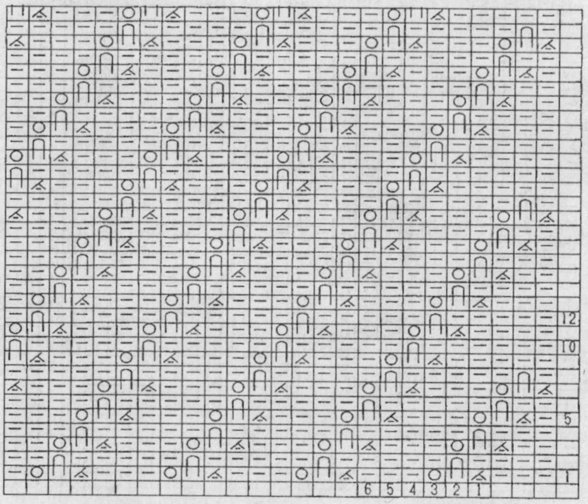
12
10
5
1
6 5 4 3 2 1

# 430

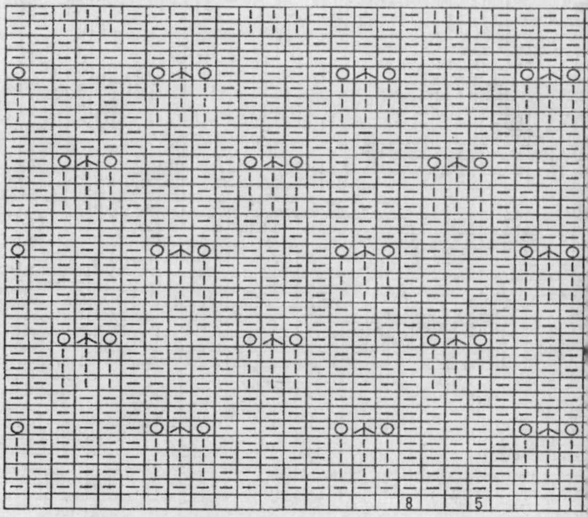
8 5 1

# 431

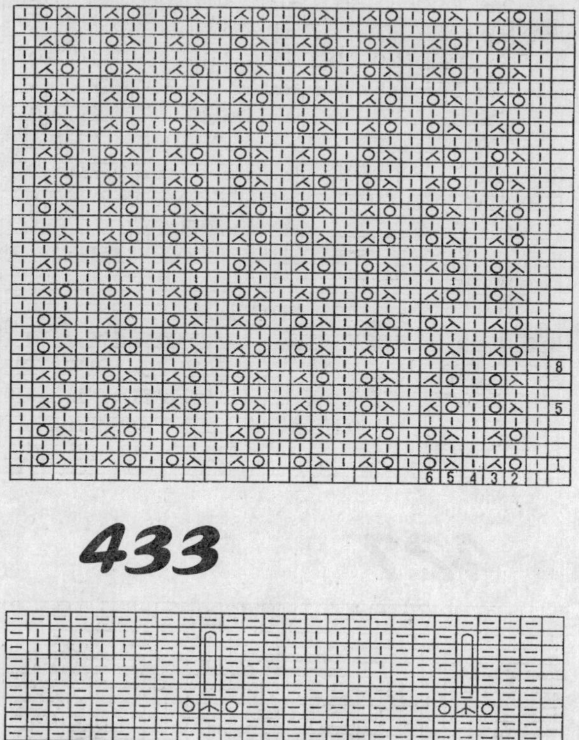
8
5
1
6 5 4 3 2

# 432

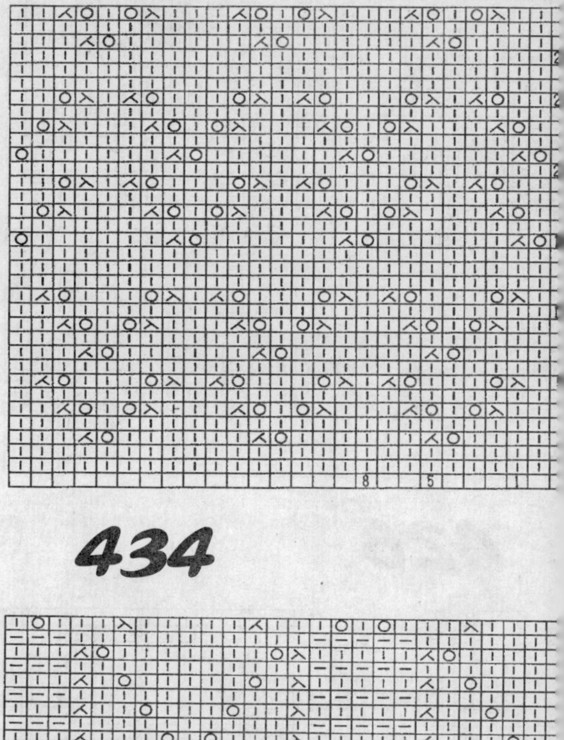
8 5

# 433

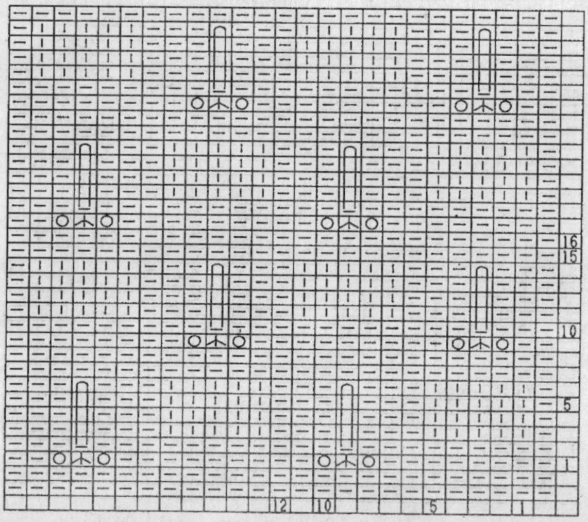
16
15
10
5
1
12 10 5 1

# 434

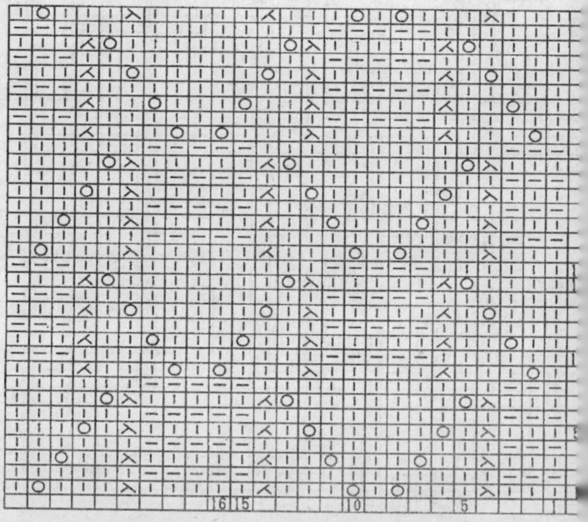
16 15 10 5 1

# 435

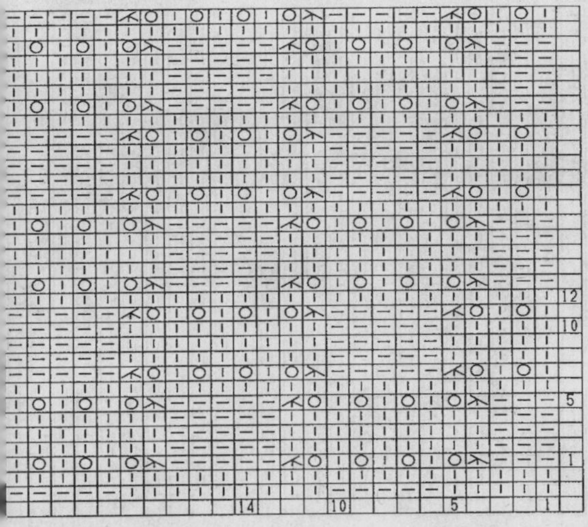

# 436

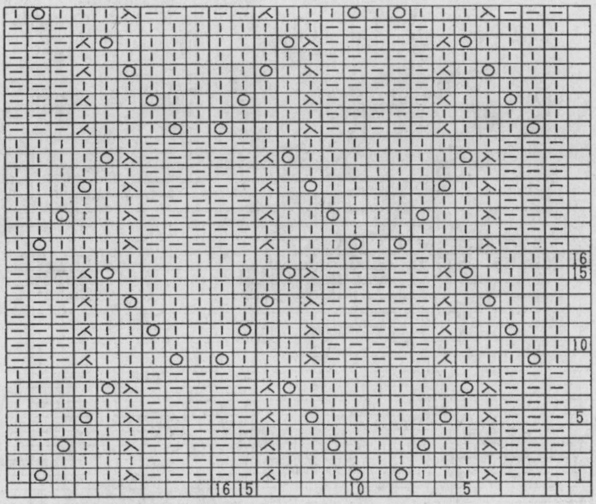

# 437

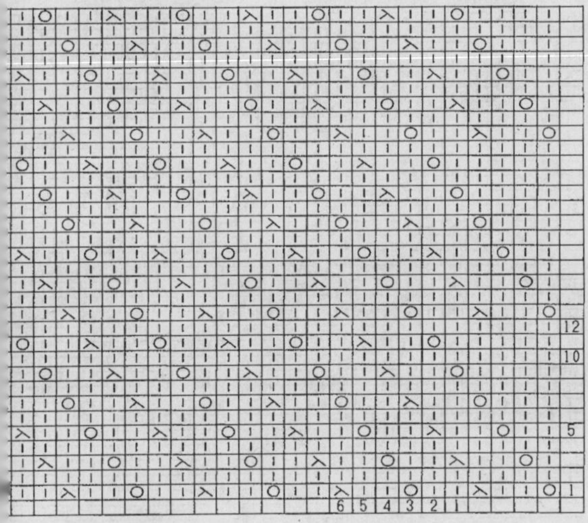

# 438

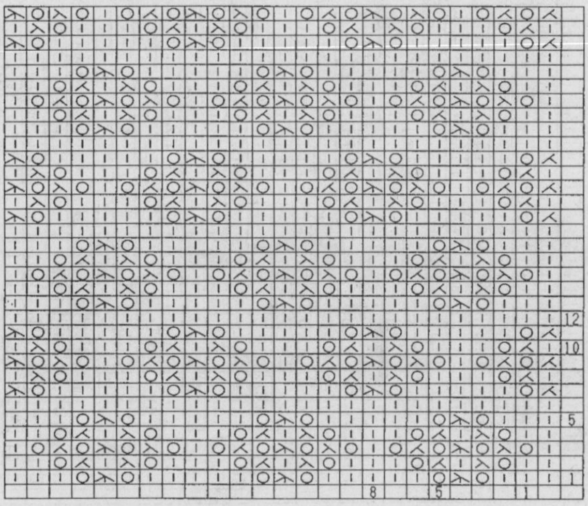

# 439

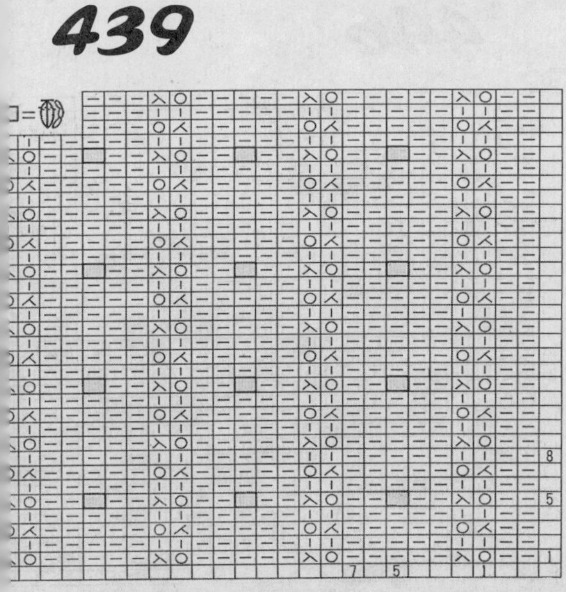

# 440

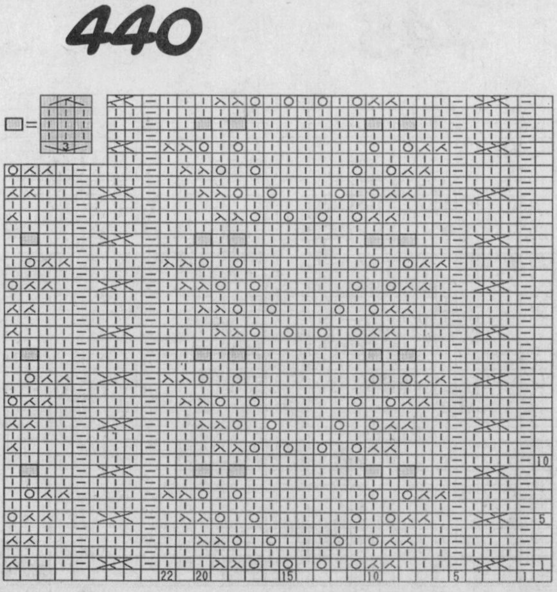

441

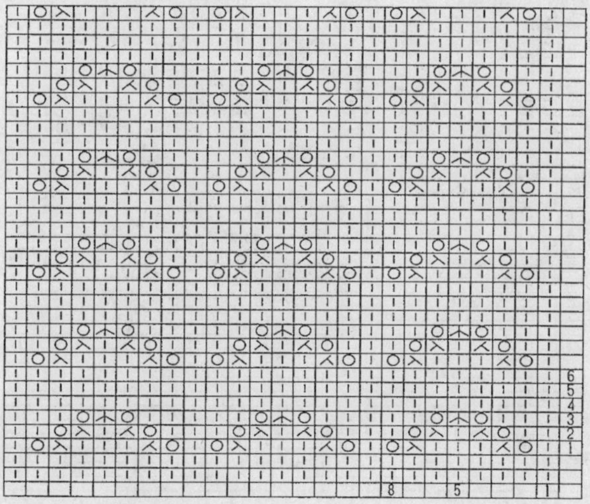

442

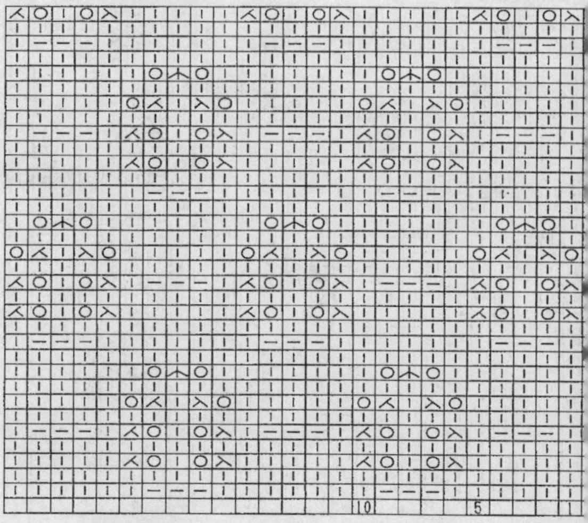

443

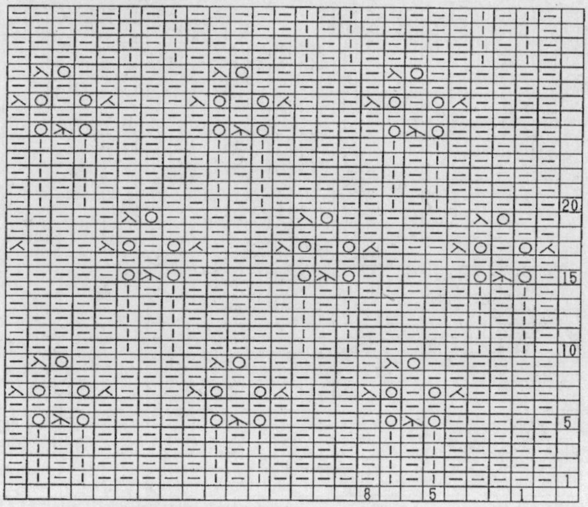

444

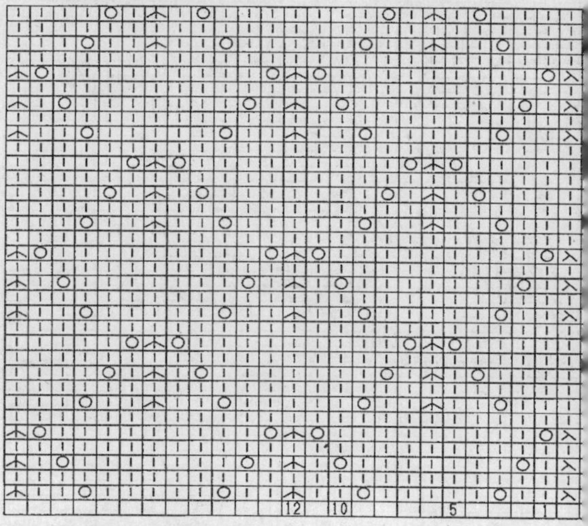

445

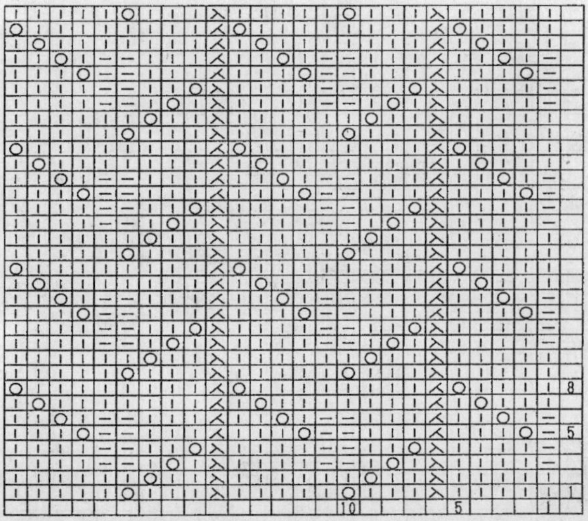

446

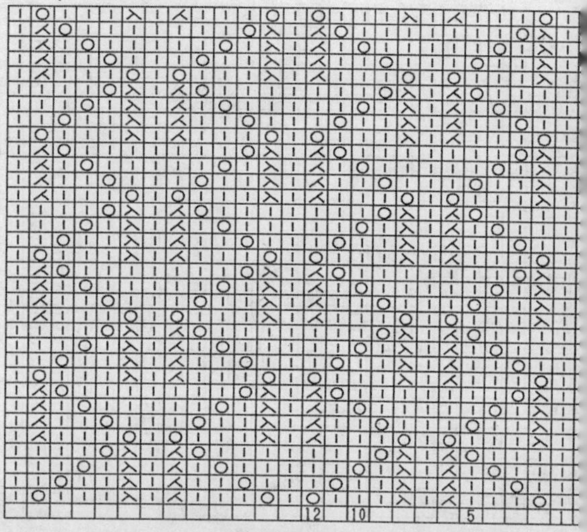

# 447

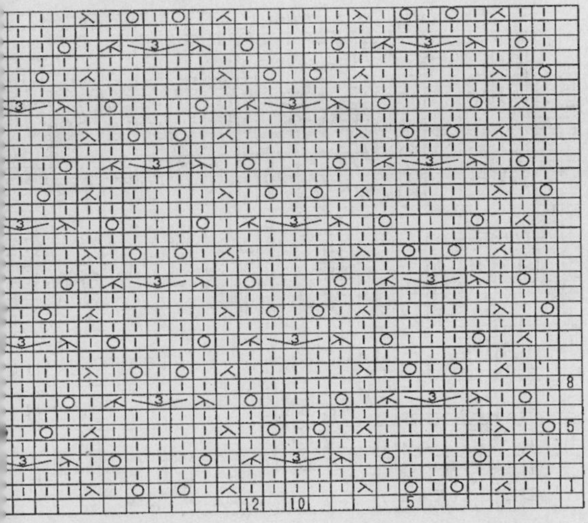

# 448

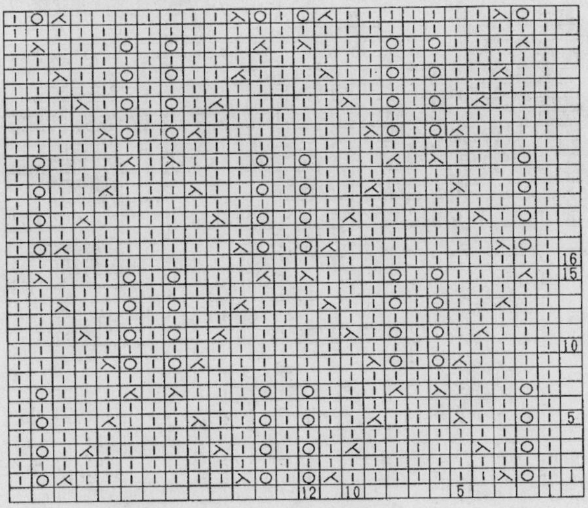

# 449

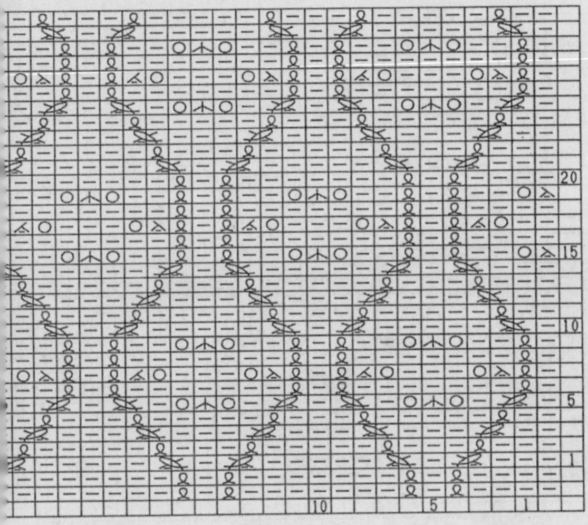

# 450

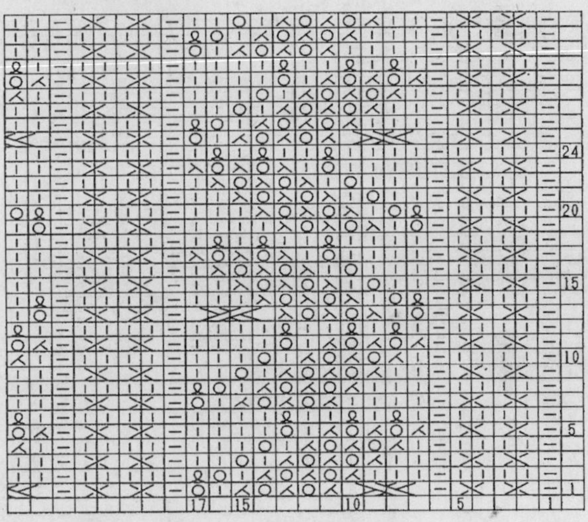

# 451

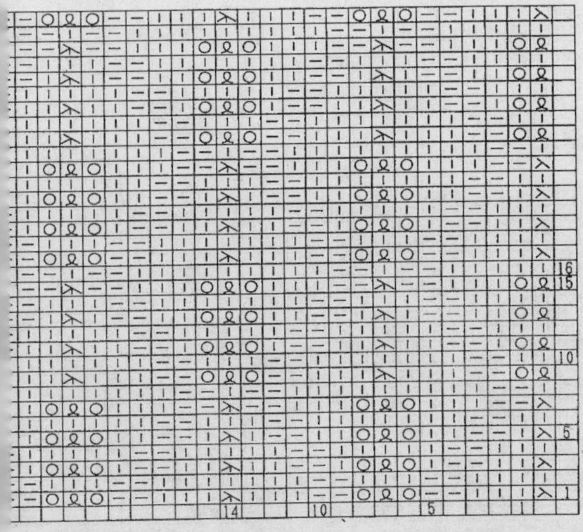

# 452

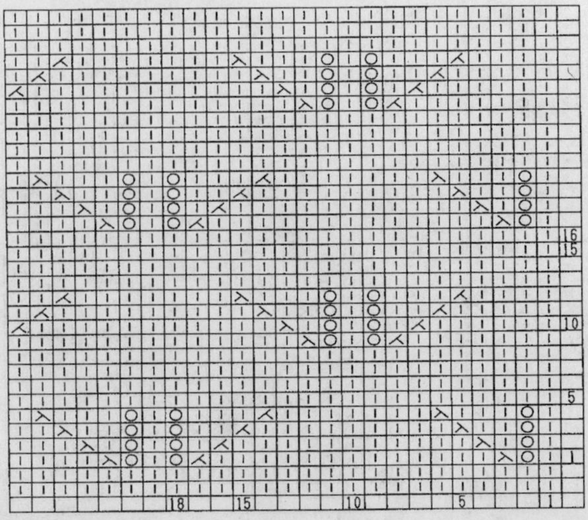

## 453

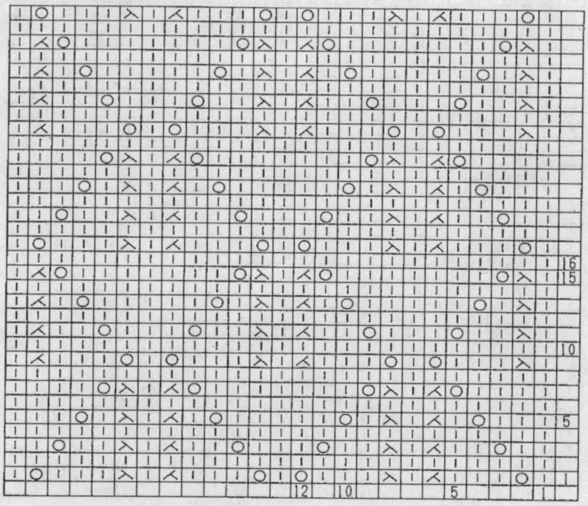

## 454

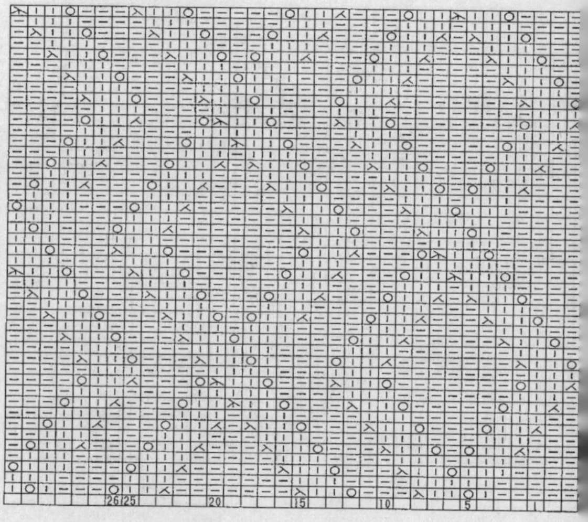

## 455

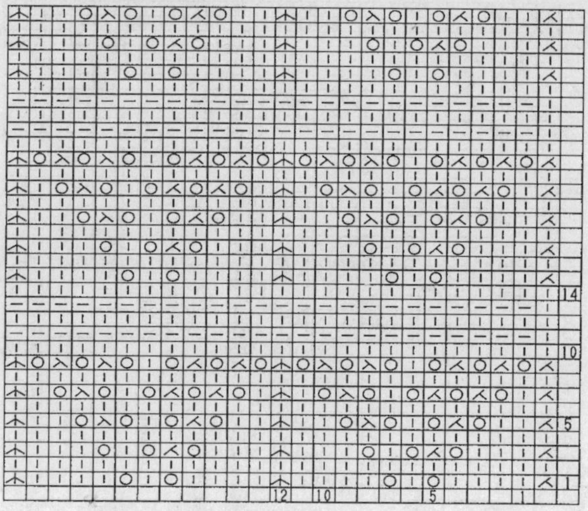

## 456

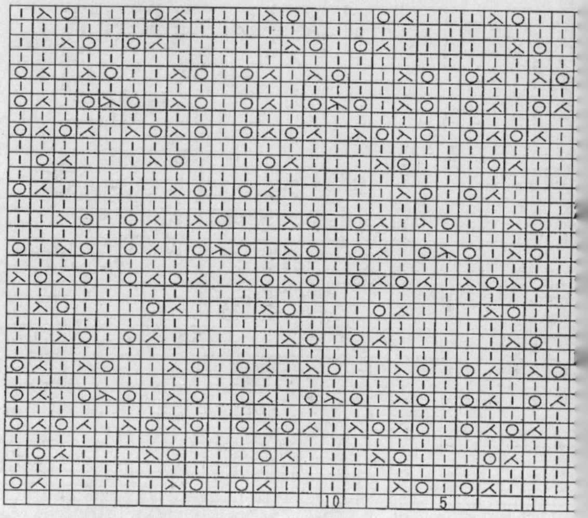

## 457

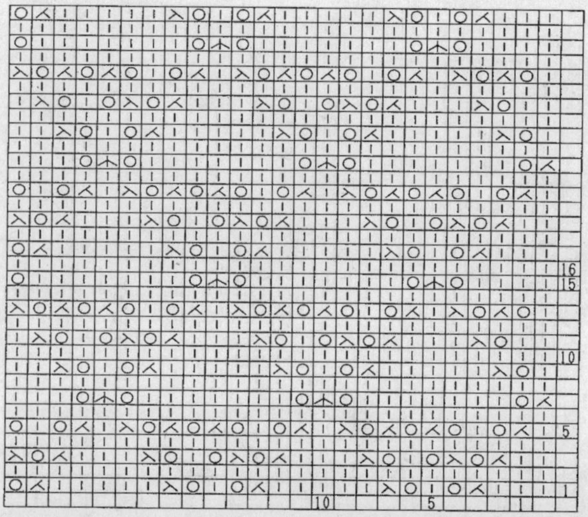

## 458

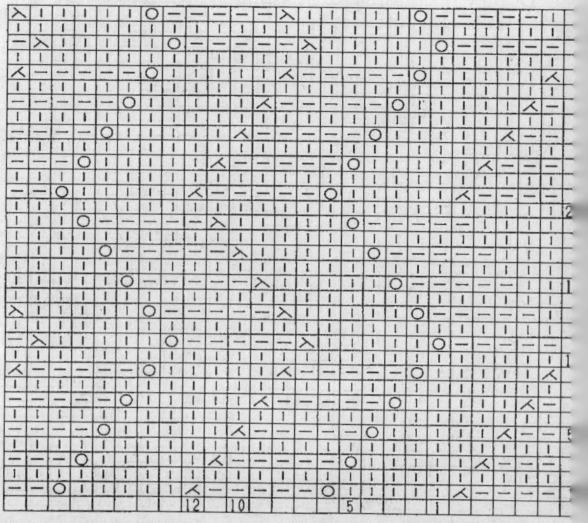

459

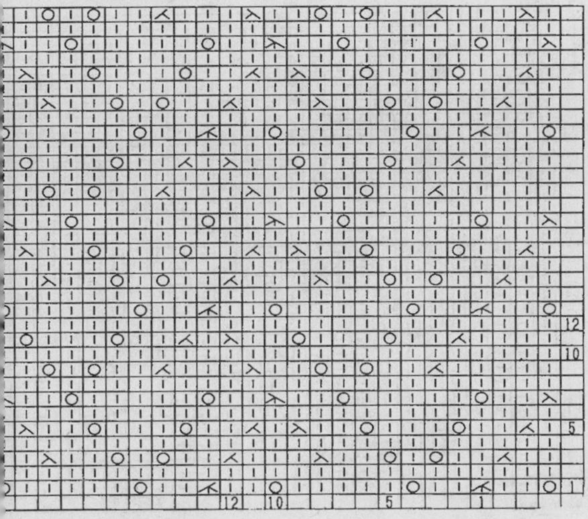

460

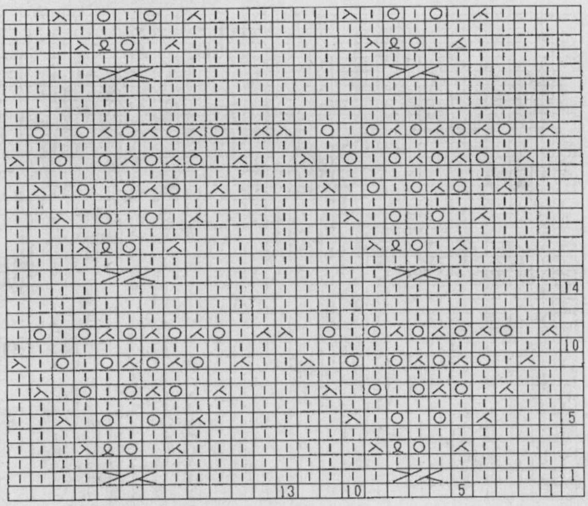

461

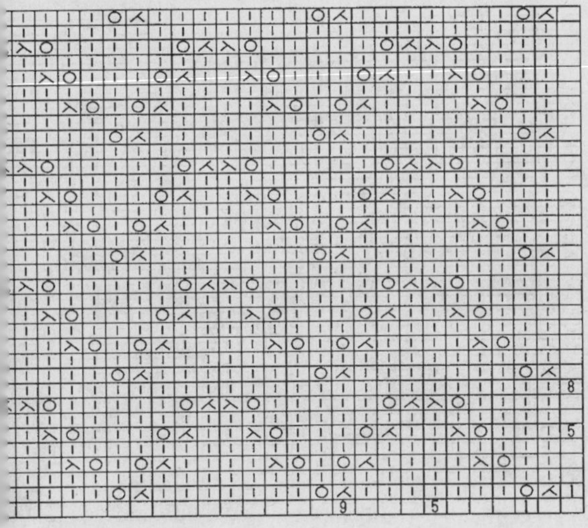

462

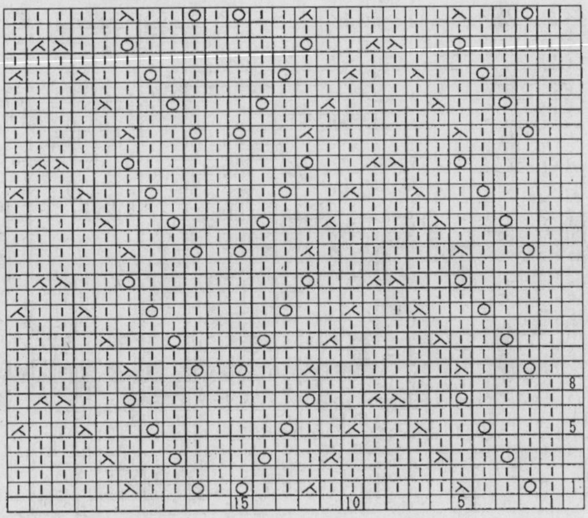

463

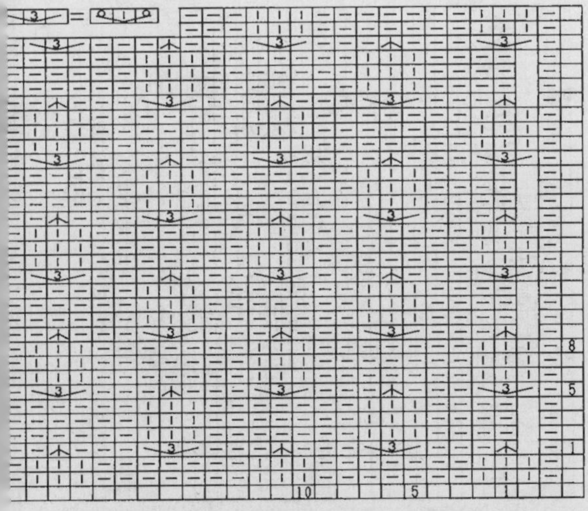

464

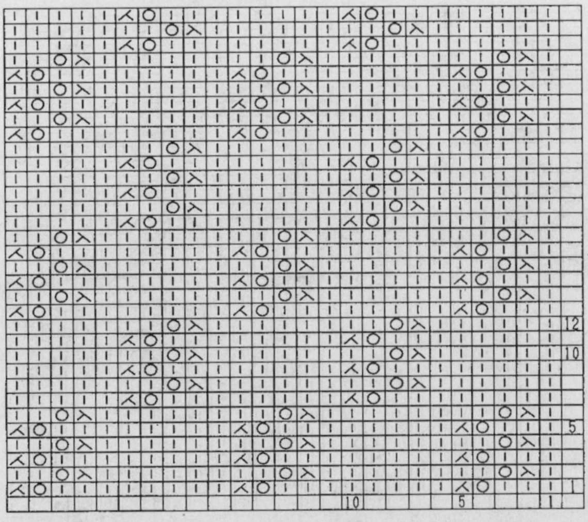

# 465

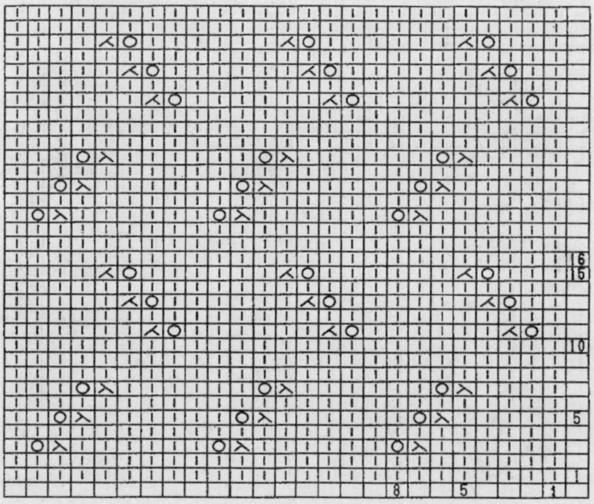

# 467

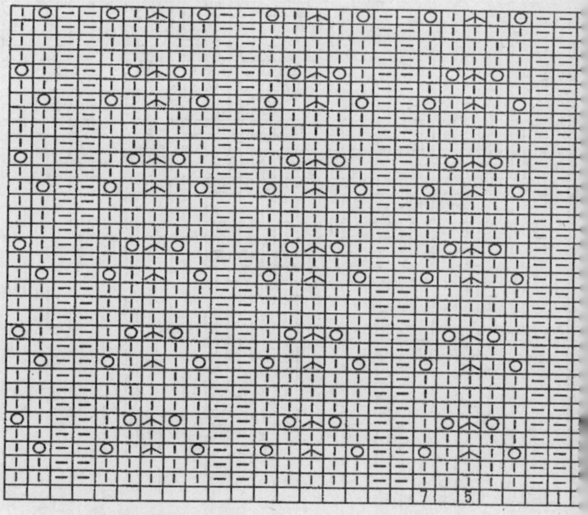

# 468

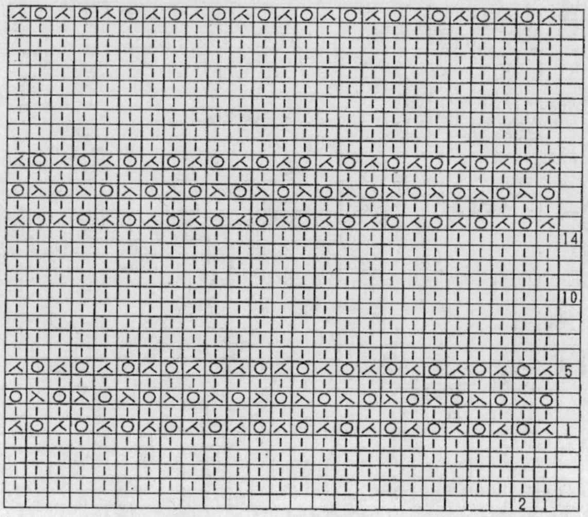

# 469

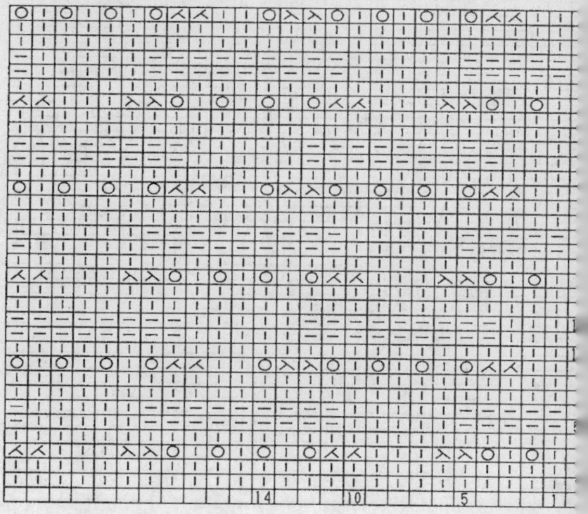

# 470

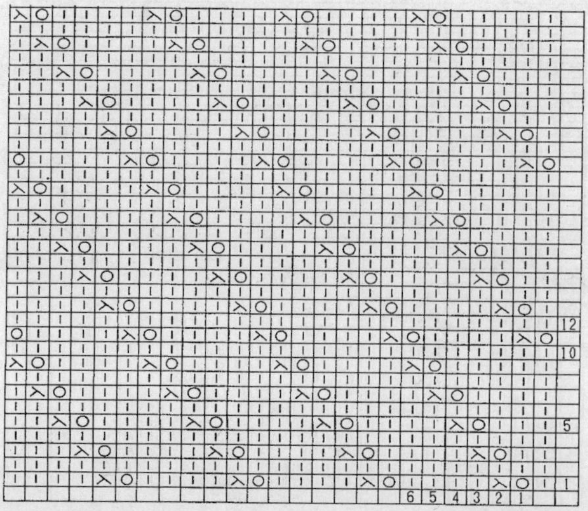

# 471

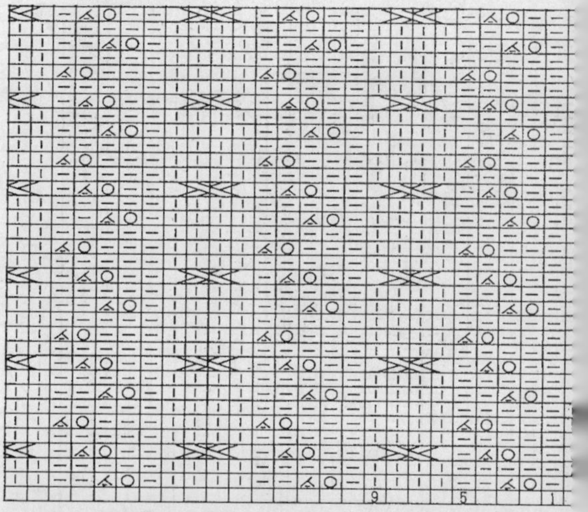

# 472

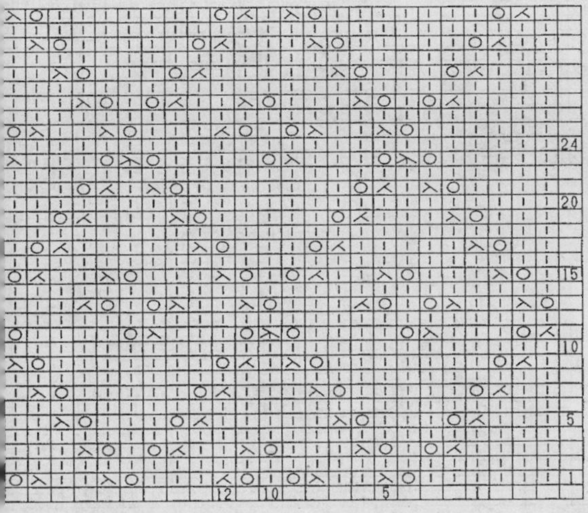
24
20
15
10
5
1
12
10
5
1

# 473

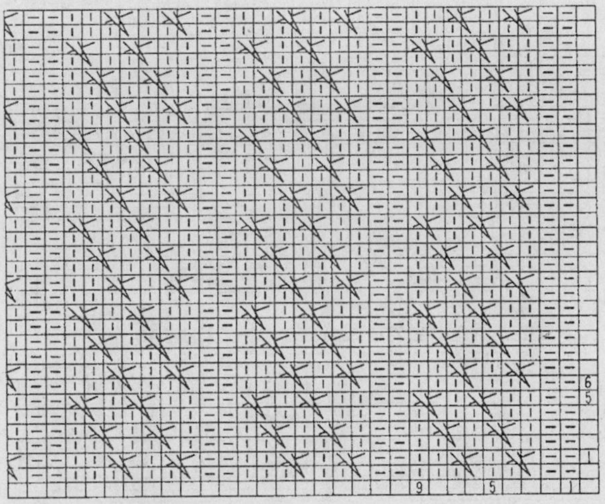
6
5
1
9
5
1

# 474

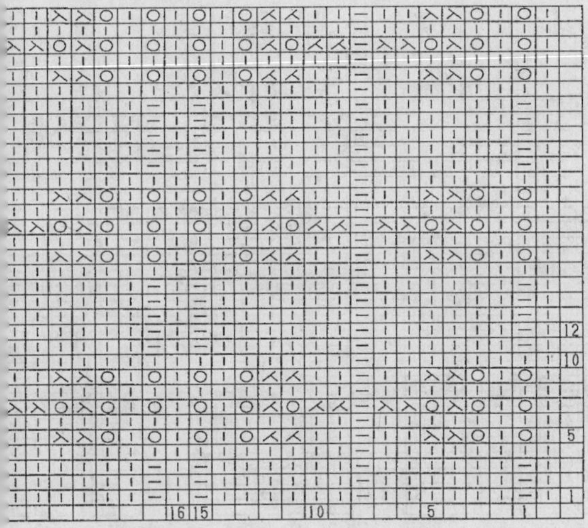
12
10
5
1
16
15
10
5
1

# 475

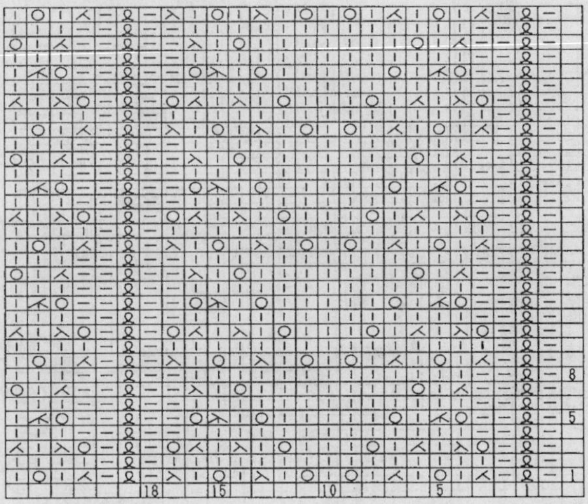
8
5
1
18
15
10
5
1

# 476

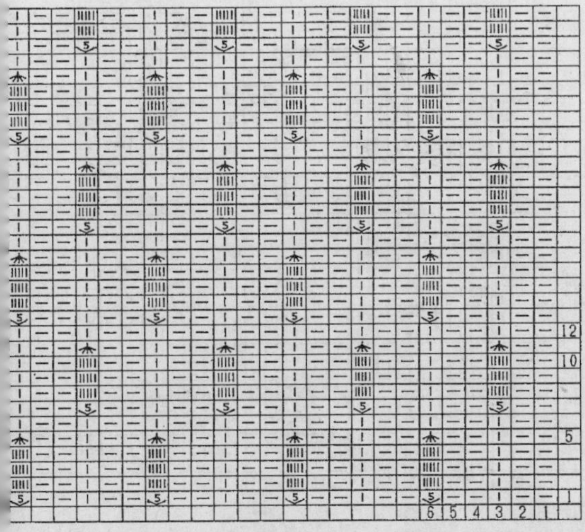
12
10
5
1
6
5
4
3
2
1

# 477

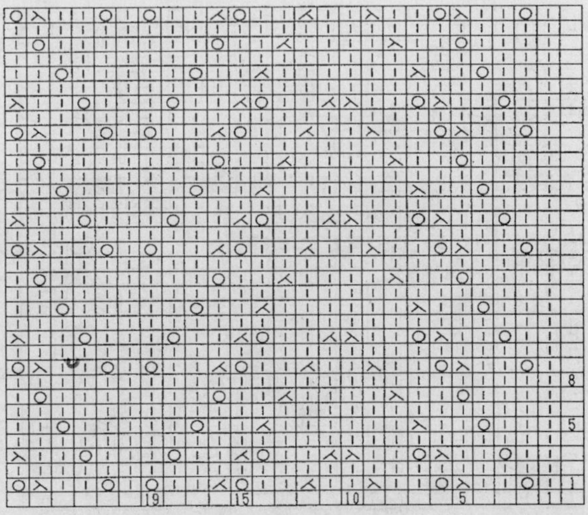
8
5
1
19
15
10
5
1

## 478

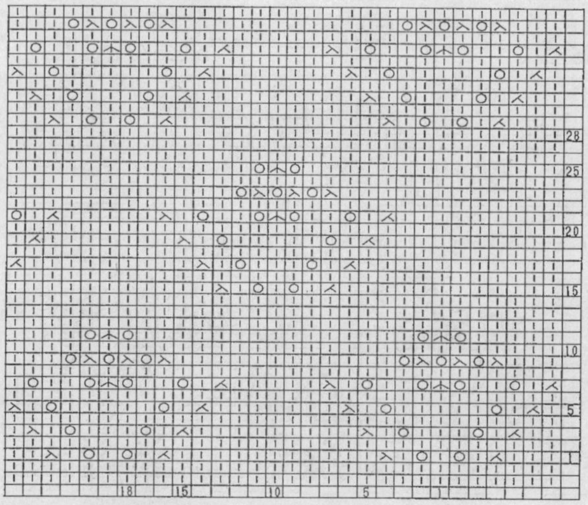

## 479

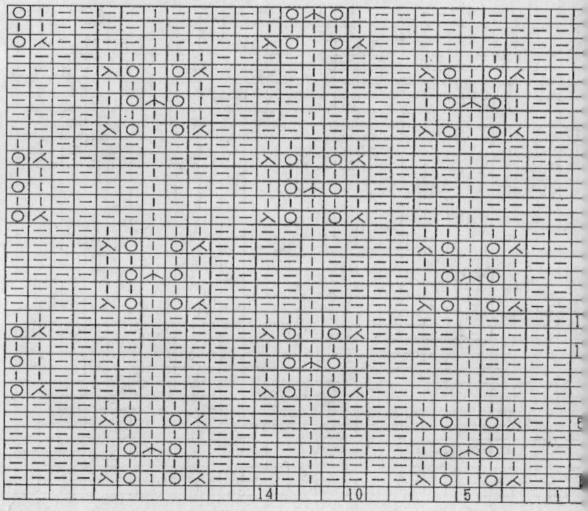

## 480

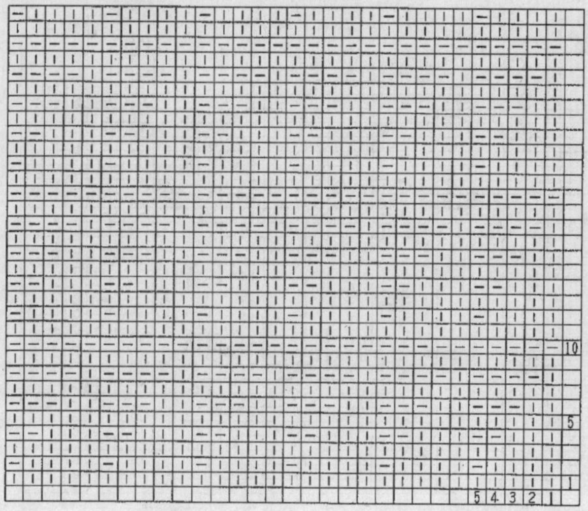

## 481

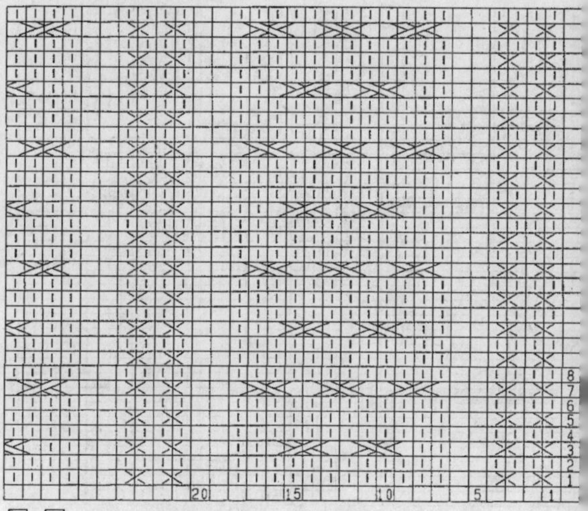

□=⊟

## 482

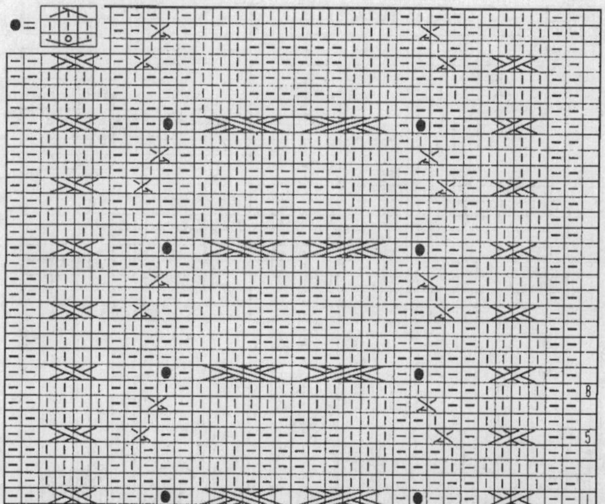

## 483

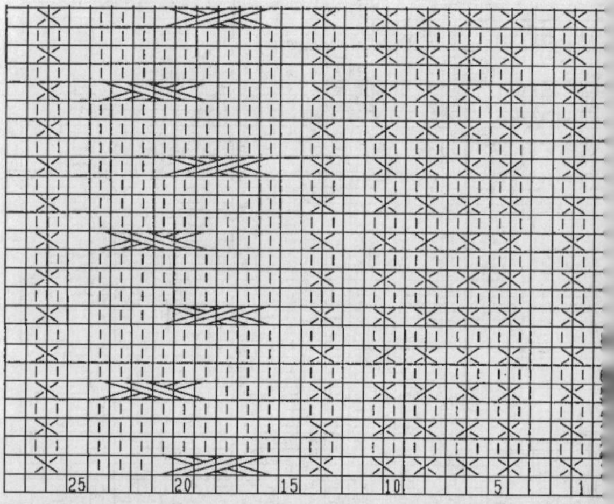

□=⊟

# 484

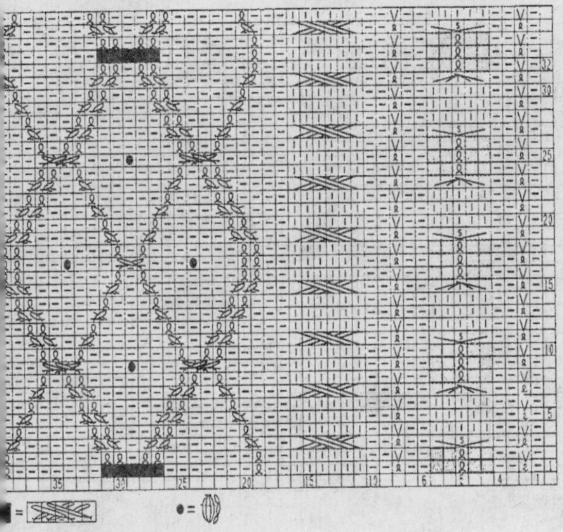

# 485

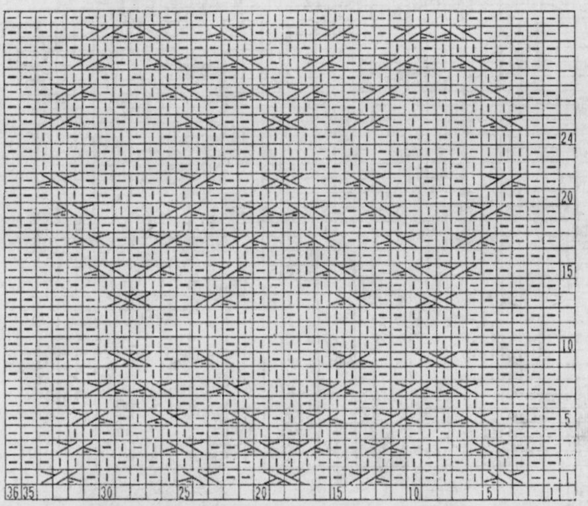

# 486

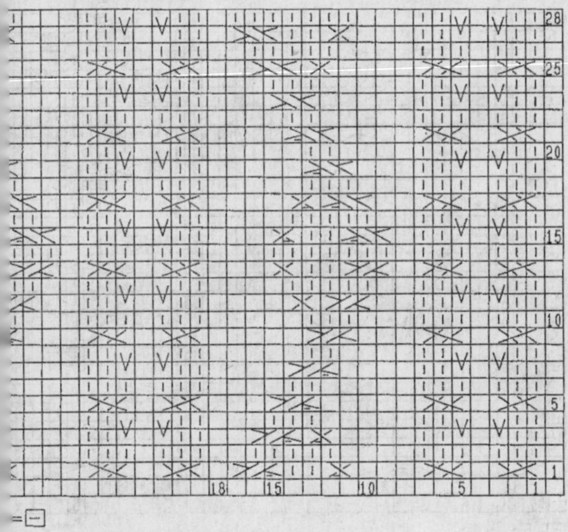

# 487

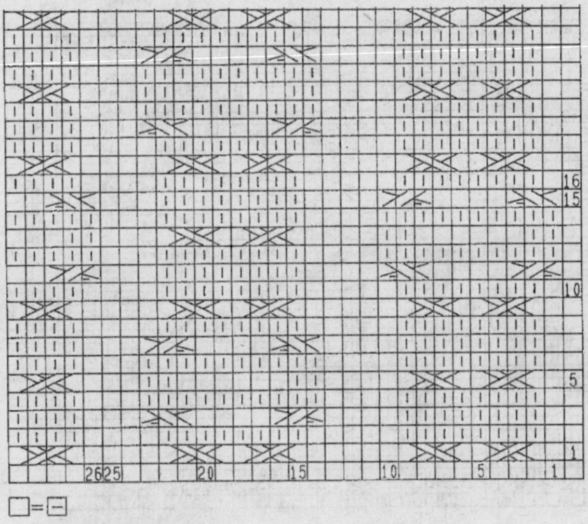

# 488

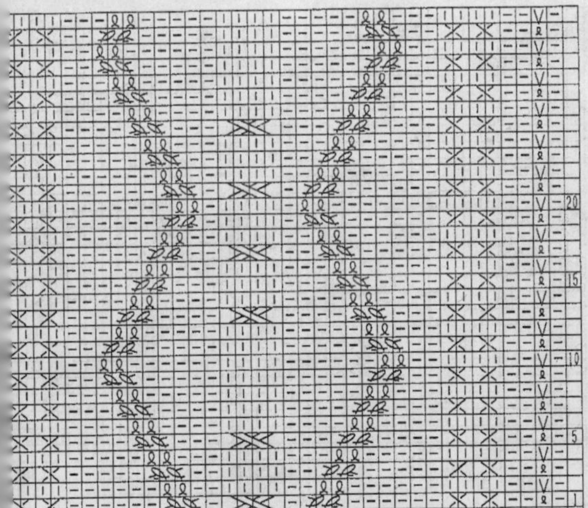

# 489

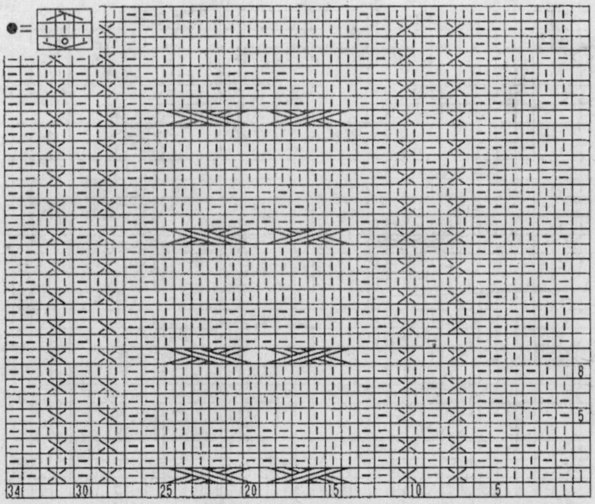

## 490

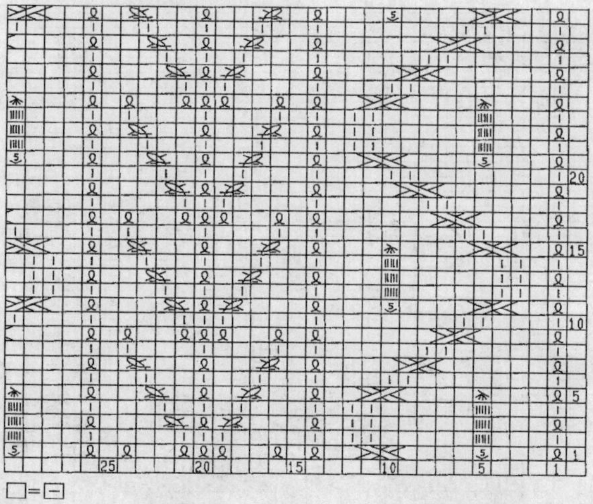

## 491

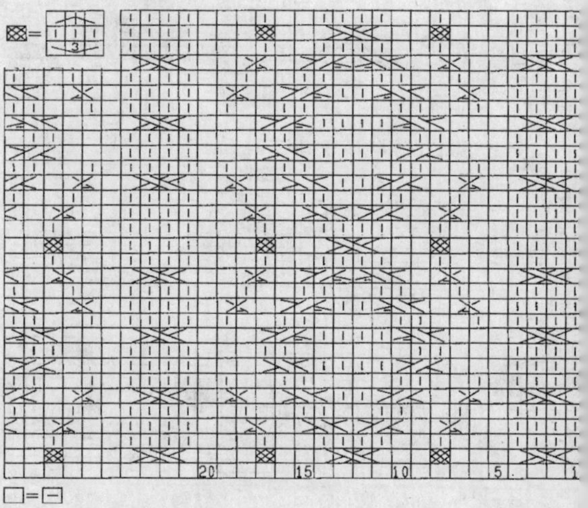

## 492

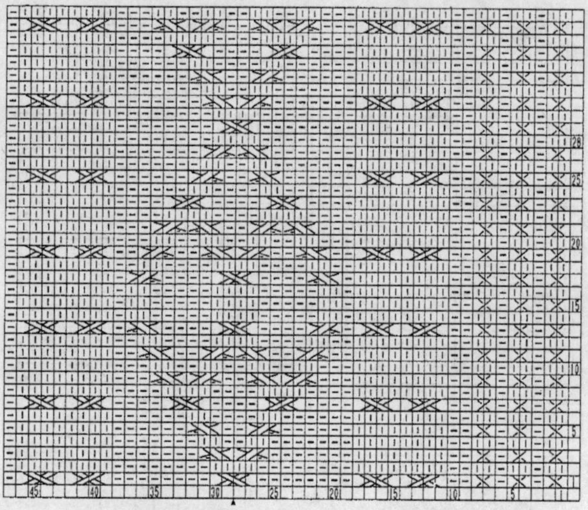

## 493

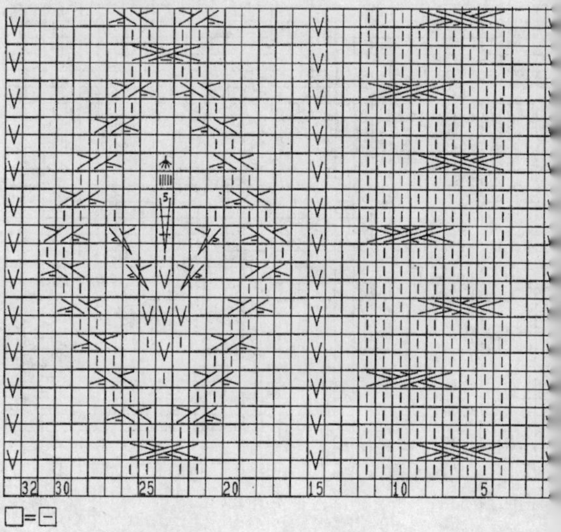

## 494

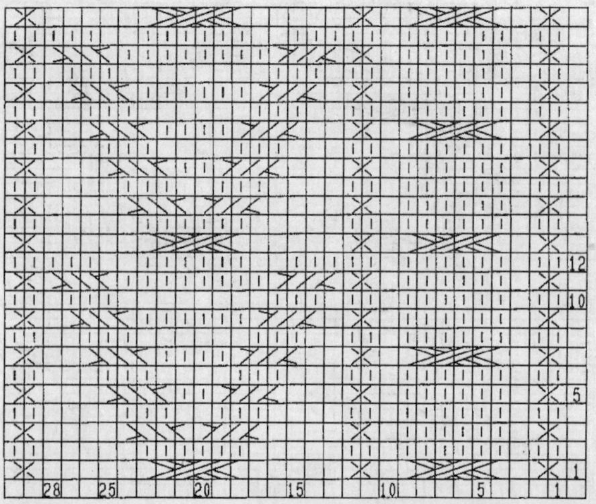

## 495

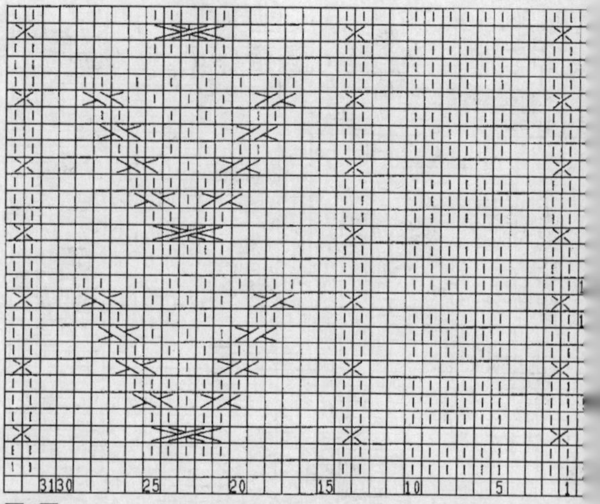

# 496

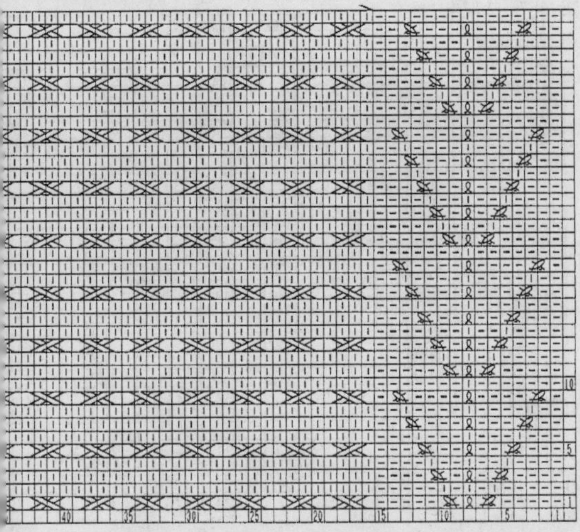

# 497

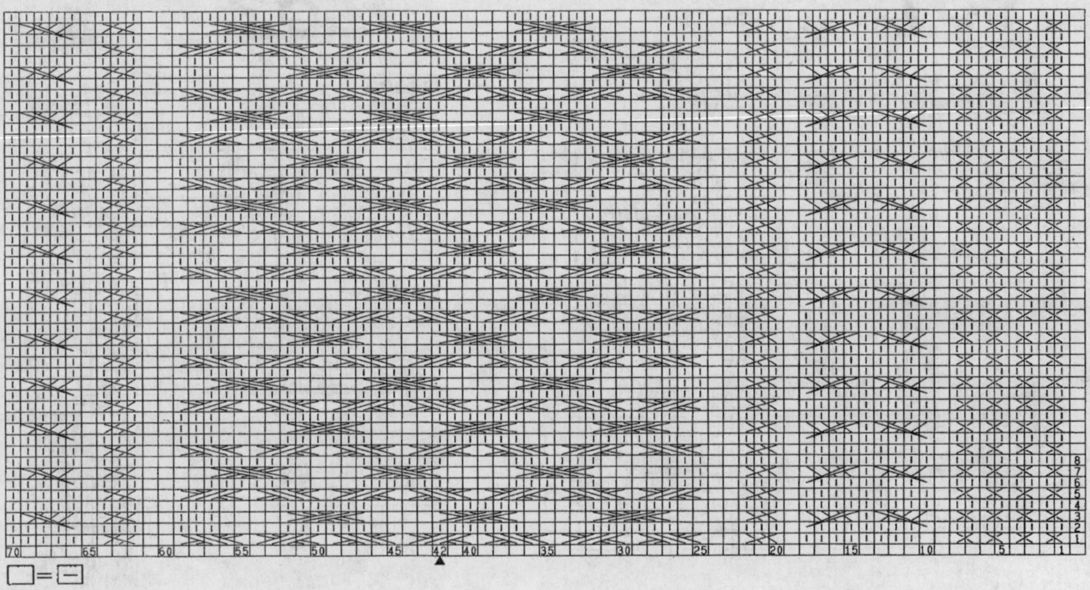

□=⊟

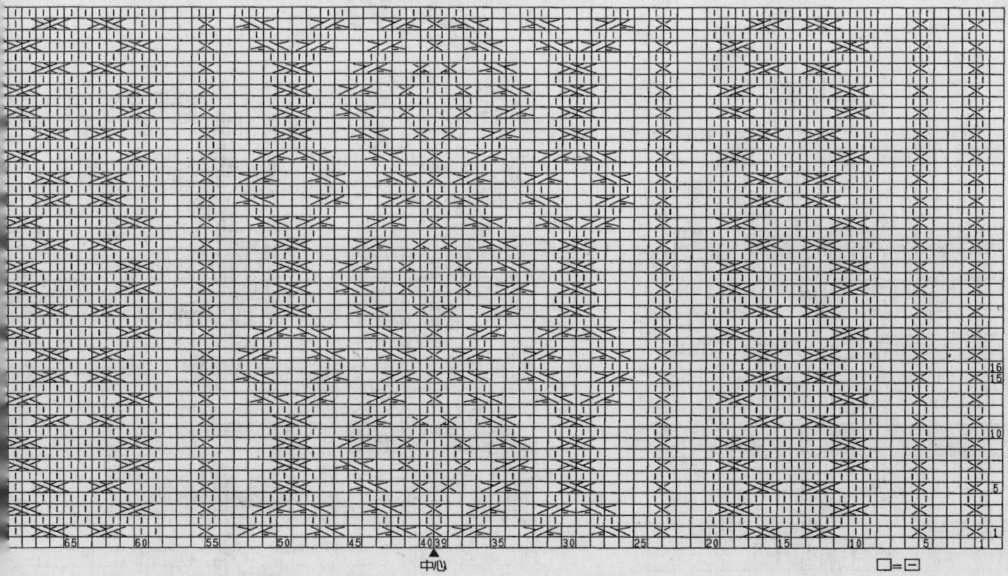

中心

□=⊟

# 498

# 499

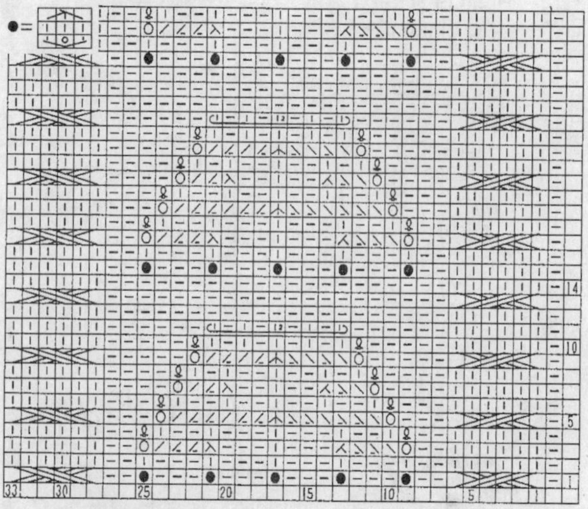

# 500

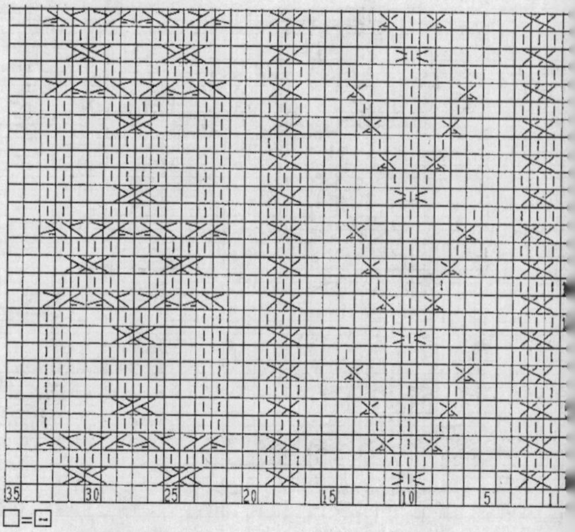

# 501

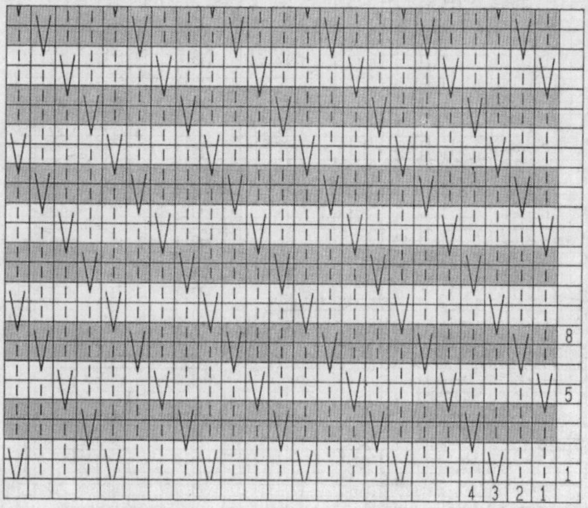

# 502

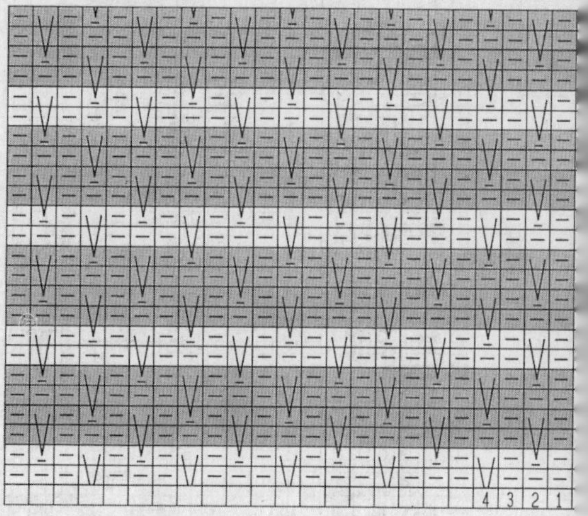

# 503

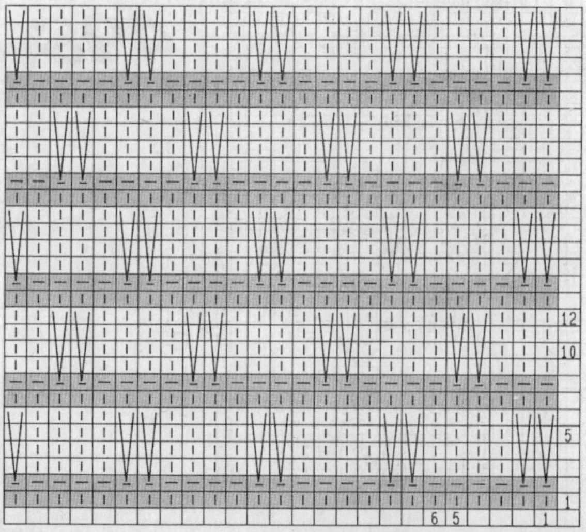

# 504

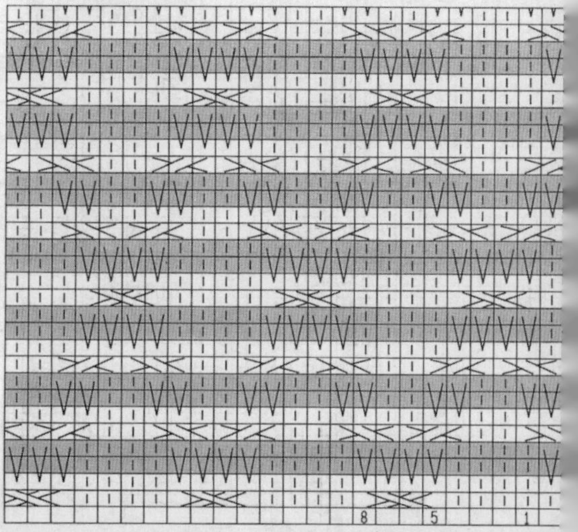

## 505

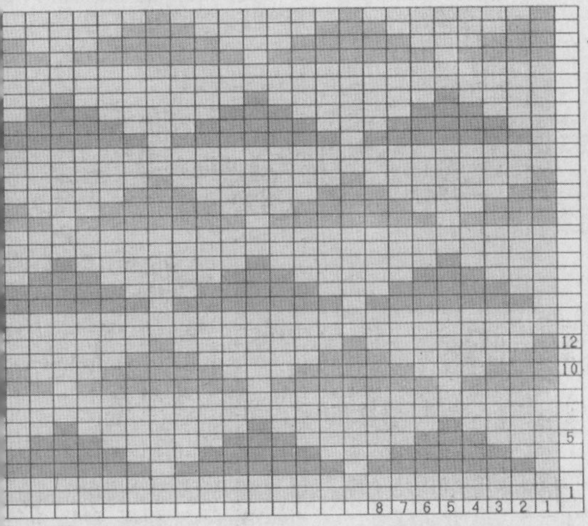

□ = I

## 506

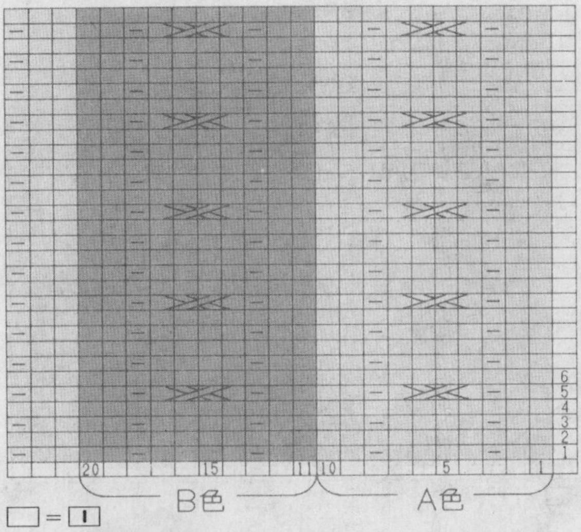
B色
A色

□ = I

## 507

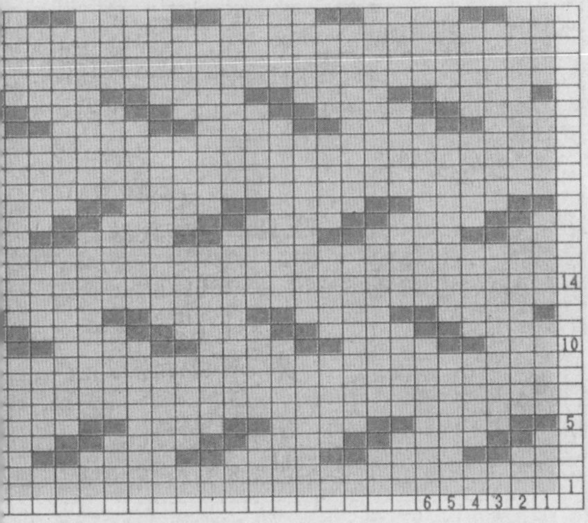

□ = I

## 508

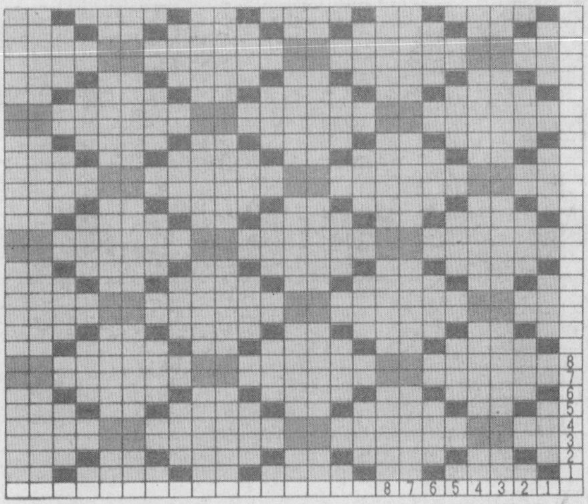

□ = I

## 509

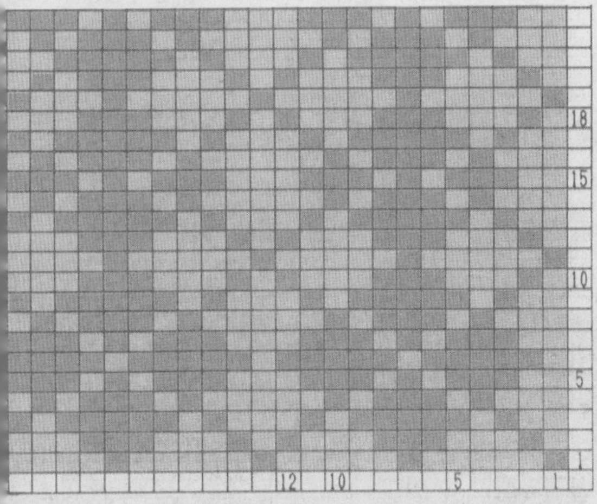

□ = I

## 510

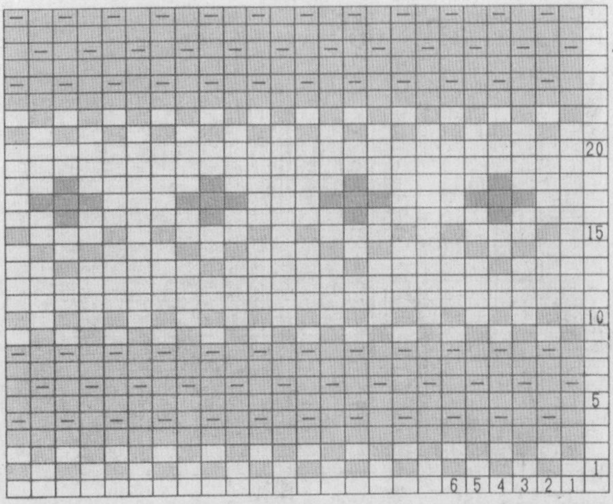

□ = I

## 511

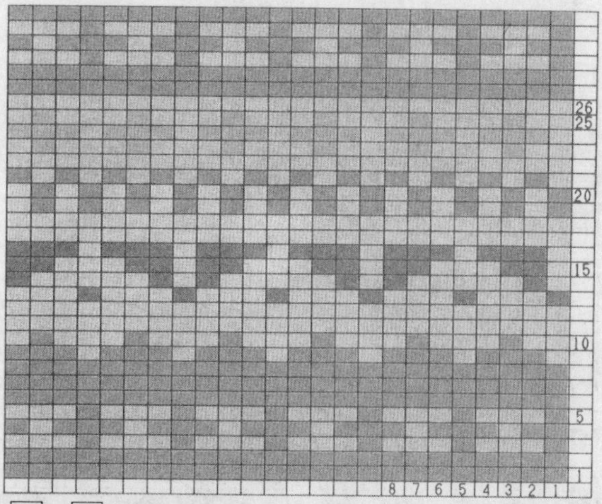

□ = |

## 512

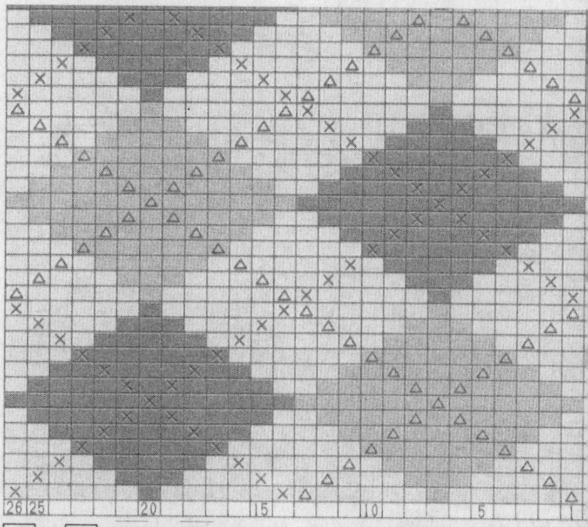

□ = |

## 513

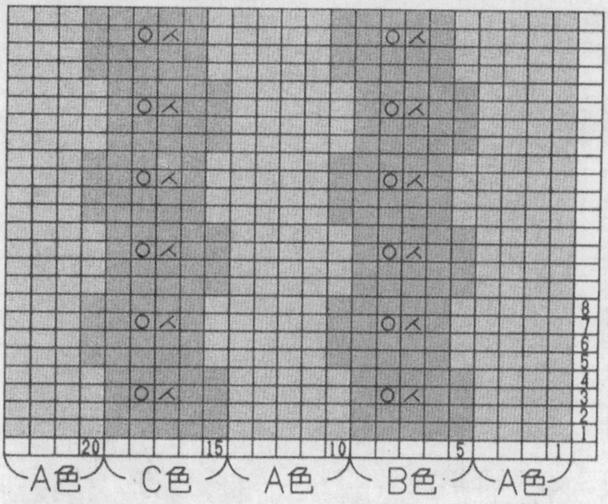
A色
C色
A色
B色
A色

□ = |

## 514

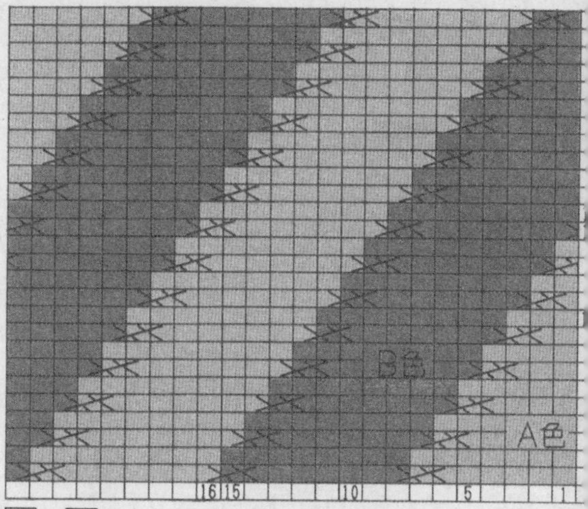
B色
A色

□ = |

## 516

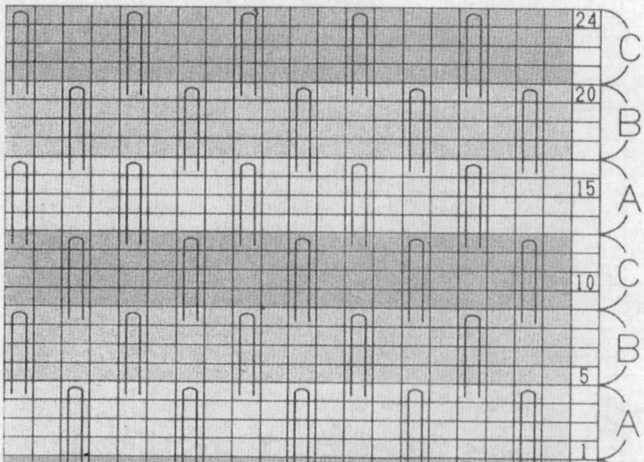
C
B
A
C
B
A
C

□ = |

## 517

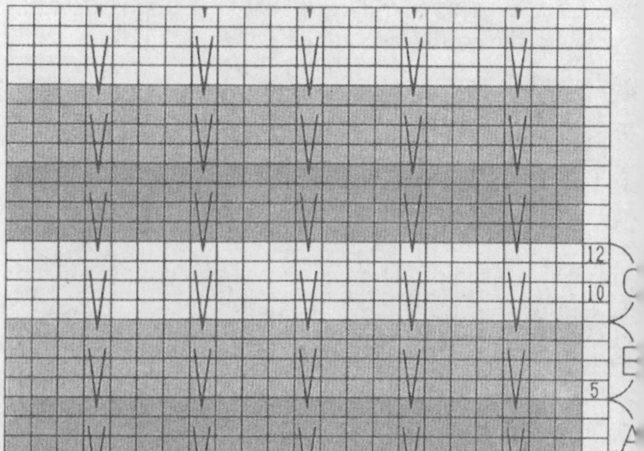

□ = |

## 518

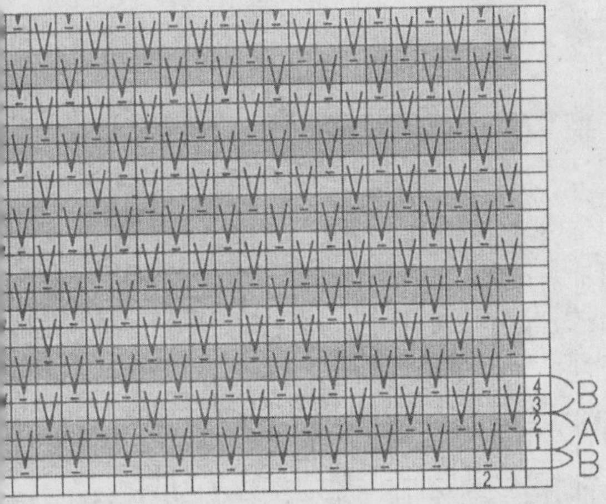
A
B
1
2
3
4

□ = I

## 519

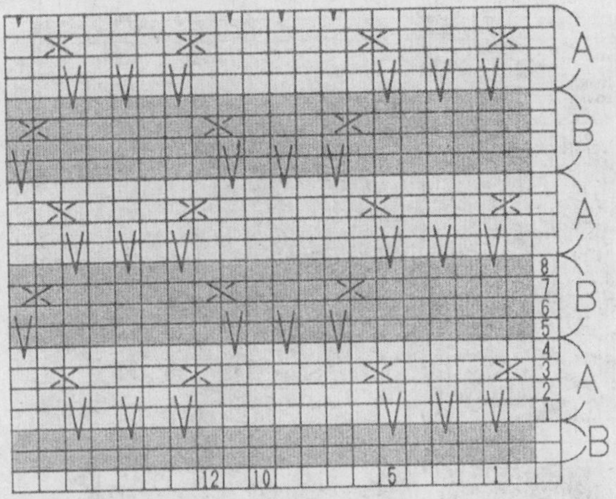
A
B
1
5
10
12

□ = I

## 520

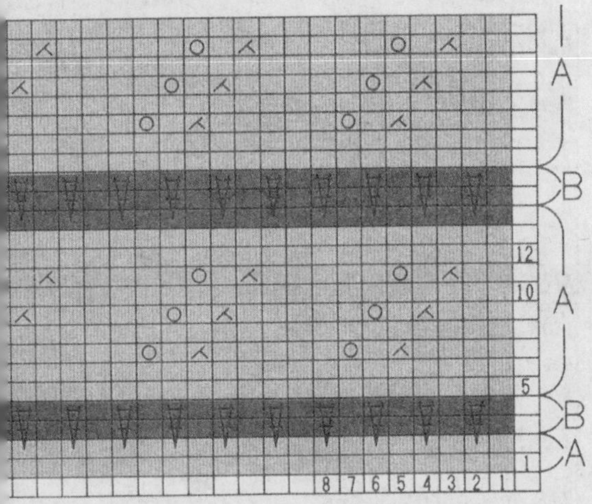
A
B
1
5
10
12
8 7 6 5 4 3 2 1

□ = I

## 521

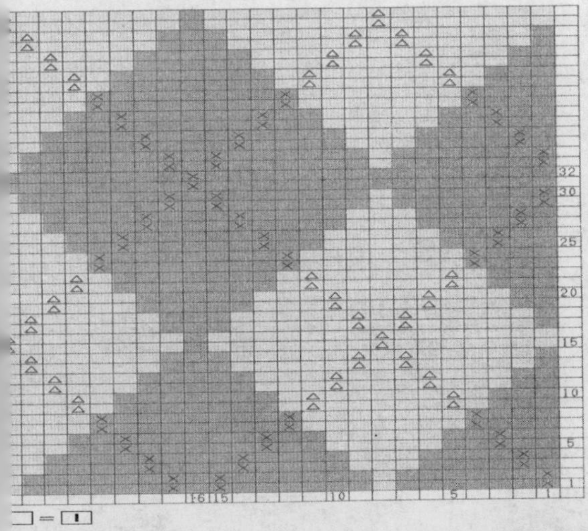
1
5
10
15
20
25
30
32
16 15

□ = I

## 522

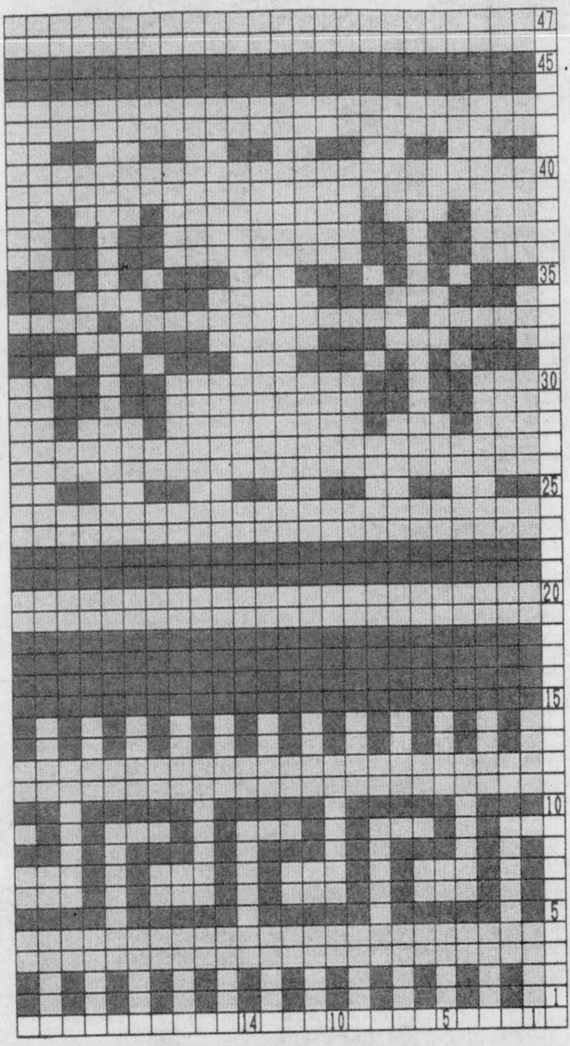
1
5
10
15
20
25
30
35
40
45
47
14

□ = I

## 523

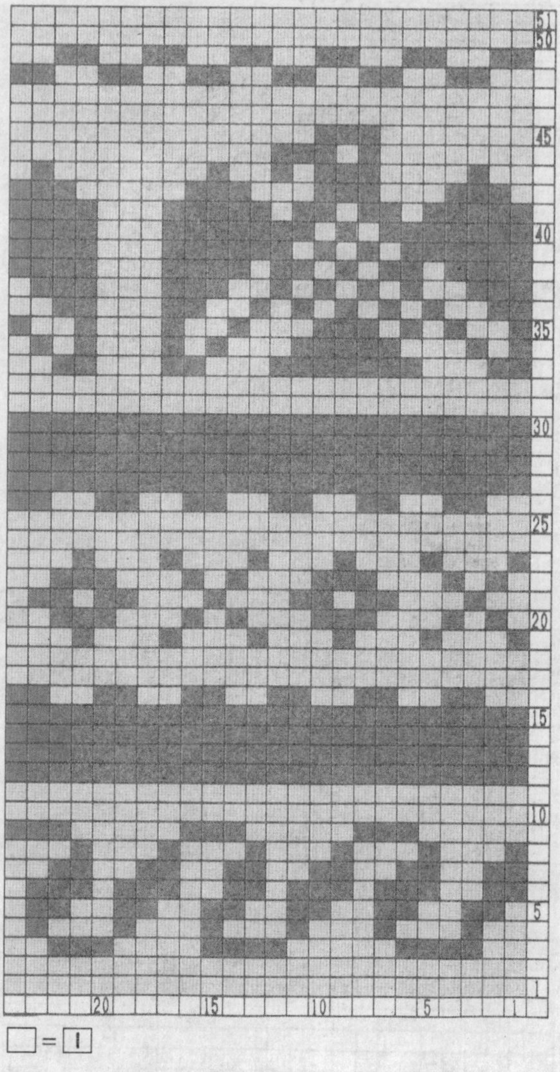

## 524

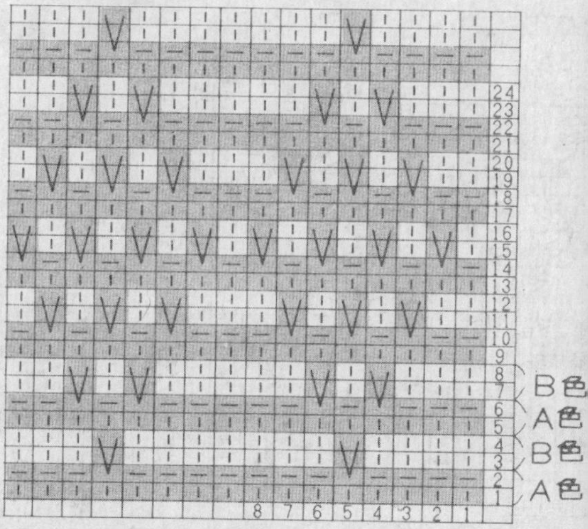
B色
A色
B色
A色

## 525

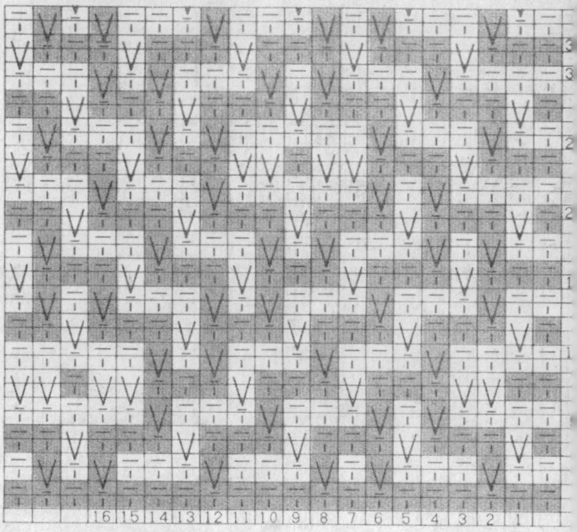

## 526

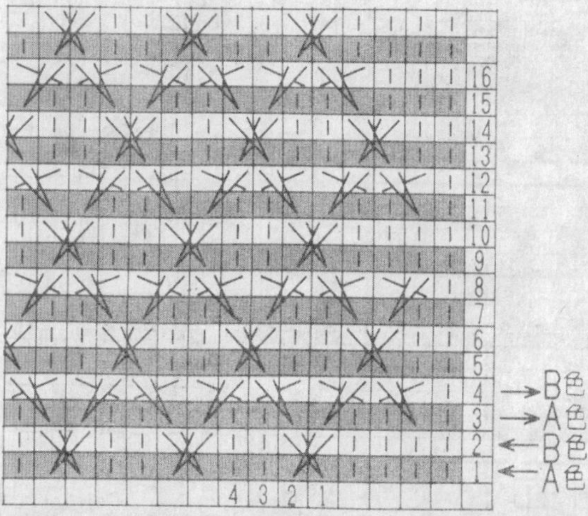
B色
A色
B色
A色

## 527

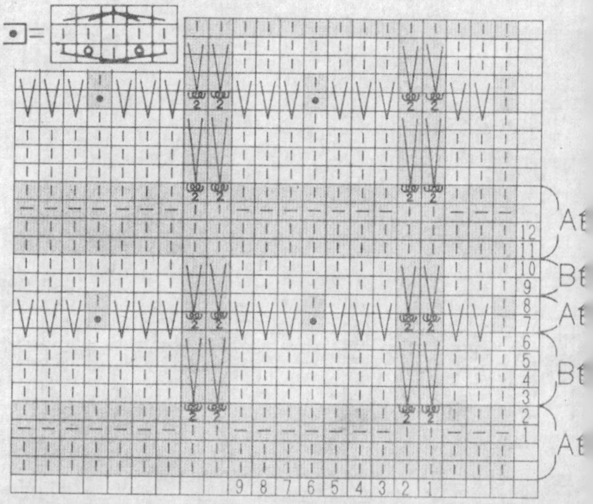

# 528

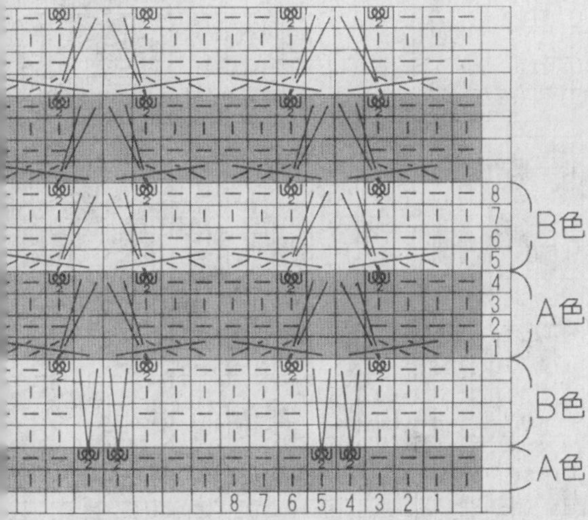
B色
A色
B色
A色
8 7 6 5 4 3 2 1

# 529

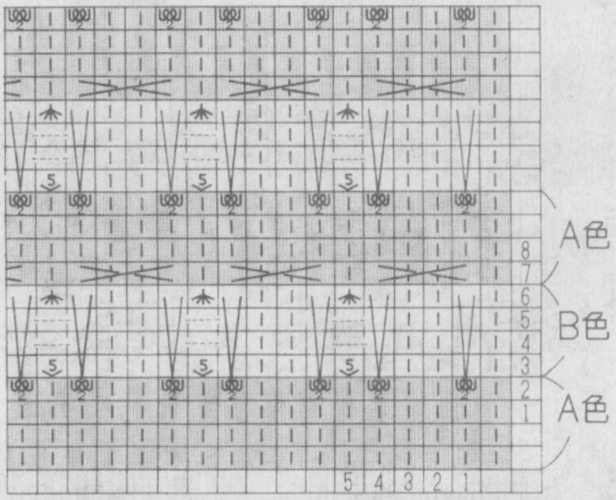
A色
B色
A色
5 4 3 2 1

# 530

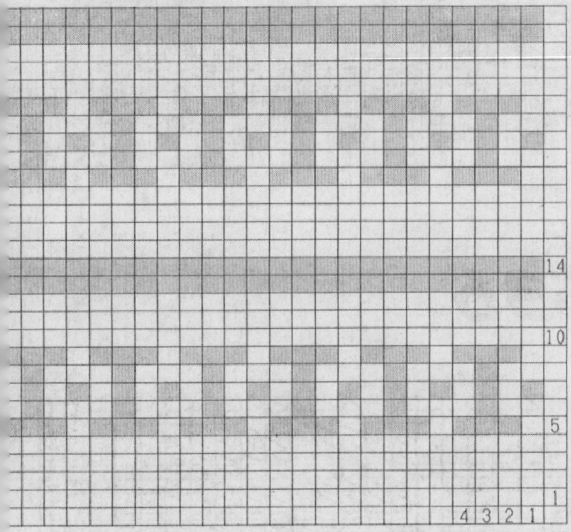
14
10
5
1
4 3 2 1

# 532

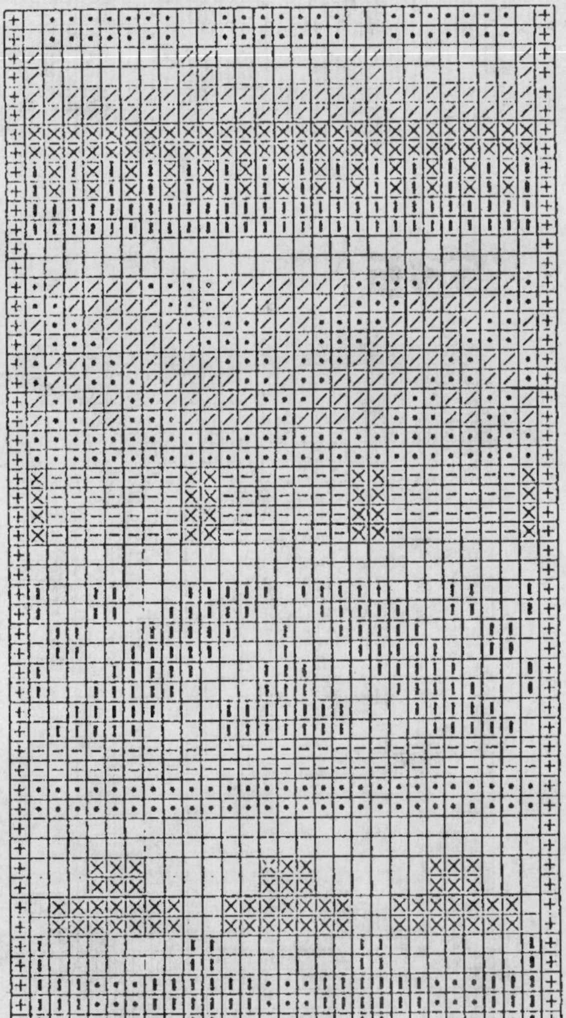

# 531

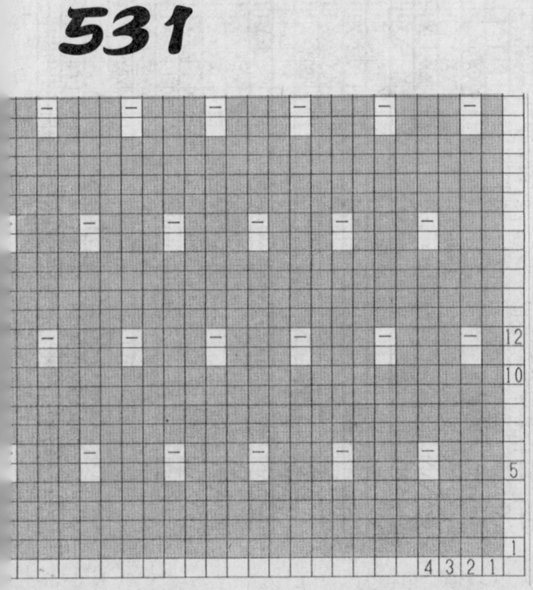
12
10
5
1
4 3 2 1

# 533

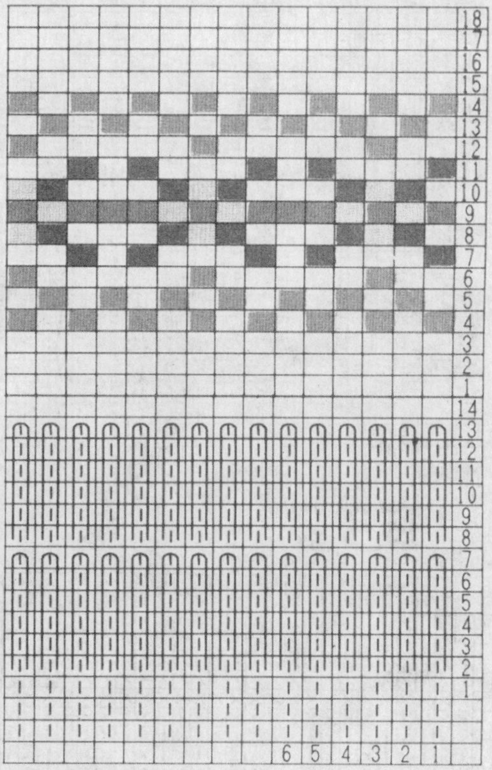

# 534

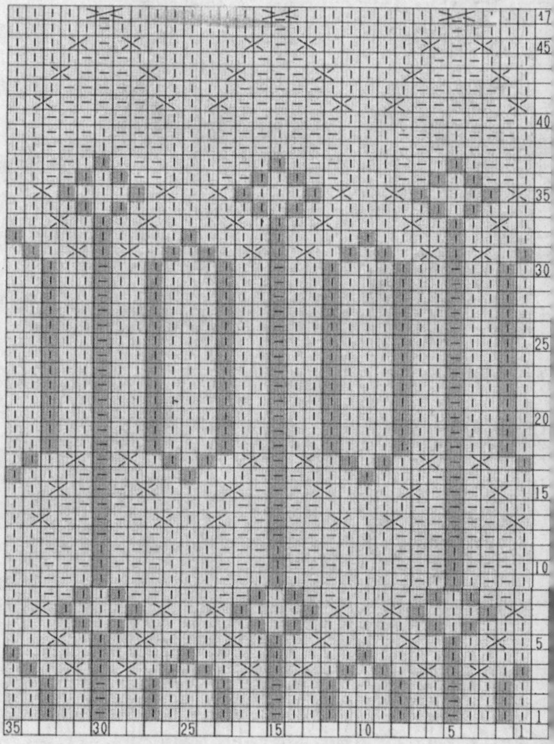

# 535

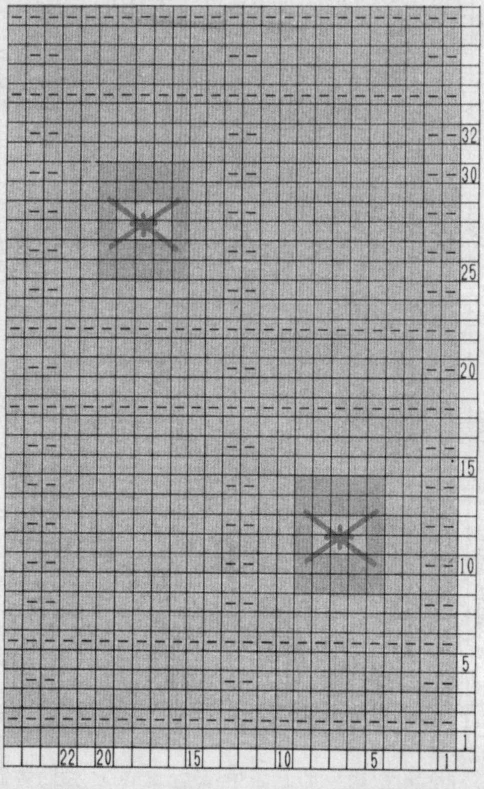

# 536

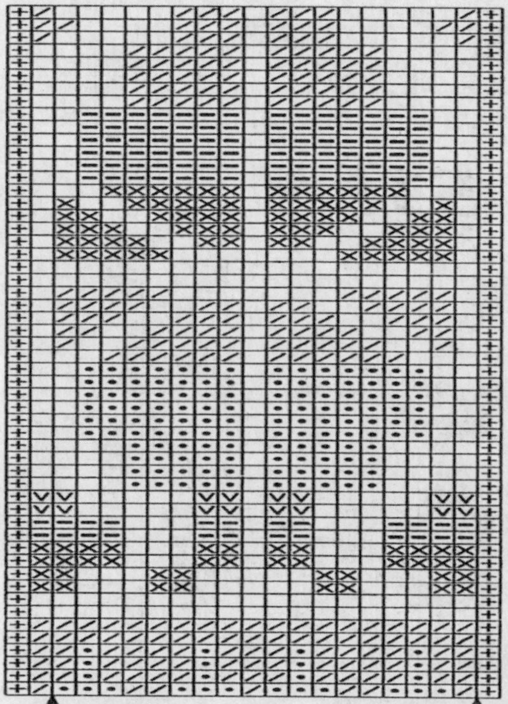

## 538

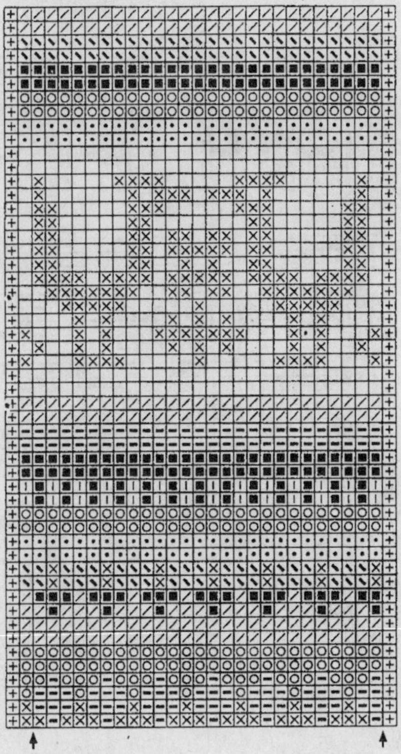

## 539

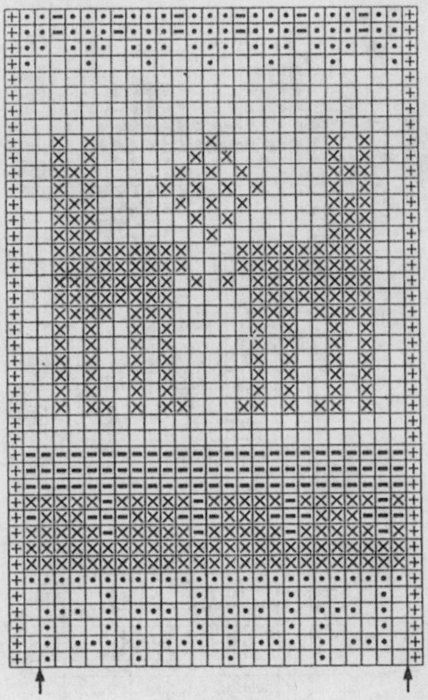

## 540

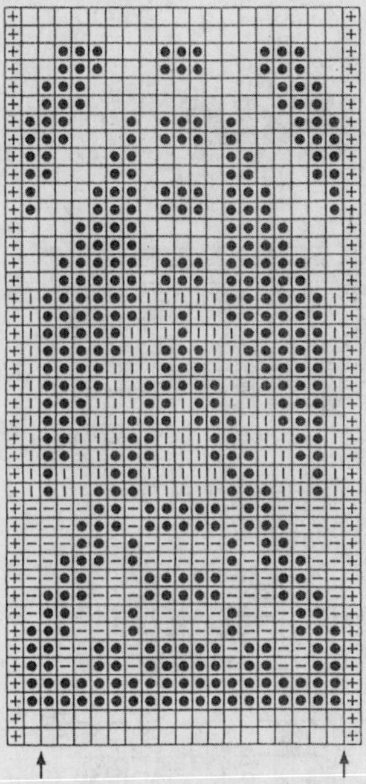

## 541

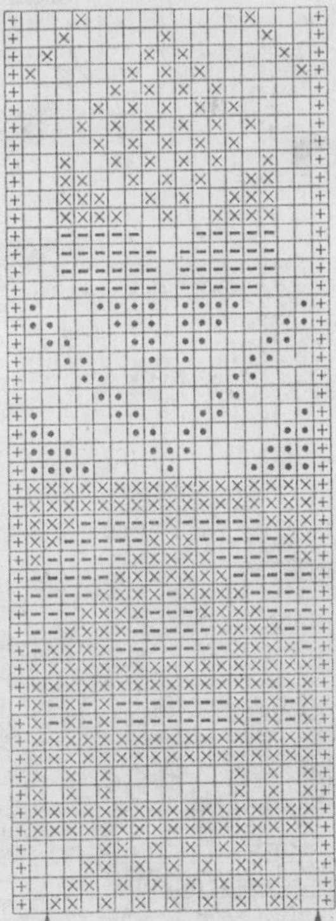

## 542

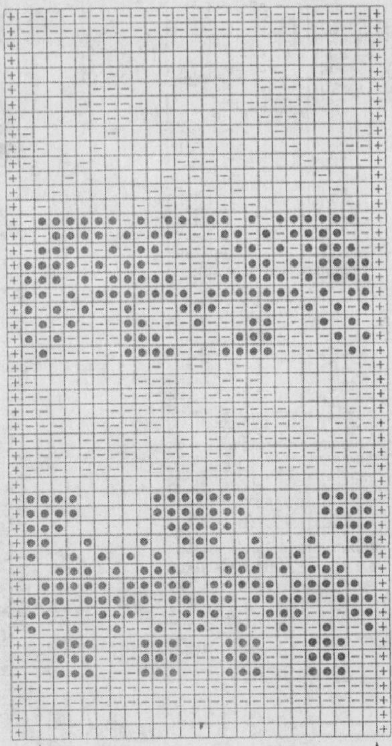

## 543

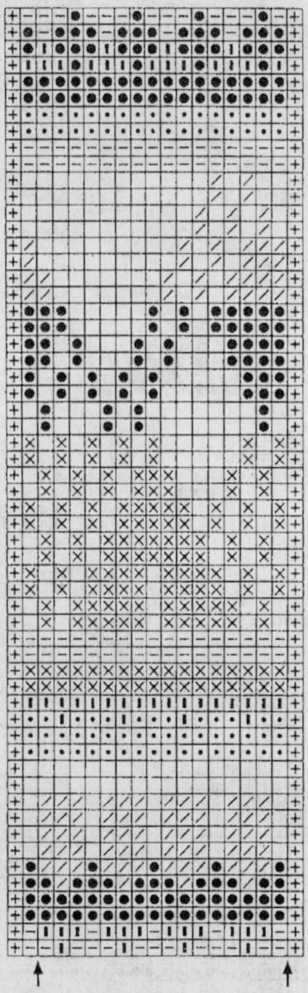

544

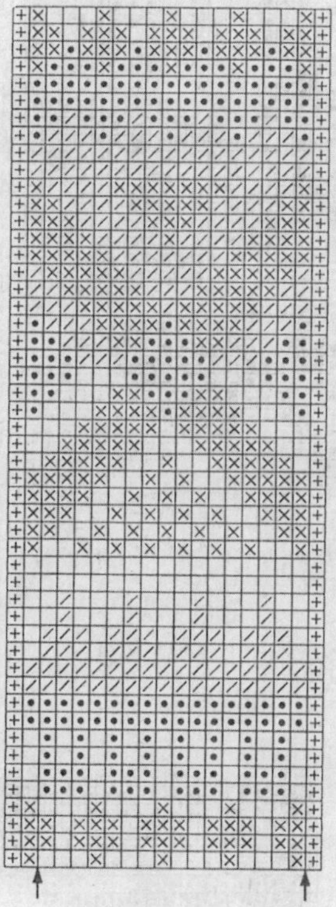

545

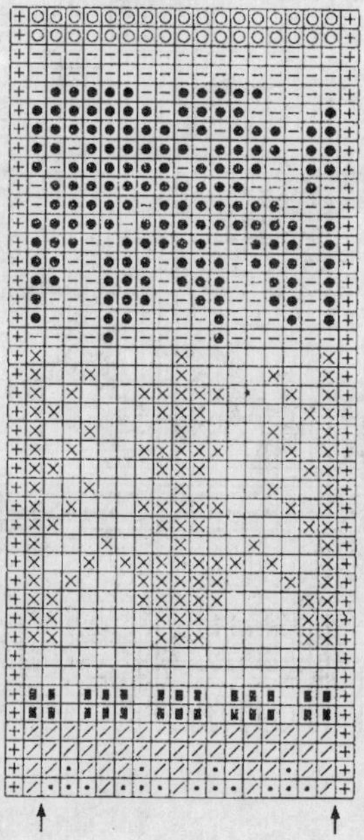

546

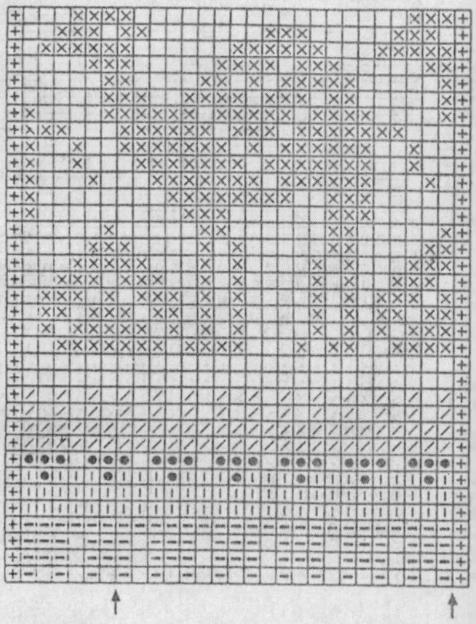

547

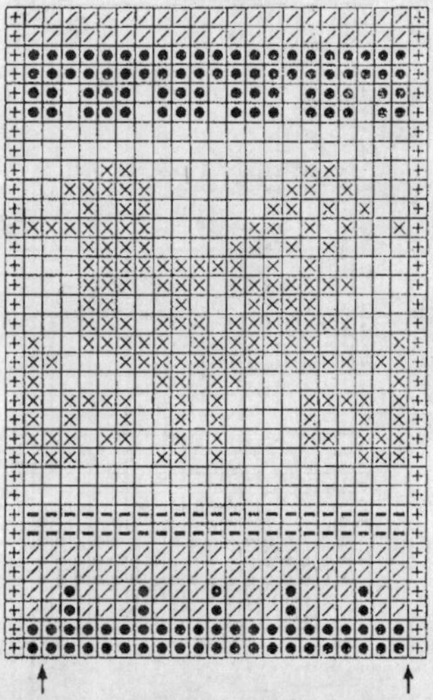

548

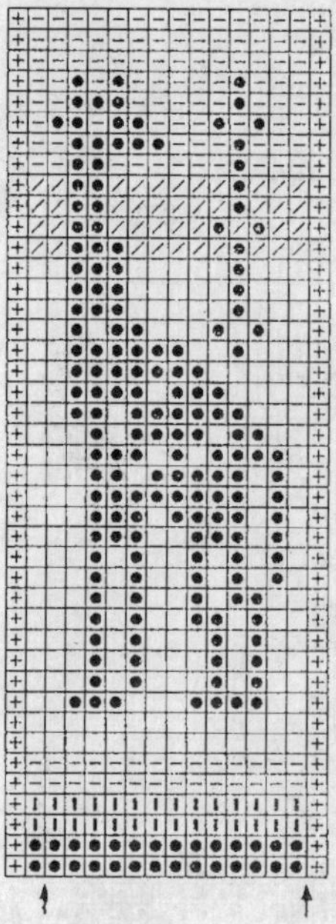

550

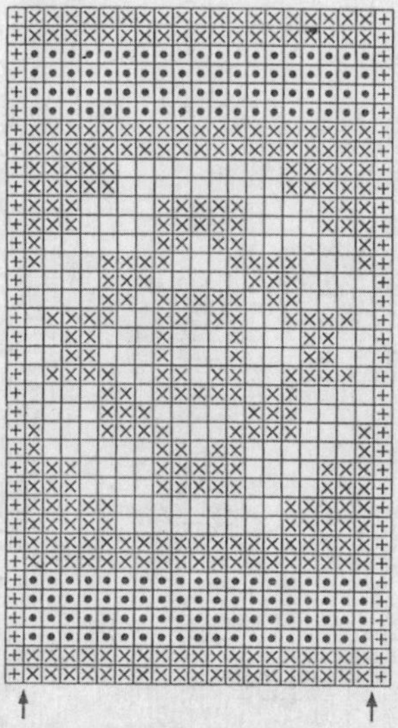

551

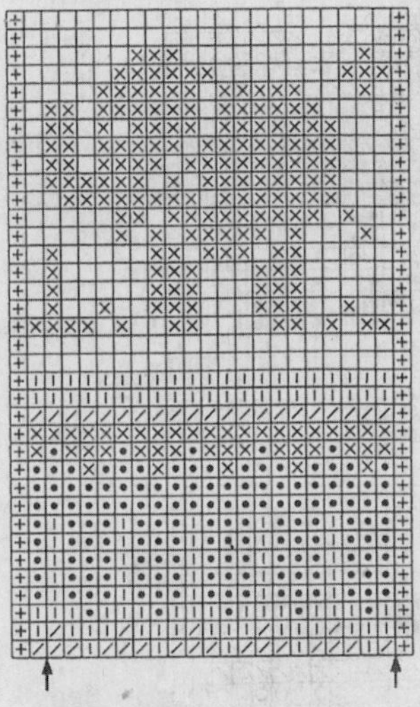

552

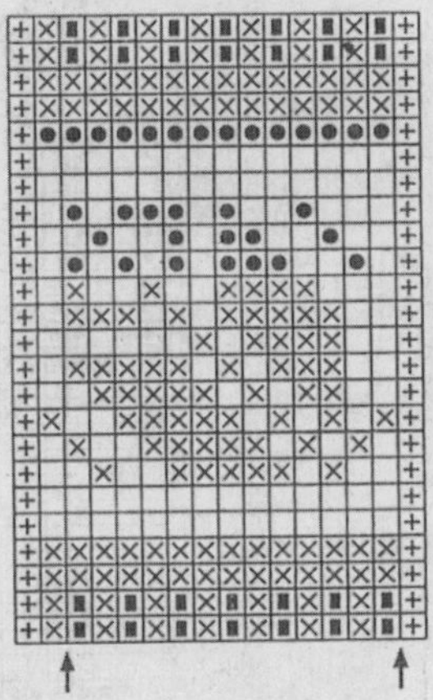

553

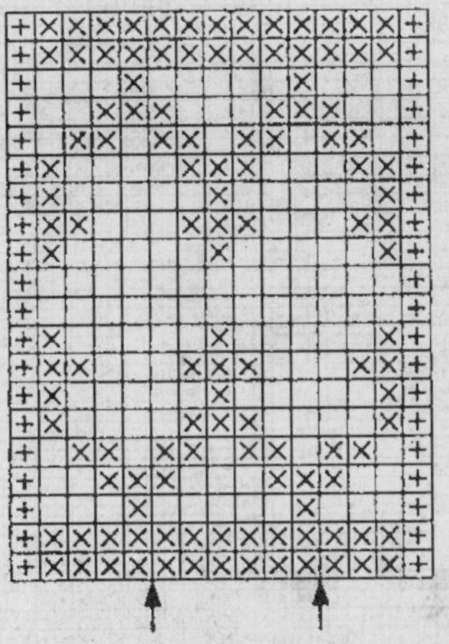

554

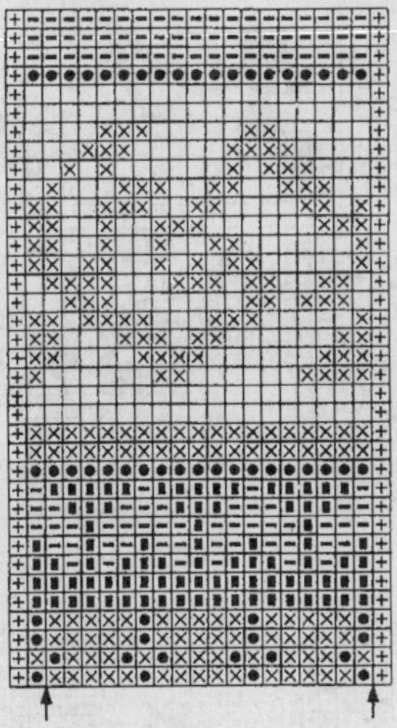

555

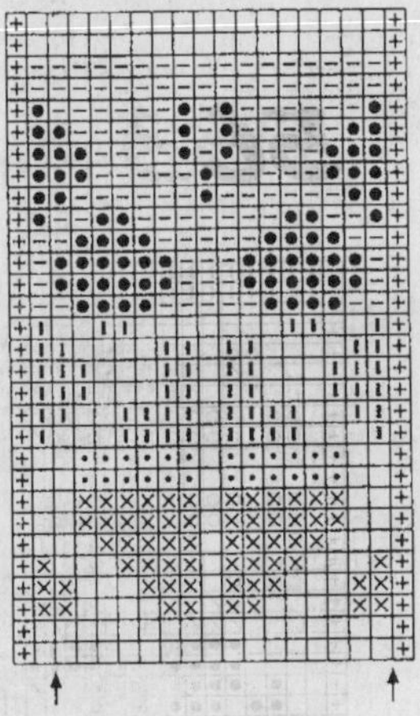

556

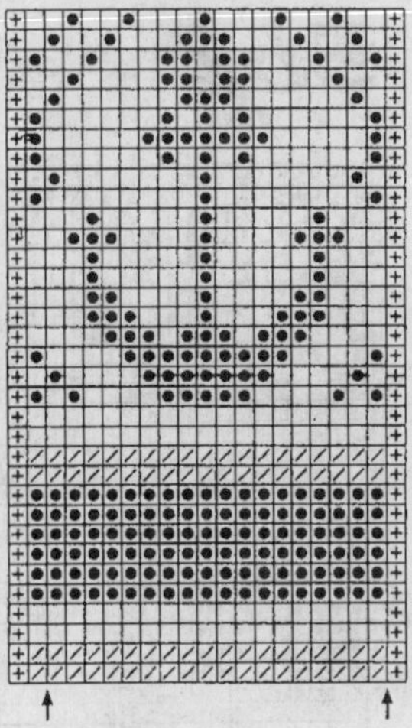

557

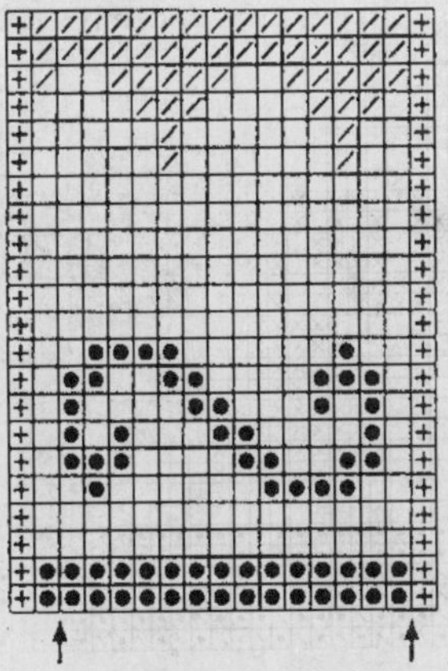

558

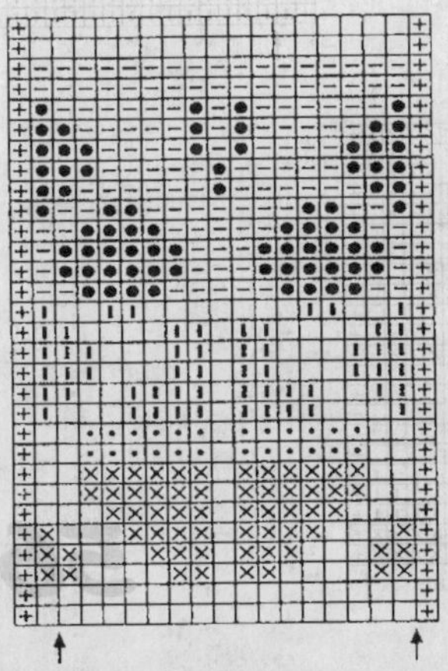

559

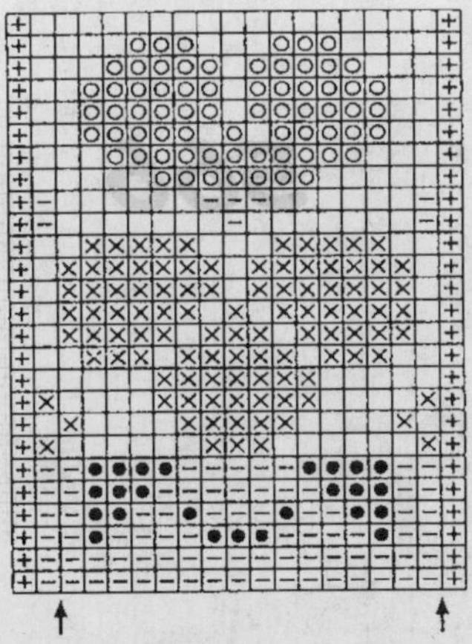

## 560

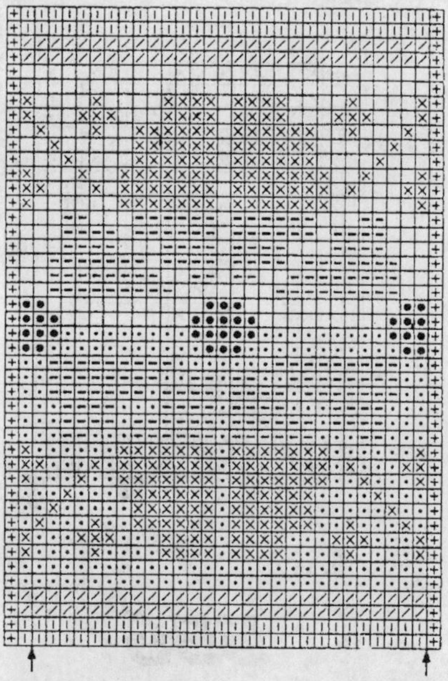

## 561

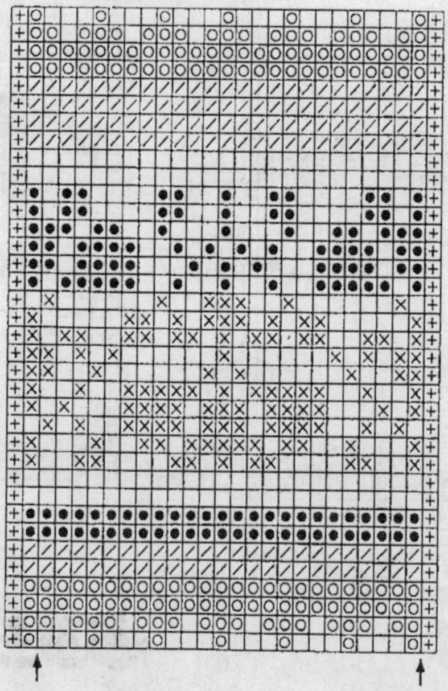

## 562

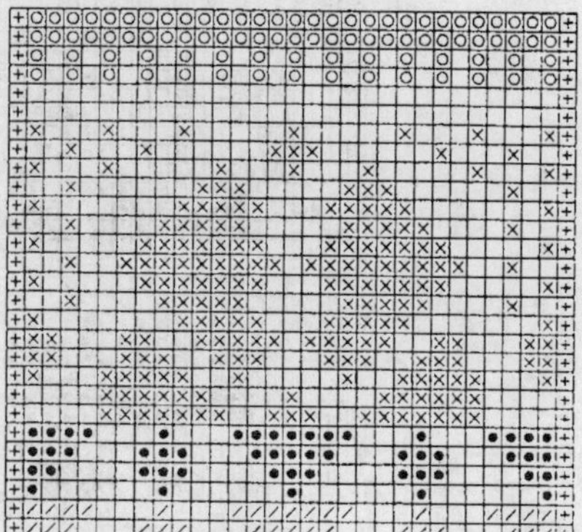

## 563

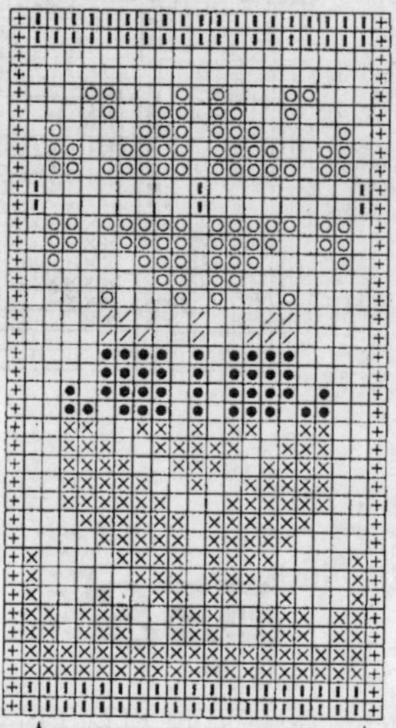

## 564

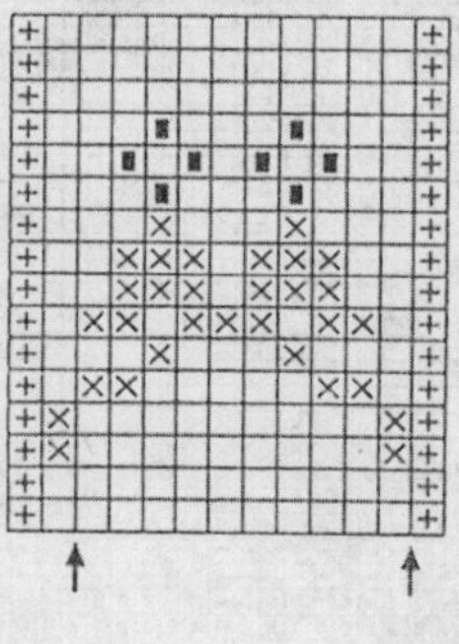

## 566

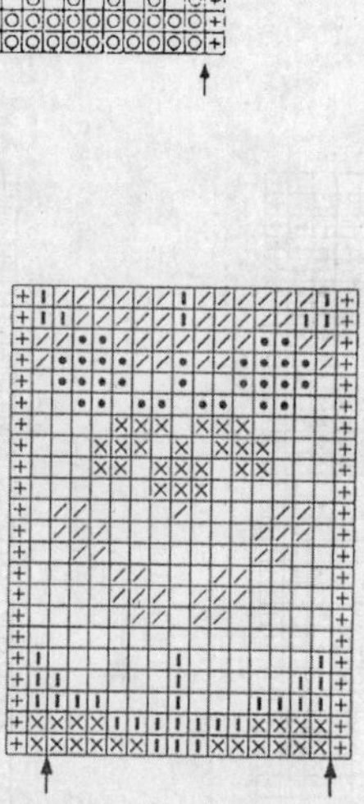

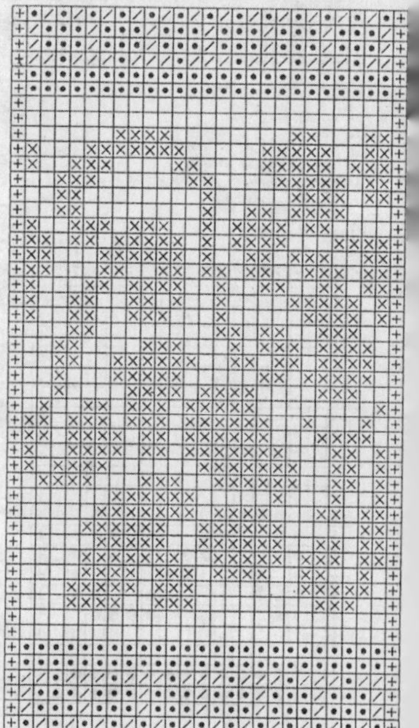

## 565

567

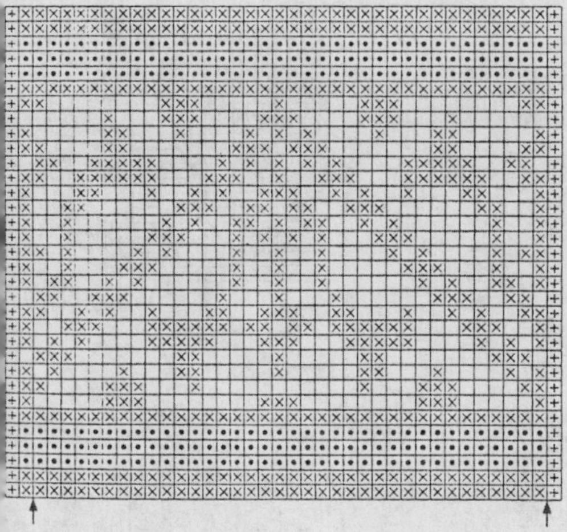

568

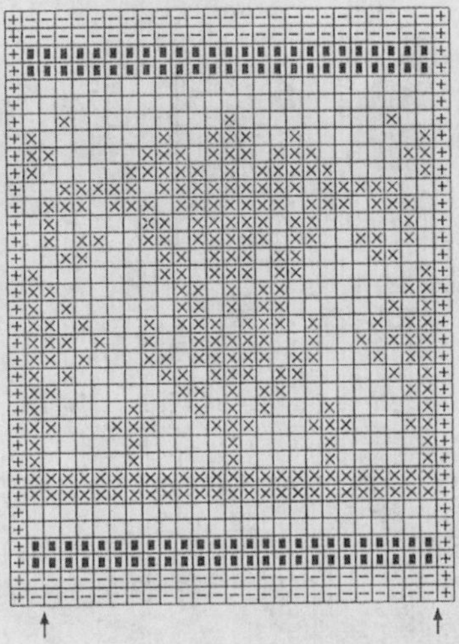

569

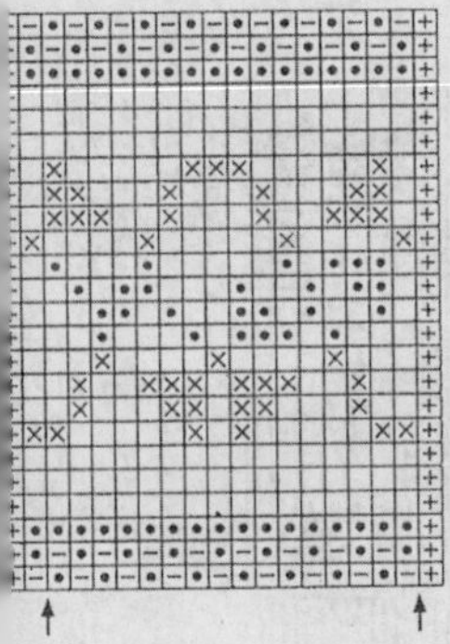

570

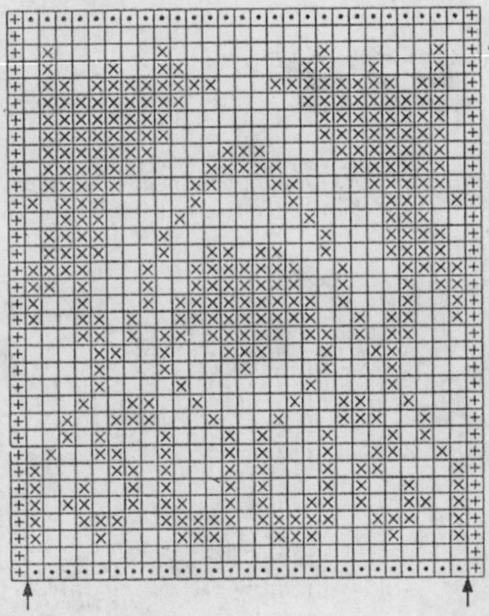

571

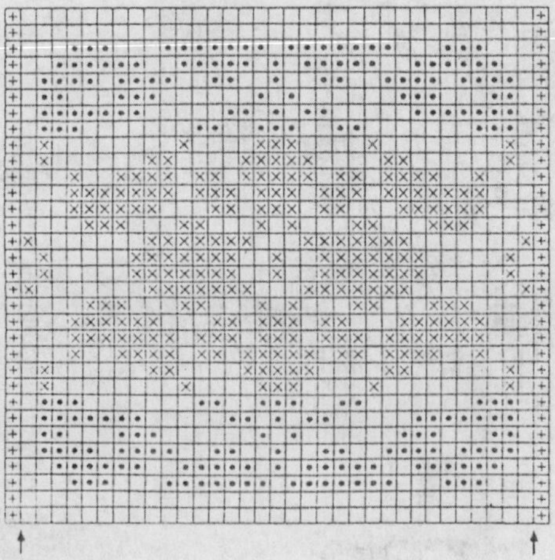

572

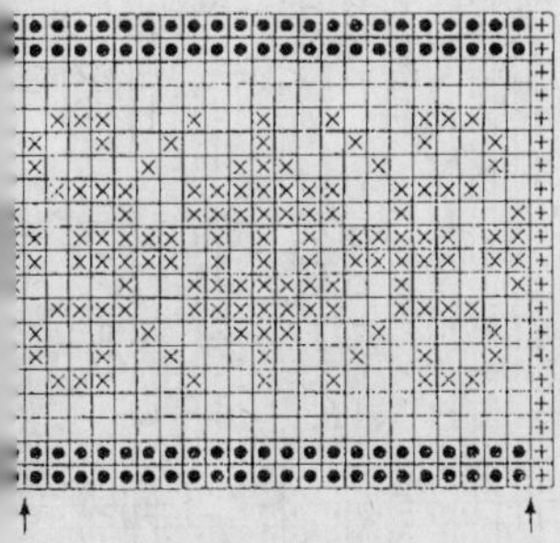

573

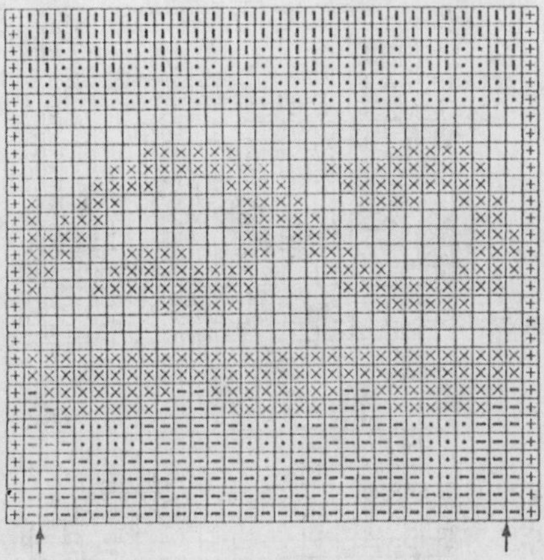

574

575

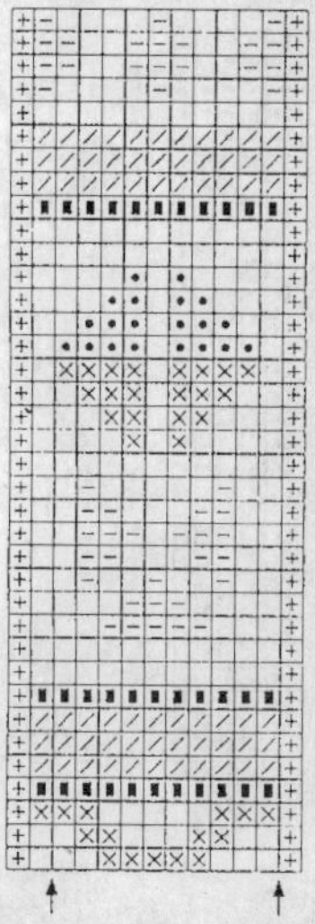

576

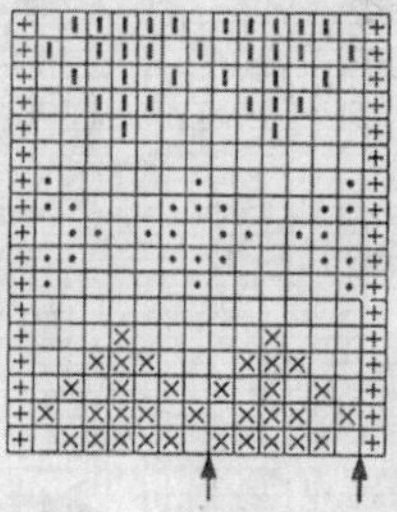

577

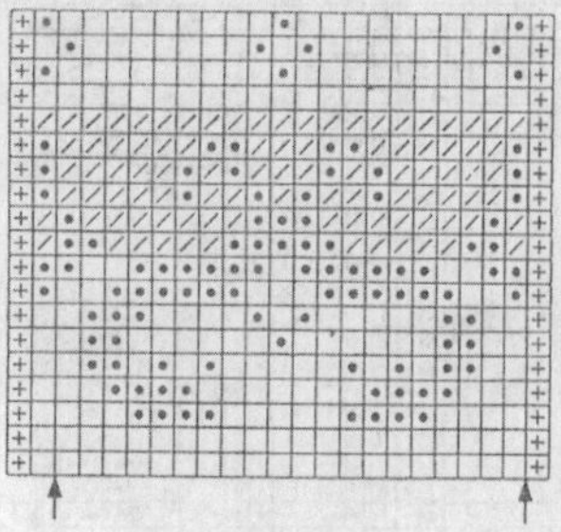

578

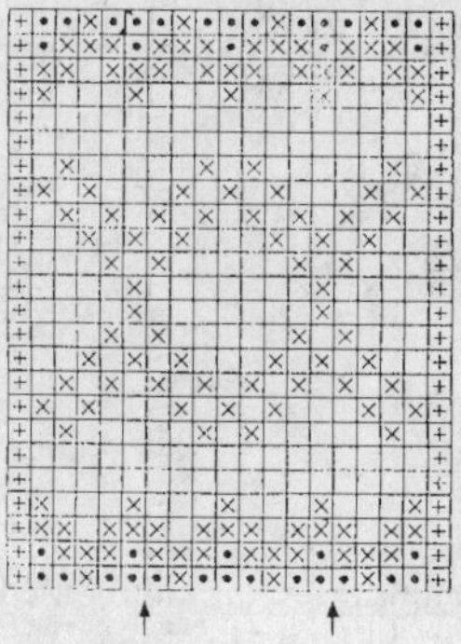

579

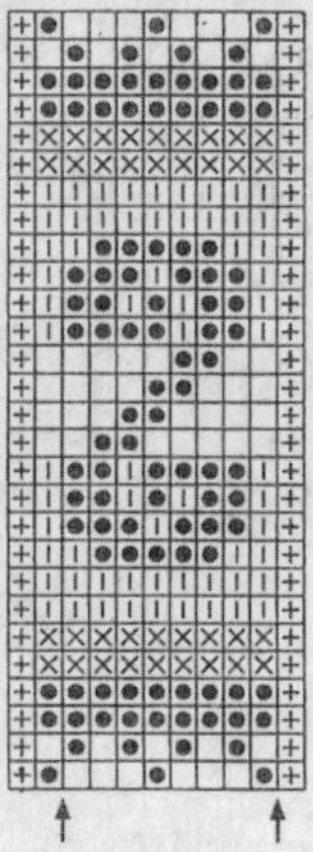

580

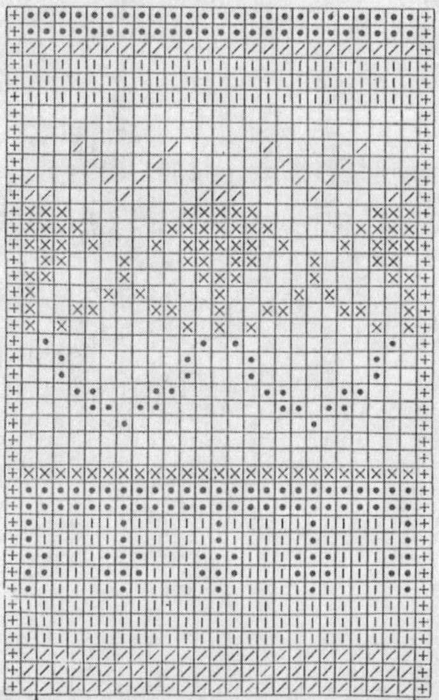

581

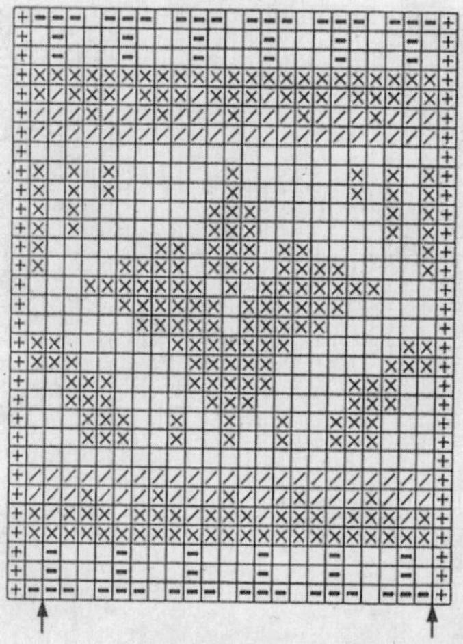

582

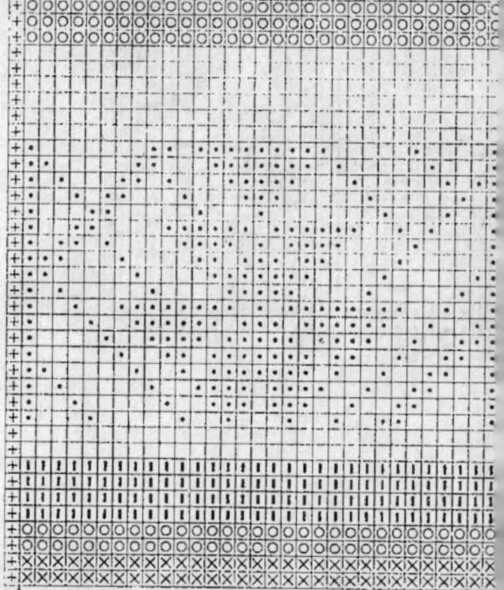

583

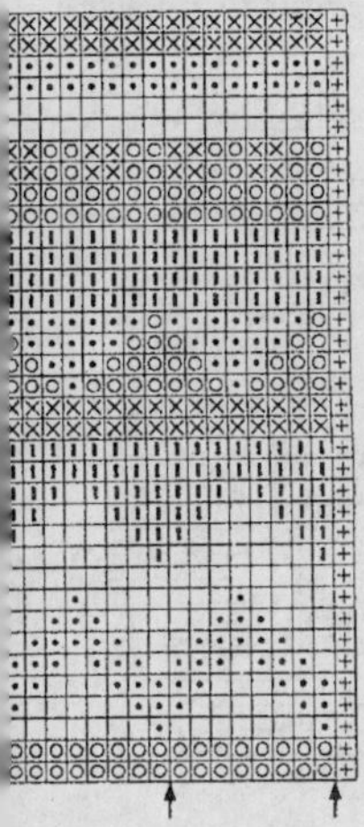

584

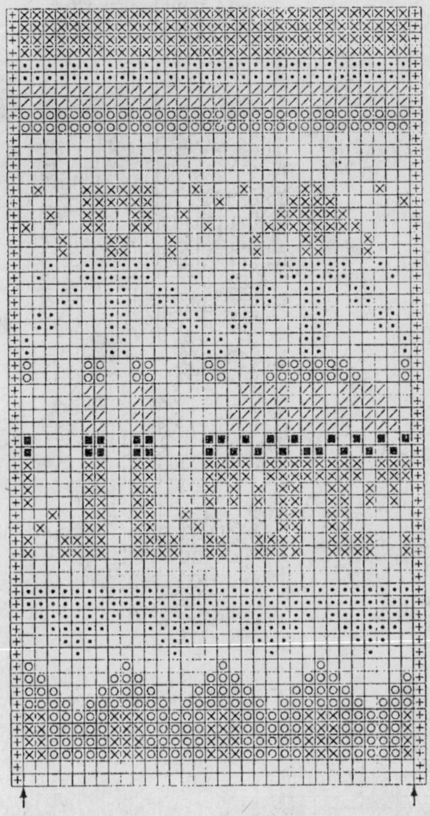

585

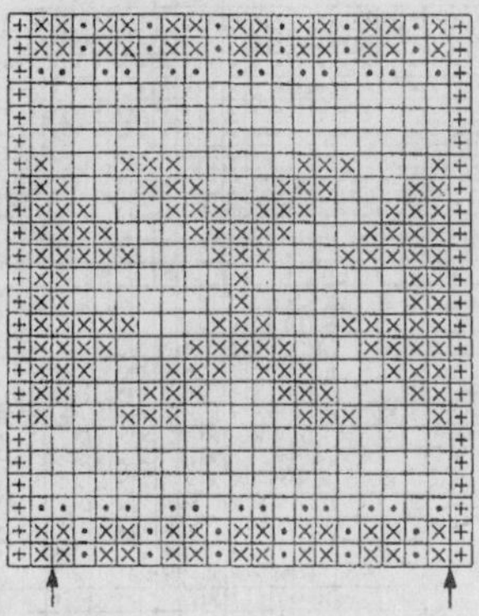

588

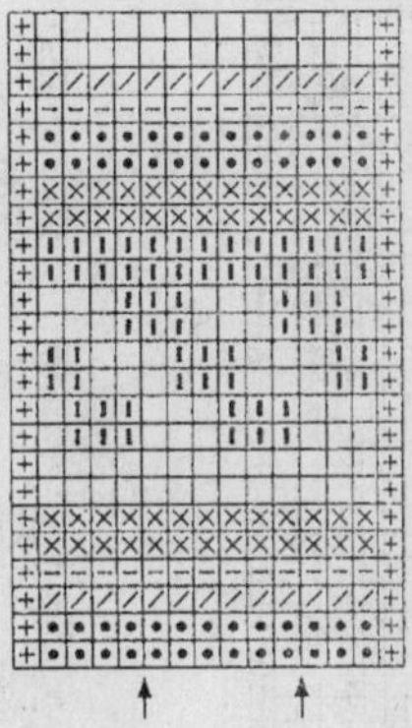

586

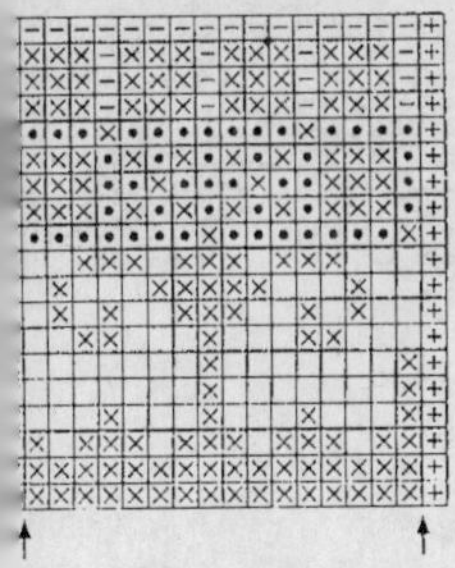

587

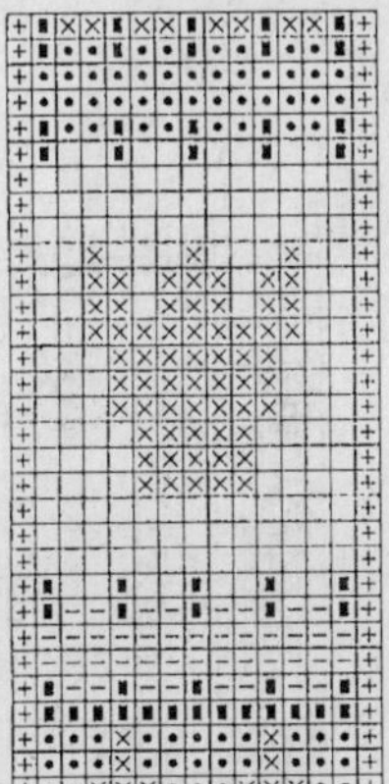

589

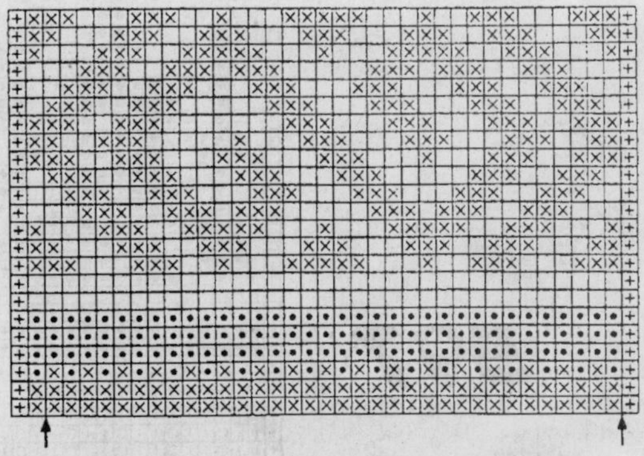

590

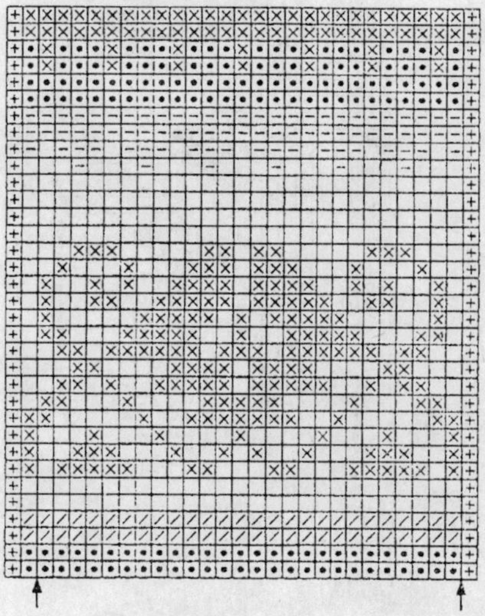

592

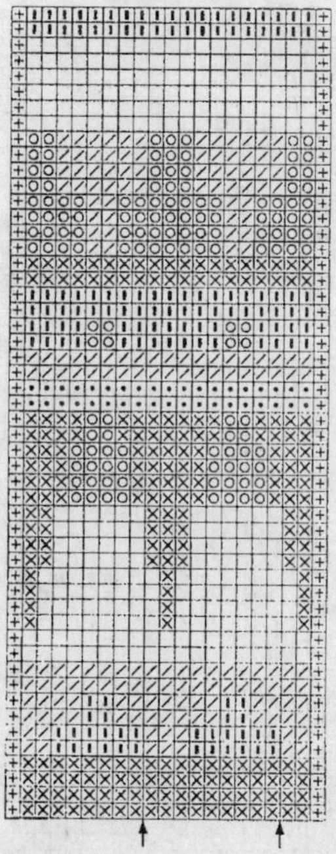

593

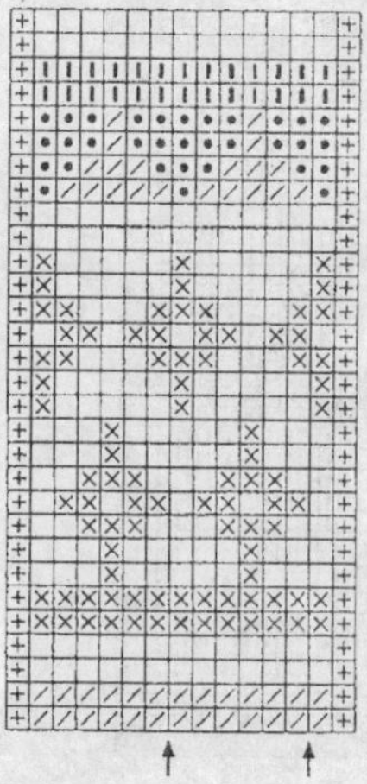

594

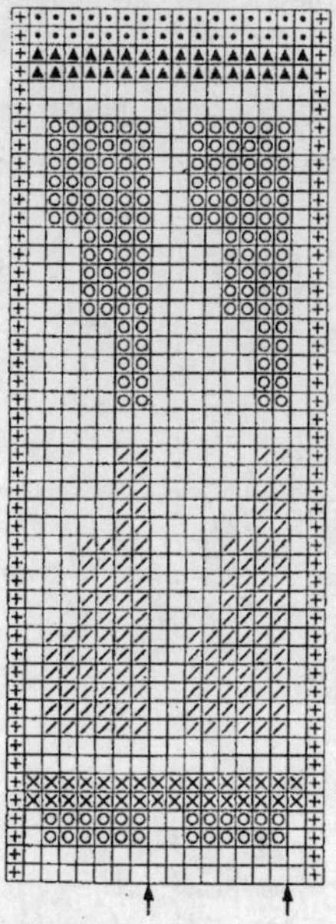

595

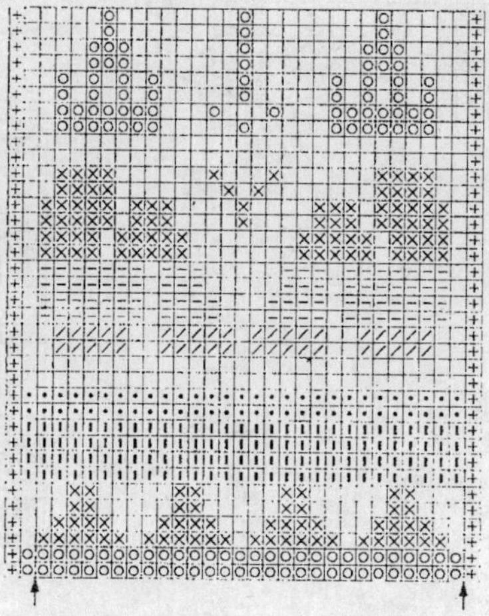

596

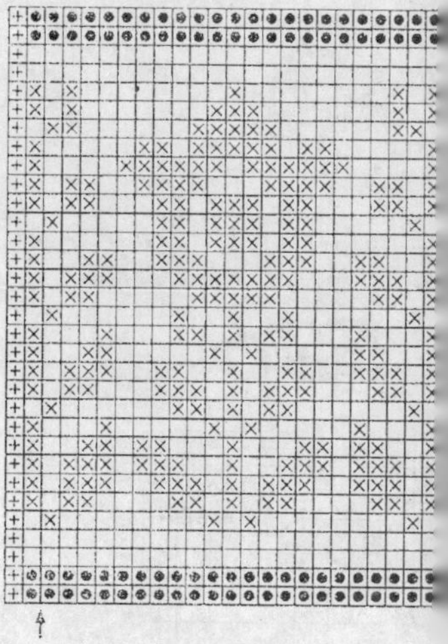

597

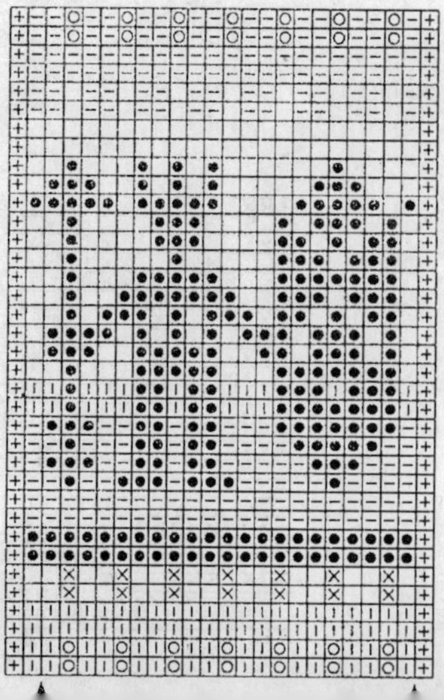

598

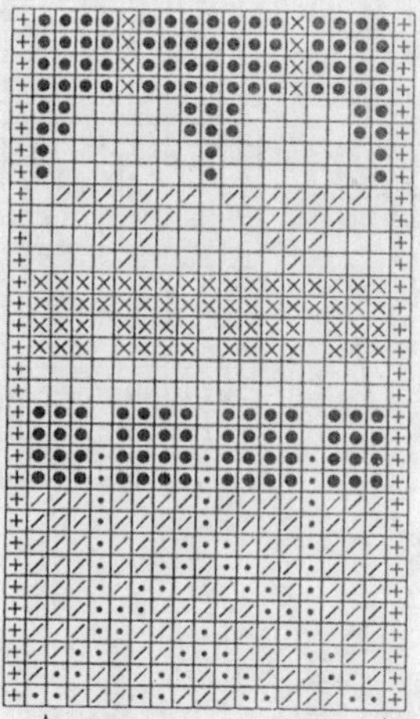

599

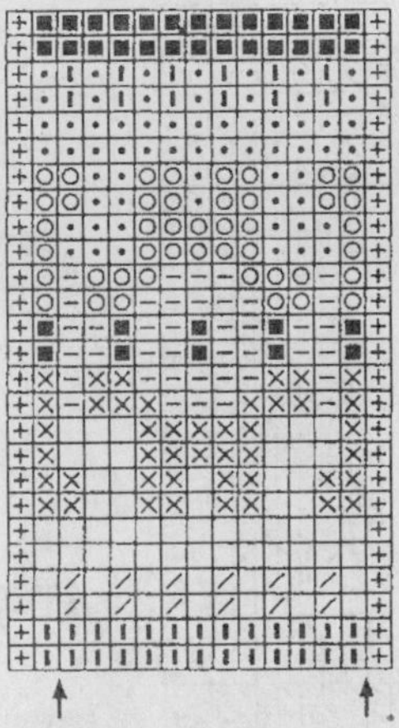

600

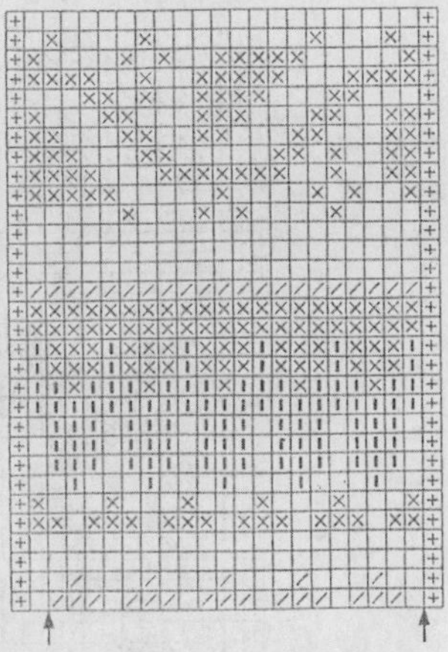

601

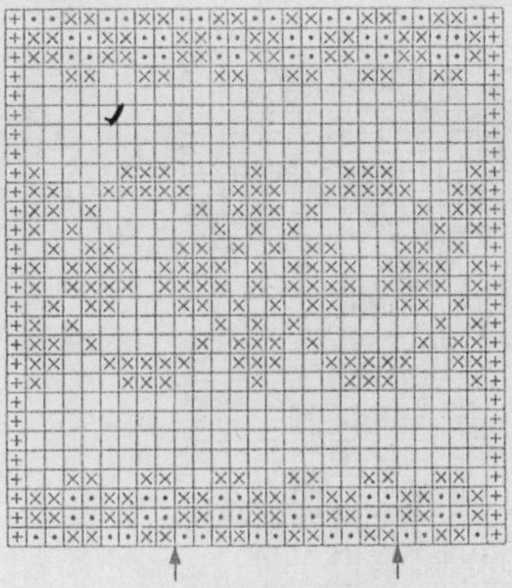

602

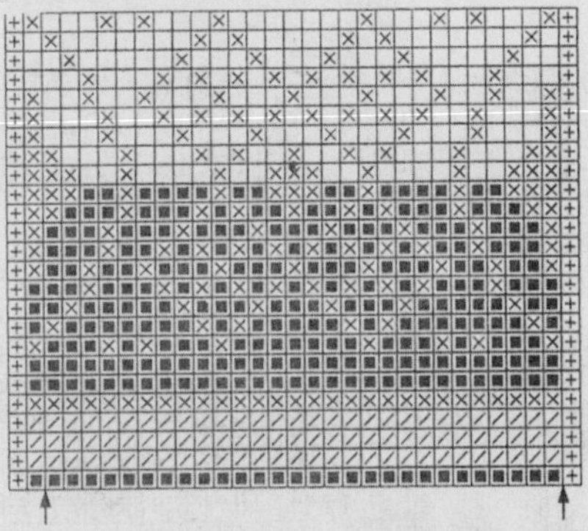

603

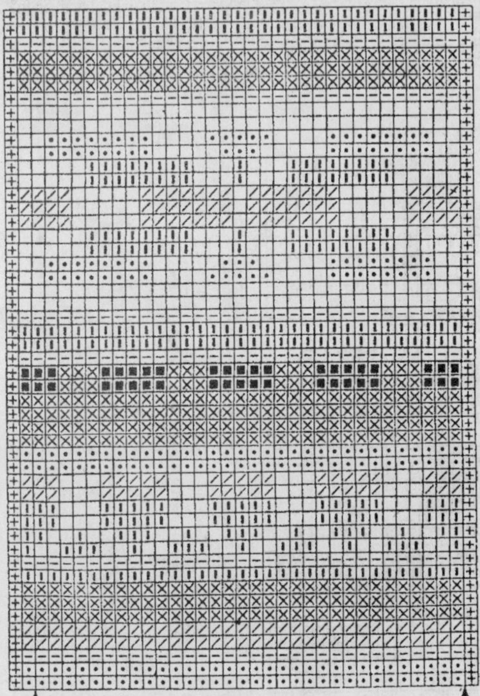

604

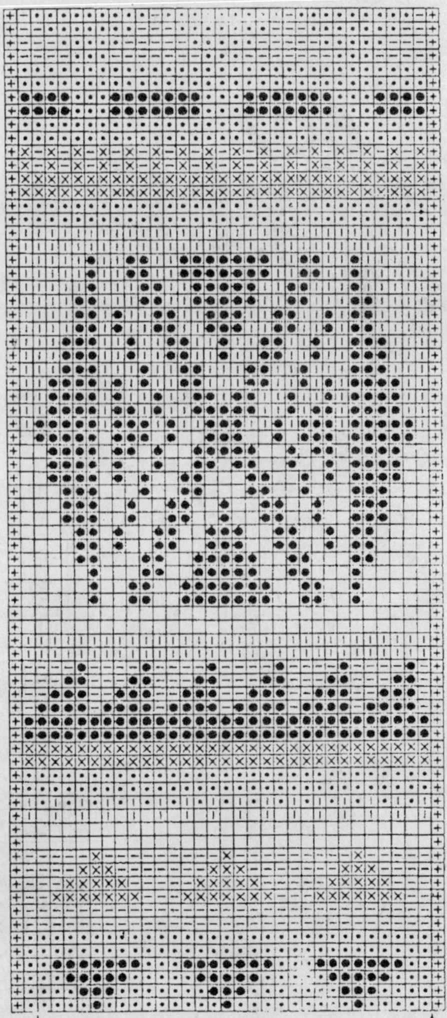

# 605

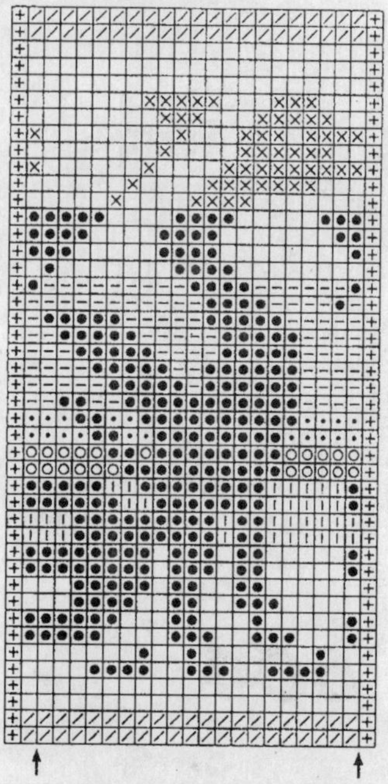

# 606

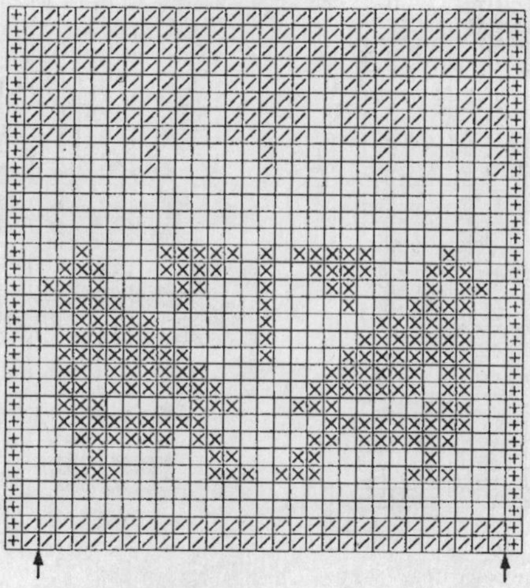

# 609

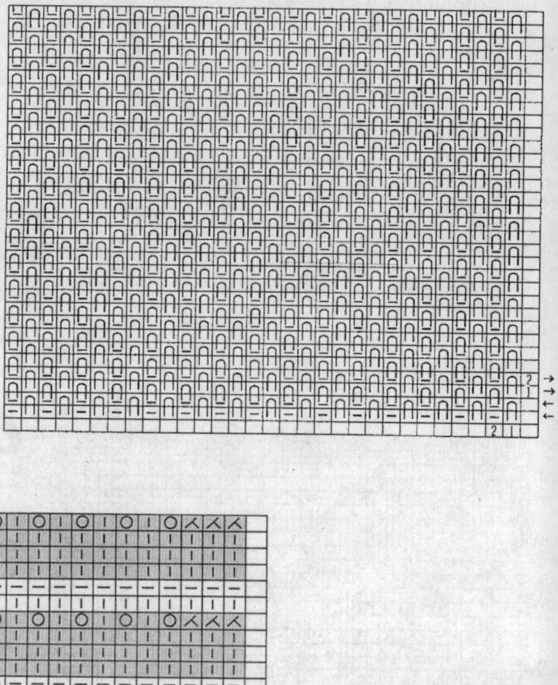
2
1
2
1

# 607

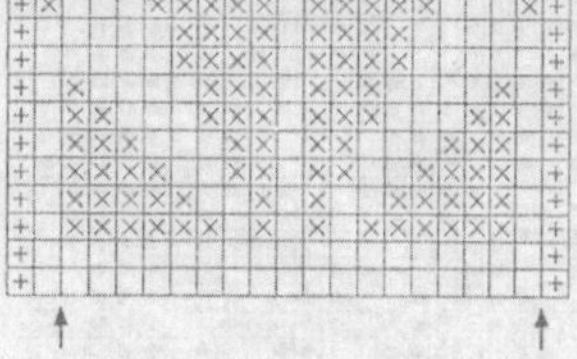

# 610

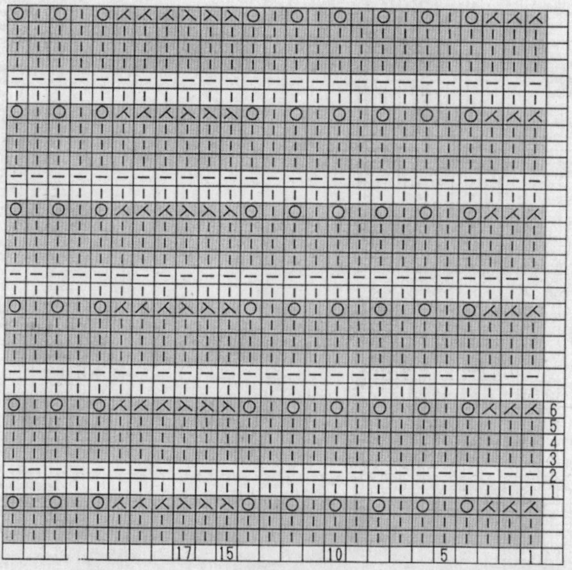
6
5
4
3
2
1
17
15
10
5
1

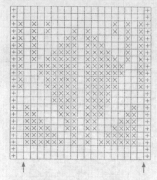

# 款式编织操作实例

**21** 见彩照p5页

## 心扣童开衫

材料：中粗毛腈线，蓝紫色250克。

用具：直径3毫米棒针。

尺寸：胸围60厘米，衣长36厘米，袖长22厘米。

密度：35针×40行=10×10平方厘米。

说明：左右前片、后片分别起针编织图示花样，衣袖片缝合后，前门襟、领口处另挑针织2针绞花边。

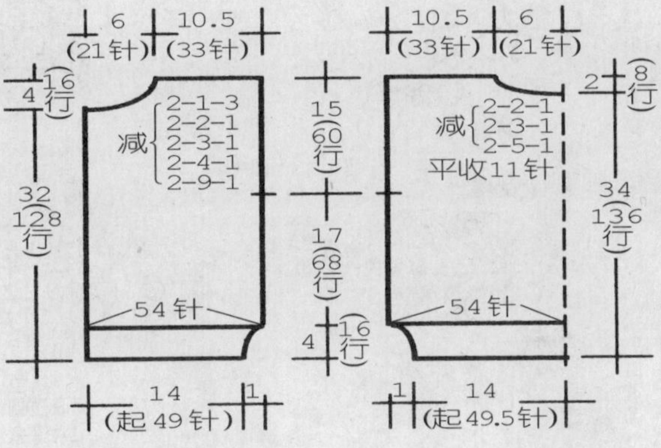

6 (21针) 10.5 (33针)
4 (16行)
减 2-1-3 2-2-1 2-3-1 2-4-1 2-9-1
32 (128行)
54针
14 (起49针) 1
15 (60行)
17 (68行)
4 (16行)
10.5 (33针) 6 (21针)
2 (8行)
减 2-2-1 2-3-1 2-5-1
平收11针
34 (136行)
54针
1 14 (起49.5针)


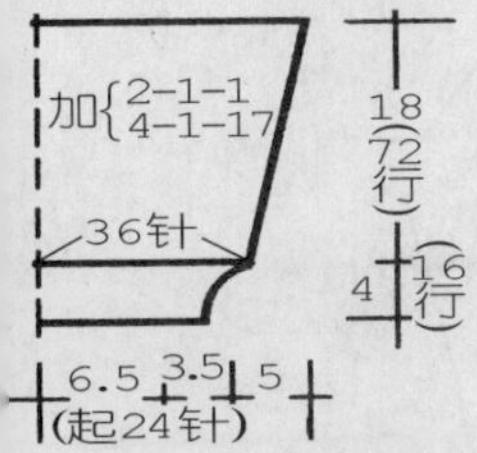

加 2-1-1 4-1-17
18 (72行)
36针
4 (16行)
6.5 3.5 5
(起24针)


花样

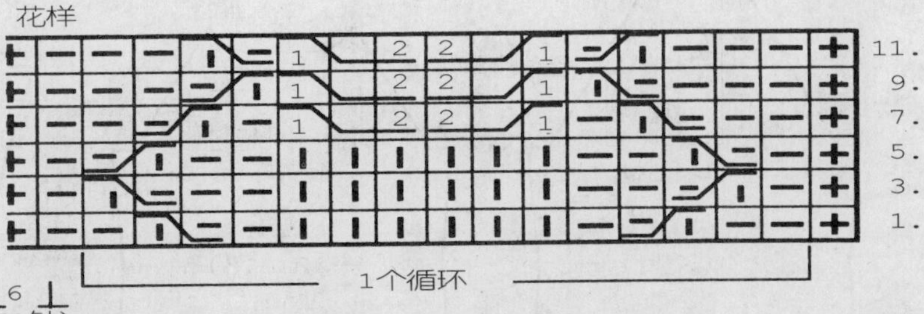

11.
9.
7.
5.
3.
1.
1个循环


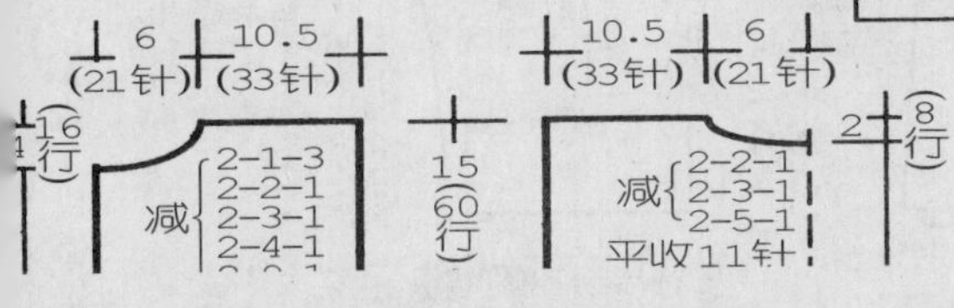

6 (21针) 10.5 (33针)
4 (16行)
减 2-1-3 2-2-1 2-3-1 2-4-1
15 (60行)
10.5 (33针) 6 (21针)
2 (8行)
减 2-2-1 2-3-1 2-5-1
平收11针

# 38 见彩照p7页

# 繁花套衫

材料：中粗棉线，红色 440 克；马海毛，大红色、深紫色和浅咖色各 10 克。

用具：直径 3.3 毫米棒针，钩针。

密度：30 针 × 32 行 = 10 × 10 平方厘米。

尺寸：胸围 90 厘米，衣长 54 厘米，袖长 70 厘米。

说明：前后片、袖片分别起针编织，衣袖片缝合后，挑针织领部，用各色马海毛钩织花朵，缝合在衣片上。

领（花边）

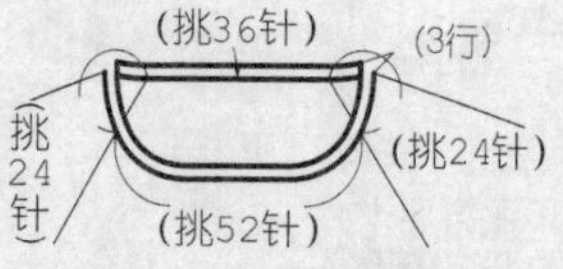

(挑36针)
(3行)
挑24针
(挑24针)
(挑52针)


花样

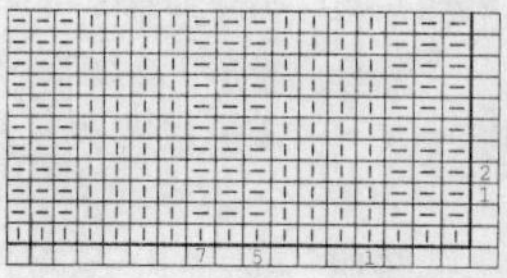

2
1
7
5
1


花边

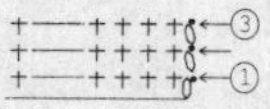

③
①


花朵
直径7厘米

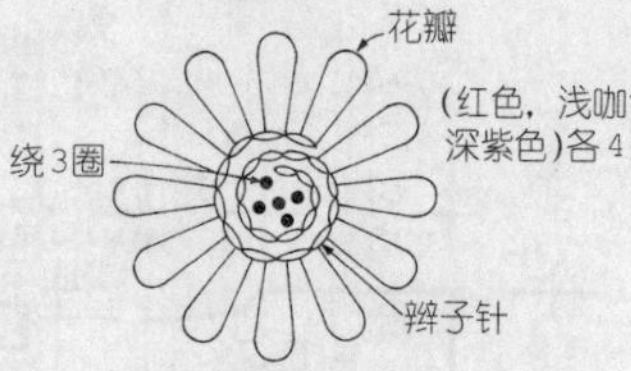

花瓣
(红色，浅咖色，深紫色)各4朵
绕3圈
辫子针


直径4厘米

花瓣
(红色，浅咖色，深紫色各4朵)
绕2圈
辫子针


花朵位置

后

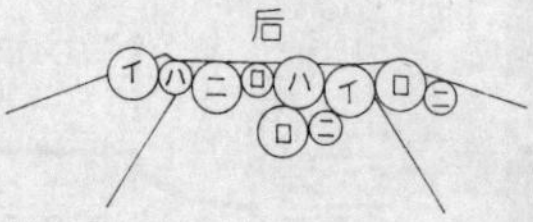

前

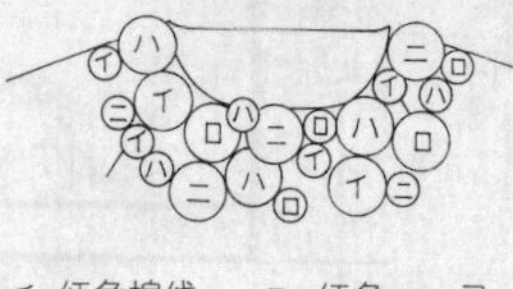

イ=红色棉线　ロ=红色　ハ=浅咖色　ニ=深紫色　马海毛

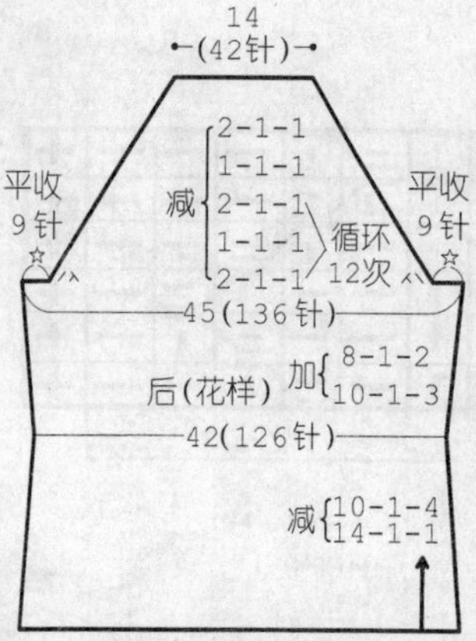

14
(42针)
减
2-1-1
1-1-1
2-1-1
1-1-1
2-1-1
循环12次
平收9针
平收9针
45(136针)
后(花样)
加
8-1-2
10-1-3
42(126针)
减
10-1-4
14-1-1
45(起136针)
20
(64行)


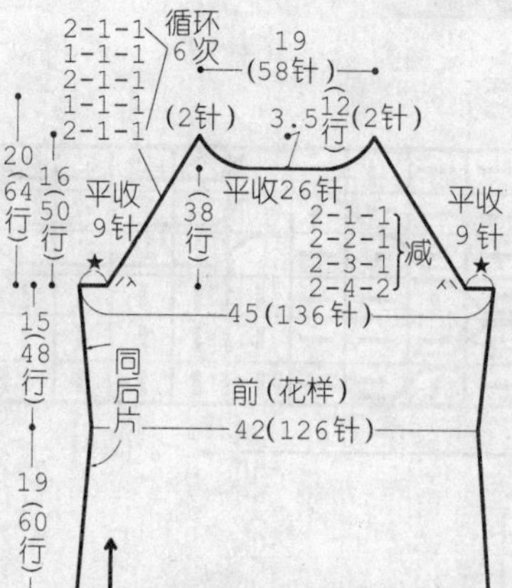

2-1-1
1-1-1
2-1-1
1-1-1
2-1-1
循环6次
19
(58针)
(2针)
3.5
(12行)
(2针)
16
(50行)
平收26针
38行
2-1-1
2-2-1
2-3-1
2-4-2
减
平收9针
平收9针
45(136针)
15
(48行)
同后片
前(花样)
42(126针)
19
(60行)
45(起136针)


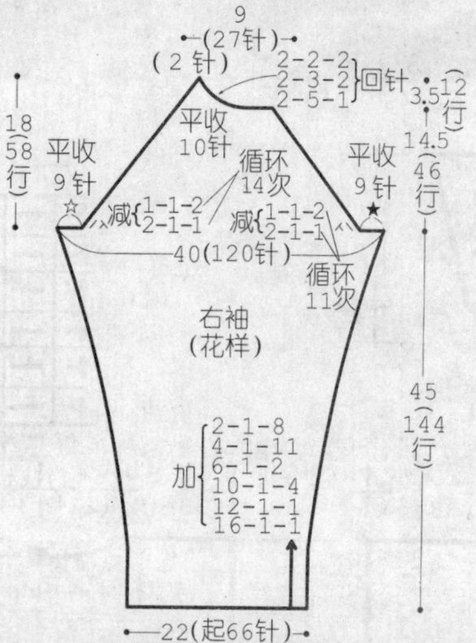

9
(27针)
(2针)
2-2-2
2-3-2
2-5-1
回针
3.5
(12行)
18
(58行)
平收10针
平收9针
循环14次
平收9针
14.5
(46行)
减
1-1-2
2-1-1
减
1-1-2
2-1-1
40(120针)
循环11次
右袖
(花样)
45
(144行)
加
2-1-8
4-1-11
6-1-2
10-1-4
12-1-1
16-1-1
22(起66针)
左袖与右袖对称编织

## 75 见彩照p10页

# 绞花两件套

料：中粗全毛线，棕绿色700克(套衫)，450 (马甲)。

具：直径3.5毫米、4毫米棒针。

寸：套衫，胸围93厘米，衣长61.5厘米，袖 53厘米；马甲，胸围99厘米，衣长50厘米。

度：花样A，21.5针×25行=10×10平方 米；花样B，12针×25行=5×10平方厘米； 样C，24.5针×25行=10×10平方厘米。

明：套衫，前后片、袖片分别起针按图示编 ，衣袖片缝合后，领部另挑针织花样A；马 ，左右前片、后片分别起针按图示编织，前 片缝合后，领部、前门襟、袖口另挑针织双 纹边。

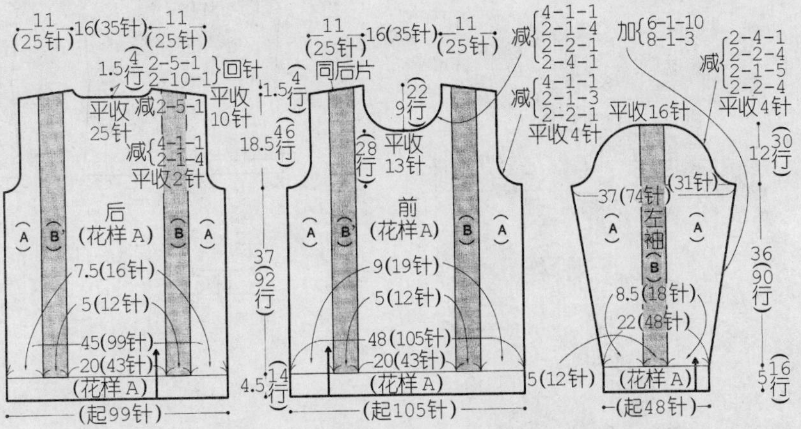

后
(花样A)
前
(花样A)
左袖
同后片
(起99针)
(起105针)
(起48针)


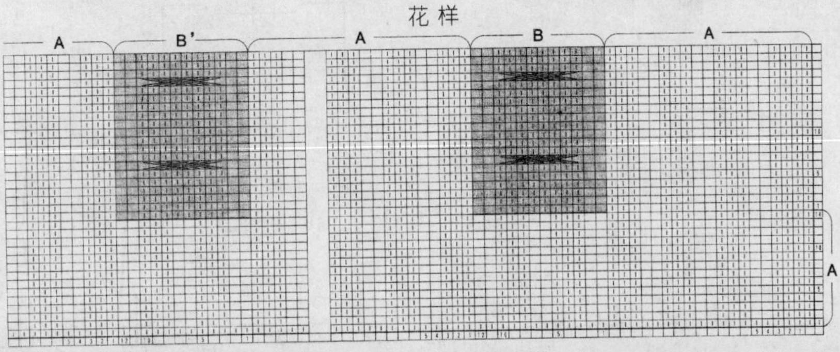

花样
A
B'
B


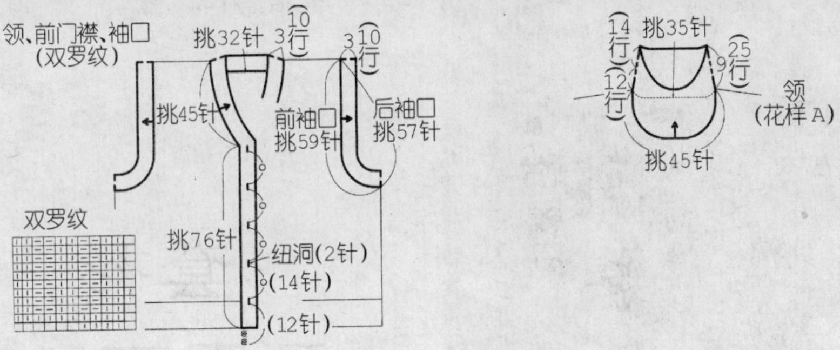

领、前门襟、袖口
(双罗纹)
挑32针
挑45针
前袖口
挑59针
后袖口
挑57针
挑76针
纽洞(2针)
双罗纹
挑35针
领
(花样A)
挑45针


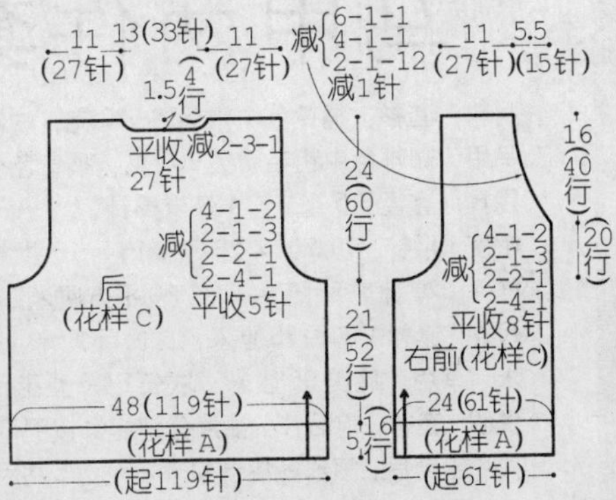

后
(花样C)
右前(花样C)
(起119针)
(起61针)


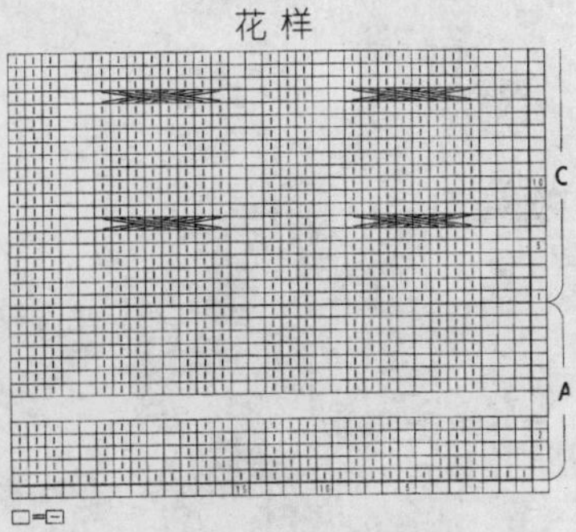

花样
C
A

## 98 见彩照p12页

花边A

咖啡色线


2下1上罗纹针

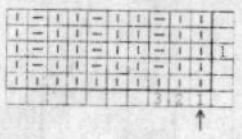

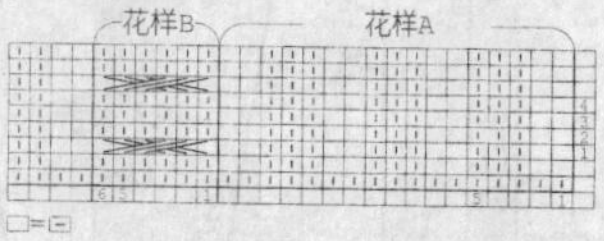

花样B
花样A


花样B'

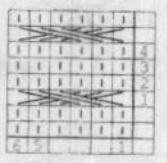

装饰花（20个）

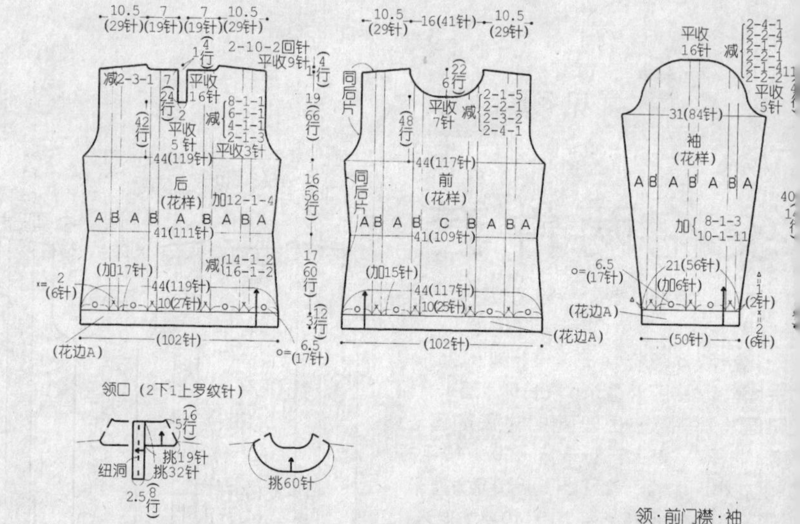

10.5 (29针) 7 (19针) 7 (19针) 10.5 (29针)
2-10-2回针
平收9针
减2-3-1
平收16针
平收5针
平收3针
44(119针)
后
(花样)
加12-1-4
A B A B A B A B A
41(111针)
(加17针)
减{14-1-2 16-1-2
44(119针)
10(27针)
(102针)
(花边A)
6.5 (17针)
10.5 (29针) 16(41针) 10.5 (29针)
同后片
平收7针
44(117针)
前
(花样)
A B A B C B A B A
41(109针)
(加15针)
44(117针)
10(25针)
(102针)
(花边A)
平收16针
31(84针)
袖
(花样)
A B A B A B A
加{8-1-3 10-1-11
21(56针)
(加6针)
(50针)
6.5 (17针)
领口（2下1上罗纹针）
挑19针
纽洞
挑32针
挑60针


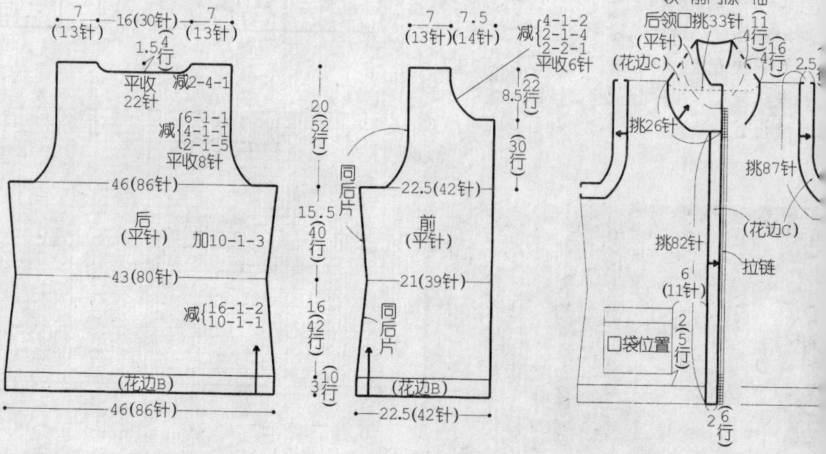

7 (13针) 16(30针) 7 (13针)
平收22针
减2-4-1
减{6-1-1 4-1-1 2-1-5
平收8针
46(86针)
后
(平针)
加10-1-3
43(80针)
减{16-1-2 10-1-1
(花边B)
46(86针)
7 (13针) 7.5 (14针)
减{4-1-2 2-1-4 2-2-1
平收6针
同后片
22.5(42针)
前
(平针)
21(39针)
同后片
(花边B)
22.5(42针)
领·前门襟·袖
后领口挑33针
(平针)
(花边C)
挑26针
挑87针
(花边C)
挑82针
拉链
口袋位置

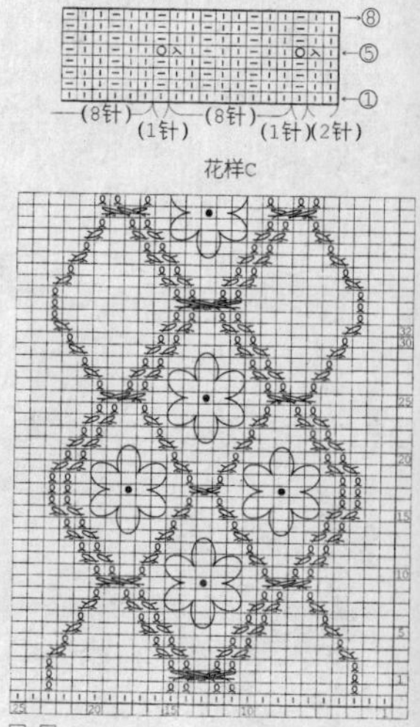

(8针) (1针) (8针) (1针) (2针)


花样C

# 套衫，马甲两件套

材料：套衫，橘黄色中粗毛线530克，咖啡色少许；马甲，咖啡色中粗毛腈线200克，橘黄色少许。

用具：直径3.5毫米、4毫米棒针。

密度：平针，18.5针×26行=10×10平方厘米；花样A，26针×35行=10×10平方厘米。

尺寸：套衫，胸围88厘米，衣长56厘米，袖长55厘米；马甲，胸围95厘米，衣长54.5厘米。

说明：套衫，前后片、袖片分别起针按图示编织，衣袖片缝合后，领部另挑针织单罗纹边；马甲，左右前片、后片分别起针按图示编织，前后片缝合后，领口、袖口和前门襟处另挑针织花边。

## 133 见彩照p15页

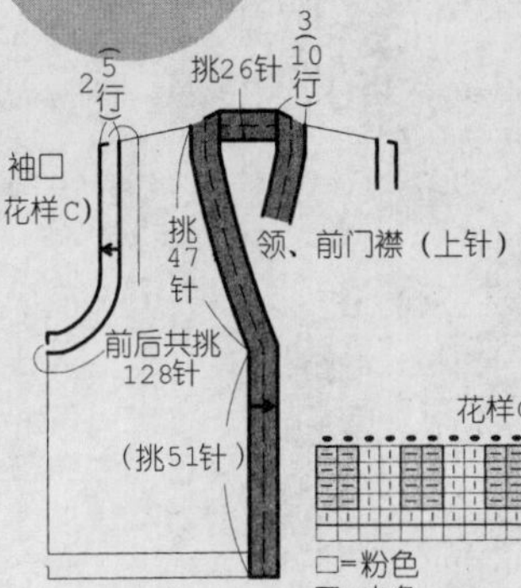
2(5行)
挑26针
3(10行)
袖口
花样C)
挑47针
领、前门襟（上针）
前后共挑128针
(挑51针)

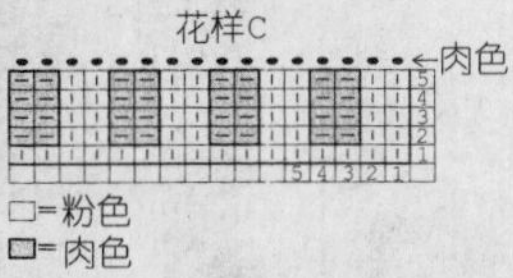
花样C
肉色
□=粉色
▣=肉色

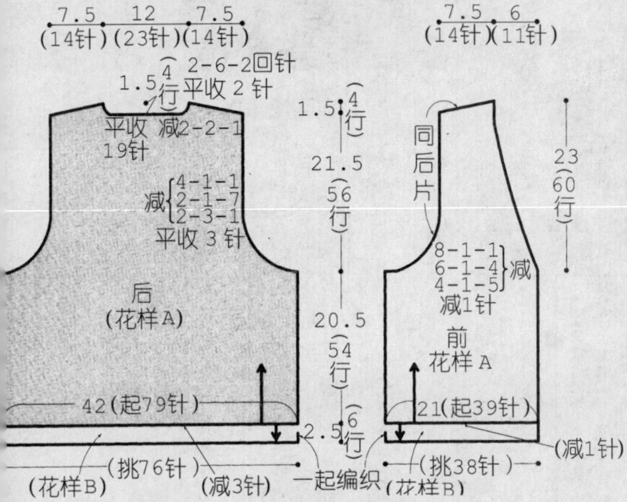
7.5 (14针) 12 (23针) 7.5 (14针)
2-6-2回针
1.5(4行) 平收2针
平收19针
减2-2-1
减{4-1-1 2-1-7 2-3-1
平收3针
后
(花样A)
42(起79针)
(花样B)
(挑76针)
(减3针)
一起编织
1.5(4行)
21.5(56行)
20.5(54行)
2.5(6行)
7.5 (14针) 6 (11针)
同后片
23(60行)
8-1-1
6-1-4
4-1-5 减
减1针
前
花样A
21(起39针)
(挑38针)
(减1针)
(花样B)

# 荷叶边马甲

材料：细马海毛，玉色90克，浅粉色60克，粉色30克。

用具：直径3.5毫米、4毫米棒针，钩针。

密度：18.5针×26行=10×10平方厘米。

尺寸：胸围85.5厘米，衣长50厘米。

说明：左右前、后片分别起针按图示编织，衣片缝合后，下摆、袖口、领口、前门襟处先另挑针编织，再挑针钩织荷叶边。

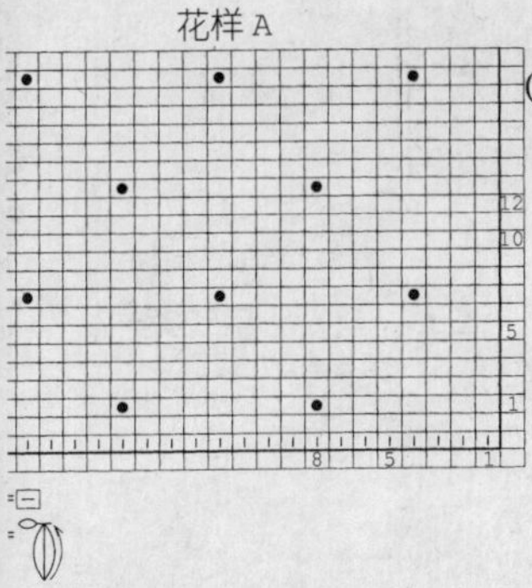
花样A

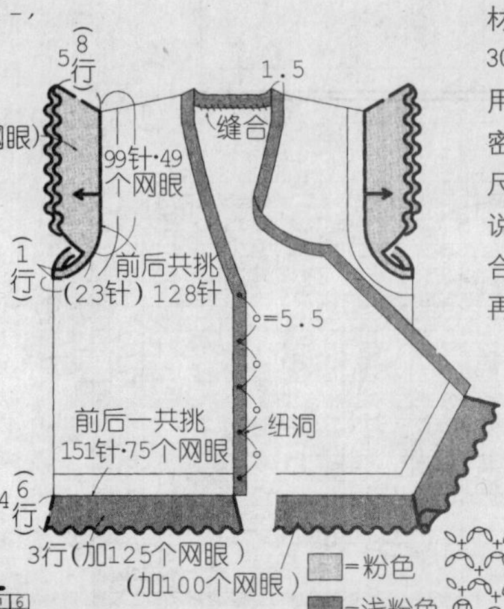
5(8行)
1.5
3行
(加15个网眼)
缝合
99针·49个网眼
1(1行)
前后共挑
(23针) 128针
○=5.5
纽洞
前后一共挑
151针·75个网眼
4(6行)
3行(加125个网眼)
(加100个网眼)
□=粉色
■=浅粉色

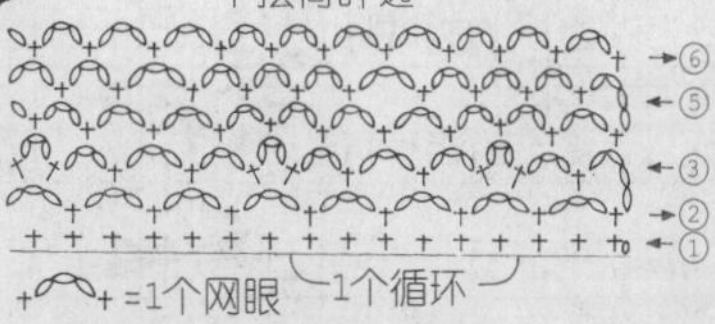
下摆荷叶边
=1个网眼
1个循环

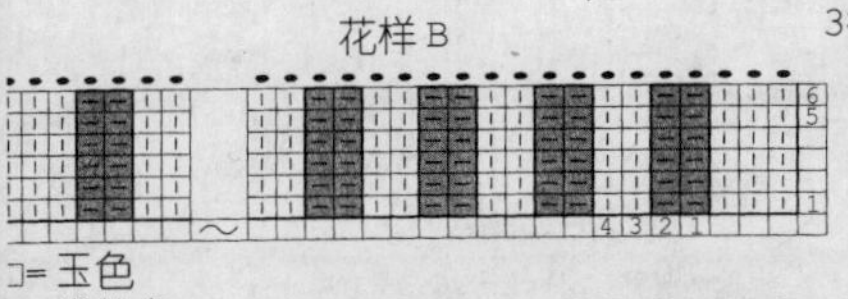
花样B
□=玉色
■=浅粉色

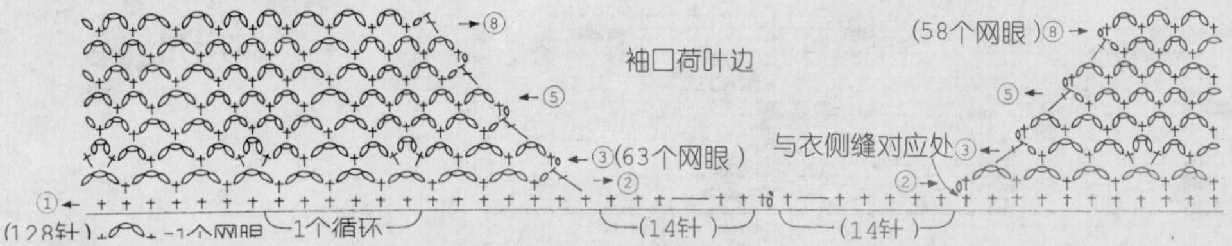
袖口荷叶边
(63个网眼)
(58个网眼)
与衣侧缝对应处
(128针)
=1个网眼
1个循环
(14针)
(14针)

# 178 见彩照p19页

## 系带长马甲

材料：细马海毛，淡蓝色330克。

用具：直径3.5毫米、3毫米棒针，钩针。

密度：花样A，22针×24行=10×10平方厘米；花样B，B'，30针×30行=10×10平方厘米。

尺寸：胸围83厘米，肩宽33厘米，衣长77.5厘米。

说明：前后片成片起针编织花样，至袖窿处分成3片编织，然后领口、袖口、下摆处分别挑针钩织花边。

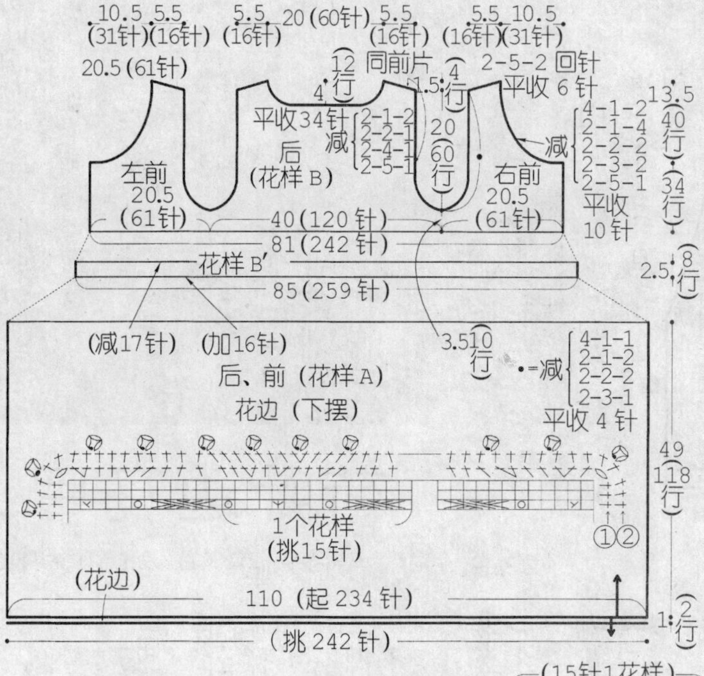

10.5 (31针) 5.5 (16针) 5.5 (16针) 20 (60针) 5.5 (16针) 5.5 (16针) 10.5 (31针)
20.5 (61针)
12行 同前片 2-5-2 回针
4 1.5 4行 平收6针
平收34针
减 2-1-2 2-1-1 2-2-1 2-4-1 2-5-1
20 (60行)
减 4-1-2 2-1-4 2-2-2 2-3-2 2-5-1
13.5 (40行)
34行
左前 20.5 (61针)
后 (花样B)
右前 20.5 (61针)
平收10针
40 (120针)
81 (242针)
花样B'
2.5 8行
85 (259针)
(减17针) (加16针)
3.5 10行
4-1-1 2-1-2 2-2-2 2-3-1
•=减
后、前 (花样A)
平收4针
花边 (下摆)
1个花样 (挑15针)
①②
49 118行
(花边)
110 (起234针)
1 2行
(挑242针)


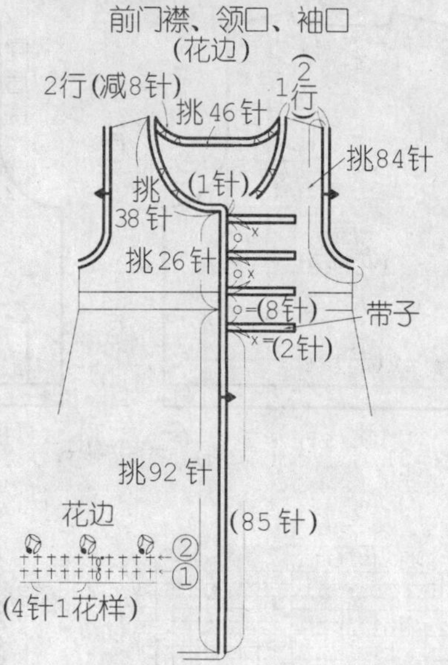

前门襟、领口、袖口 (花边)
2行 (减8针)
1 2行
挑46针
挑84针
挑 38针
(1针)
挑26针
(8针)
带子
(2针)
挑92针
(85针)
花边
②
①
(4针1花样)


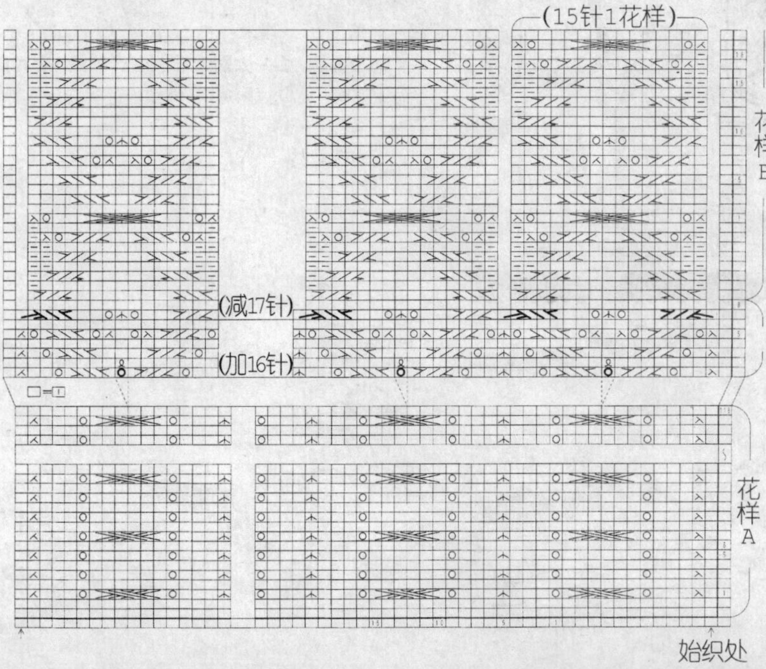

(15针1花样)
花样B
(减17针)
花样B'
(加16针)
□=□
花样A
始织处


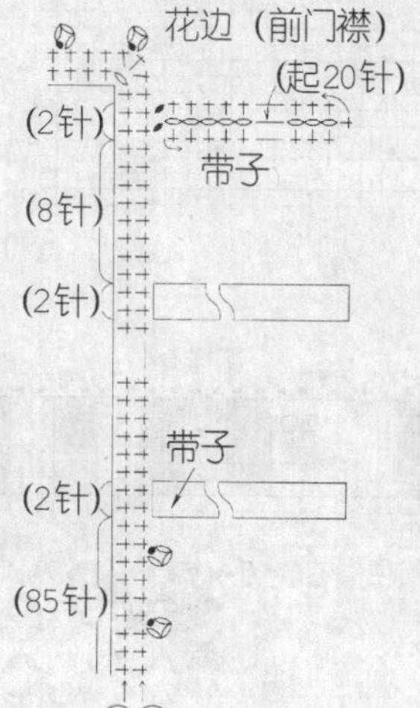

花边 (前门襟)
(起20针)
(2针)
带子
(8针)
(2针)
带子
(2针)
(85针)
①②

# 196

见彩照 p20 页

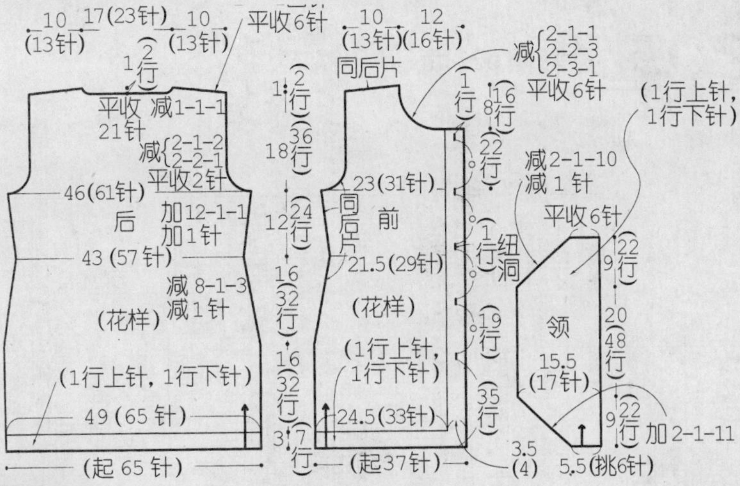
10 (13针)
17(23针)
10 (13针)
平收6针
1 (2行)
平收21针
减1-1-1
减{2-1-2 2-2-1
平收2针
46(61针)
后
加12-1-1
加1针
43 (57针)
减 8-1-3
减1针
(花样)
(1行上针，1行下针)
49 (65 针)
(起 65 针)
1 (2行)
18 (36行)
12 (24行)
16 (32行)
16 (32行)
3 (7行)
10 (13针)
12 (16针)
同后片
减{2-1-1 2-2-3 2-3-1
平收6针
(1行)
8 (16行)
(22行)
23(31针)
同后片
前
(1行)
纽洞
21.5(29针)
(花样)
(19行)
(1行上针，1行下针)
(35行)
24.5(33针)
(起37针)
3.5 (4)
(1行上针，1行下针)
减2-1-10
减1针
平收6针
9 (22行)
领
20 (48行)
15.5 (17针)
9 (22行)
加2-1-11
5.5(挑6针)

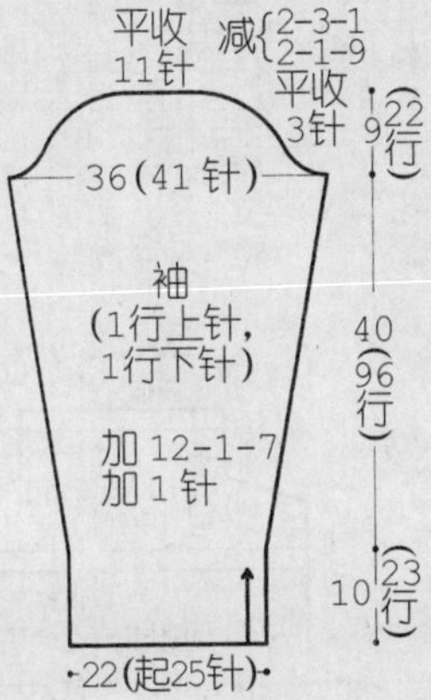
平收11针
减{2-3-1 2-1-9
平收3针
9 (22行)
36 (41 针)
袖
(1行上针，1行下针)
40 (96行)
加12-1-7
加1针
10 (23行)
22(起25针)

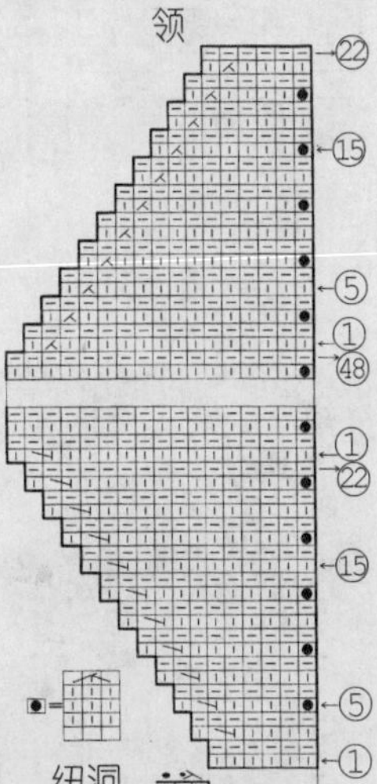
领
22
15
5
1
48
1
22
15
5
1

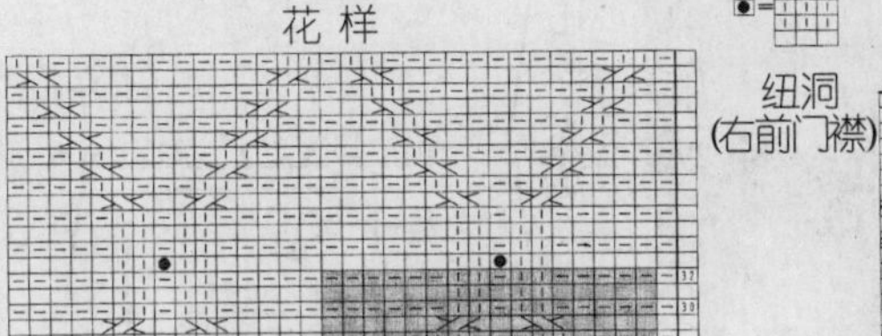
花 样
1行上针，1行下针

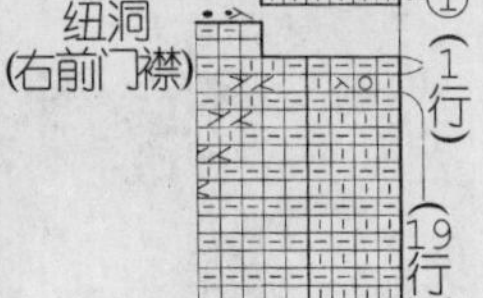
纽洞
(右前门襟)
(1行)
(19行)
(1行)
(1行)
(35行)

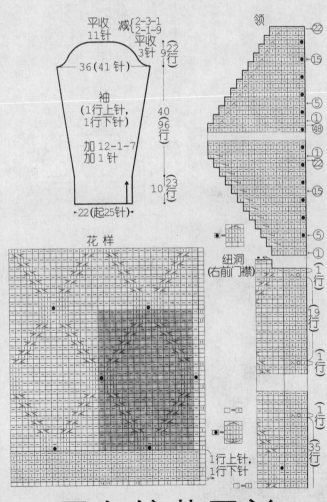

# 黑色绞花开衫

材料：粗全毛线，黑色 1020 克。

用具：直径 5.5 毫米棒针。

尺寸：胸围 95.5 厘米，衣长 66 厘米，袖长 59 厘米。

密度：13 针 × 20 行 = 10 × 10 平方厘米。

说明：左右前后片、袖片分别起针按图示编织，衣袖片缝合后，领片另挑针编织。

# 205 见彩照p21页

见彩照p21页

# 绞花套衫

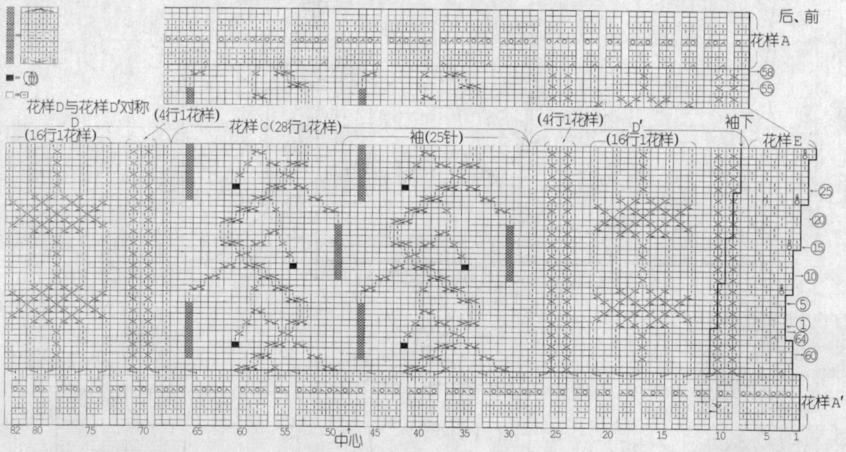
后、前
花样A
58
55
花样D与花样D'对称
D
(16行1花样)
(4行1花样)
花样C(28行1花样)
袖(25针)
(4行1花样)
D'
(16行1花样)
袖下
花样E
25
20
15
10
5
1
64
60
花样A'
82
80
75
70
65
60
55
50
中心
45
40
35
30
25
20
15
10
5
1

材料：细毛线，浅咖色430克。

用具：直径3毫米棒针，钩针。

密度：花样A，A',23针×10行=10×2平方厘米；花样B，26针×31行=10×10平方厘米；花样C，48针×31行=18×10平方厘米；花样D、D'，29针×31行=9×10平方厘米；花样E，24针×31行=10×10平方厘米。

尺寸：胸围92厘米，肩宽36厘米，衣长57.5厘米，袖长54.5厘米。

说明：前后片、袖片分别起针按图示花样编织，衣袖片缝合后，领部另挑针织花边。

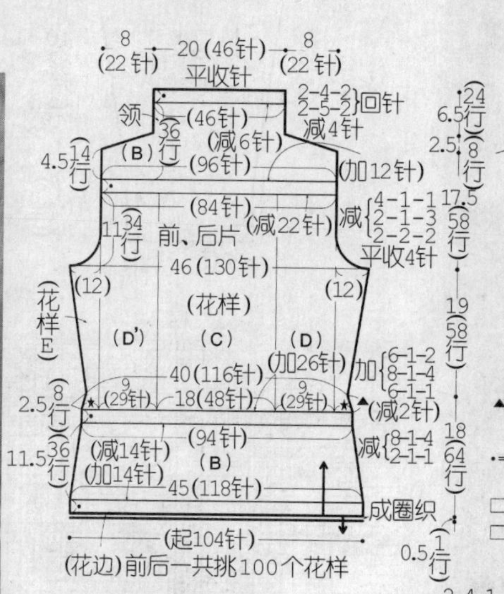
8
(22针)
20(46针)
平收针
8
(22针)
2-4-2
2-5-2
回针
领
(46针)
36行
(减6针)
减4针
6.5
24行
4.5
14行
(B)
(96针)
(加12针)
2.5
8行
(84针)
减
4-1-1
2-1-3
2-2-2
平收4针
17.5
58行
11
34行
前、后片
(减22针)
46(130针)
(12)
(12)
(花样E)
(花样)
(D')
(C)
(D)
19
58行
(加26针)
加
6-1-2
8-1-4
6-1-1
40(116针)
9
(29针)
18(48针)
9
(29针)
(减2针)
2.5
8行
11.5
36行
(减14针)
(94针)
减
8-1-4
2-1-1
18
64行
(加14针)
(B)
45(118针)
成圈织
(起104针)
(花边)前后一共挑100个花样
0.5
1行

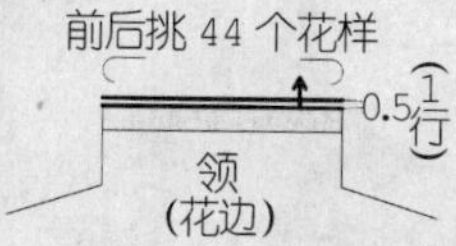
前后挑44个花样
0.5
1行
领
(花边)

▲{减6-1-1 减1针

•=2 10行 ★=(7针)

□=(A)
□=(A')

花边

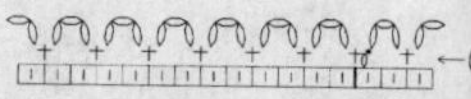

花样A

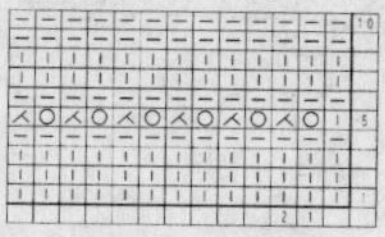

花样A'

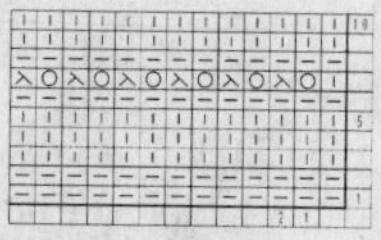

花样E

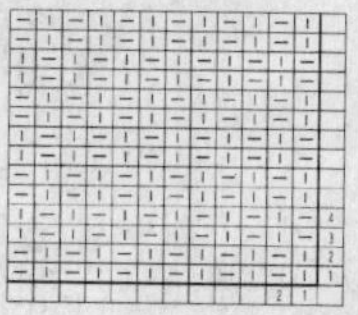

花样B

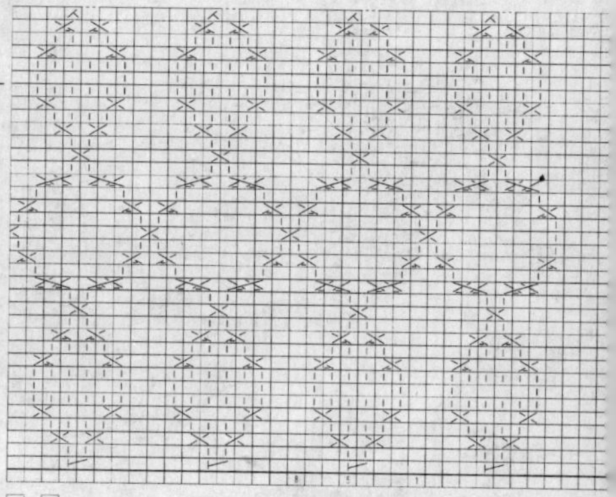

□=⊟

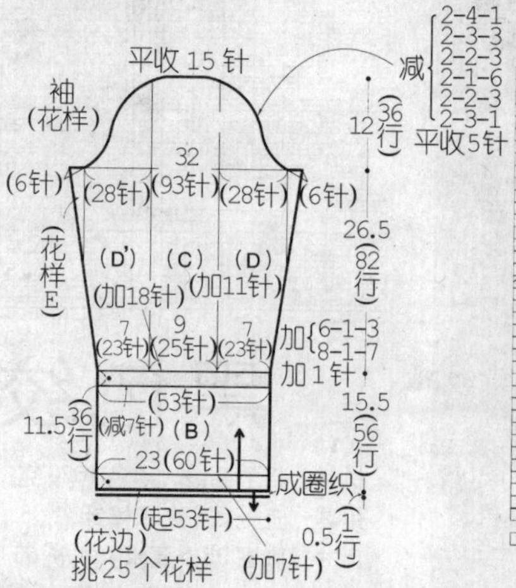
平收15针
袖
(花样)
减
2-4-1
2-3-3
2-2-3
2-1-6
2-2-3
2-3-1
平收5针
12
36行
32
(6针)
(28针)
(93针)
(28针)
(6针)
(花样E)
(D')
(C)
(D)
26.5
82行
(加18针)
(加11针)
7
(23针)
9
(25针)
7
(23针)
加
6-1-3
8-1-7
加1针
(53针)
15.5
56行
11.5
36行
(减7针)
(B)
23(60针)
成圈织
(起53针)
0.5
1行
(花边)
挑25个花样
(加7针)

# 224 见彩照 p23 页

## 提花立领套衫

材料：中粗毛腈线，本白色 310 克，浅黄色、浅咖色和浅粉色各 50 克，金色 30 克。咖啡色皮绳 140 厘米。

用具：直径 4 毫米棒针，钩针。

密度：花样 A，30 针 × 34 行 =10 × 10 平方厘米；花样 B，22 针 × 30 行 =10 × 10 平方厘米；提花花样，26 针 × 26 行 =10 × 10 平方厘米。

尺寸：胸围 88 厘米，肩宽 35 厘米，衣长 59.5 厘米，袖长 60.8 厘米。

说明：前后片、袖片分别起针按图示编织，先织花样 A，再织花样 B，袖片织提花花样，衣袖片缝合后，领部另挑针织花样 C 并穿皮绳带。

花样 A

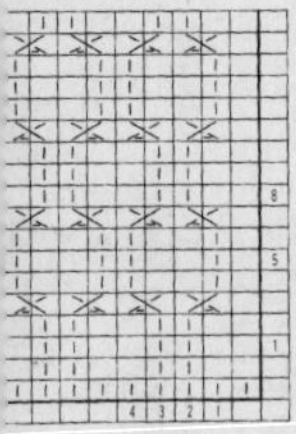

□=⊟

花样 B

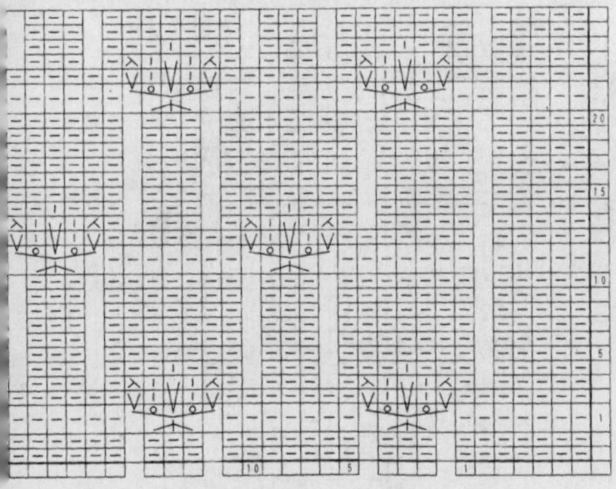

提花花样

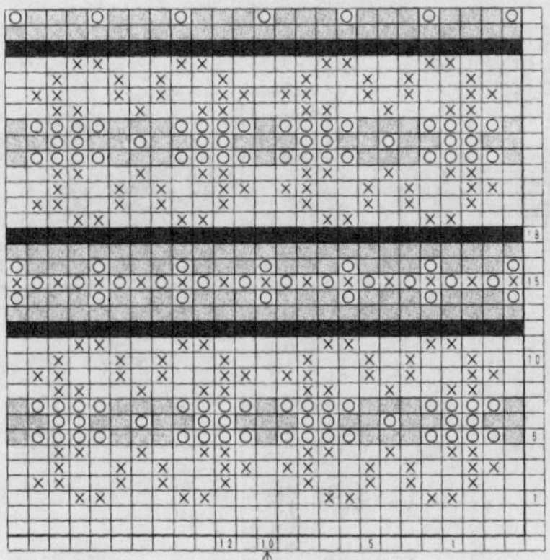

中心

□=⊟
配色
□= 浅咖色
⊠= 浅粉色
⊙= 本白色
▨= 浅黄色
■= 金色

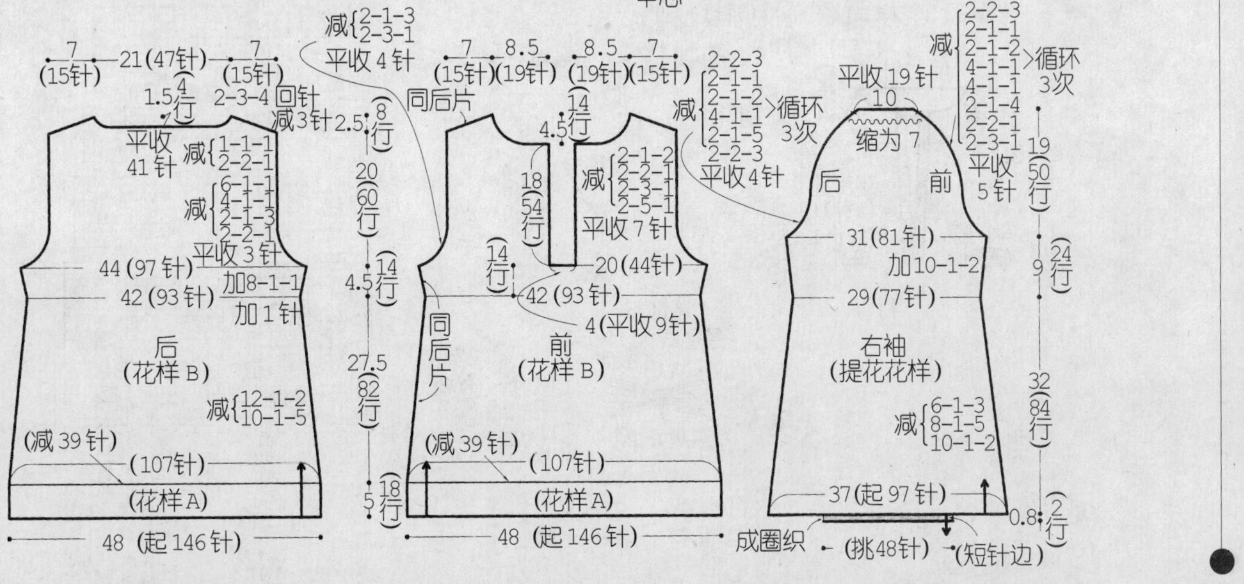

7 (15针)
21 (47针)
7 (15针)
1.5 4 行
2-3-4 回针
减3针
2.5 8 行
平收 41 针
减{1-1-1 2-2-1
减{6-1-1 4-1-1 2-1-3 2-2-1
平收 3 针
44 (97 针)
42 (93 针)
加8-1-1
加 1 针
后 (花样 B)
减{12-1-2 10-1-5
(减 39 针)
(107针)
(花样 A)
48 (起 146 针)
20 60 行
4.5 14 行
27.5 82 行
5 18 行
减{2-1-3 2-3-1
平收 4 针
同后片
7 (15针)
8.5 (19针)
8.5 (19针)
7 (15针)
4.5 14 行
18 54 行
减{2-1-2 2-2-1 2-3-1 2-5-1
平收 7 针
14 行
20 (44针)
42 (93 针)
4 (平收 9 针)
同后片
前 (花样 B)
(减 39 针)
(107针)
(花样 A)
48 (起 146 针)
减{2-2-3 2-1-1 2-1-2 4-1-1 2-1-5 2-2-3 >循环 3次
平收 4 针
平收 19 针
10
缩为 7
后
前
减{2-2-3 2-1-1 2-1-2 4-1-1 4-1-1 2-1-4 2-2-1 2-3-1 >循环 3次
平收 5 针
19 50 行
31 (81 针)
加10-1-2
9 24 行
29 (77 针)
右袖 (提花花样)
减{6-1-3 8-1-5 10-1-2
32 84 行
37 (起 97 针)
0.8 2 行
成圈织
(挑48针)
(短针边)

## 224 见彩照p23页

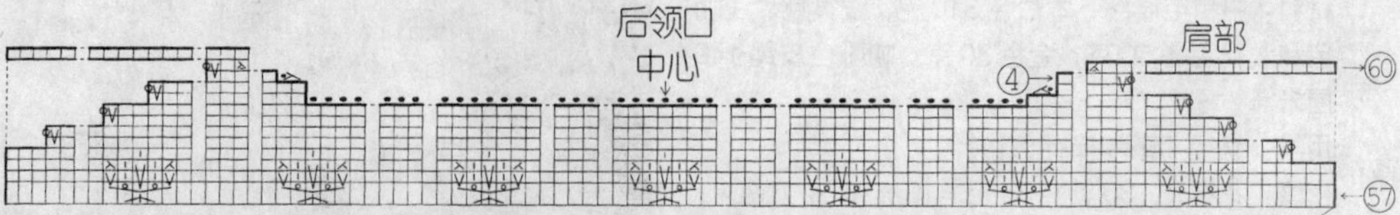

后领口
中心
肩部
④
60
57


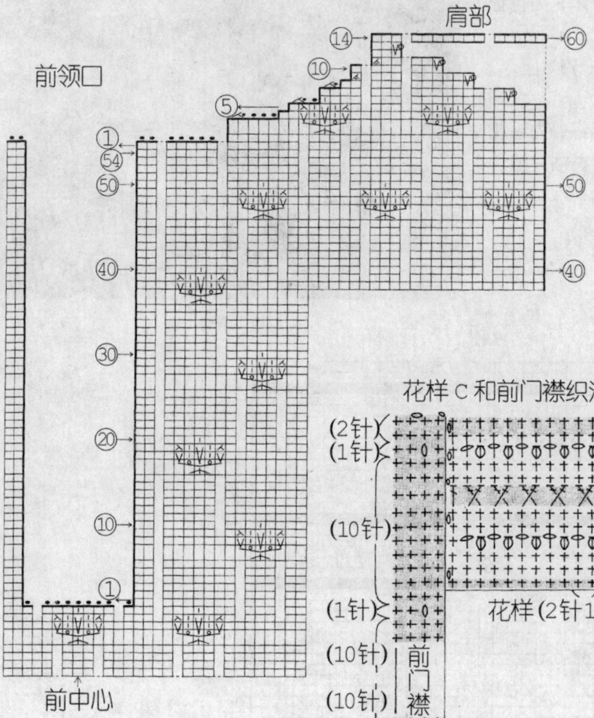

肩部
前领口
14
10
5
60
①
54
50
40
30
20
10
①
前中心


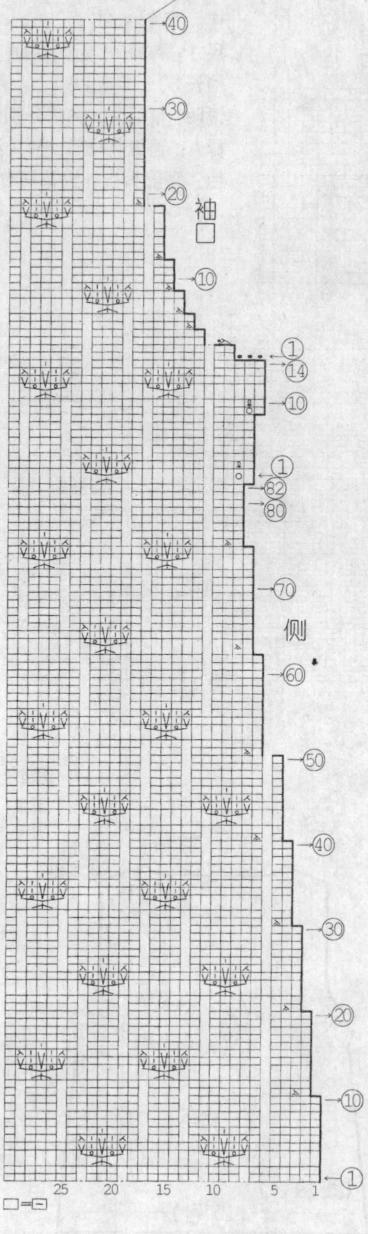

40
30
20
袖口
10
①
14
10
①
82
80
70
侧
60
50
40
30
20
10
①
25
20
15
10
5
1
□=□


花样C和前门襟织法

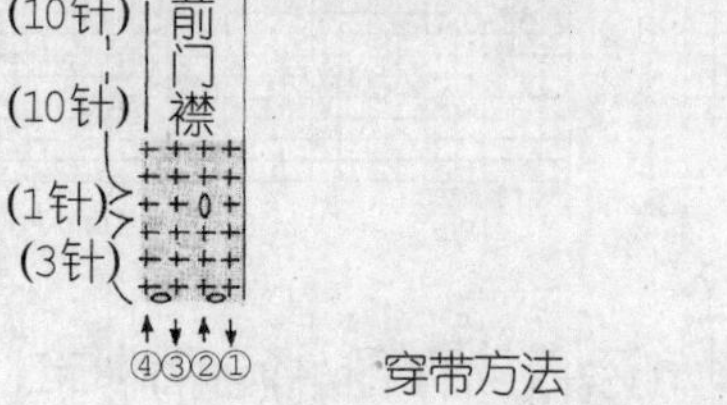

(2针)
(1针)
(10针)
(1针)
(10针)
(10针)
(1针)
(3针)
前门襟
④③②①
⑫浅黄色
⑪浅加色
⑩浅粉色
⑨浅加色
⑧本白色
⑦浅黄色
⑥本白色
⑤浅加色
④浅粉色
③浅加色
②本白色
①浅黄色


花样(2针1花样)

领（花样C）

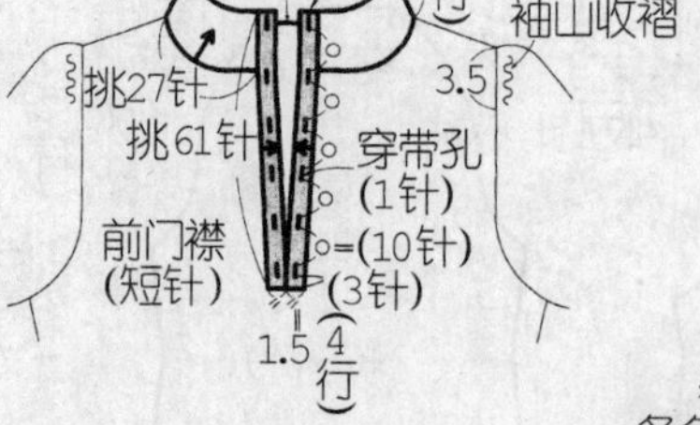

(2针)
挑53针
5
12行
袖山收褶
3.5
挑27针
挑61针
穿带孔
(1针)
=(10针)
前门襟
(短针)
(3针)
1.5
4行


穿带方法

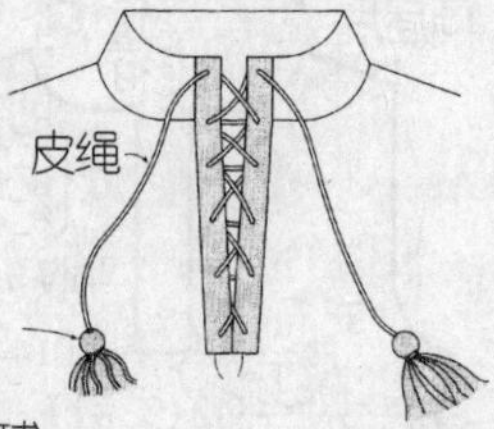

皮绳


装饰球

各色线头15cm
长，各10根

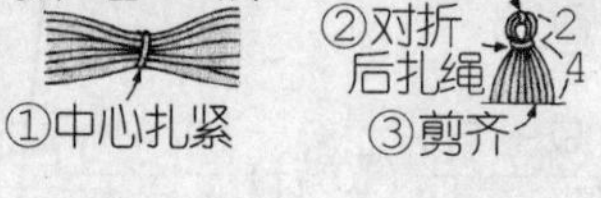

①中心扎紧
①穿带
②对折
后扎绳
③剪齐
2
4

# 237 见彩照p24页

花样

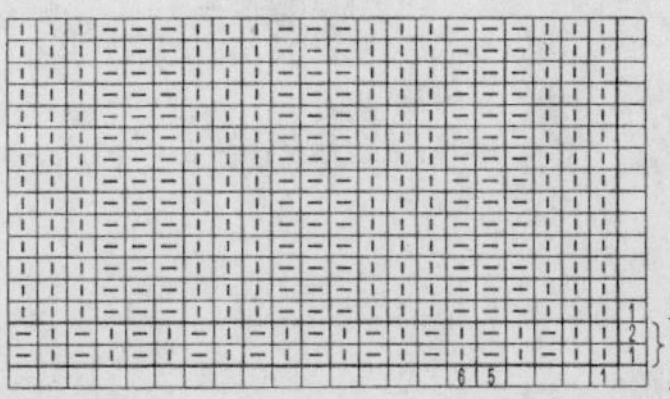
单罗纹

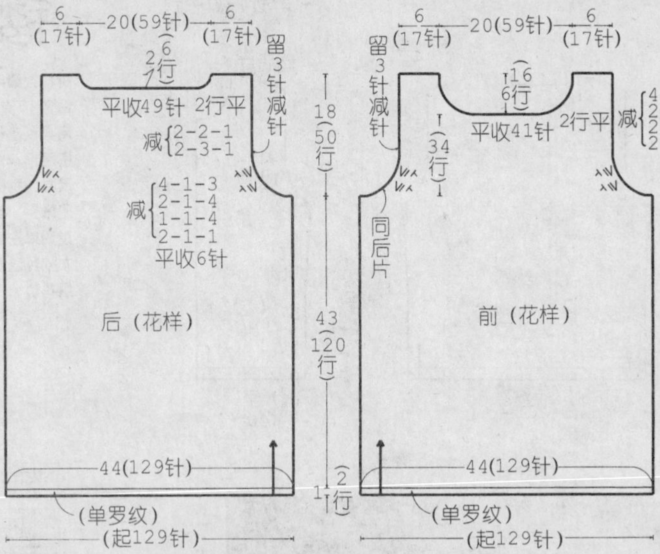
6
(17针)
20(59针)
6
(17针)
留3针减针
2 6行
平收49针 2行平
减{2-2-1 2-3-1
减{4-1-3 2-1-4 1-1-4 2-1-1
平收6针
后（花样）
18
(50行)
43
(120行)
44(129针)
1 2行
(单罗纹)
(起129针)
留3针减针
16
6行
34行
平收41针 2行平
减{4-1-1 2-1-3 2-2-1 2-3-1
同后片
前（花样）
44(129针)
(单罗纹)
(起129针)

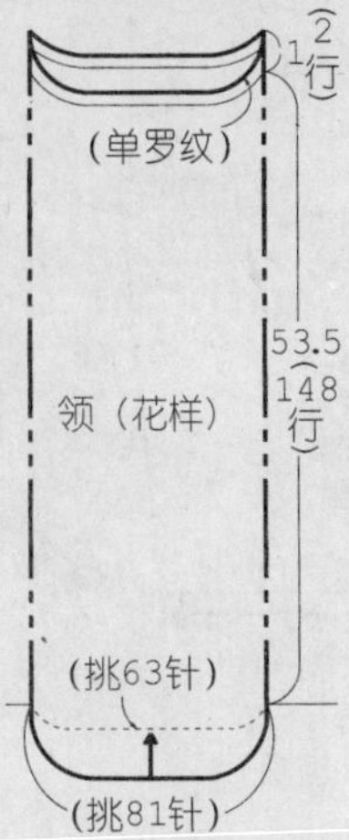
1 2行
(单罗纹)
53.5
148行
领（花样）
(挑63针)
(挑81针)

手套（右手）(平针)

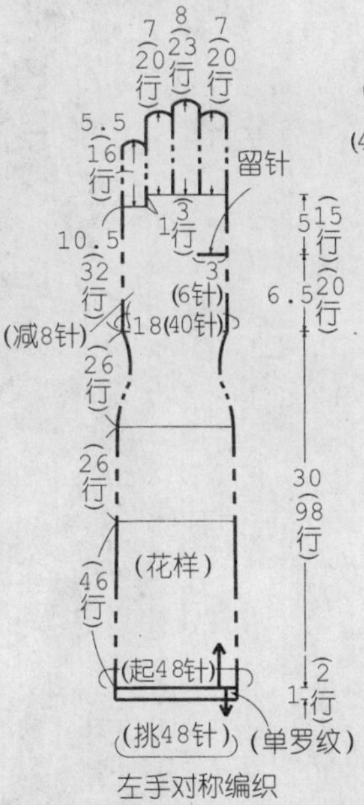
7
20行
8
23行
7
20行
5.5
16行
留针
1 3行
3
(6针)
10.5
32行
5
15行
6.5
20行
(减8针)
18(40针)
26行
26行
30
(98行)
(花样)
46行
(起48针)
1 2行
(挑48针)
(单罗纹)

左手对称编织

手指处挑针

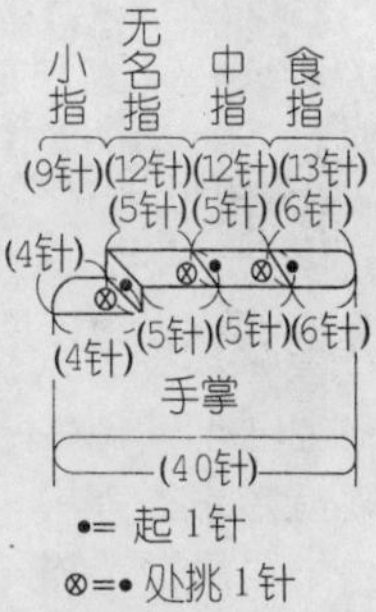
小指
无名指
中指
食指
(9针)(12针)(12针)(13针)
(5针)(5针)(6针)
(4针)
(5针)(5针)(6针)
(4针)
手掌
(40针)
•= 起1针
⊗=• 处挑1针

大拇指（平针）

8
17行
(挑14针)

# 长手套无袖衫

材料：红黄段染细毛腈线，套衫320克，手套80克。

用具：直径3.3毫米、3.5毫米、4毫米棒针。

密度：29针×28行=10×10平方厘米。

尺寸：套衫，胸围88厘米，衣长62厘米；手套，手围18厘米，手套长50.5厘米。

说明：套衫，前后片分别起针按图示编织，前后片缝合后，领部另挑针编织；手套，成圈起针编织，至手指处分别成圈编织。

## 293 见彩照p27页

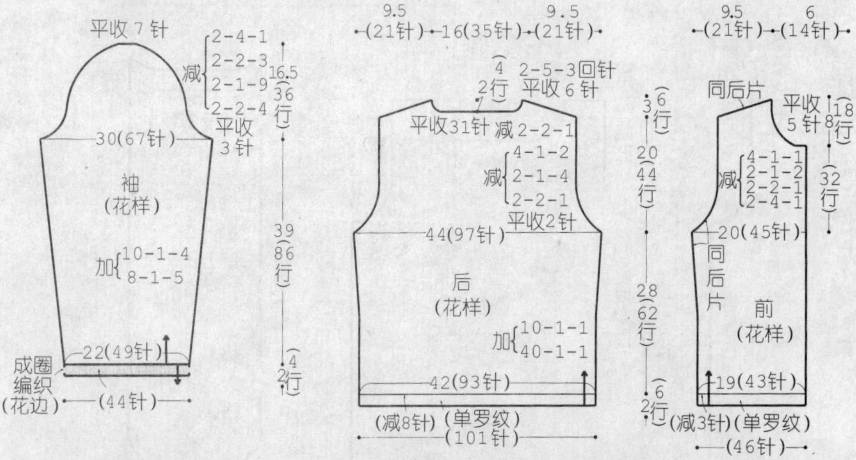
平收7针
减 2-4-1 2-2-3 2-1-9 2-2-4
16.5 (36行)
平收3针
30(67针)
袖 (花样)
加 10-1-4 8-1-5
39 (86行)
22(49针)
成圈编织(花边)
(44针)
4 (2行)
9.5 (21针) 16(35针) 9.5 (21针)
4 (2行)
2-5-3回针 平收6针
平收31针
减 2-2-1
减 4-1-2 2-1-4 2-2-1
平收2针
44(97针)
后 (花样)
加 10-1-1 40-1-1
42(93针)
(减8针) (单罗纹)
(101针)
3 (6行)
20 (44行)
28 (62行)
2 (6行)
9.5 (21针) 6 (14针)
同后片
平收5针
8 (18行)
减 4-1-1 2-1-2 2-2-1 2-4-1
32 (行)
20(45针)
同后片
前 (花样)
19(43针)
(减3针) (单罗纹)
(46针)

# 镂空开衫

材料：细毛腈线，灰白色220克，黑色20
白色10克。

用具：直径3.3毫米、3.5毫米棒针，钩

密度：22针×22行＝10×10平方厘米。

尺寸：胸围88厘米，衣长53厘米，袖长
厘米。

说明：左右前片、后片分别起针按图示编
衣袖片缝合后，袖口、前门襟和领口另挑
织花边。

花样

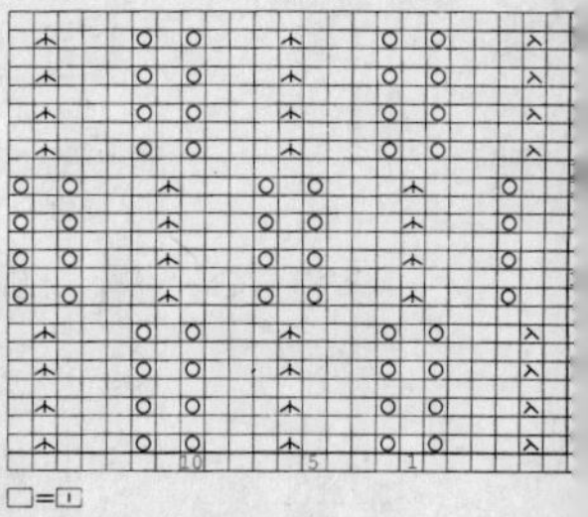
10
5
1
□=|

前门襟、领（花边）

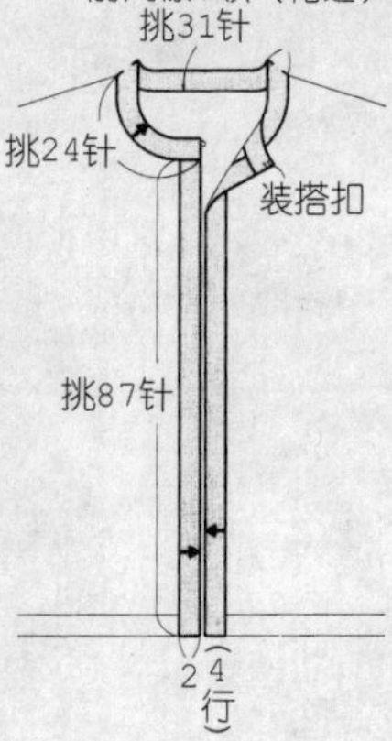
挑31针
挑24针
装搭扣
挑87针
2 (4行)

花边

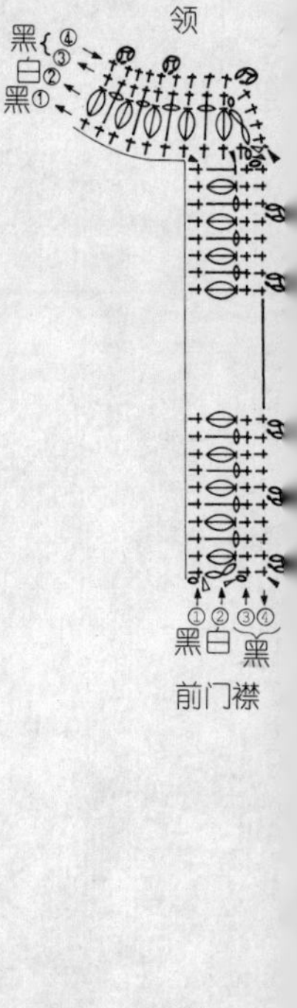
领
黑 ④ ③
白 ②
黑 ①
① ② ③ ④
黑 白 黑

前门襟

## 311 见彩照p28页

# 系带马甲

材料：中粗棉线，咸菜绿色250克。

用具：直径3.3毫米、3.5毫米棒针，钩针。

密度：花样处：18针×22行＝10×10平方厘米；双罗纹处，22针×27行＝10×10平方厘米。

尺寸：胸围84厘米，衣长67.5厘米，袖长26厘米。

说明：前后片分别起针编织，前后片缝合后，下摆、袖口、领口处另挑针织双罗纹边。

双罗纹（下摆）

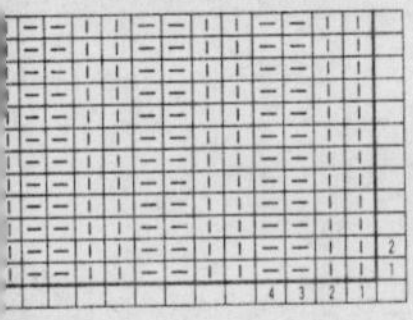

V领减针法

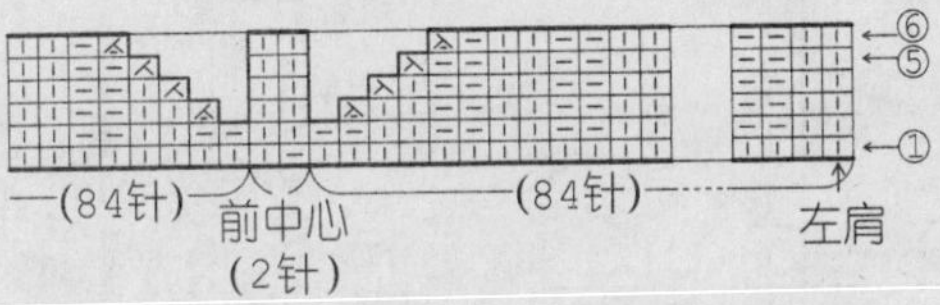
⑥
⑤
①
(84针)
前中心
(2针)
(84针)
左肩

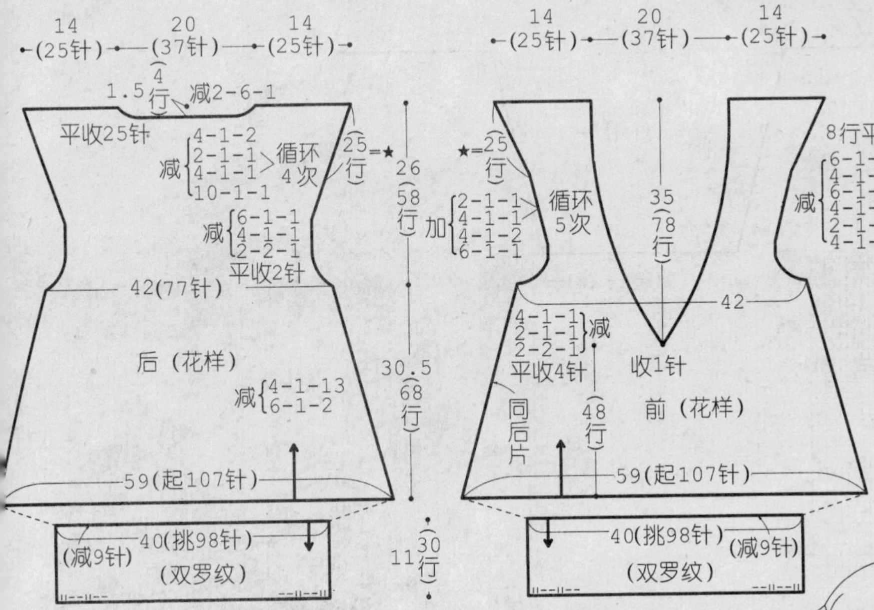
14
(25针)
20
(37针)
14
(25针)
1.5
4行
减2-6-1
平收25针
减
4-1-2
2-1-1
4-1-1
10-1-1
循环4次
25行
=★
26
58行
减
6-1-1
4-1-1
2-2-1
平收2针
42(77针)
后（花样）
减
4-1-13
6-1-2
30.5
68行
59(起107针)
40(挑98针)
(减9针)
(双罗纹)
11
30行
14
(25针)
20
(37针)
14
(25针)
★=25行
加
2-1-1
4-1-1
4-1-2
6-1-1
循环5次
35
78行
8行平
减
6-1-1
4-1-1
6-1-1
4-1-5
2-1-1
4-1-1
循环2次
循环4次
42
4-1-1
2-1-1
2-2-1
减
平收4针
收1针
同后片
48行
前（花样）
59(起107针)
40(挑98针)
(减9针)
(双罗纹)

花样

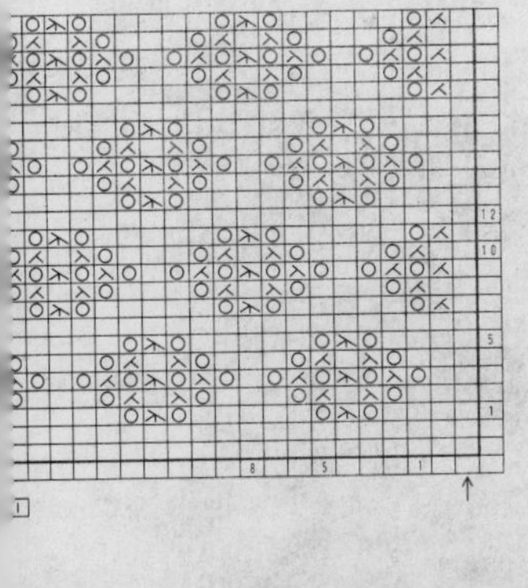

领、袖口（双罗纹）

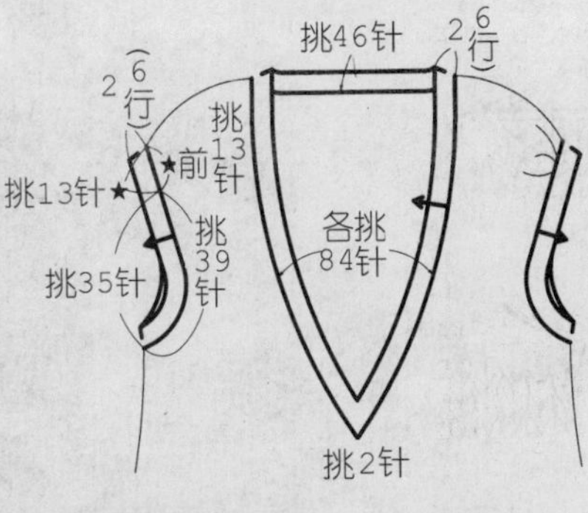
挑46针
2
6行
2
6行
挑13针
★前
挑13针★
挑39针
挑35针
各挑84针
挑2针

前领口穿系带

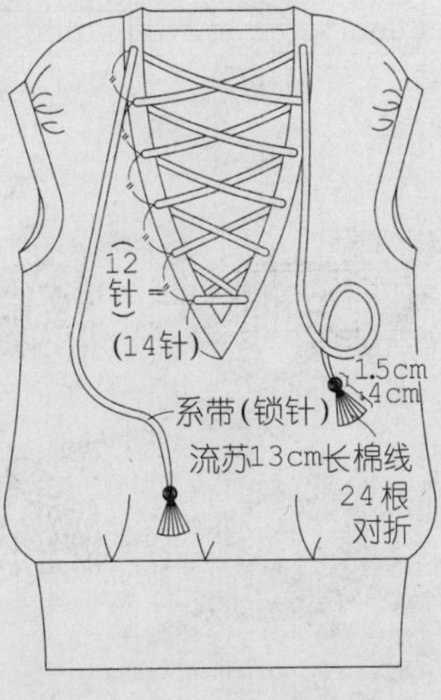
12针
(14针)
1.5cm
4cm
系带（锁针）
流苏13cm长棉线
24根
对折

# 336 见彩照 p30 页

# 休闲套衫

材料：粗棉带，深蓝、灰色段染650克。
用具：直径5.5毫米棒针，钩针。
密度：5针×9.5行=10×10平方厘米。
尺寸：胸围90厘米，衣长54厘米，袖长52.5厘米。
说明：前后片、袖片一起起针按图示编织，然后缝合成衣服。

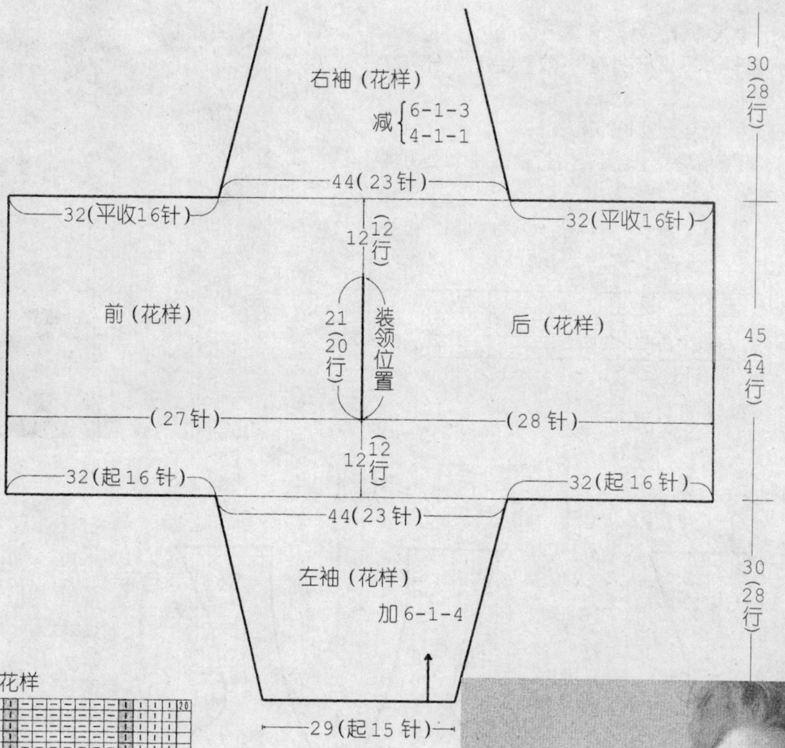

右袖（花样）
减{6-1-3 4-1-1
44（23针）
32（平收16针）
32（平收16针）
12（12行）
前（花样）
21（20行）
装领位置
后（花样）
（27针）
（28针）
12（12行）
32（起16针）
32（起16针）
44（23针）
左袖（花样）
加6-1-4
29（起15针）
30（28行）
45（44行）
30（28行）


花样

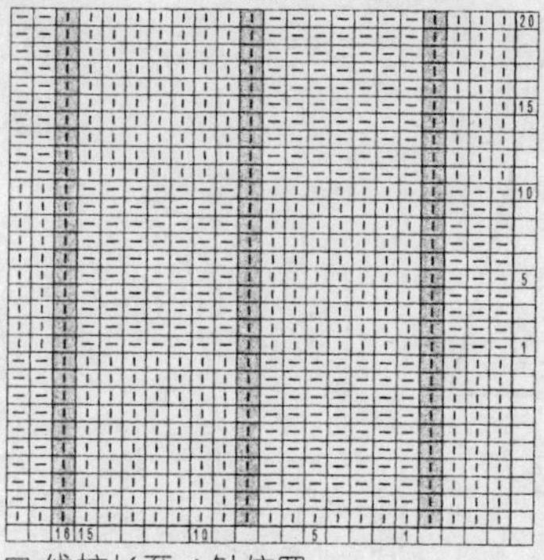

20
15
10
5
1
16
15
10
5
1


▥ 线拉长至4针位置

收针方法

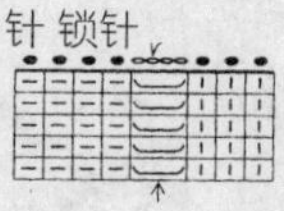

4针 锁针


收针针法

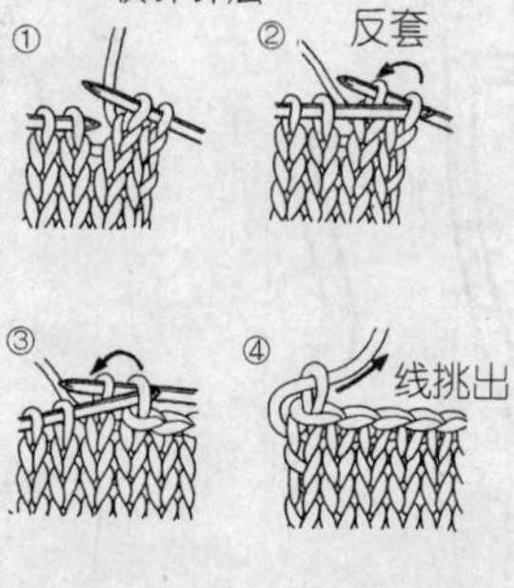

①
② 反套
③
④ 线挑出

# 391 见彩照 p33 页

## 半高领套衫

材料：丝光线，蓝色 280 克。
用具：直径 4 毫米棒针。
密度：双罗纹，22 针 × 31 行 = 10 × 10 平方厘米；花样 A,A'，21 针 × 31 行 = 10 × 10 平方厘米。
尺寸：胸围 90 厘米，衣长 56 厘米，袖长 44 厘米。
说明：前后片、袖片分别起针按图示花样编织，衣袖片缝合后，领部另挑针织双罗纹边。

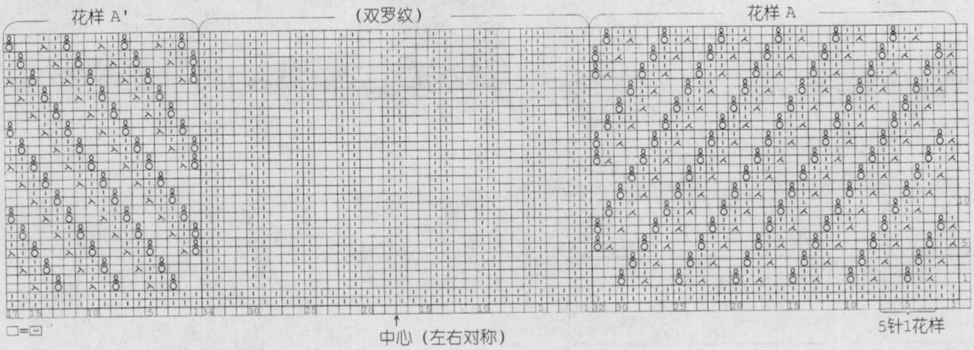
花样 A'
（双罗纹）
花样 A
中心（左右对称）
5针1花样

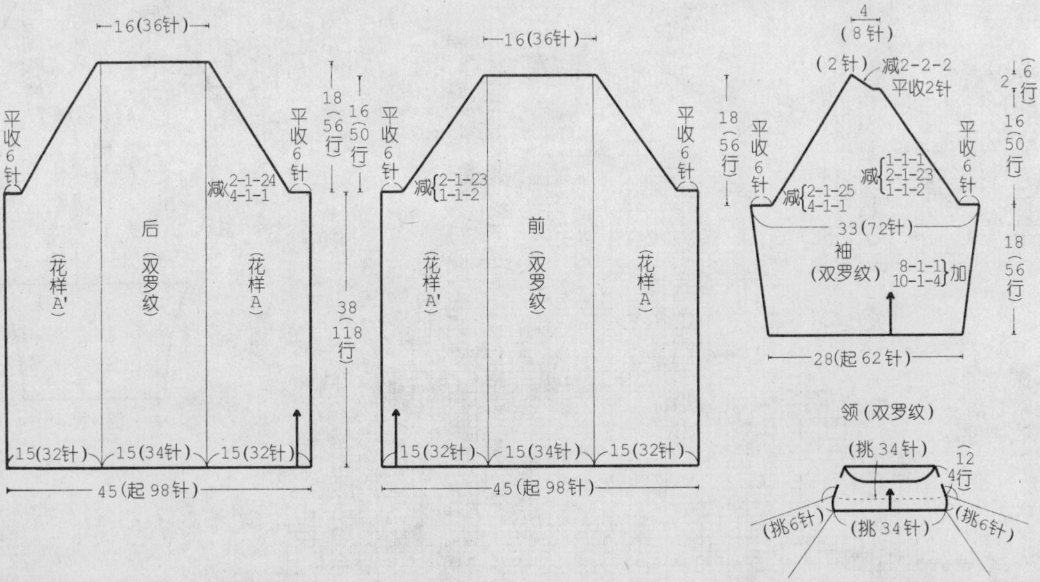
16(36针)
平收6针
减 2-1-24
4-1-1
后（双罗纹）
(花样A')
(花样A)
18 (56行)
16 (50行)
38 (118行)
15(32针)
15(34针)
15(32针)
45(起98针)
16(36针)
减 2-1-23
1-1-2
前（双罗纹）
18 (56行)
4 (8针)
(2针)
减2-2-2
平收2针
减 1-1-1
2-1-23
1-1-2
减 2-1-25
4-1-1
2 (6行)
16 (50行)
33(72针)
袖（双罗纹）
8-1-1
10-1-4 加
18 (56行)
28(起62针)
领（双罗纹）
(挑34针)
12 4行
(挑6针)
(挑34针)
(挑6针)

# 429 见彩照p35页

## 绞花领套衫

材料：中粗毛腈线，深绿色540克。
用具：直径3.3毫米、3.5毫米棒针。
密度：平针，20.5针×26行=10×10平方厘米；花样，24针×29行=10×10平方厘米。
尺寸：胸围92厘米，衣长59厘米，袖长70.5厘米。
说明：前后片、袖片分别起针按图示编织，衣袖片缝合后，领部另挑针织花样。

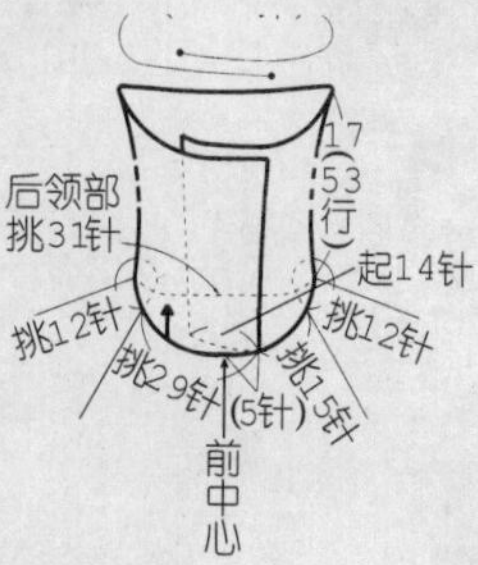

17
(53行)
后领部
挑31针
起14针
挑12针
挑12针
挑29针
挑15针
(5针)
前中心


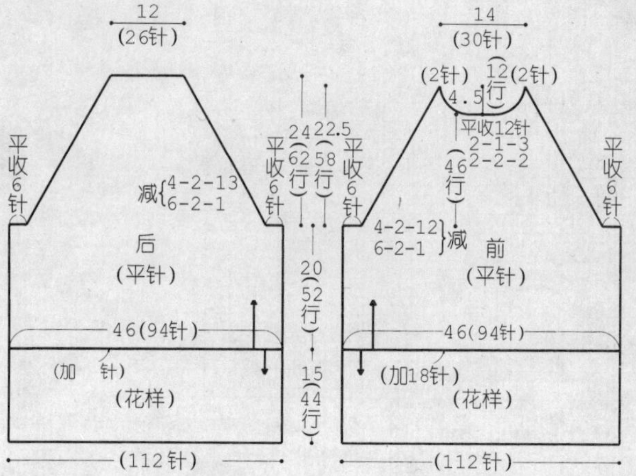

12
(26针)
平收6针
减{4-2-13
6-2-1
后
(平针)
46(94针)
(加 针)
(花样)
(112针)
24
(62行)
22.5
(58行)
20
(52行)
15
(44行)
14
(30针)
(2针)
12
(行)
(2针)
4.5
平收12针
2-1-3
2-2-2
46
(行)
4-2-12
6-2-1
减
前
(平针)
46(94针)
(加18针)
(花样)
(112针)


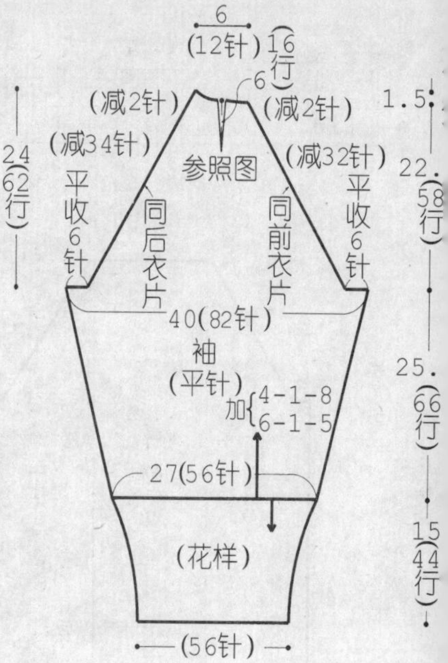

6
(12针)
16
(行)
6
(减2针)
(减2针)
(减34针)
(减32针)
参照图
24
(62行)
平收6针
同后衣片
同前衣片
40(82针)
袖
(平针)
加{4-1-8
6-1-5
27(56针)
(花样)
(56针)
1.5
22.
(58行)
25.
(66行)
15
(44行)


花样

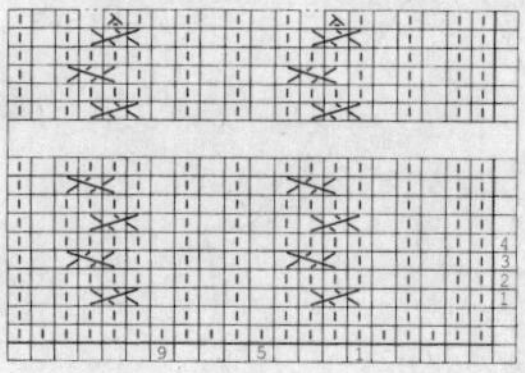

袖山织法

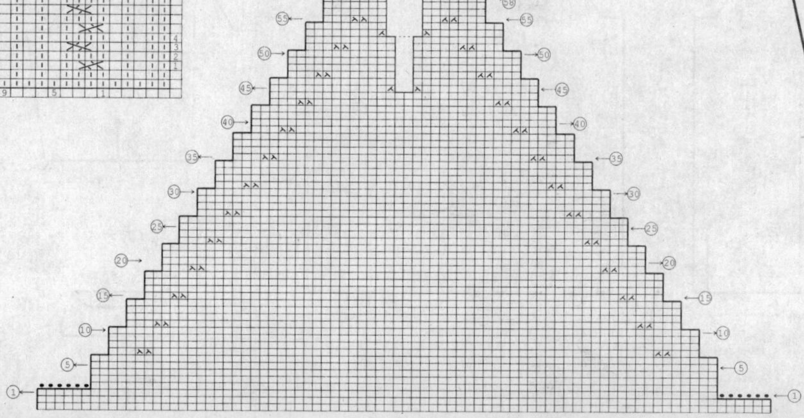

# 466 见彩照p37页

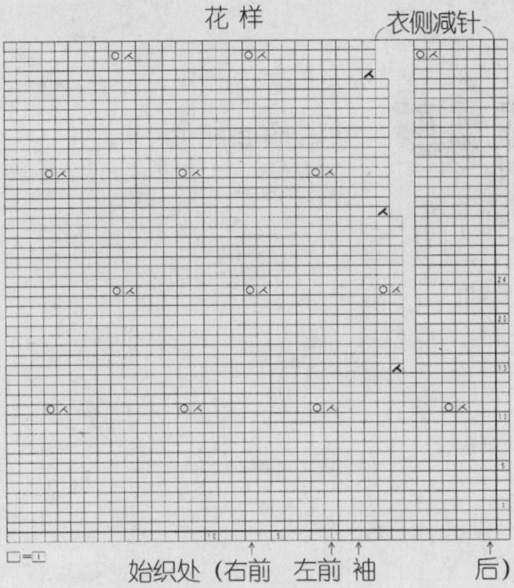

花样
衣侧减针
始织处（右前 左前 袖 后）


## 系带开衫

材料：细毛腈线，米色390克，咖啡色拉毛线30克。

用具：直径3.5毫米棒针，钩针。

密度：18针×24行=10×10平方厘米。

尺寸：胸围92厘米，肩宽36厘米，衣长74厘米，袖长62厘米。

说明：左右前后片、袖片分别起针按图示编织，后领、袖克夫另起针编织平针，衣袖片缝合后，缝上后领片和袖克夫。

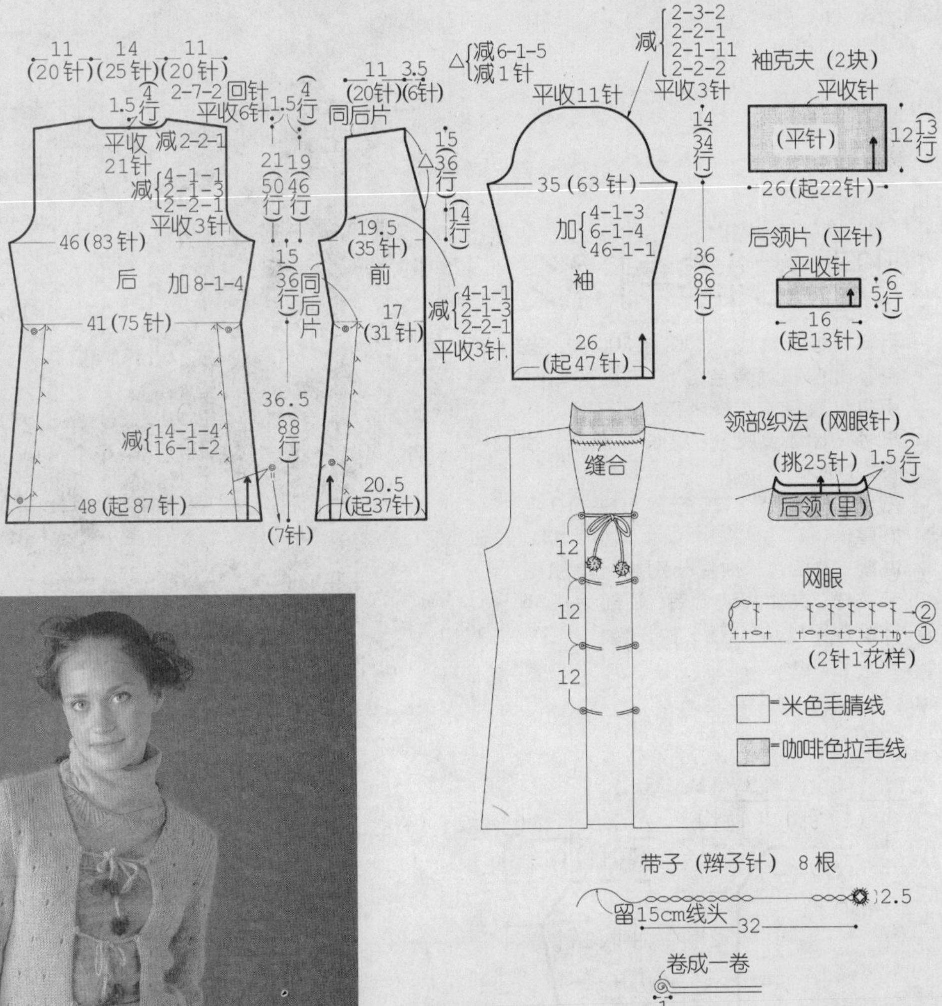

11 (20针) 14 (25针) 11 (20针)
1.5 4行 2-7-2 回针
平收6针 1.5 4行
平收 减2-2-1
21针
减 4-1-1 2-1-3 2-2-1
平收3针
46 (83针)
后
加8-1-4
41 (75针)
减 14-1-4 16-1-2
48 (起87针)
21 50行 19 46行
15 36行 同后片
36.5 88行
(7针)
11 (20针) 3.5 (6针)
同后片
15 36行
14行
19.5 (35针)
前
17 (31针)
减 4-1-1 2-1-3 2-2-1
平收3针
20.5 (起37针)
△ 减6-1-5 减1针
平收11针
减 2-3-2 2-2-1 2-1-11 2-2-2
平收3针
14 34行
35 (63针)
加 4-1-3 6-1-4 46-1-1
袖
36 86行
26 (起47针)
袖克夫（2块）
平收针
(平针)
12 13行
26 (起22针)
后领片（平针）
平收针
5 6行
16 (起13针)
领部织法（网眼针）
(挑25针) 1.5 2行
后领(里)
缝合
12
12
12
网眼
(2针1花样)
米色毛腈线
咖啡色拉毛线
带子（辫子针） 8根
留15cm线头
32
2.5
卷成一卷
1

## 515 见彩照p41页

# 提花棒针衫

材料：粗毛腈线，本白色200克，蓝色、红色和浅青色各50克。

用具：直径4.5毫米棒针。

尺寸：胸围56厘米，衣长22厘米，袖长19厘米。

密度：13.5针×20行＝10×10平方厘米。

说明：前后片、袖片分别起针编织图示花样，衣袖片缝合后，领部另挑96针织双罗纹边。

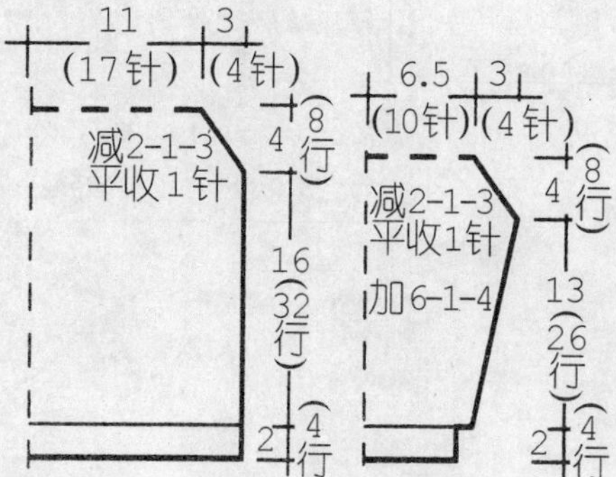

11
(17针)
3
(4针)
减2-1-3
平收1针
4
(8行)
16
(32行)
2
(4行)
14
(起21针)
6.5
(10针)
3
(4针)
减2-1-3
平收1针
加6-1-4
4
(8行)
13
(26行)
2
(4行)
6.5
(起10针)


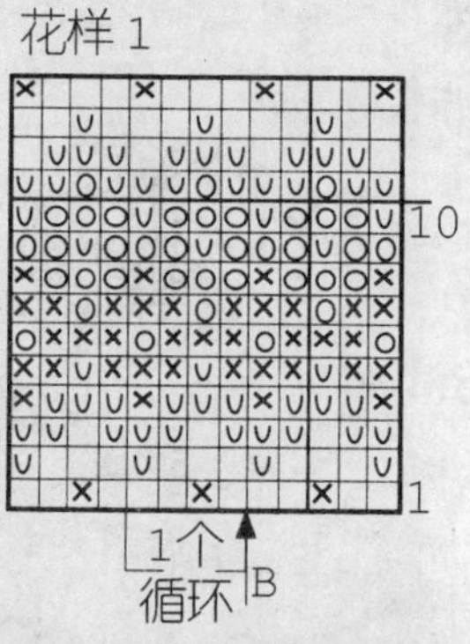

花样1
10
1
1个循环
B


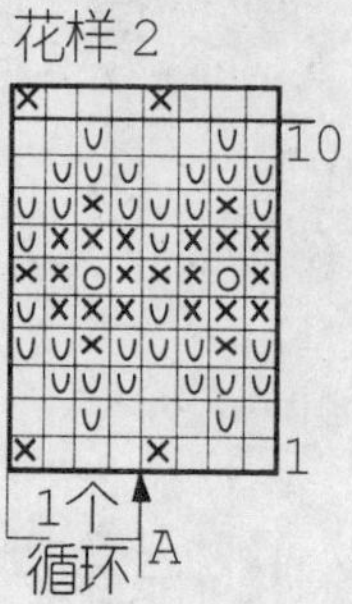

花样2
10
1
1个循环
A

# 537 见彩照p43页

# 小兔子套衫

材料：中粗毛腈线，浅粉红色100克，浅绿色、浅黄色、浅蓝色、浅青色和本白色各50克，咖啡色少许。

用具：直径3.3毫米棒针。

尺寸：胸围56厘米，衣长32厘米，袖长18厘米。

密度：22.5针×32行=10×10平方厘米。

说明：前后片、袖片分别起针编织，先织双罗纹边，再按图示花样编织，衣袖片缝合后，领部另挑针织双罗纹边。

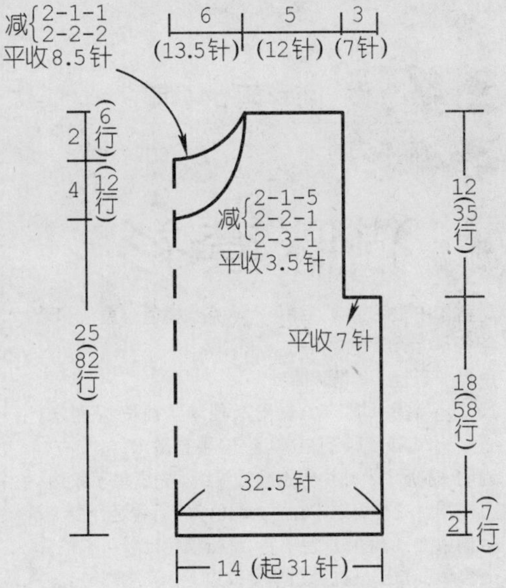

减 2-1-1
2-2-2
平收8.5针
6
(13.5针)
5
(12针)
3
(7针)
2 (6行)
4 (12行)
25 (82行)
减 2-1-5
2-2-1
2-3-1
平收3.5针
平收7针
12 (35行)
18 (58行)
32.5针
2 (7行)
14 (起31针)


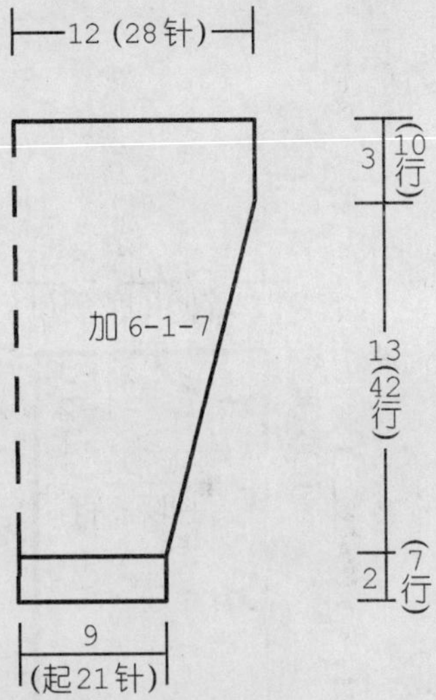

12 (28针)
3 (10行)
加6-1-7
13 (42行)
2 (7行)
9
(起21针)


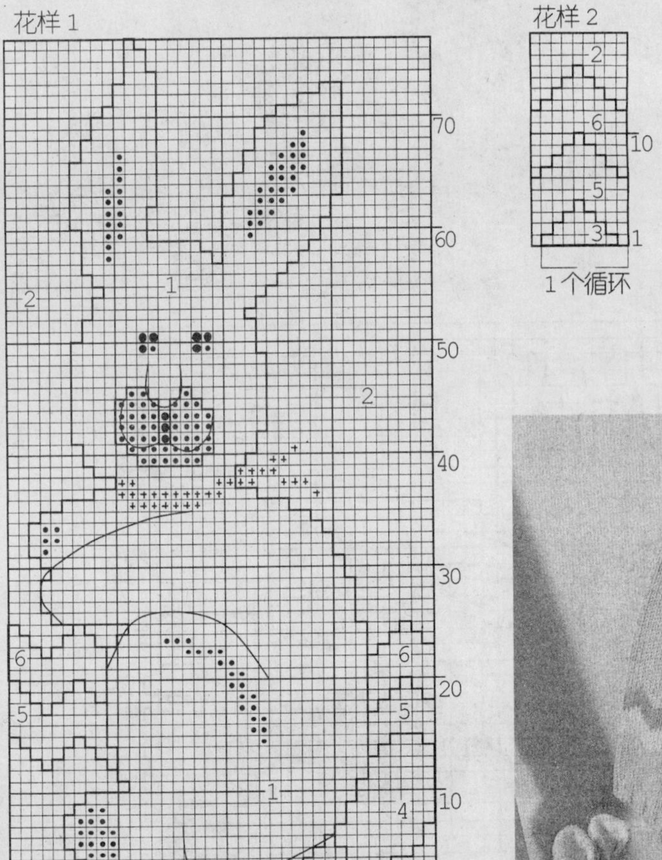

花样1
70
60
50
40
30
20
10
1
中线
花样2
10
1
1个循环

## 549 见彩照p44页

# 猫咪套衫

材料：中粗毛腈线，绿色150克，橘色、黄色和蓝色各50克，黑色少许。

用具：直径3.3毫米棒针。

尺寸：胸围48厘米，衣长25厘米，袖长17厘米。

密度：24针×32行＝10×10平方厘米。

说明：前后片、袖片分别起针编织，先织单罗纹边，再按图示花样编织，袖片上配色为6行绿色下针，2行橘色上针，6行黄色下针，2行橘色上针，衣袖片缝合后，领部另挑针织单罗纹边。

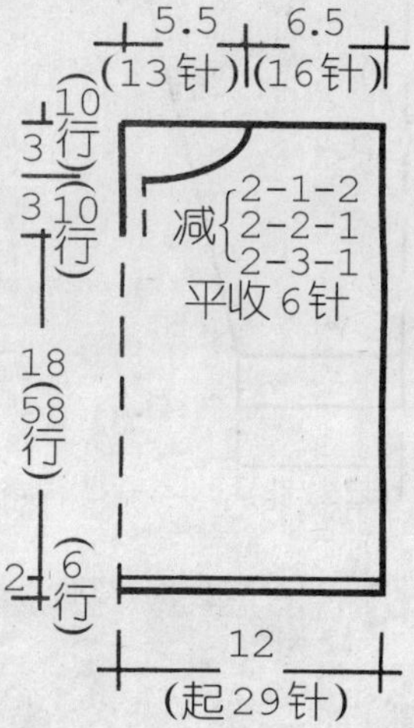

5.5
(13针)
6.5
(16针)
3
(10行)
3
(10行)
减{2-1-2
2-2-1
2-3-1
平收6针
18
(58行)
2
(6行)
12
(起29针)


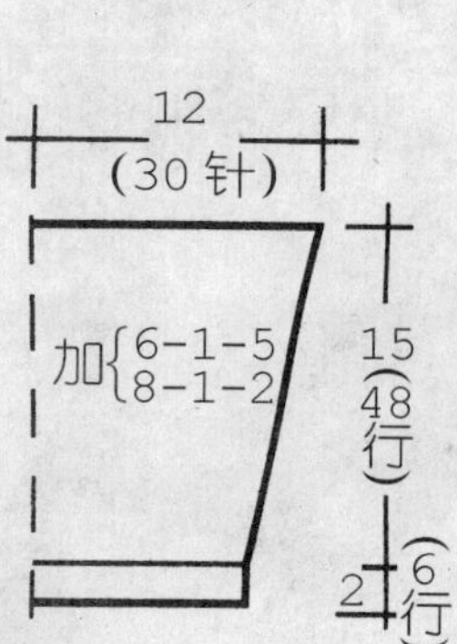

12
(30针)
加{6-1-5
8-1-2
15
(48行)
2
(6行)
9
(起23针)


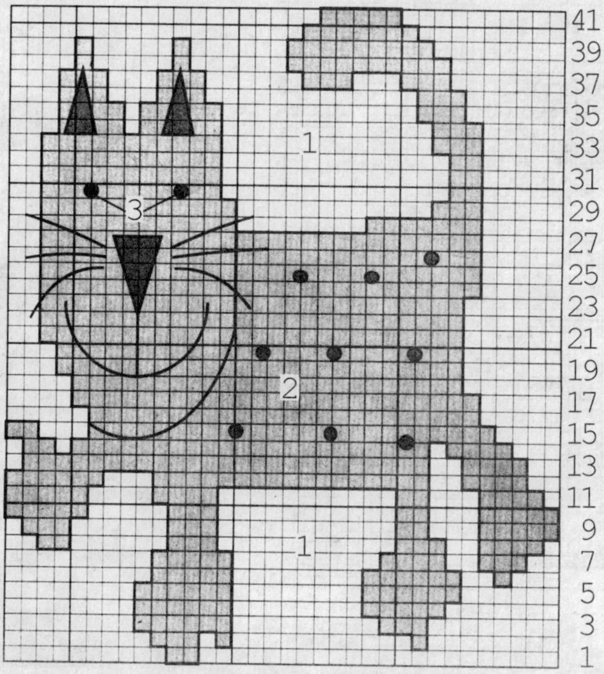

花样
1
3
2
1
41
39
37
35
33
31
29
27
25
23
21
19
17
15
13
11
9
7
5
3
1

## 591 见彩照p47页

# 套衫和围巾

材料：混色粗毛腈线，套衫490克，围巾170克。
用具：直径6毫米棒针。
尺寸：套衫，胸围88厘米，衣长55厘米，袖长53厘米；围巾，宽10厘米，长258厘米。
密度：平针处，10针×16行=10×10平方厘米；双罗纹处，11针×16行=10×10平方厘米。
说明：套衫，前后片、袖片分别起针编织，衣袖片缝合后，领部另挑针编织平针；围巾，从下往上起针编织，然后将毛线穿在两头作流苏。

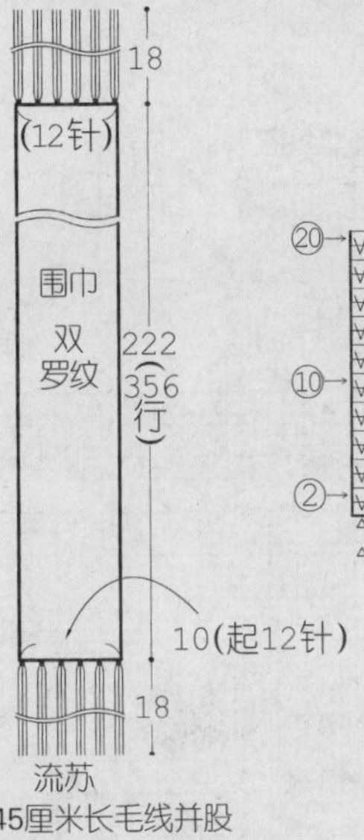
18
(12针)
围巾
双
罗纹
222
(356行)
10(起12针)
18
流苏
3根45厘米长毛线并股

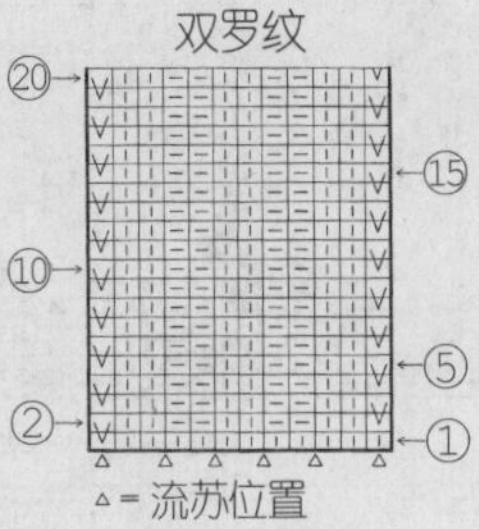
双罗纹
⑳
⑮
⑩
⑤
②
①
▵=流苏位置

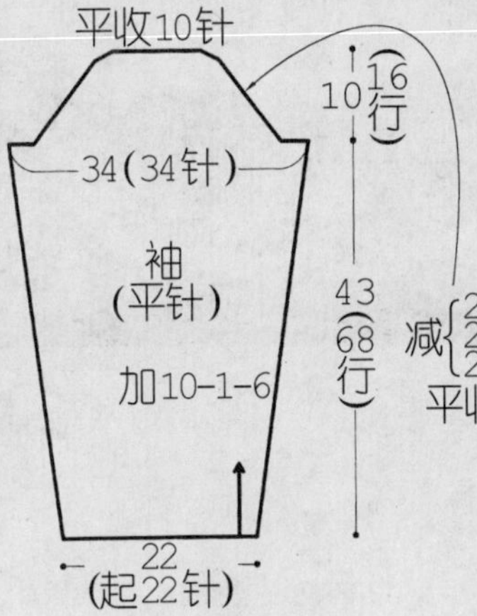
平收10针
10(16行)
34(34针)
袖
(平针)
加10-1-6
43(68行)
减 2-2-1
2-1-5
2-2-1
平收3针
22
(起22针)

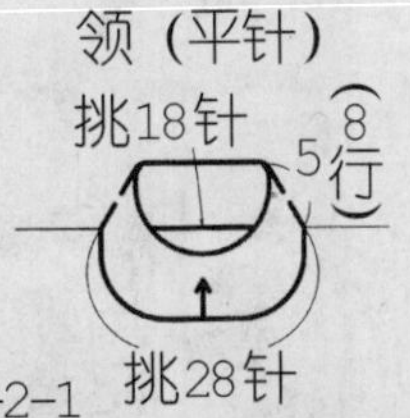
领（平针）
挑18针
5(8行)
挑28针

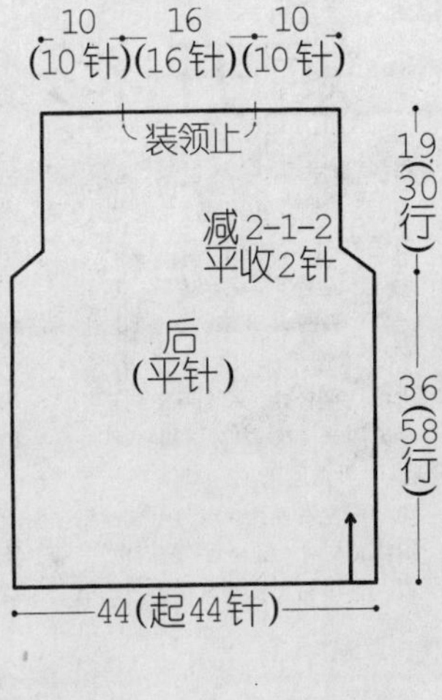
10 16 10
(10针)(16针)(10针)
装领止
减2-1-2
平收2针
后
(平针)
19(30行)
36(58行)
44(起44针)

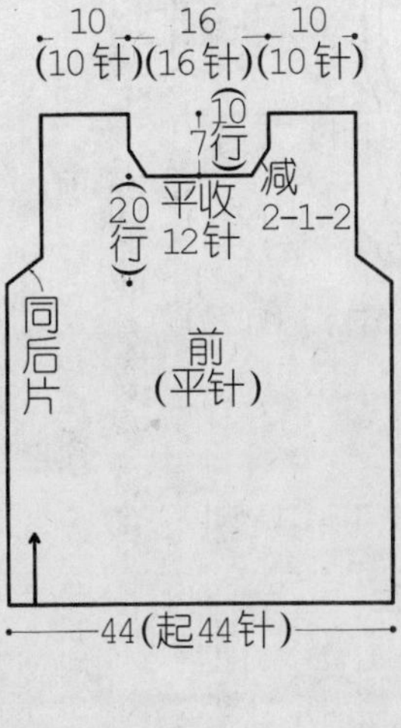
10 16 10
(10针)(16针)(10针)
7(10行)
减2-1-2
20(行)
平收12针
同后片
前
(平针)
44(起44针)

Tous Les Jours
illy

## 608 见彩照 p48 页

花样 2

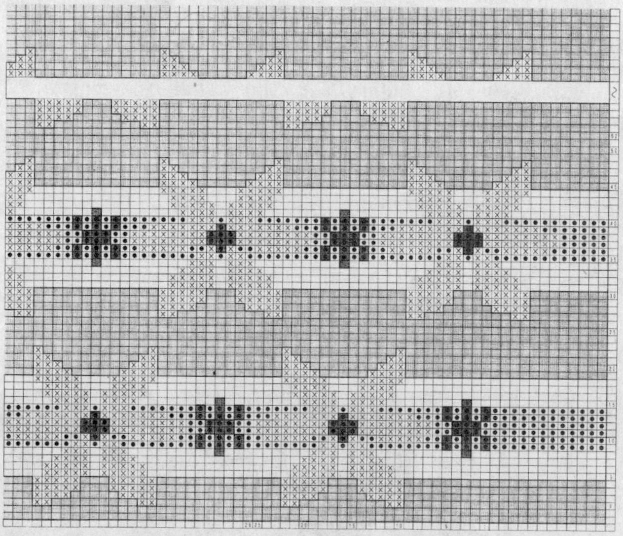

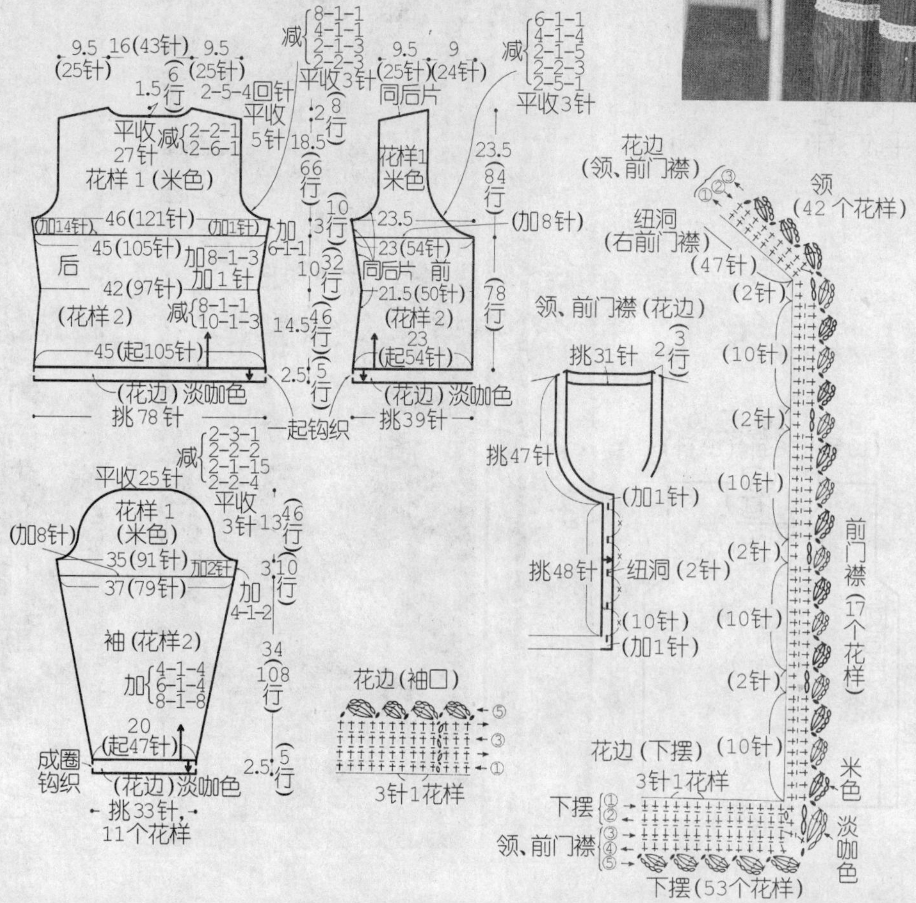

9.5 (25针)
16(43针)
9.5 (25针)
1.5 (6行)
2-5-4回针
减 8-1-1 4-1-1 2-1-3 2-2-3
平收3针
平收 5针
平收 27针
减 2-2-1 2-6-1
花样 1 (米色)
18.5 (66行)
2 (8行)
(加14针)
46(121针)
(加1针)
加 6-1-1
45(105针)
后
加8-1-3
加1针
42(97针)
(花样2)
减 8-1-1 10-1-3
45(起105针)
3 (10行)
10 (32行)
14.5 (46行)
2.5 (5行)
(花边) 淡咖色
挑78针
一起钩织
9.5 (25针)
9 (24针)
同后片
减 6-1-1 4-1-4 2-1-5 2-2-3 2-5-1
平收3针
花样1 米色
23.5 (84行)
23.5
(加8针)
23(54针)
同后片
前
21.5(50针)
(花样2)
23 (起54针)
78行
(花边) 淡咖色
挑39针
平收25针
减 2-3-1 2-2-2 2-1-15 2-2-4
平收 3针
13 (46行)
花样 1 (米色)
(加8针)
35(91针)
加2针
37(79针)
3 (10行)
加 4-1-2
袖 (花样2)
加 4-1-4 6-1-4 8-1-8
34 (108行)
20 (起47针)
成圈钩织
(花边) 淡咖色
2.5 (5行)
挑33针, 11个花样
花边 (袖口)
3针1花样
领、前门襟 (花边)
挑31针
2 (3行)
挑47针
(加1针)
挑48针
纽洞 (2针)
(10针)
(加1针)
花边 (领、前门襟)
纽洞 (右前门襟)
领 (42个花样)
(47针)
(2针)
(10针)
前门襟 (17个花样)
米色
淡咖色
花边 (下摆)
3针1花样
下摆
领、前门襟
下摆(53个花样)


# 花朵短开衫

材料：细毛腈线，米色 190 克，淡咖啡色 100 克，淡蓝色 30 克，咖啡色 70 克，本白色 20 克。

用具：直径 3.5 毫米棒针，钩针。

尺寸：胸围 95 厘米，衣长 50.5 厘米，袖长 52.5 厘米。

密度：平针处，23 针 × 32 行 = 10 × 10 平方厘米；花样 1 处，26 针 × 36 行 = 10 × 10 平方厘米。

说明：左右前片、后片分别起针按图示编织，衣袖片缝合后，前门襟、下摆、领口、袖口另起针钩织花边。

# 棒针编织小常识

## 编织前的小知识

### 毛线批号

毛线的标签上,标明了毛线的色号与批号。

相同色号的毛线，假如批号不同，颜色也会有微妙的差异。

在工厂染整毛线时，一定量的毛线集中在一个大染缸进行染色，假如染缸不同，颜色就会有一定的差异。

所谓染缸号，就是批号。

### 假如己购买了不同批号的毛线

可以在诸如领口、下摆、袖口等不醒目处使用。

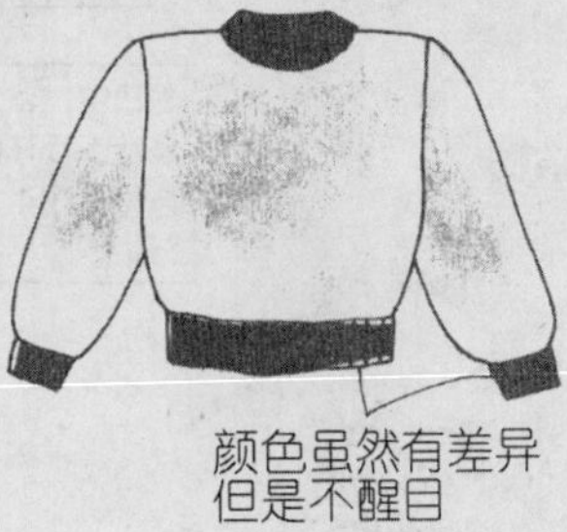
颜色虽然有差异
但是不醒目

### 购买毛线时

初学者，假如使用马海毛类的长毛毛线时请预先多买一团。

在编结过程中经常会发生毛线用尽的状况。

在用马海毛编结时，应尽量避免发生将毛线缠绕在一起的状况。

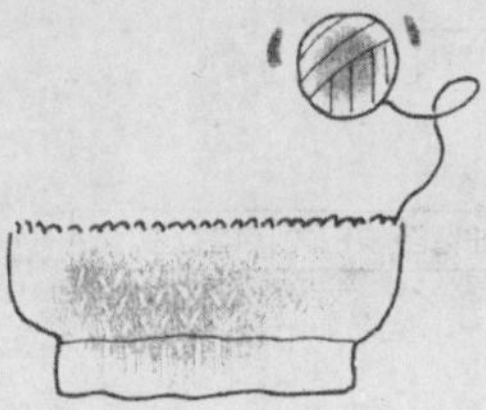

### 购买毛线时应注意以下几点

★购买足量及批号一样的毛线。

★多购买一些别致的毛线。

异

NOTE

### 计算针数方法

制作一块标准的样片

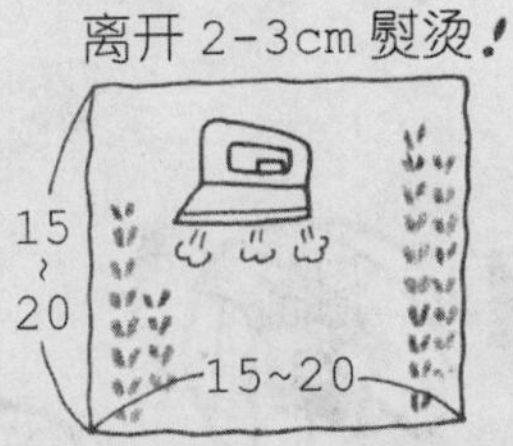
离开 2-3cm 熨烫！
15~20
15~20

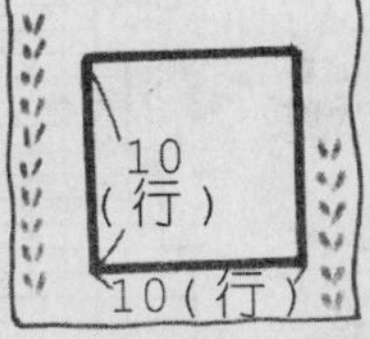
10(行)
10(行)

用熨斗轻轻地熨烫整理小样，尺寸大约为15cm² ~ 20cm²，后计算10cm²见方的小样内有几行、几针。

### 针数

★为了毛衣编织时有基础,展示编织物的针距大小。

★在10cm²的编织物上有几针、几行，这样方便计算毛线的用量。

# 怎样识别绒线编结图

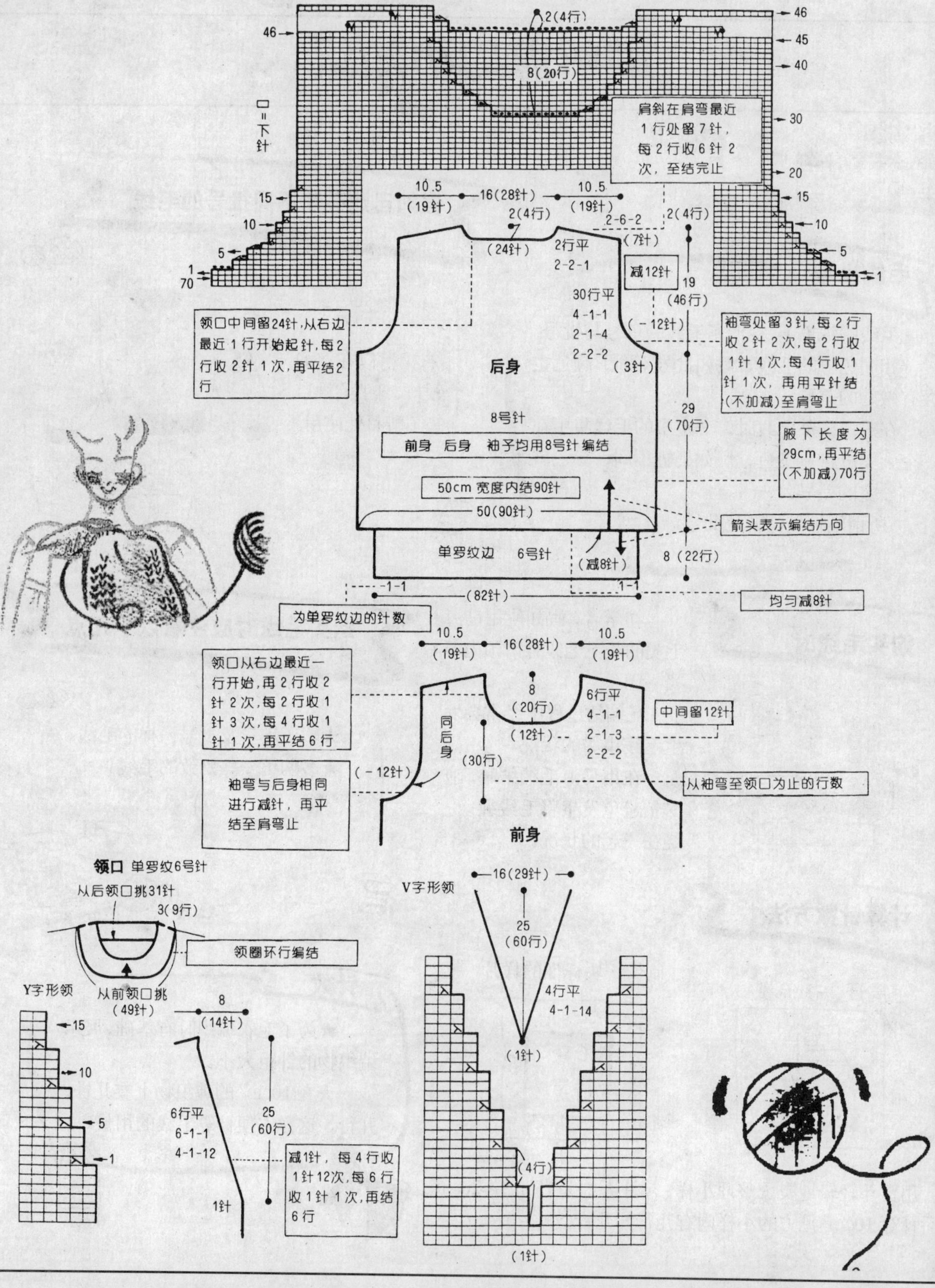

2(4行)
8(20行)
46
45
40
30
20
15
10
5
1
70
□=下针
肩斜在肩弯最近1行处留7针，每2行收6针2次，至结完止
10.5
(19针)
16(28针)
10.5
(19针)
2(4行)
(24针)
2行平
2-2-1
2-6-2
(7针)
2(4行)
减12针
19
(46行)
30行平
4-1-1
2-1-4
2-2-2
(−12针)
(3针)
领口中间留24针,从右边最近1行开始起针,每2行收2针1次,再平结2行
袖弯处留3针,每2行收2针2次,每2行收1针4次,每4行收1针1次,再用平针结(不加减)至肩弯止
后身
8号针
29
(70行)
前身 后身 袖子均用8号针编结
腋下长度为29cm,再平结(不加减)70行
50cm宽度内结90针
50(90针)
箭头表示编结方向
单罗纹边 6号针
(减8针)
8 (22行)
-1-1
1-1
(82针)
均匀减8针
为单罗纹边的针数
10.5
(19针)
16(28针)
10.5
(19针)
领口从右边最近一行开始,再2行收2针2次,每2行收1针3次,每4行收1针1次,再平结6行
8
(20行)
(12针)
6行平
4-1-1
2-1-3
2-2-2
中间留12针
同后身
(30行)
(−12针)
袖弯与后身相同进行减针，再平结至肩弯止
从袖弯至领口为止的行数
前身
领口 单罗纹6号针
从后领口挑31针
3(9行)
领圈环行编结
从前领口挑
(49针)
Y字形领
15
10
5
1
8
(14针)
6行平
6-1-1
4-1-12
25
(60行)
减1针，每4行收1针12次,每6行收1针1次,再结6行
1针
V字形领
16(29针)
25
(60行)
4行平
4-1-14
(1针)
(4行)
(1针)

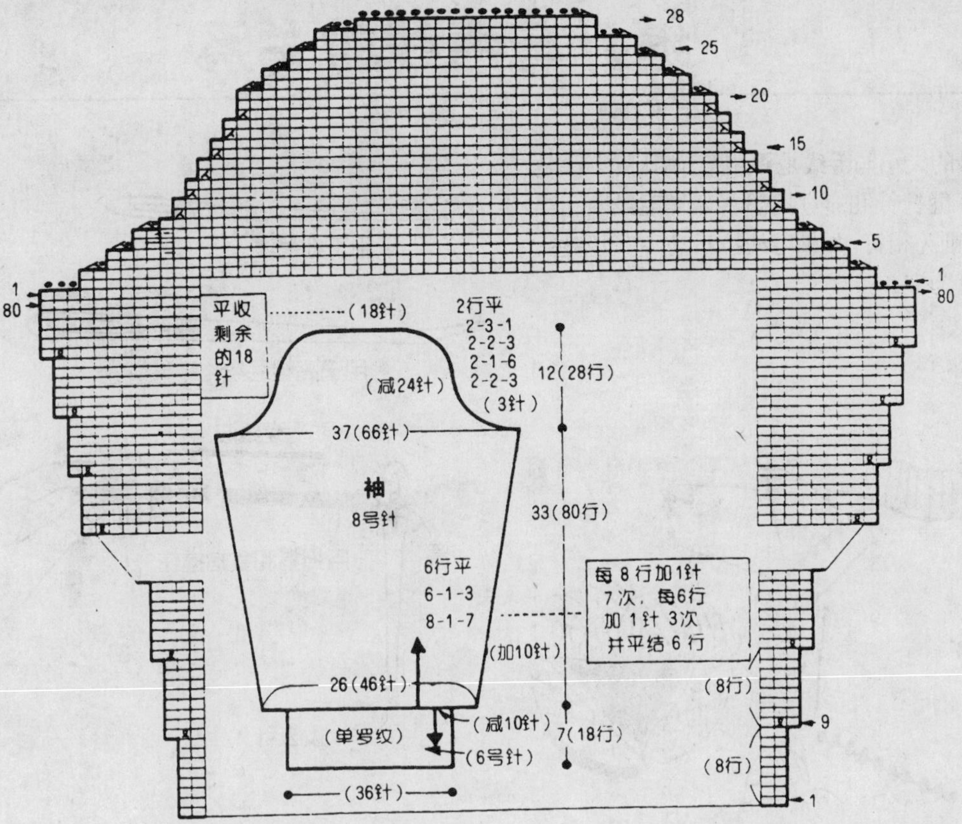

28
25
20
15
10
5
1
80
1
80
平收剩余的18针
(18针)
2行平
2-3-1
2-2-3
2-1-6
2-2-3
(3针)
(减24针)
12(28行)
37(66针)
袖
8号针
33(80行)
6行平
6-1-3
8-1-7
每8行加1针7次，每6行加1针3次并平结6行
(加10针)
26(46针)
(8行)
(减10针)
9
(单罗纹)
7(18行)
(6号针)
(8行)
(36针)
1


# 棒针与毛线的关系

毛线的粗细，从粗到细可分为特粗、高粗、中粗、中细、极细、特细等类型。另外，还有诸如粒结花式纱线和竹节花纱线那样粗细不匀的毛线、有马海毛那样的长绒毛线，前者择其粗细适中或粗的为好，后者根据绒芯粗细，以两股线芯的粗细为宜，了解了毛线的粗细，为了编织手感好的织物，请参考右表以及毛线的标签，选择合适的棒针。

## 适宜于编织的线与针

| 绒线粗细 | 适用棒针 | 平针的标准规格(10cm × 10cm) |
|---|---|---|
| 特粗 | 8～12号 | 10～12针<br>14～16行<br>(12号针) |
| 高粗 | 6～12号 | 15～17针<br>21～23行<br>(8号针) |
| 中粗 | 4～8号 | 18～20针<br>26～28行<br>(6号针) |
| 中细 | 2～5号 | 27～29针<br>35～37行<br>(3号针) |

# 缝针与毛线的关系

缝针的大小与毛线是否相符?确认的办法是把毛线从缝针针孔穿过拉出。如果毛线顺利穿过针孔，则为相符；如果毛线拉不动，有阻塞感，则以换针为宜。

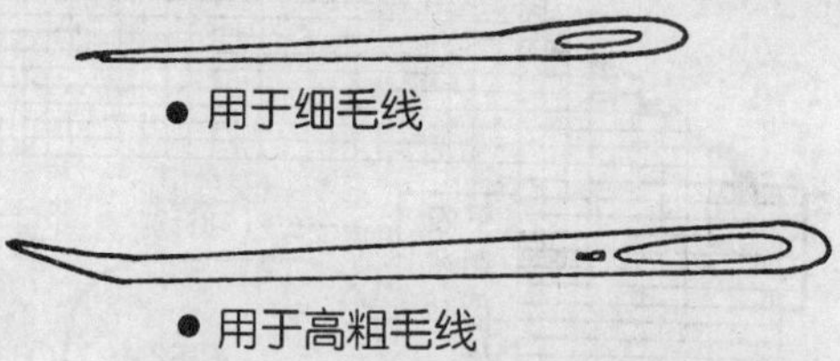
● 用于细毛线
● 用于高粗毛线

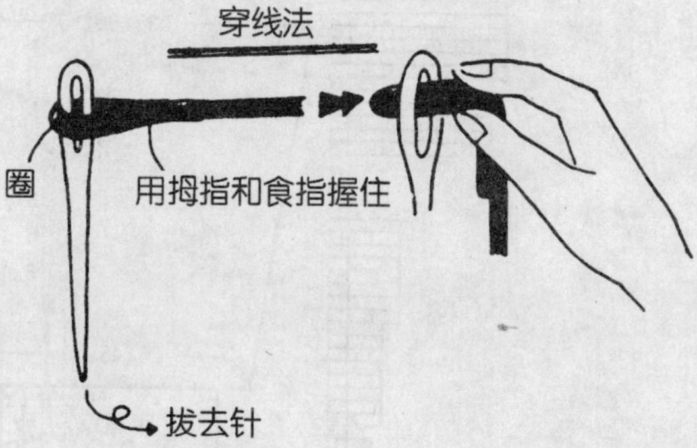
穿线法
圈
用拇指和食指握住
拔去针

# 常用棒针起头方法

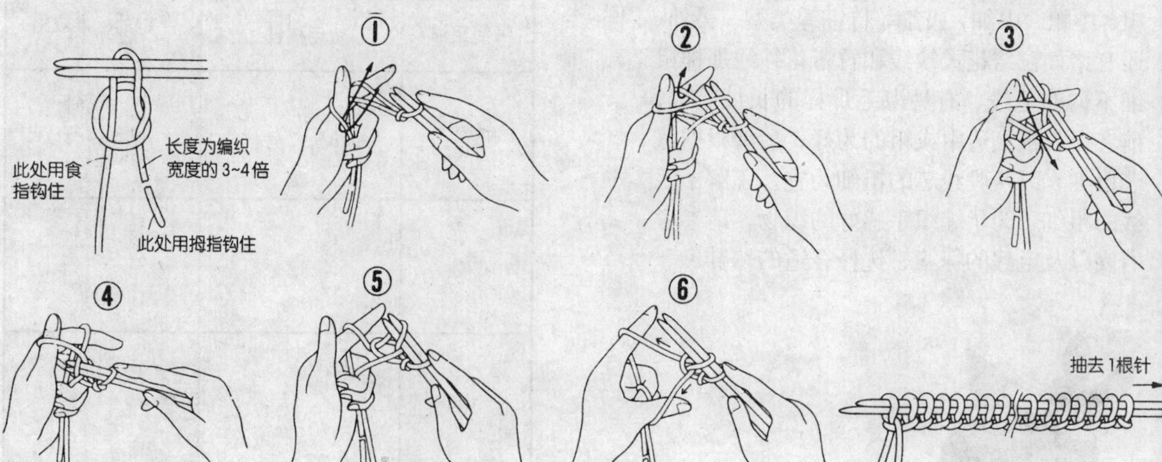
①
②
③
长度为编织宽度的 3~4 倍
此处用食指钩住
此处用拇指钩住
④
⑤
⑥
抽去 1根针
往复①～⑥

# 1×1编链起头法钩针

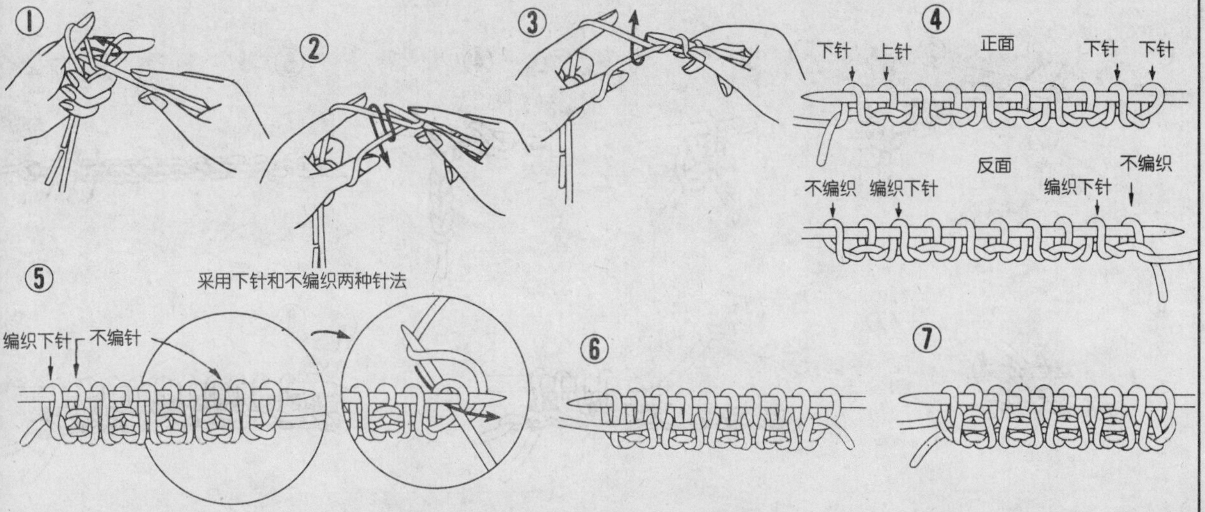
①
②
③
④
下针
上针
正面
下针
下针
反面
不编织
不编织
编织下针
编织下针
⑤
采用下针和不编织两种针法
编织下针
不编针
⑥
⑦

# 正确的持针方法和挂线方法

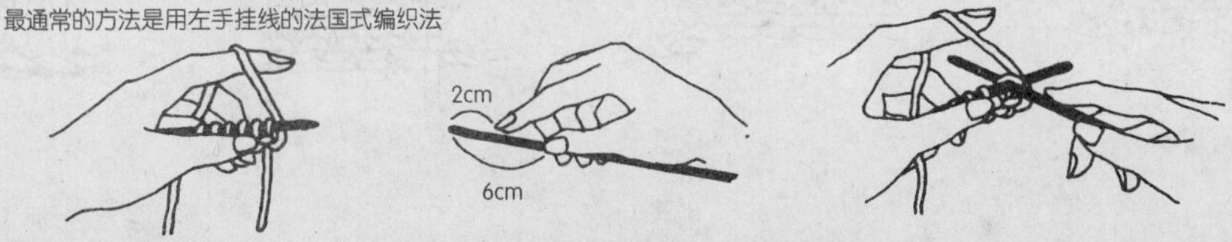
最通常的方法是用左手挂线的法国式编织法
2cm
6cm

# 2×2罗纹编织法

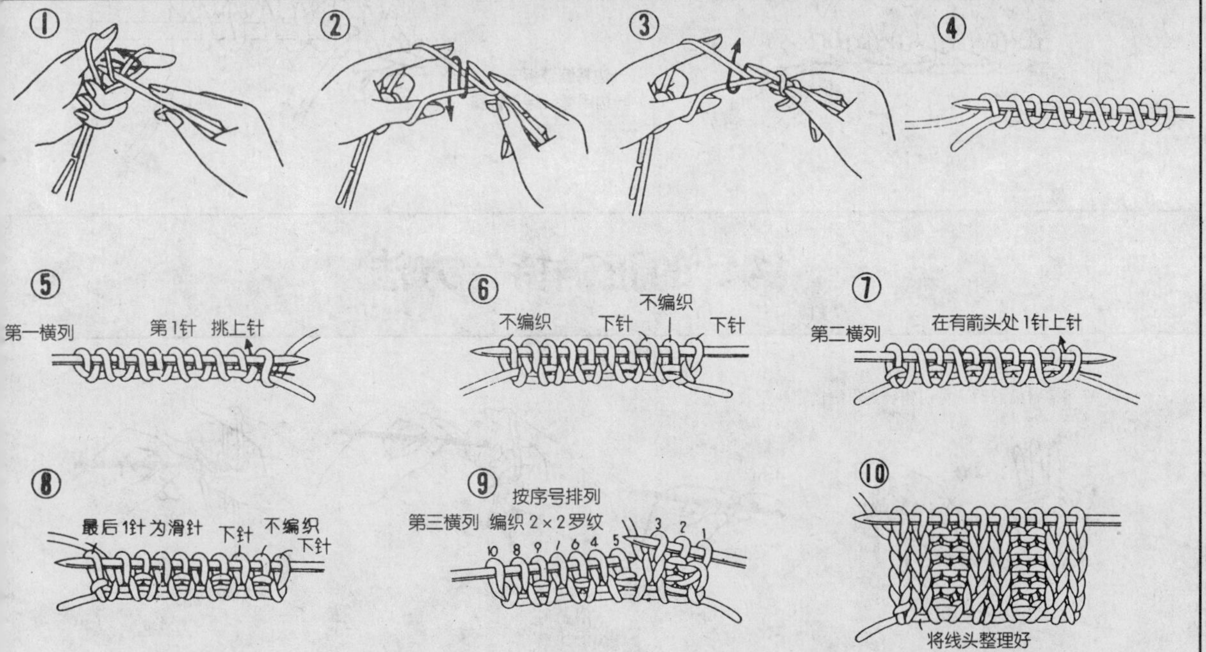
①
②
③
④
⑤
第一横列
第1针
挑上针
⑥
不编织
下针
不编织
下针
⑦
第二横列
在有箭头处1针上针
⑧
最后1针为滑针
下针
不编织
下针
⑨
按序号排列
第三横列 编织 2×2罗纹
10 8 9 7 6 4 5 3 2 1
⑩
将线头整理好

# 编链起头法

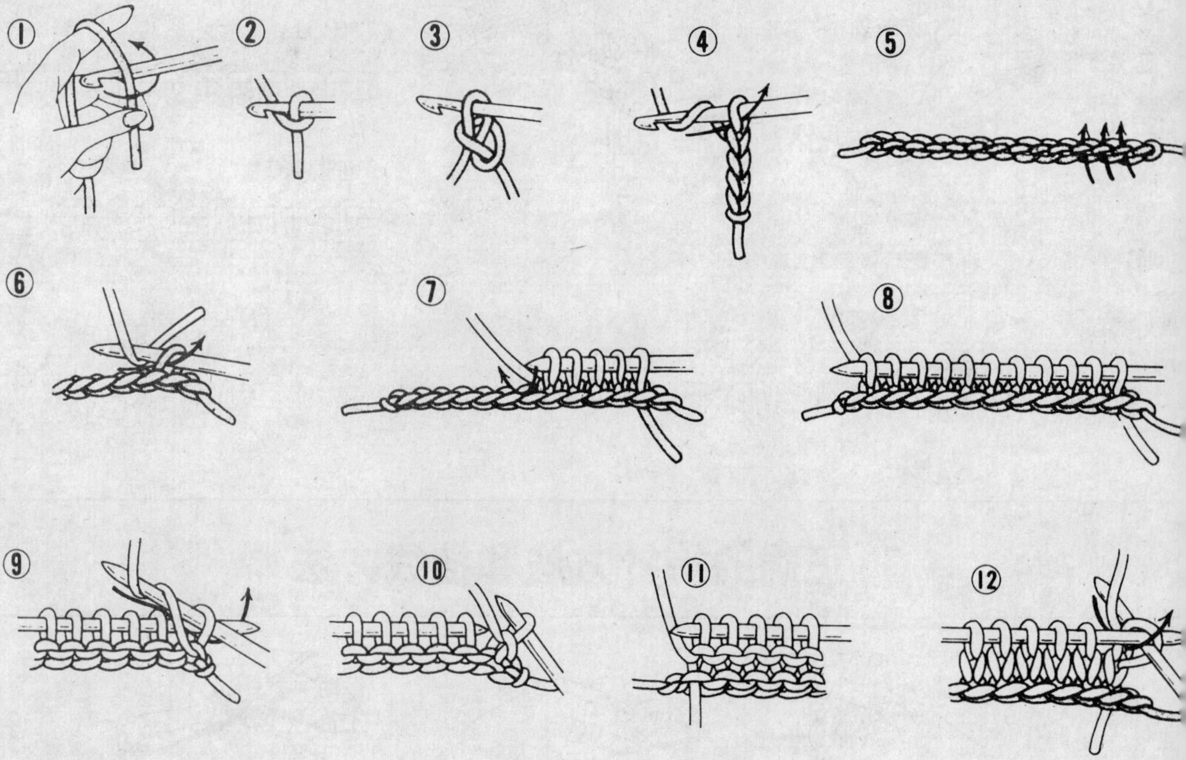

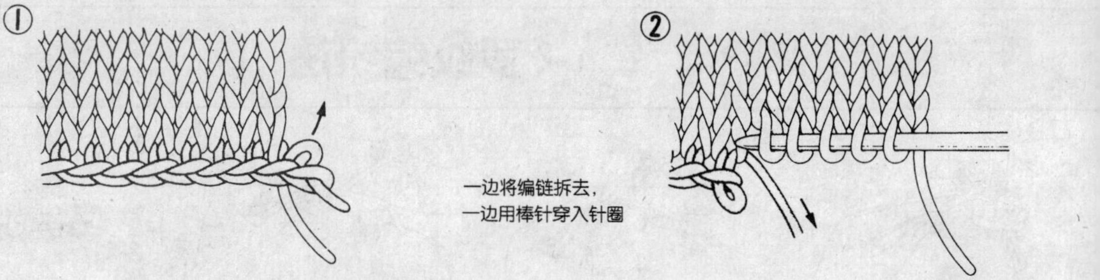

一边将编链拆去，
一边用棒针穿入针圈

# 钩针的正确持针方法

在用棒针编织时，可用钩针先作编链起头及收口止边

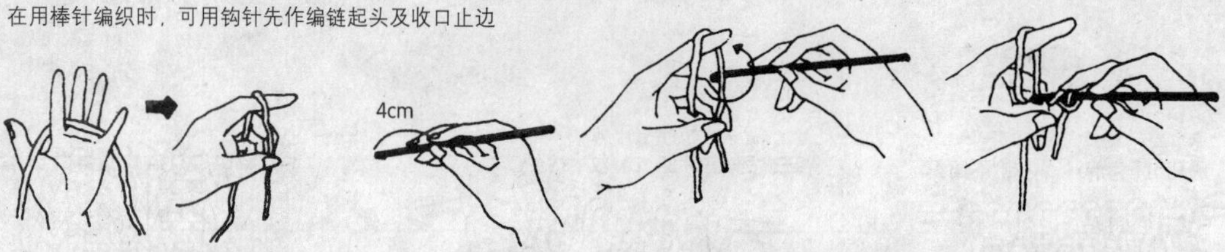
4cm

# 编织时做一下检查记录

正确理解绘图上的数字，是编织好作品的诀窍之一。为了不发生错误，请在编织前作好检查记录。

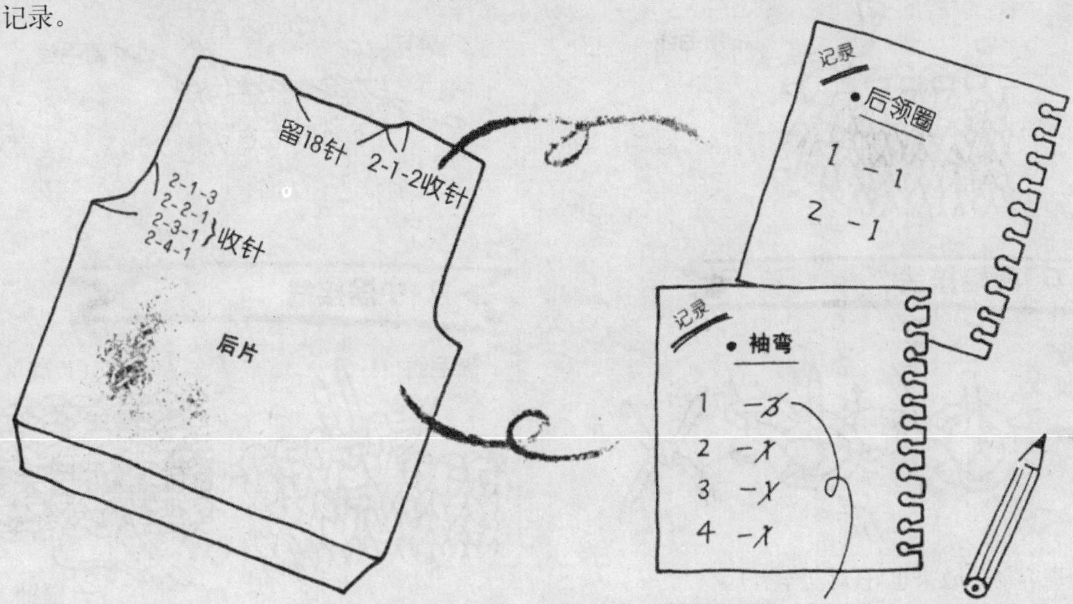
留18针
2-1-2收针
2-1-3
2-2-1
2-3-1
2-4-1
收针
后片
记录
后领圈
1 -1
2 -1
记录
袖弯
1 -3
2 -1
3 -1
4 -1

MEMO
MEMO

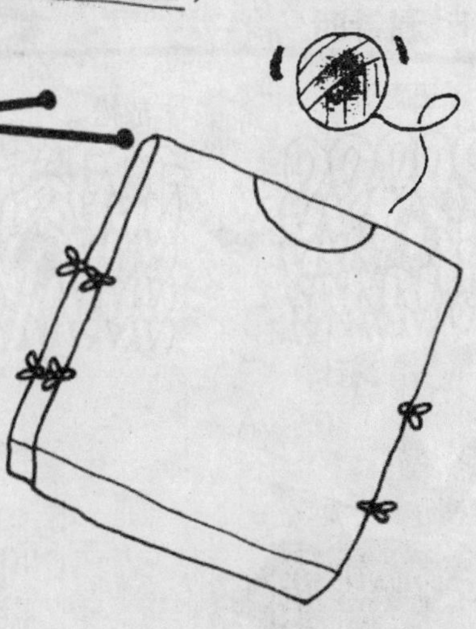

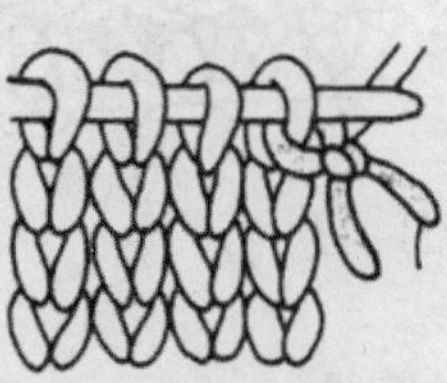

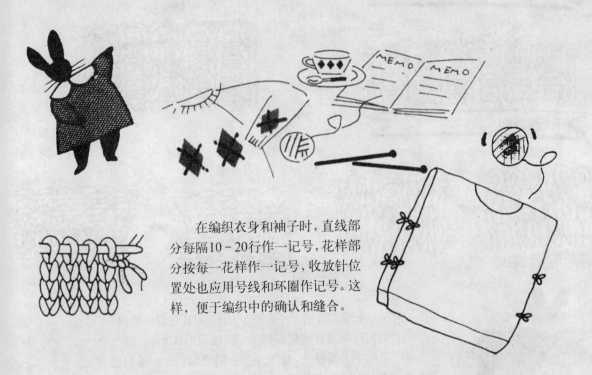

在编织衣身和袖子时，直线部分每隔10～20行作一记号，花样部分按每一花样作一记号，收放针位置处也应用号线和环圈作记号。这样，便于编织中的确认和缝合。

# 织到一半需接线时

## A 在织物的一端换线

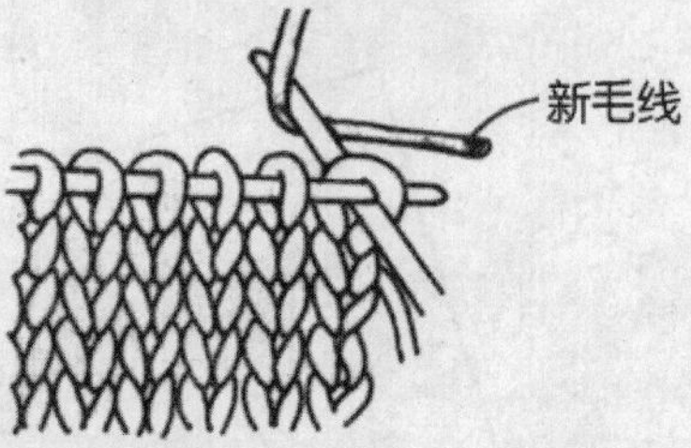
新毛线

## B 穿线连接(粗线)

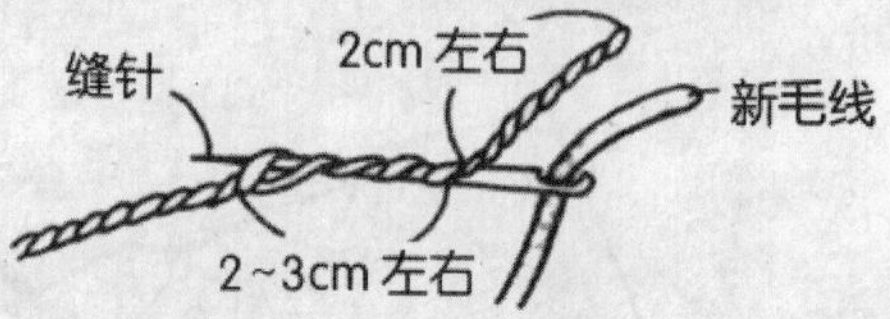
缝针
2cm 左右
新毛线
2~3cm 左右

## C 两端接线

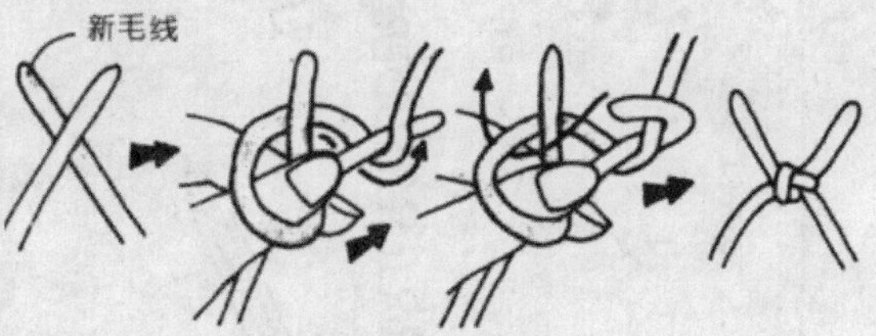
新毛线

处理容易，效果也好(对初学者)

## D 中途接线

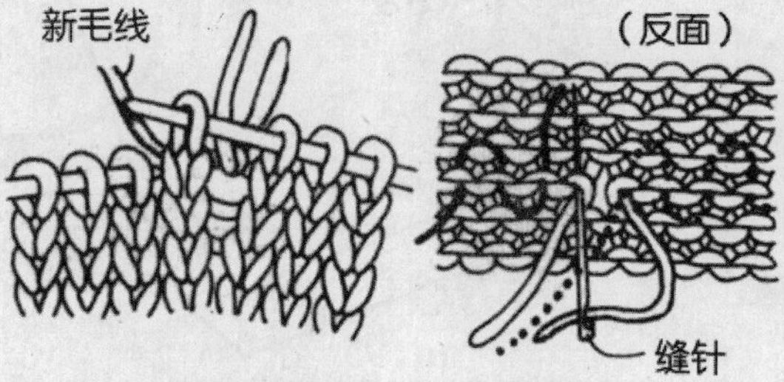
新毛线
（反面）
缝针

把新毛线穿进原线继续编织

## E 单罗纹织到一半时

倒退 2 ~ 3 针把
新线叠上去编织

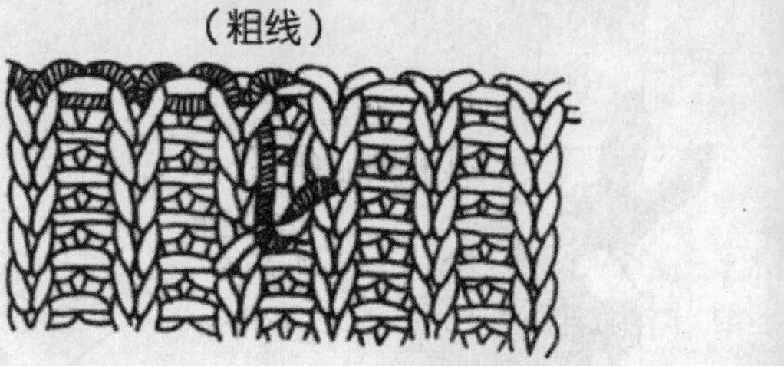
（粗线）

## F 漏针时

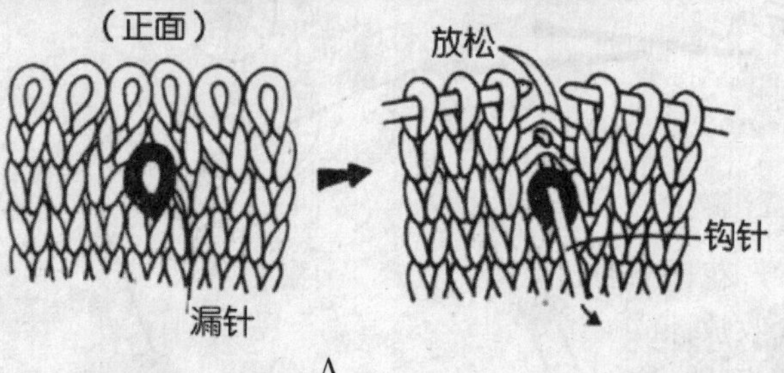
（正面）
放松
钩针
漏针

A

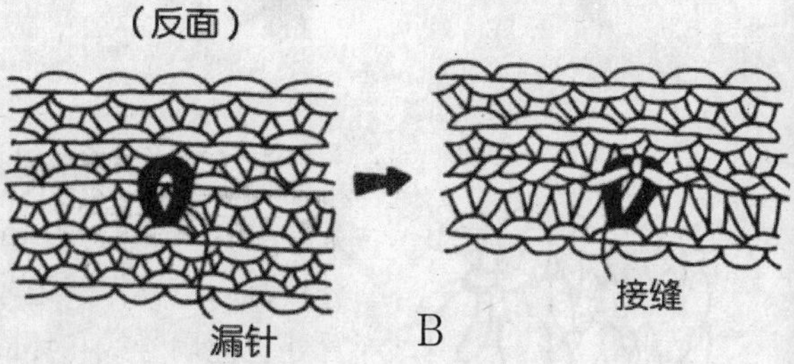
（反面）
漏针
接缝

B

如果漏了针，可采用A方法，即放松漏针的线，用钩针将漏针挑起继续编织；或采用B方法，即把零线穿入漏针处，编织下一行时将漏针一起编织进去，零线不必解开。

# 线头的处理

## A 织物的中部线头

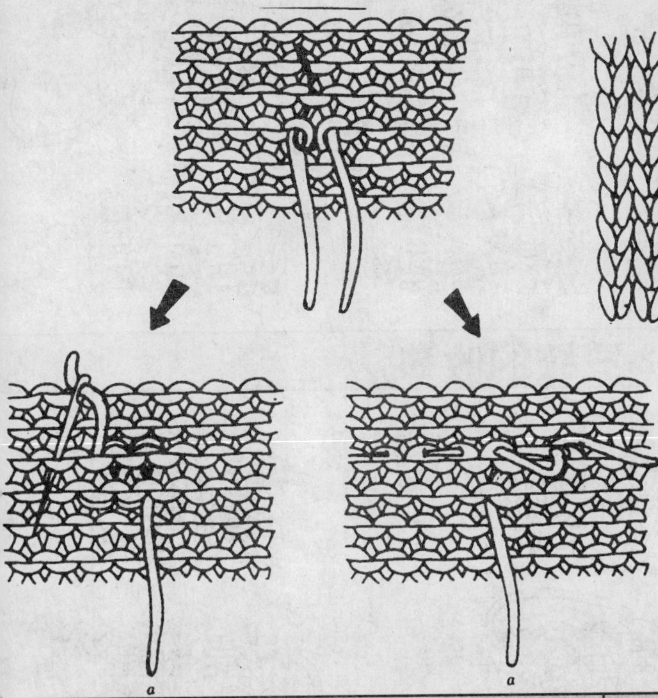
a
b
a

## B 织物边端的线头

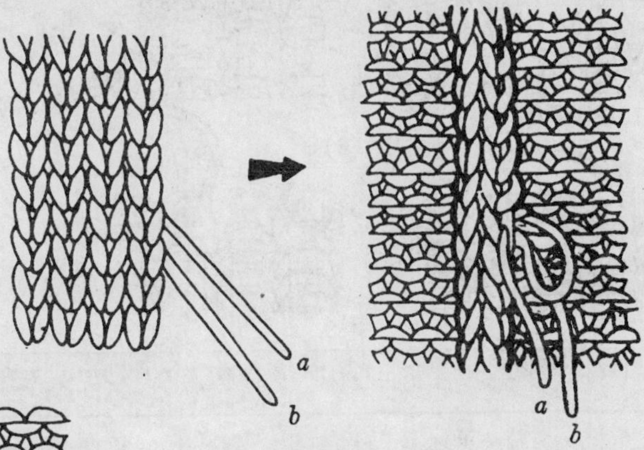
a
b
a
b

为使织物美观，线头的处理很重要。织物中产生的线头，让其穿过编织网眼2～3cm长，余下的可剪去；线头也可留长些，处理后打结。

# 图的反面毛线的处置

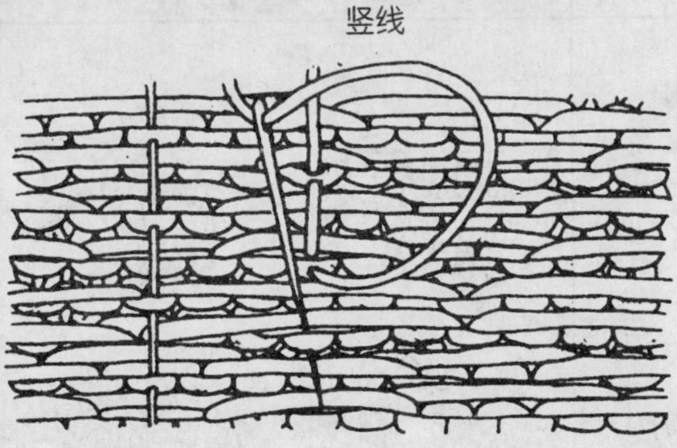
竖线

编织的图案花样大，反面横向过渡毛线就长。可参照图示在织物反面纵向穿入一线，不影响正面图案，将横向拉线固定。此时，应根据织物的伸缩性，适当取纵向毛线的长度。

# 图案花反面线太长了，怎么办？

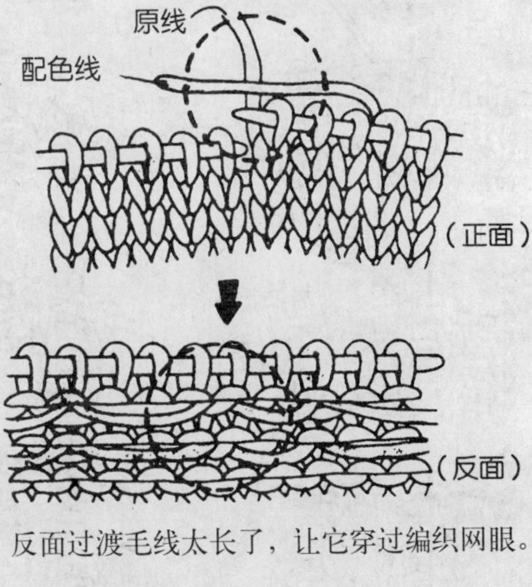
原线
配色线
（正面）
（反面）

反面过渡毛线太长了，让它穿过编织网眼。

# 收口止边法

## 编织1×1罗纹的收口法

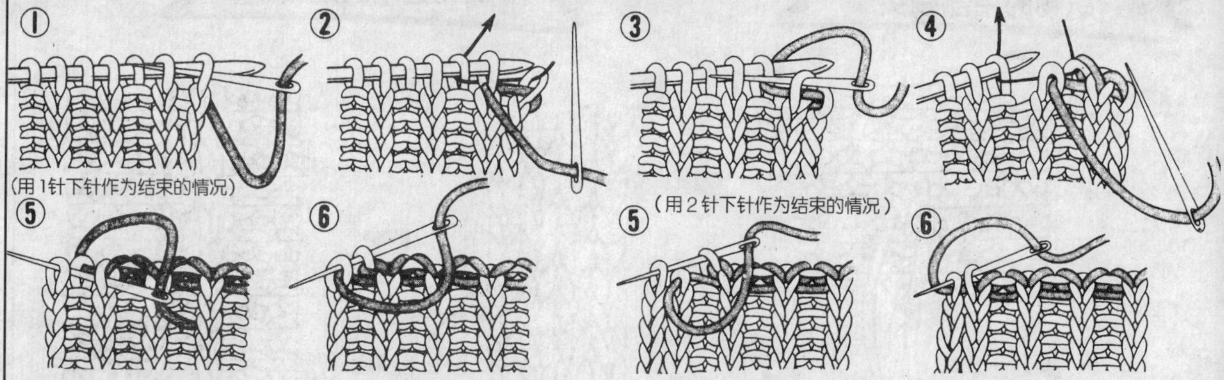
①
②
③
④
(用1针下针作为结束的情况)
⑤
⑥
(用2针下针作为结束的情况)
⑤
⑥

## 编织2×2罗纹的收口法

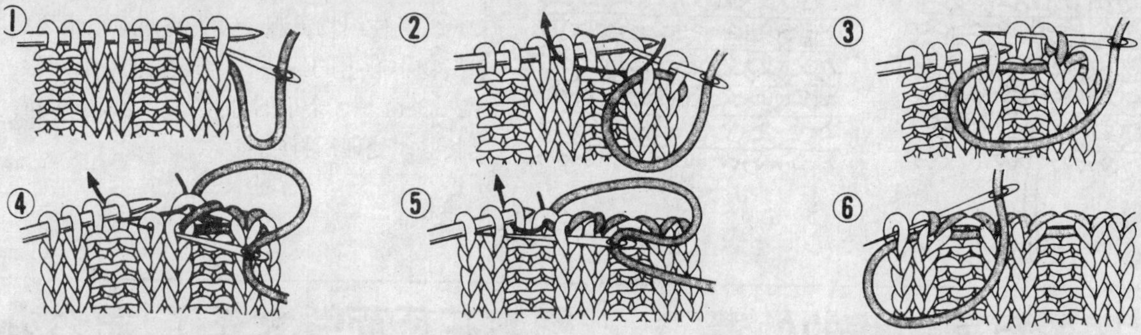
①
②
③
④
⑤
⑥

## 1×1罗纹收口(双边收口)

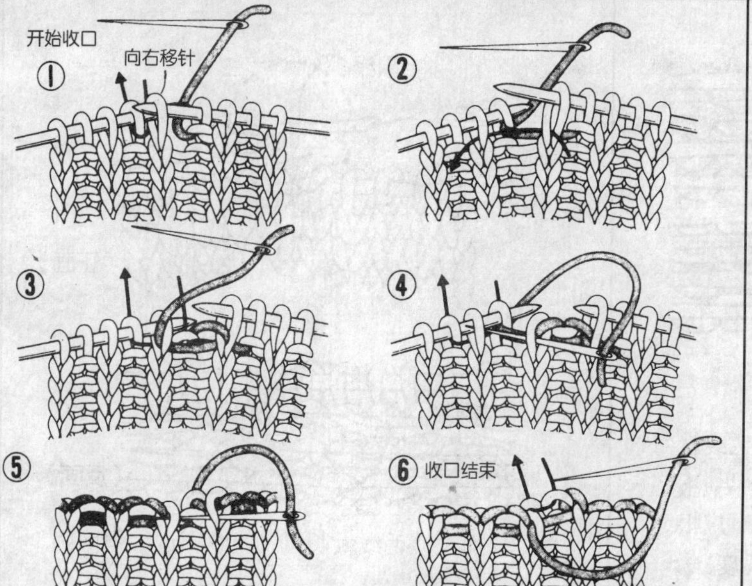
开始收口
向右移针
①
②
③
④
⑤
⑥ 收口结束

## 编链收口法

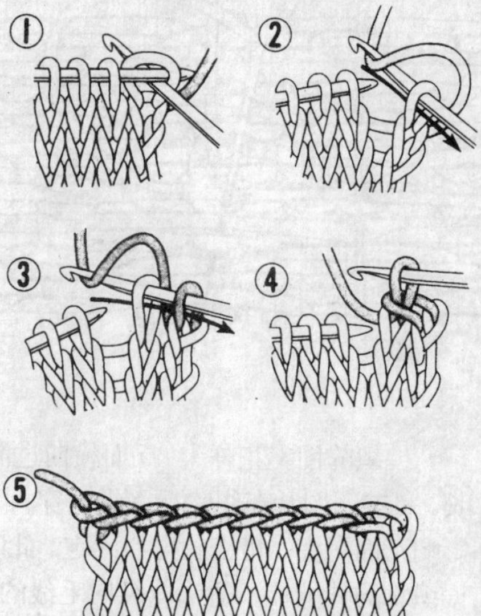
①
②
③
④
⑤

# 接缝法

## 编链接缝

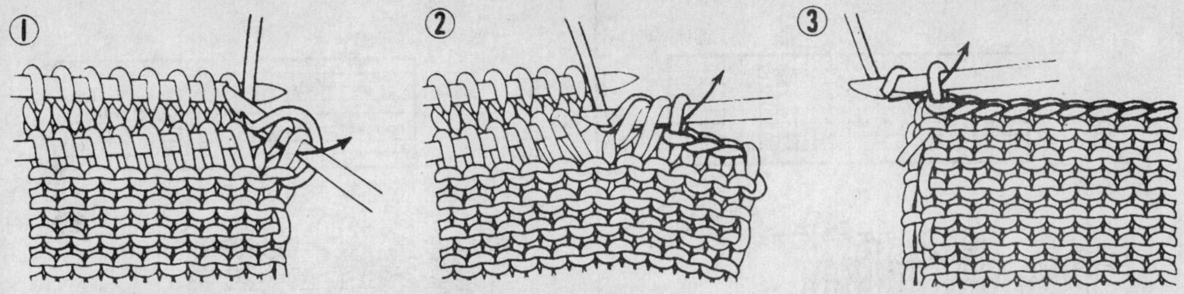

## 平针接缝法

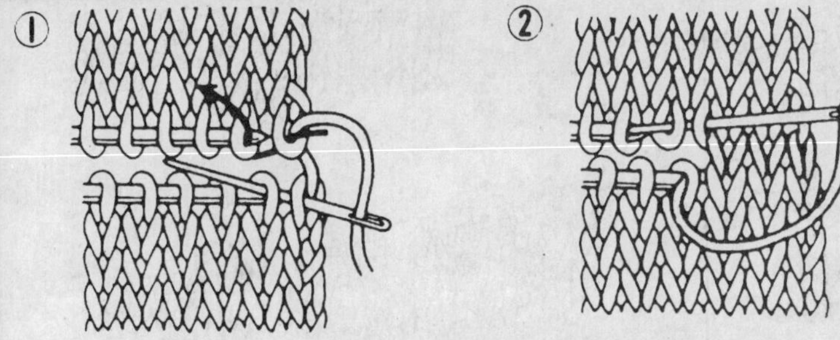

## 纵横平针接缝法

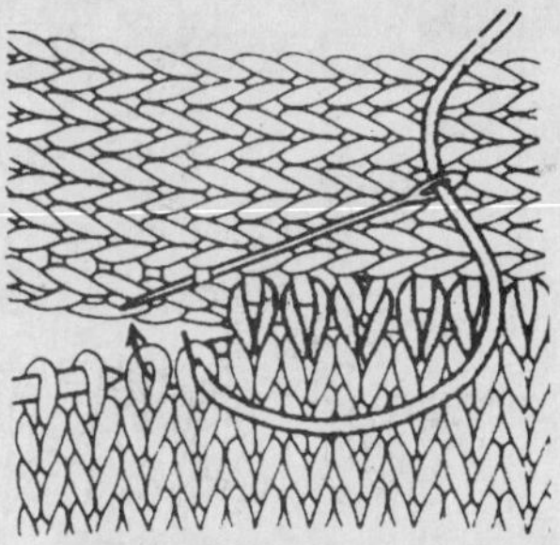

## 正面线圈暗接缝法

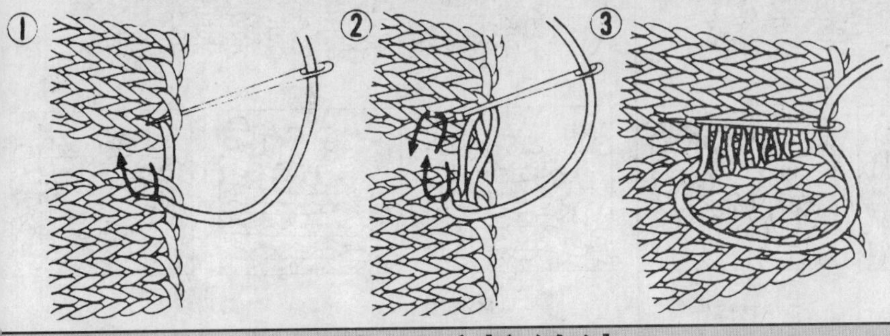

## 1×1罗纹的暗接缝法

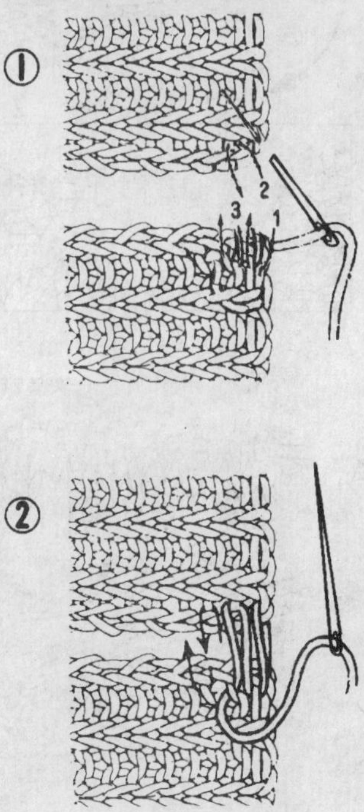

## 反面线圈暗接缝法

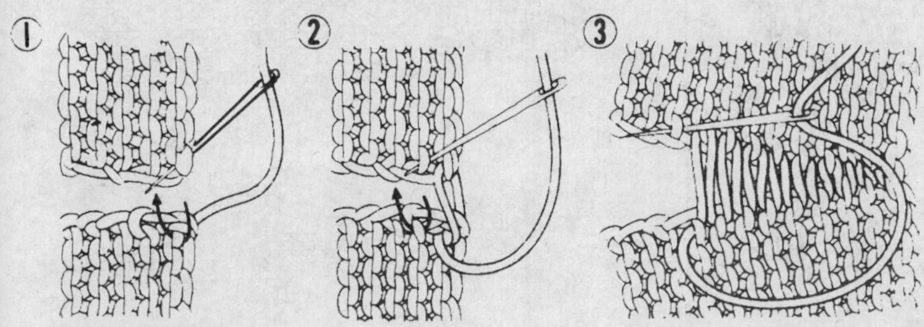

# 挂肩的往返编织法

## 左肩

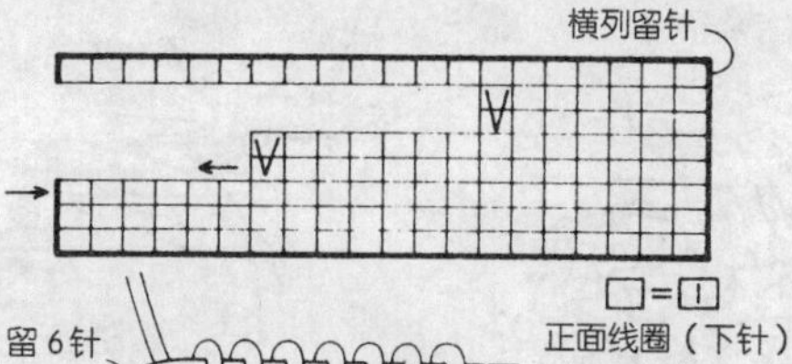
横列留针
□=□
正面线圈（下针）

①

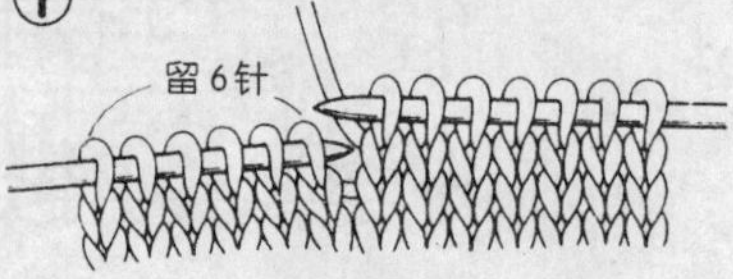
留6针

②

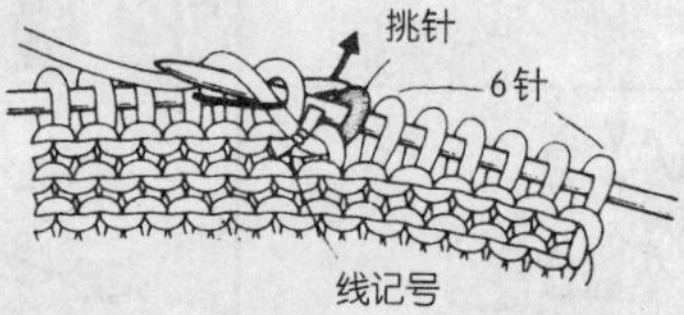
挑针
6针
线记号

③

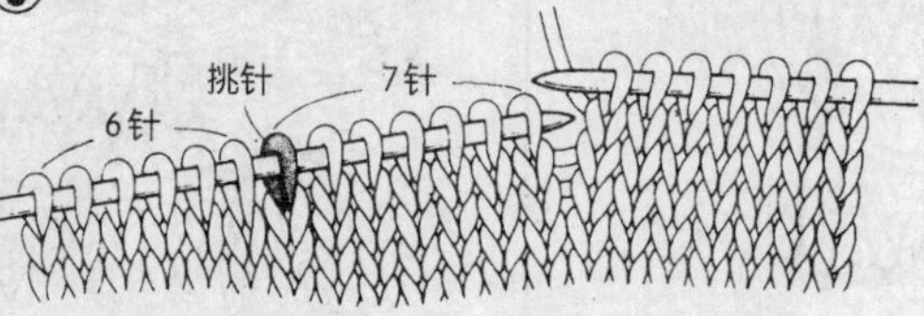
挑针
7针
6针

④

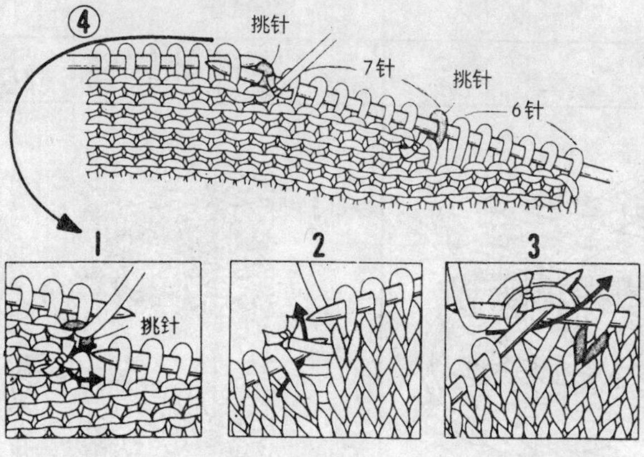
挑针
7针
挑针
6针
1
2
3
挑针

⑤

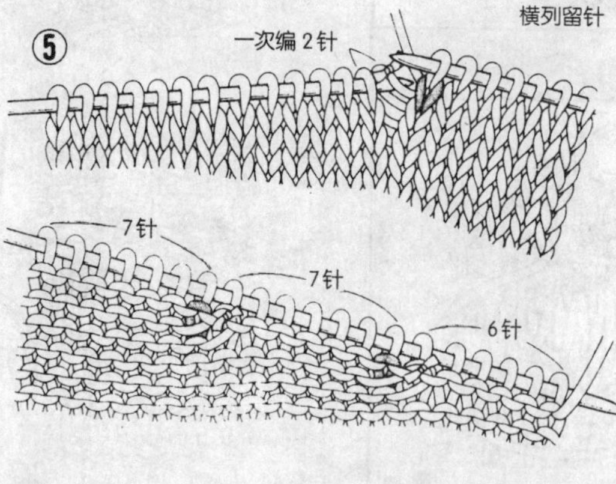
横列留针
一次编2针
7针
7针
6针

## 右肩

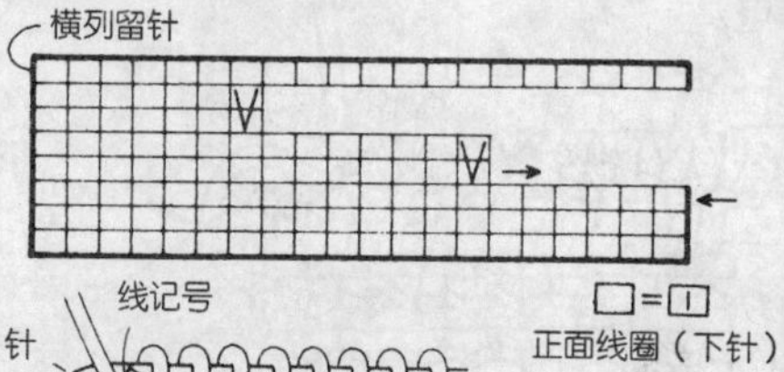
横列留针
□=□
正面线圈（下针）

①

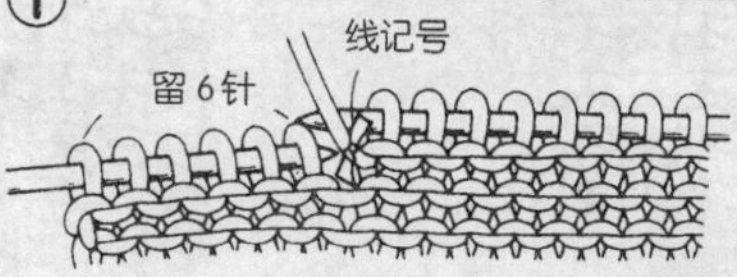
线记号
留6针

②

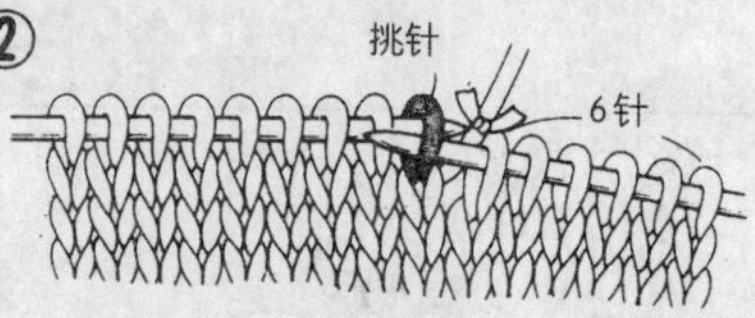
挑针
6针

③

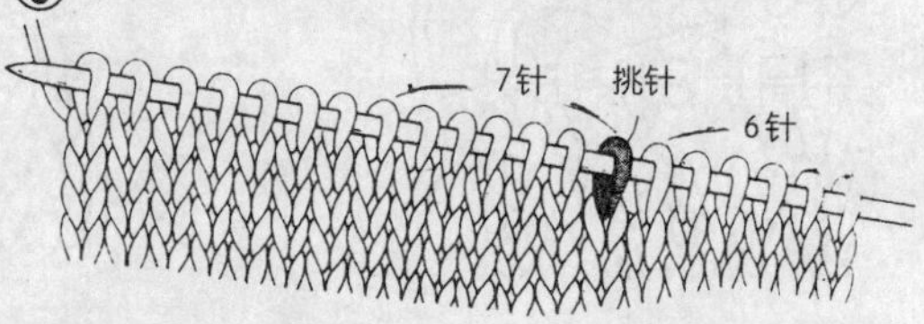
7针
挑针
6针

④

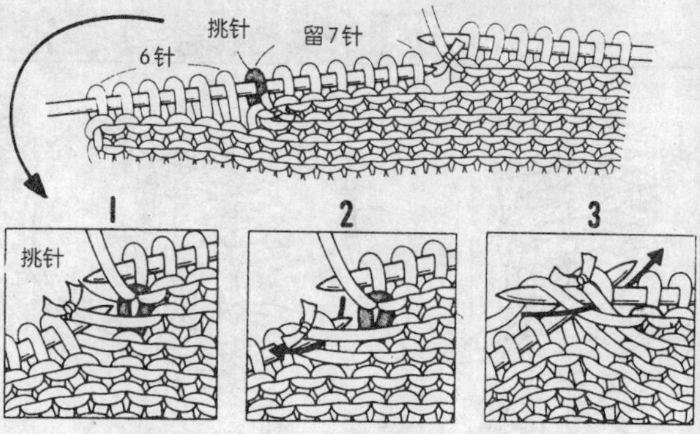
挑针
留7针
6针
1
2
3
挑针

横列留针

⑤

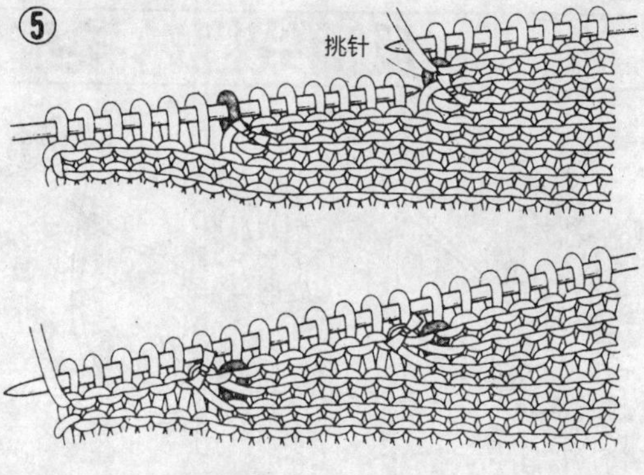
挑针

# 提花编织技巧

## 反面浮浅的技巧

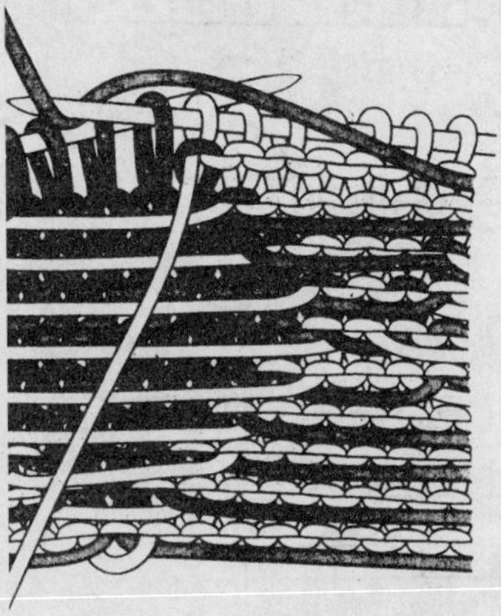

## 反面不浮浅的技巧

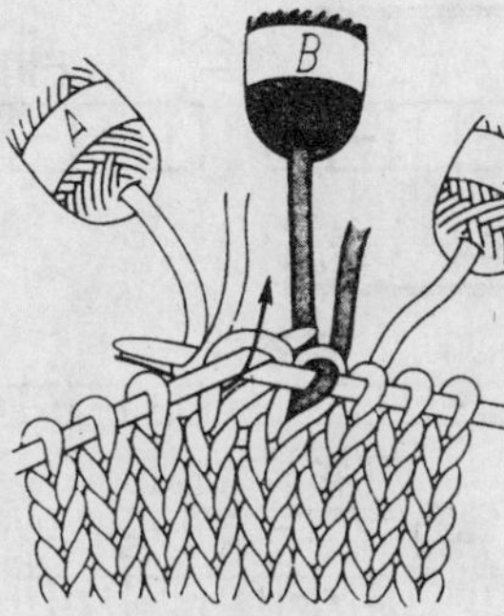
A
B
A

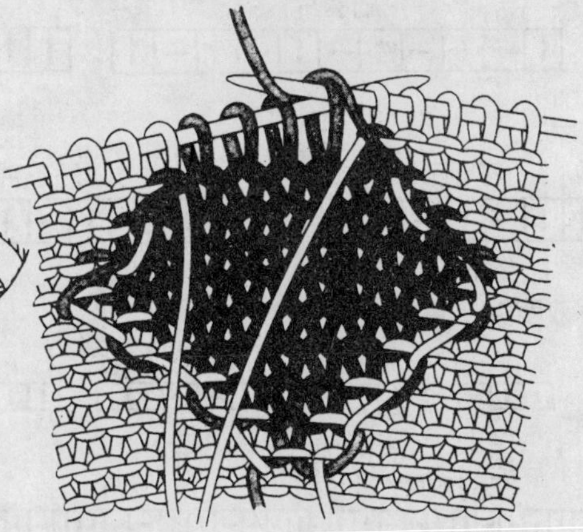

# 装袖的方法

用别针固定的方法

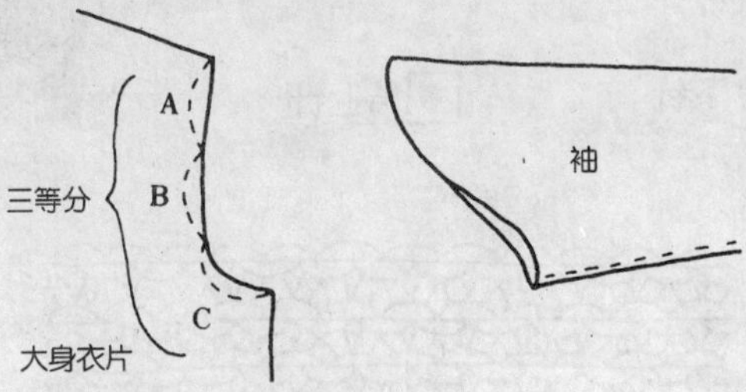
A
三等分
B
C
大身衣片
袖

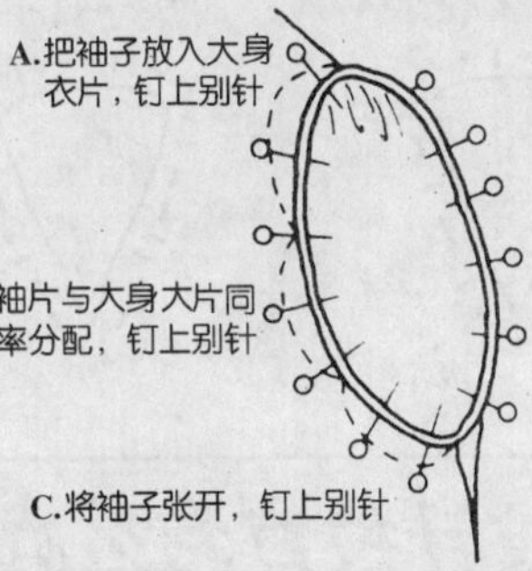
A.把袖子放入大身
衣片，钉上别针
B.把袖片与大身大片同
比率分配，钉上别针
C.将袖子张开，钉上别针
向前衣片方向 1cm

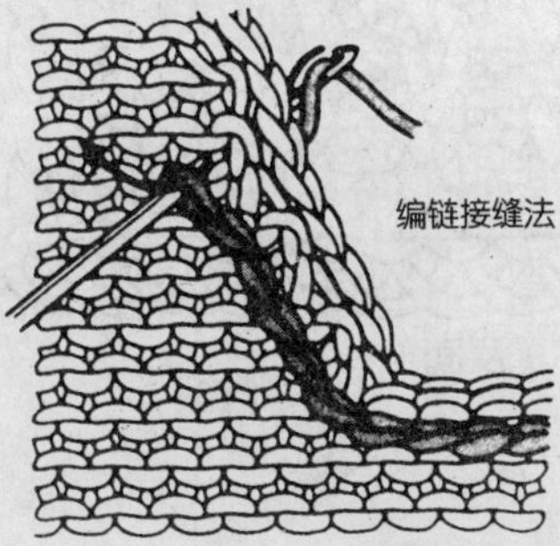

编链接缝法

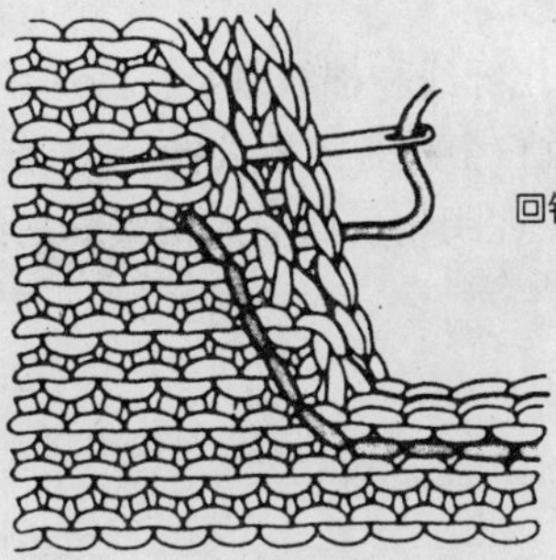

回针接缝法

# 缝合罗纹针时

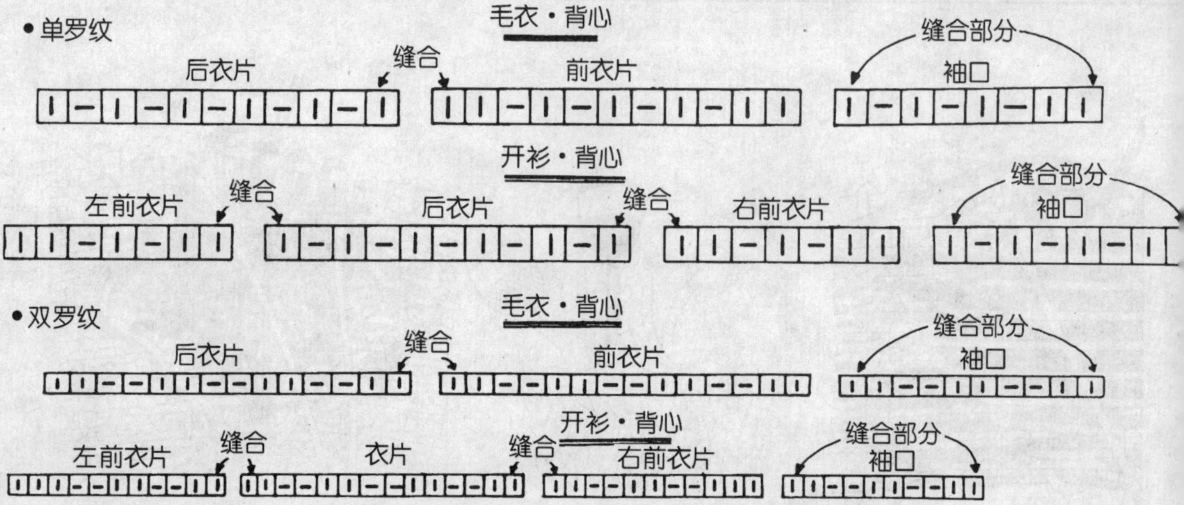
●单罗纹
毛衣・背心
后衣片
缝合
前衣片
缝合部分
袖口
开衫・背心
左前衣片
缝合
后衣片
缝合
右前衣片
缝合部分
袖口
●双罗纹
毛衣・背心
后衣片
缝合
前衣片
缝合部分
袖口
开衫・背心
左前衣片
缝合
衣片
缝合
右前衣片
缝合部分
袖口

## 环形弹性编织(领弧线)

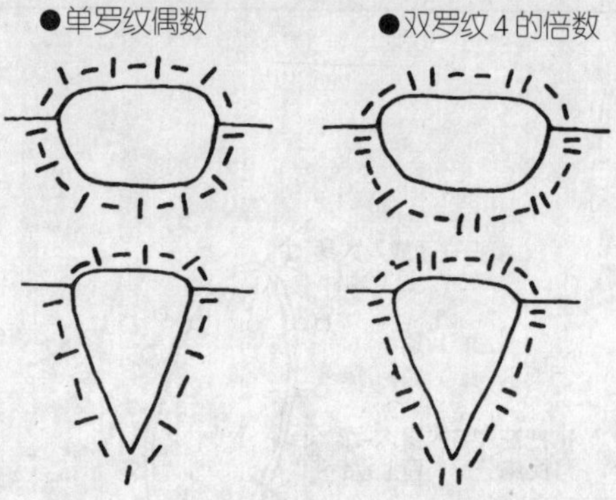
●单罗纹偶数
●双罗纹4的倍数

在编织毛衣、开衫或背心的下摆、袖口、领圈的罗纹针时，应仔细计算编织针数，使编织网眼连续美观。

[I] = 下针　　[–] =上针

## 罗纹针拉直怎么办?

使用化纤线和棉线以及毛线编织得太松时，弹性收口会松弛或罗纹针会拉直。这时可参照图示，在织物反面穿入松紧缝纫线，使织物收缩。

松紧缝纫线

（反面）

# 编织时如果发现漏针怎么办

★用钩针漏针处，挑线补齐。

★用棒针在漏针处的左右两边各挑 2 针、再用钩针挑线补齐针数。

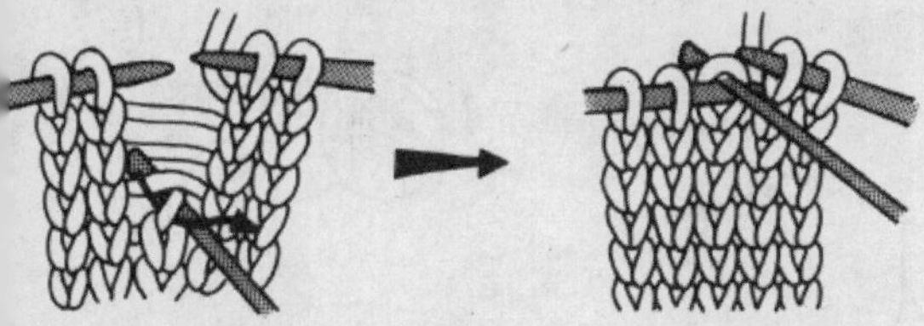

## 毛衣从箱中取出时发现有漏洞怎么办

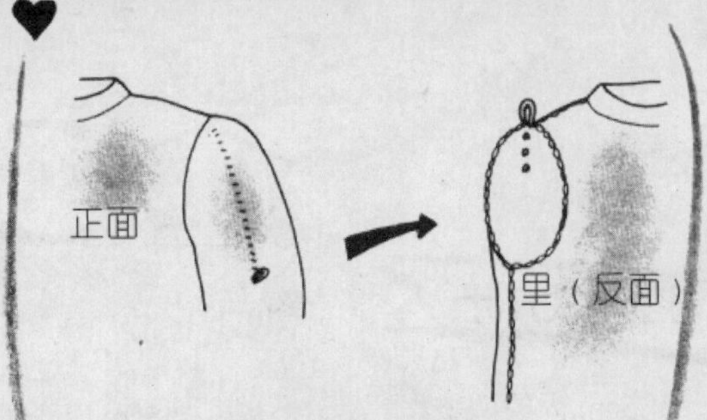

正面
里（反面）


★按左图所示的方法将漏针处修补完整。

## 绽线编织修补法

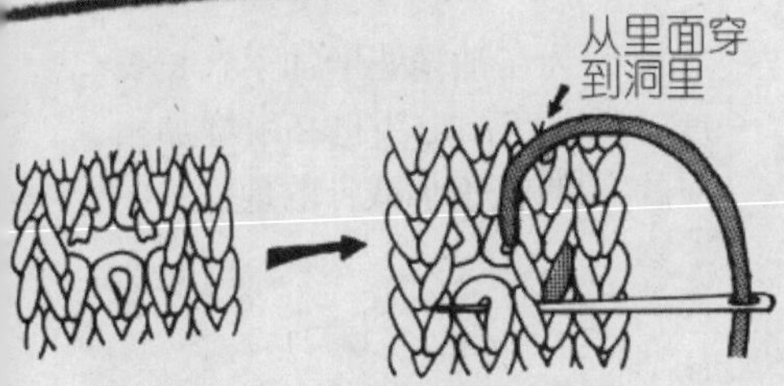

从里面穿到洞里


★在 2 与 3 针前挑针。

## 毛线接线方法

★端结（因为结子小，而且不易松脱）。

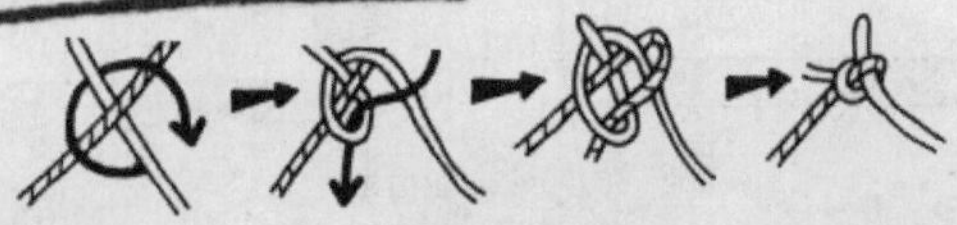

## 毛线洗涤方法

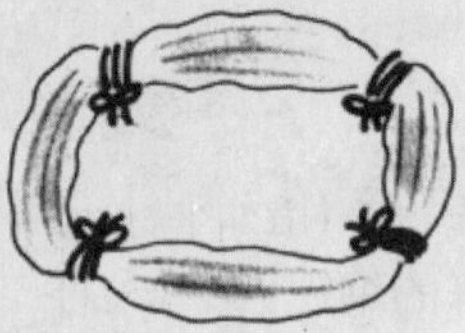

★首先将绕好的毛线分 4 处系住。

★在 60C°~ 70C°的热水中浸泡 4 ~ 5 分钟

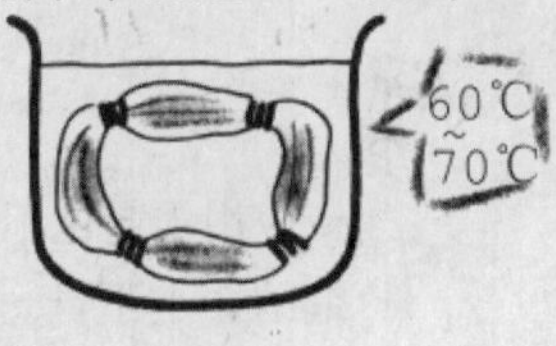

60℃
~
70℃


★用软管通入水桶底部，慢慢地注入冷水，使水冷却

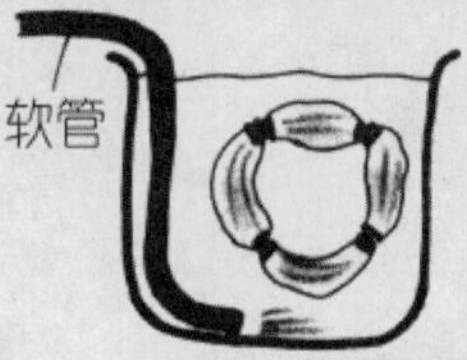

软管


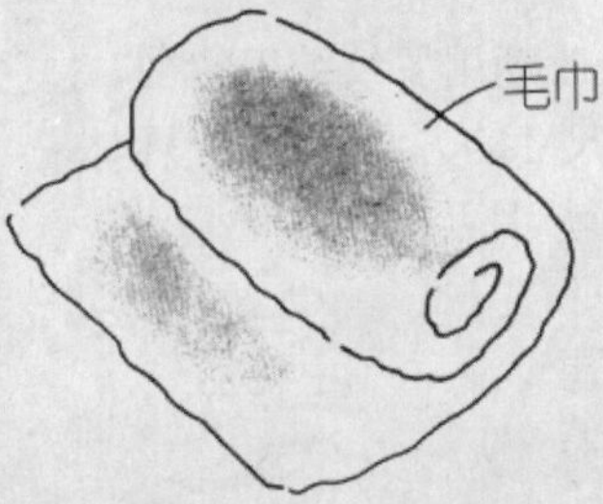

毛巾


★将毛线放入干毛巾中卷起，使水分排放

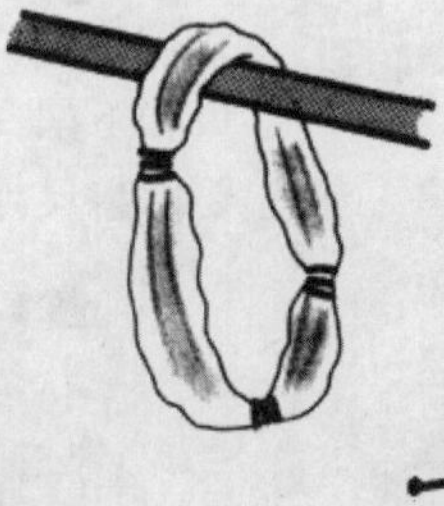

★在通风的阴凉处吹干

如果只是少量毛线
用蒸汽熨斗就行！

# 如何修正原先的毛衣尺寸

☆尝试看用简单方法修改原先不符合自己的毛衣尺寸。

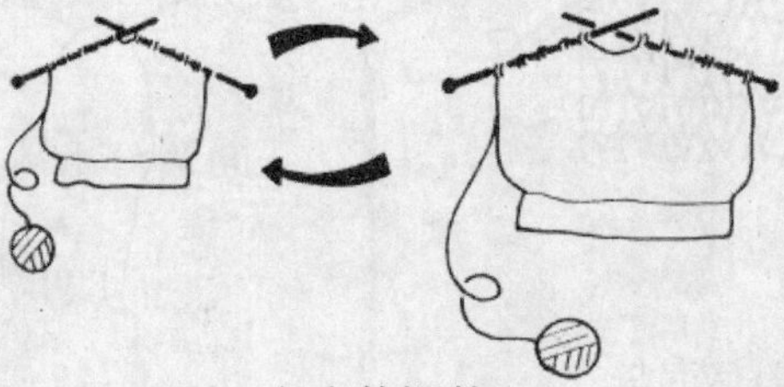

## 调整毛衣尺寸

5cm 内的调整

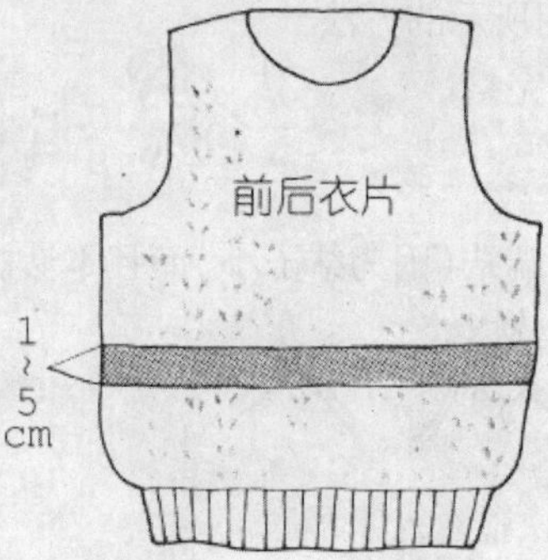
前后衣片
1~5cm

5cm 以上的调整

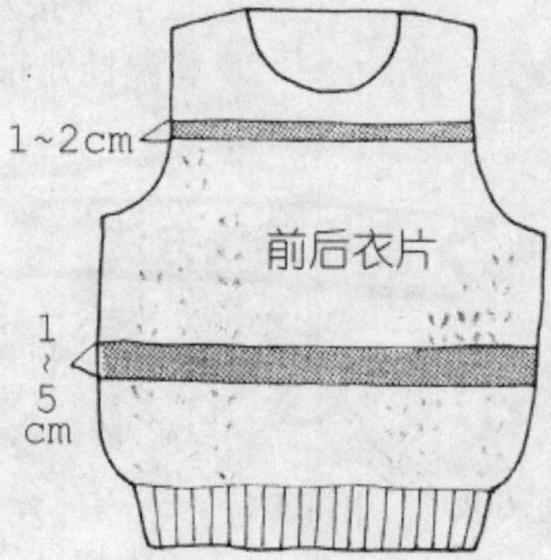
1~2cm
前后衣片
1~5cm

因为在袖笼处增加了衣长长度，所以在袖山头也必须增加相应的宽度(在不加减针的地方)

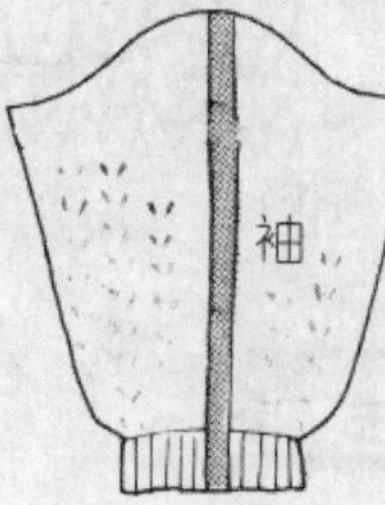
袖

编织1~2cm的罗纹接口。

只改变罗纹编织的部分

在大花样编织的地方，修改不方便。

☆应用于变化不大的花样编织中。(诸如平针编结，上下针，连续小花样的编织)

☆在侧缝的垂直方向上进行调整。(在不加减针数的地方)

☆调整尺寸时，尽量改动用罗纹编织的袖口和下摆。(改变毛衣尺寸的方法有很多，只要你将尺寸大小平衡就可以了)

在垂直部分调整
连续小花样

## 胸围的调整

☆试图改变毛衣尺寸(放大或缩小 4cm)。

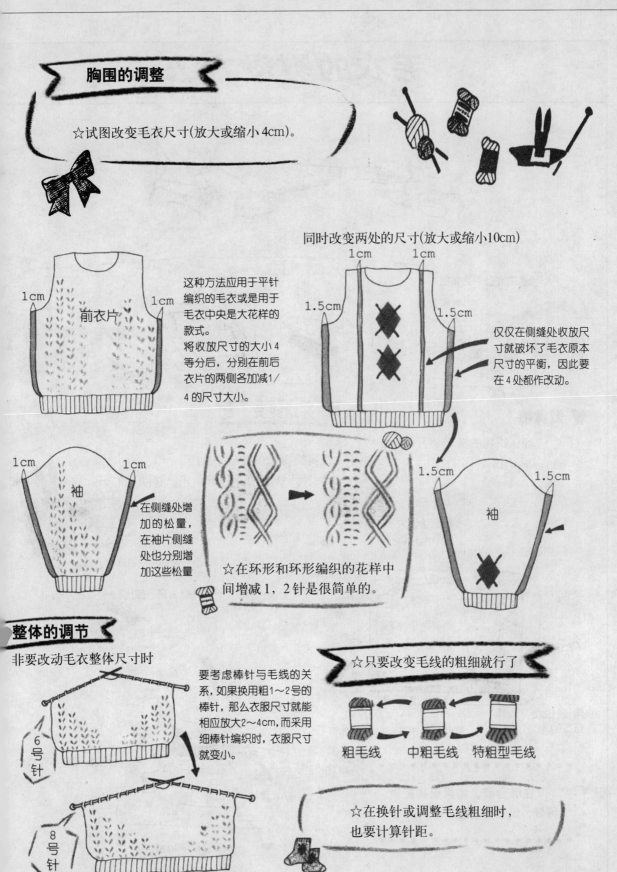

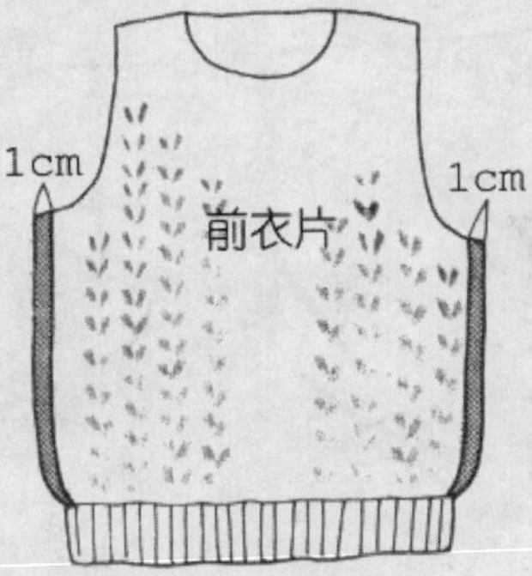
1cm
1cm
前衣片

这种方法应用于平针编织的毛衣或是用于毛衣中央是大花样的款式。
将收放尺寸的大小 4 等分后，分别在前后衣片的两侧各加减1/4 的尺寸大小。

同时改变两处的尺寸(放大或缩小10cm)

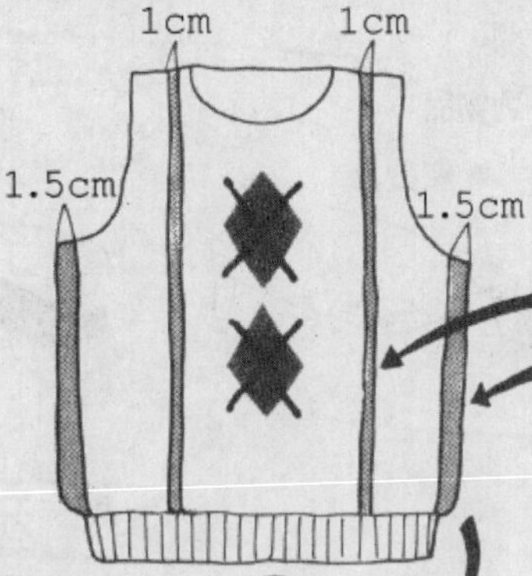
1cm
1cm
1.5cm
1.5cm

仅仅在侧缝处收放尺寸就破坏了毛衣原本尺寸的平衡，因此要在 4 处都作改动。

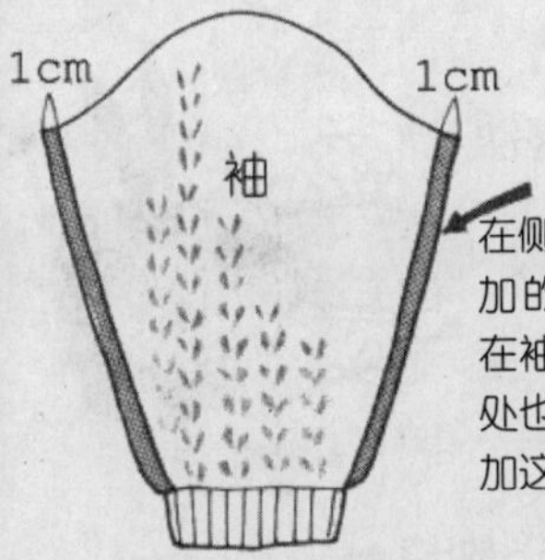
1cm
1cm
袖

在侧缝处增加的松量，在袖片侧缝处也分别增加这些松量

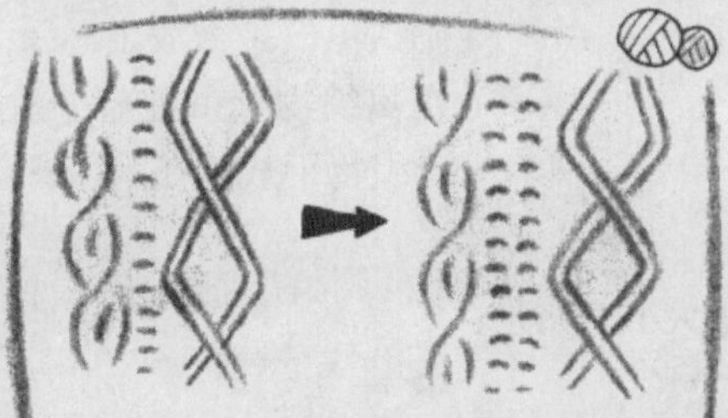

☆在环形和环形编织的花样中间增减 1，2 针是很简单的。

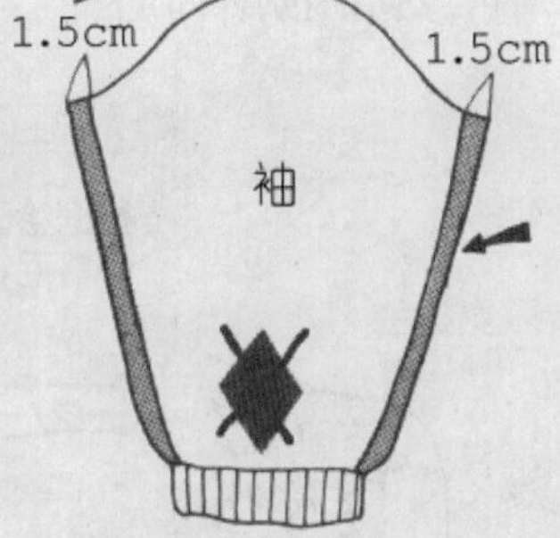
1.5cm
1.5cm
袖

## 整体的调节

非要改动毛衣整体尺寸时

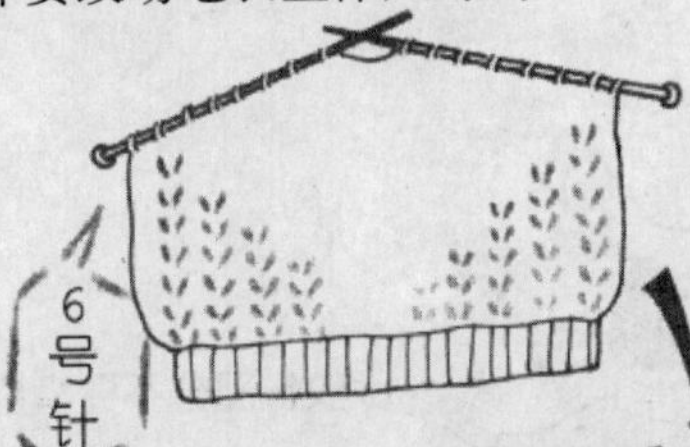
6
号
针

要考虑棒针与毛线的关系，如果换用粗1～2号的棒针，那么衣服尺寸就能相应放大2～4cm，而采用细棒针编织时，衣服尺寸就变小。

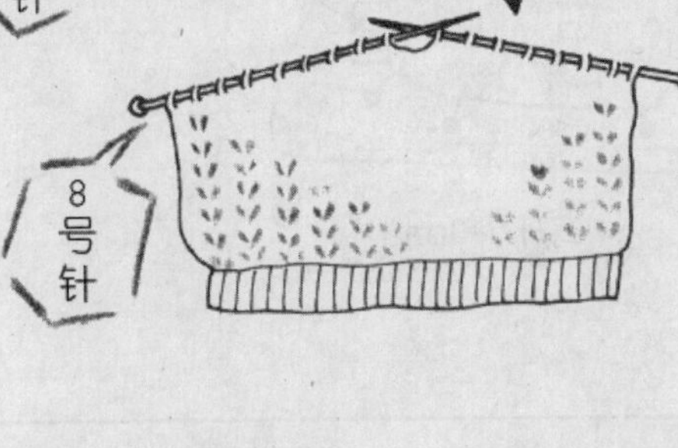
8
号
针

☆只要改变毛线的粗细就行了

粗毛线
中粗毛线
特粗型毛线

☆在换针或调整毛线粗细时，
也要计算针距。

# 毛衣的熨烫方法

♥需准备下列物品

• 蒸气熨斗
• 熨烫台
• 纸型
• 长针 · 别针

## ♥熨烫前

确认织物的横竖是否拉直，然后用别针固定。

## A　开始熨烫

a 确认蒸汽是否放出。
b 在离织物 3cm 处充分放出。
c 让织物平放，在其冷却前不去移动

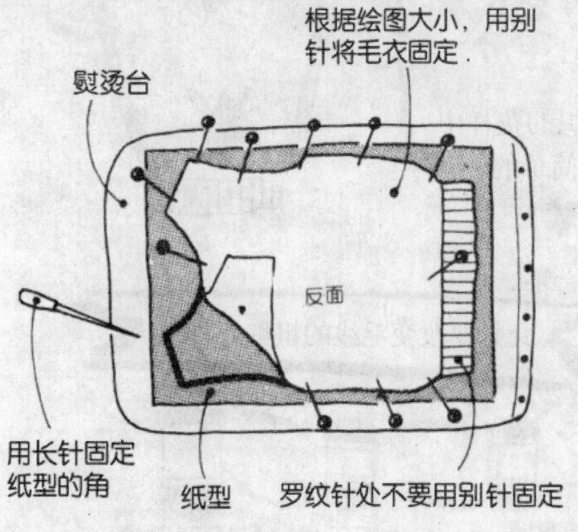
根据绘图大小，用别针将毛衣固定
熨烫台
反面
用长针固定纸型的角
纸型
罗纹针处不要用别针固定

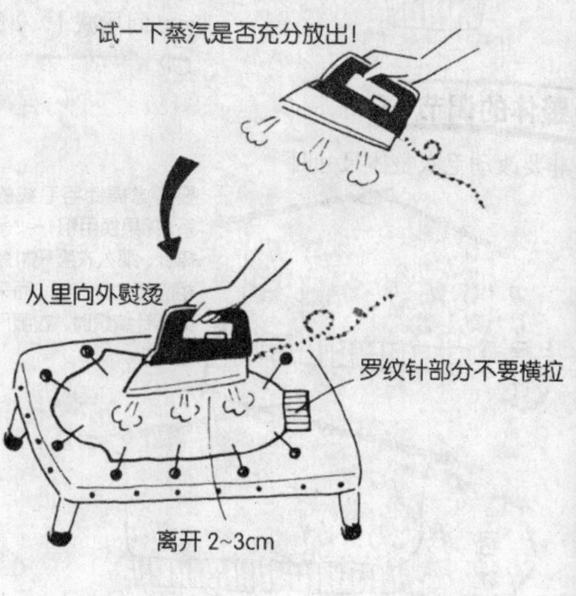
试一下蒸汽是否充分放出！
从里向外熨烫
罗纹针部分不要横拉
离开 2~3cm

在缝合前，如果织物熨烫得好，就很容易缝合。

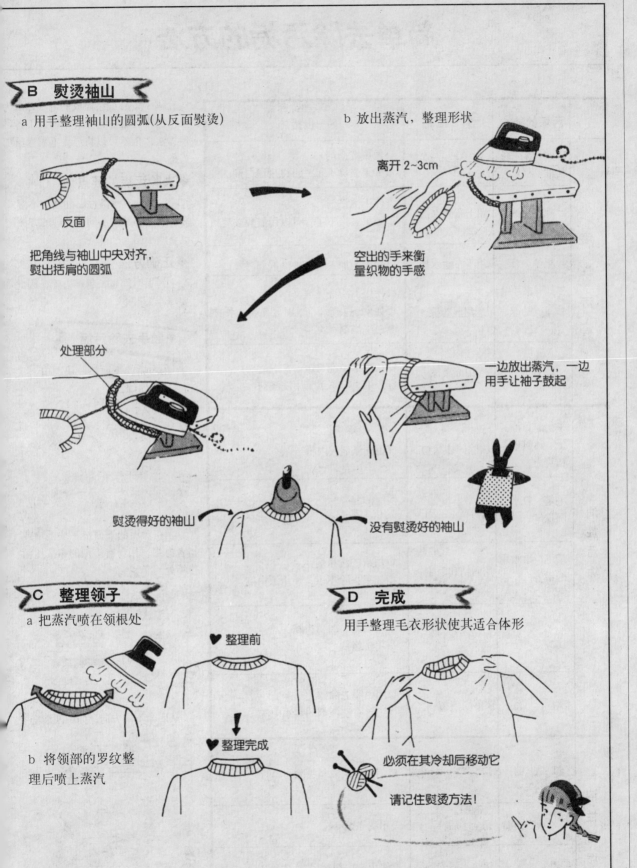

## B 熨烫袖山

a 用手整理袖山的圆弧(从反面熨烫)

b 放出蒸汽，整理形状

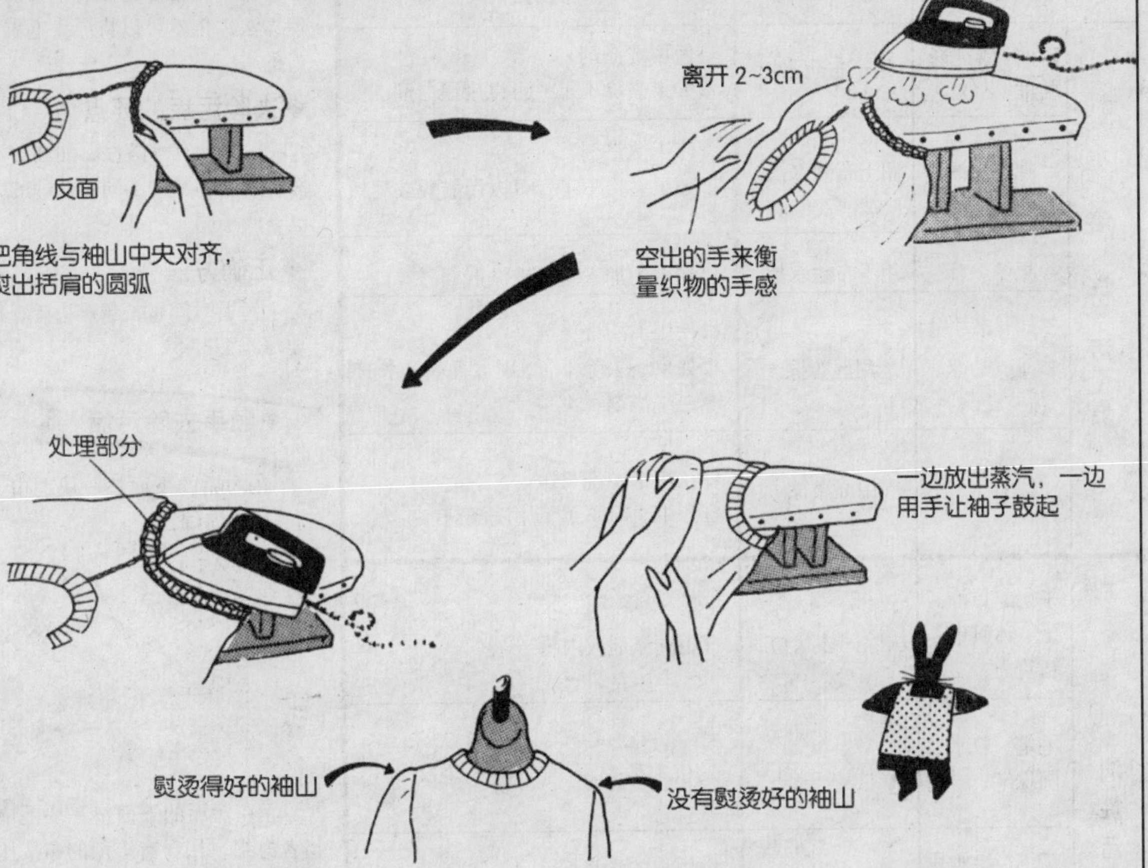
反面
把角线与袖山中央对齐，
熨出括肩的圆弧
离开 2~3cm
空出的手来衡
量织物的手感
处理部分
一边放出蒸汽，一边
用手让袖子鼓起
熨烫得好的袖山
没有熨烫好的袖山

## C 整理领子

a 把蒸汽喷在领根处

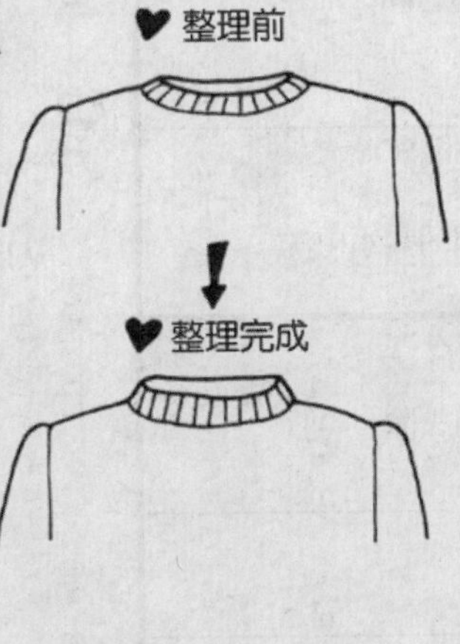
整理前
整理完成

b 将领部的罗纹整理后喷上蒸汽

## D 完成

用手整理毛衣形状使其适合体形

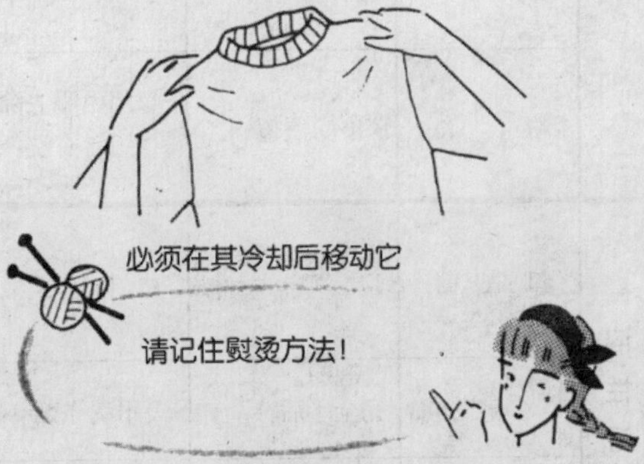
必须在其冷却后移动它
请记住熨烫方法!

# 简单去除污垢的方法

| | 污垢的种类 | 第一措施 | 下一步措施 |
|---|---|---|---|
| 水溶性污垢 | 酱油、蕃茄酱、咖啡 | 用干布蘸水擦 | ◎使用洗涤剂<br>◎如果去除不了，可以用漂白剂 |
| | 啤酒 | 用干布蘸水擦 | ◎使用洗涤剂<br>◎如果去除不了，可以用醋酸或酒精 |
| | 果汁 | 用干布蘸水擦 | ◎在水中加入酸性洗涤剂 |
| | 血液 | 用湿布擦 | ◎使用加酶洗涤剂<br>◎如果还去除不了，用含有双氧水的漂白洗涤剂 |
| | 汗 | 用湿布擦 | ◎在热水中洗<br>◎如果去除不了，用洗涤剂 |
| 油性污垢 | 牛奶、黄油、蛋、冰淇琳、巧克力 | 去除固体状物质 | ◎用洗涤剂或丙酮 |
| | 毛笔、胶水、圆珠笔 | 用稀释了的丙酮 | ◎用酒精 |
| | 蜡笔、绘画用的铅笔 | 用酒精和丙酮 | ◎用浓的洗涤剂<br>◎如果去除不了，使用漂白剂 |
| | 口红 | 拨落固体物 | ◎用丙酮、酒精去除<br>◎用洗涤剂 |
| | 粉底 | 拨落固体物 | ◎用丙酮去除<br>◎用含有洗涤剂的热水中洗 |
| 微溶性污垢 | 口香糖 | 在冰水中冷却凝固 | ◎用丙酮、酒精去除 |
| | 泥 | 完全干后 | ◎用洗涤剂 |
| | 碘酒 | 用热水浸泡 | ◎使用漂白剂 |

充满了爱心编结而成的毛衣却因为点污垢十分难看，只要采取以下各种理方法，依然可以将漂亮毛衣送给那人的哦!

### ◆去除污垢的要点

污垢含有水溶性、油性与不溶性，根据种类的不同，处理的方法也有所不同。

### ◆正确方法

污垢时间越长越难去除，因此要尽早处理。

### ◆顺手去除污垢

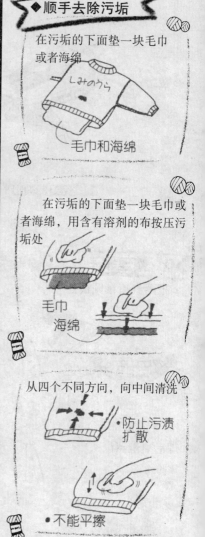

在污垢的下面垫一块毛巾或者海绵

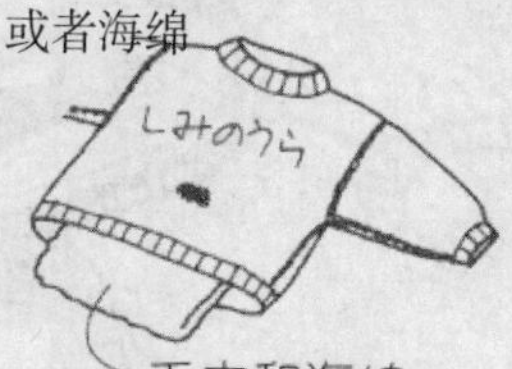
しみのうら
毛巾和海绵

在污垢的下面垫一块毛巾或者海绵，用含有溶剂的布按压污垢处

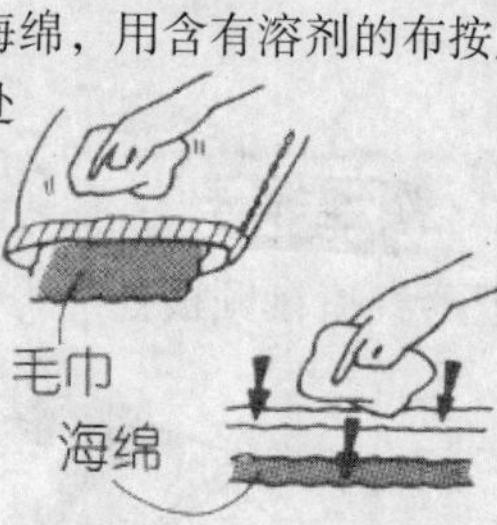
毛巾
海绵

从四个不同方向，向中间清洗

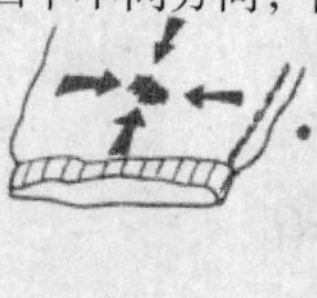
•防止污渍扩散

•不能平擦

掌握要点了吧!

# 精美的编织工具包

## 精美的编织工具包

棒针、钩针、缝针……诸如此类的必要工具，为了能方便使用各类编织工具，让我们一起整理收集一下吧！

## 一起来做存放编织工具的便携袋吧!

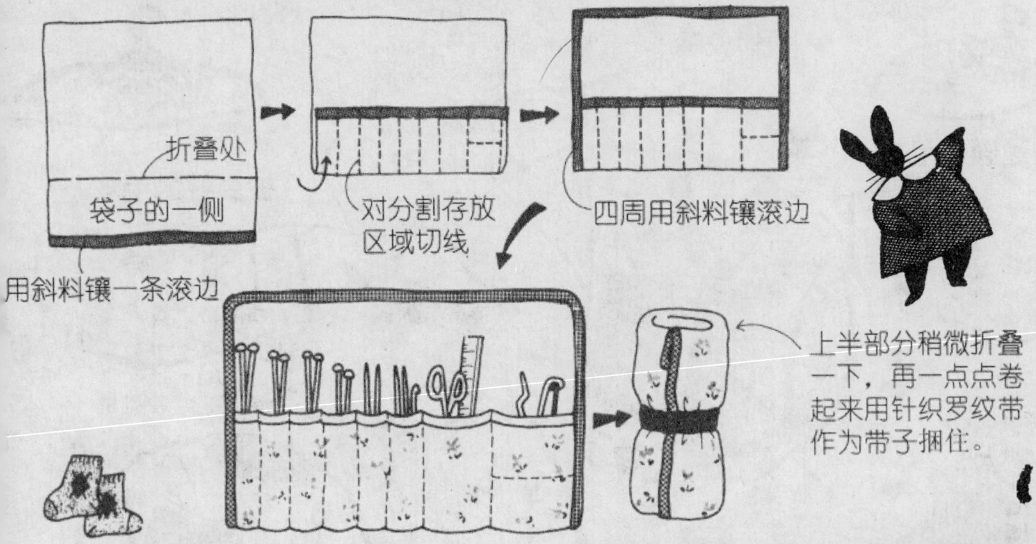
折叠处
袋子的一侧
用斜料镶一条滚边
对分割存放区域切线
四周用斜料镶滚边
上半部分稍微折叠一下，再一点点卷起来用针织罗纹带作为带子捆住。

## 为编织的作一本笔记本吧!

•记录的内容
•制作出来的日期
•粉红色的套头短袖毛衣
•尺寸 ○○○○○
•毛线名
•制作人
•颜色
•编织图
•使用针号
•针距
•毛线用量
•质量
•批号

## 剩余毛线的整理工具

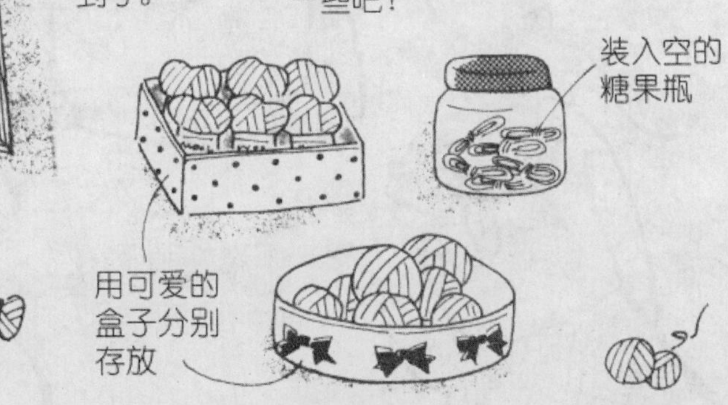
需要绒线时就能方便地找到了。
在洗涤熨烫时按标签说明进行确认
没有纽扣时很麻烦，请多买一些吧！
装入空的糖果瓶
用可爱的盒子分别存放

☆品质……在熨烫及洗涤的时候得到确认

☆批号……批号不同，颜色稍微有些差异，因此一次性购买同一种批号的毛线

# 旧毛衣新穿

## （改变毛衣局部）

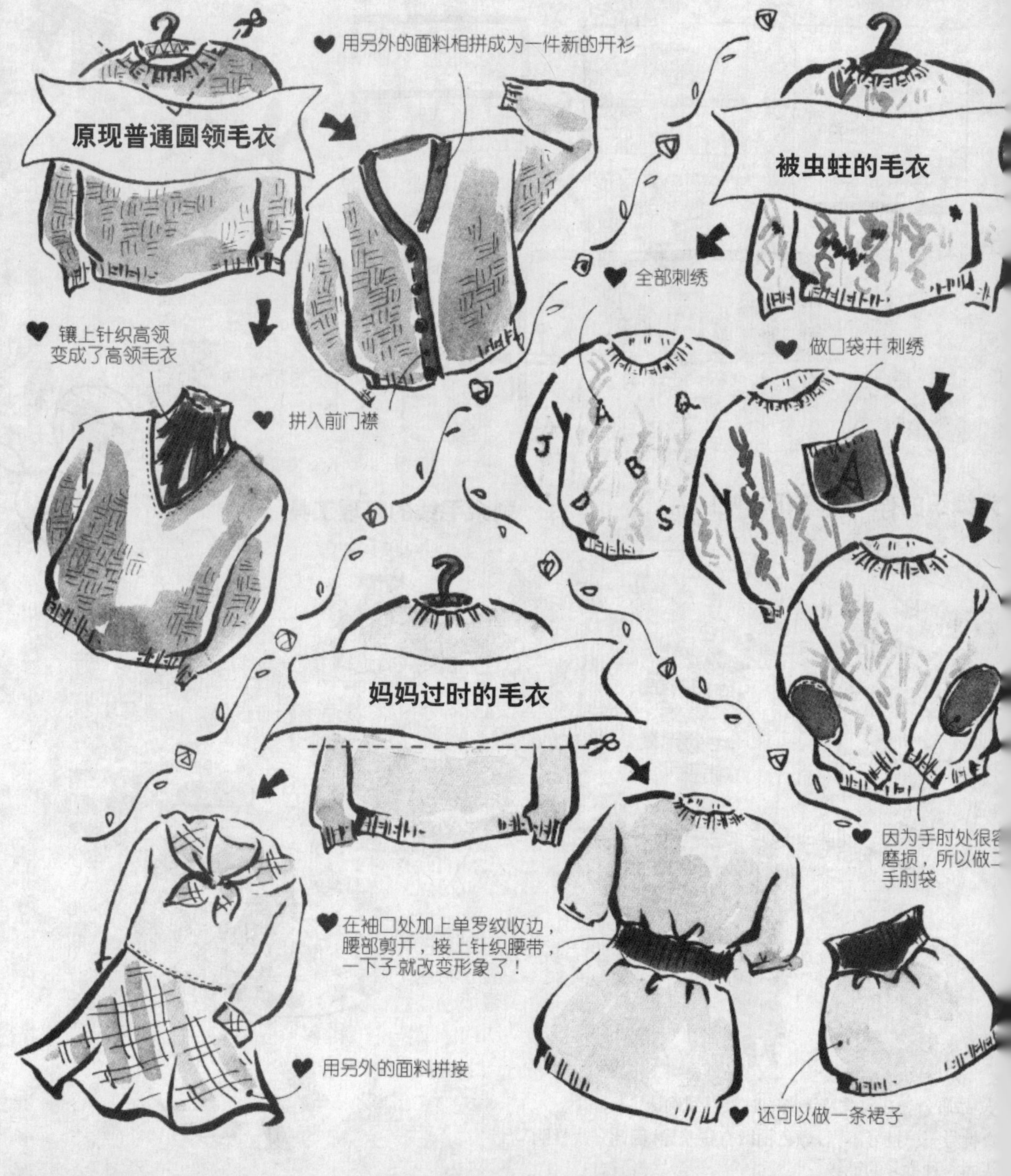
原现普通圆领毛衣
用另外的面料相拼成为一件新的开衫
镶上针织高领
变成了高领毛衣
拼入前门襟
被虫蛀的毛衣
全部刺绣
做口袋并刺绣
因为手肘处很
磨损，所以做
手肘袋
妈妈过时的毛衣
在袖口处加上单罗纹收边，
腰部剪开，接上针织腰带，
一下子就改变形象了！
用另外的面料拼接
还可以做一条裙子

# （改变毛衣局部）

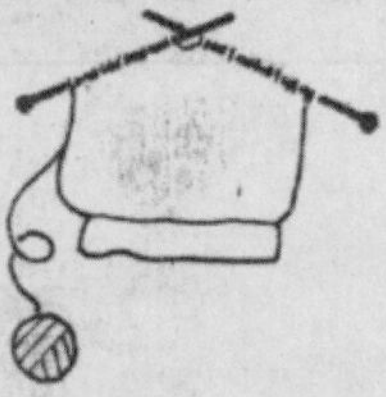

一件毛衣穿得太久或款式太旧，会产生厌倦。因此在旧毛衣上穿一些亮色的丝带，绣几朵小花或改动一下领口、袖口、门襟，就会使你有一种新颖感觉。

♥ 穿丝带

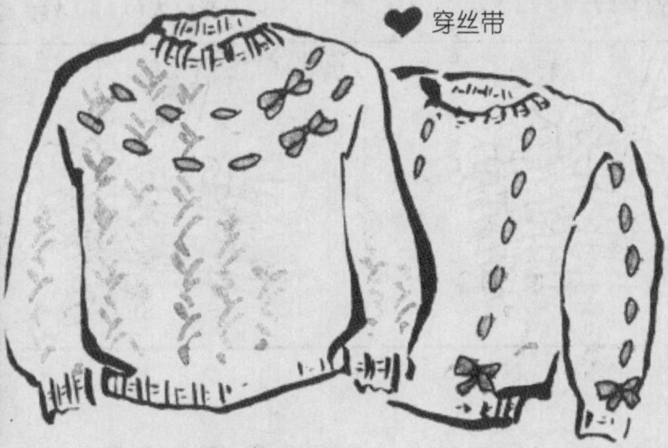

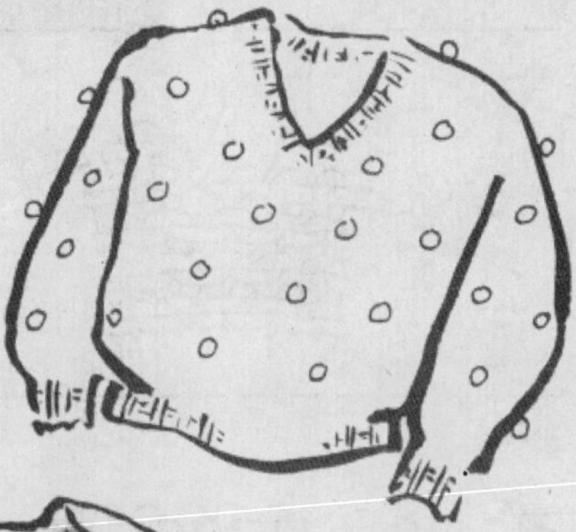

♥ 做小绒球

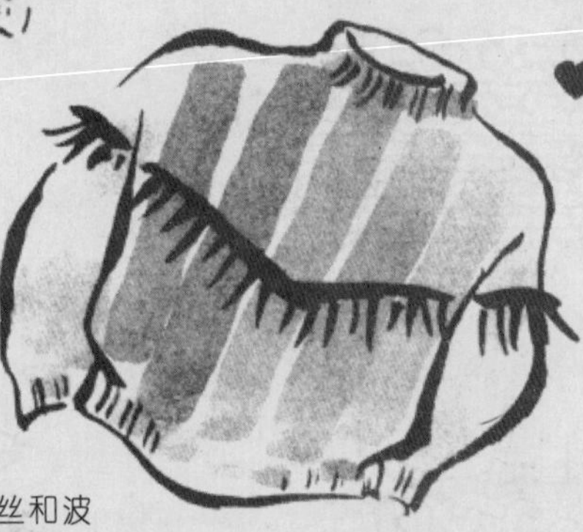

♥ 装皮制的流苏作装饰

♥ 缝上蕾丝和波形饰边领

## 简简单单的一点改变

♥ 在收口处用卷边编织比用罗纹编织好，使用别的漂亮毛线强调重点地编织。

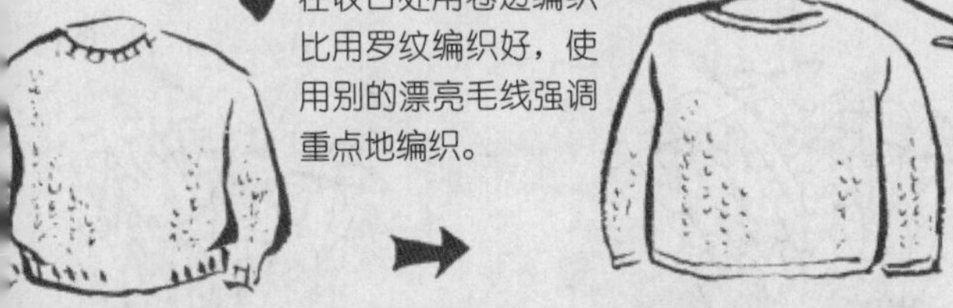

♥ 在门襟处换用传统的中国盘扣。

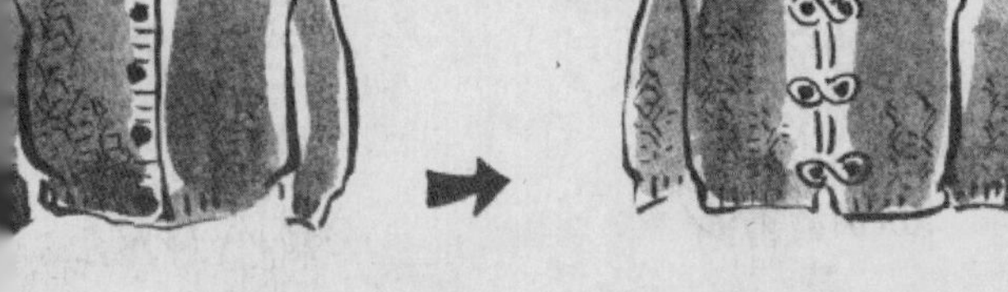

## 剪切针织毛衣的决窍

♥ 从剪切位置内侧的5cm左右，用缝纫机缝合，使经剪切后的毛衣不易漏针。

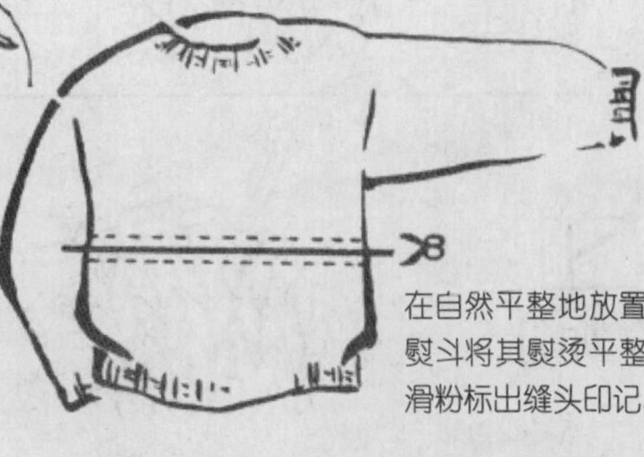

在自然平整地放置后用熨斗将其熨烫平整，用滑粉标出缝头印记。

# 棒针针法符号介绍

下针

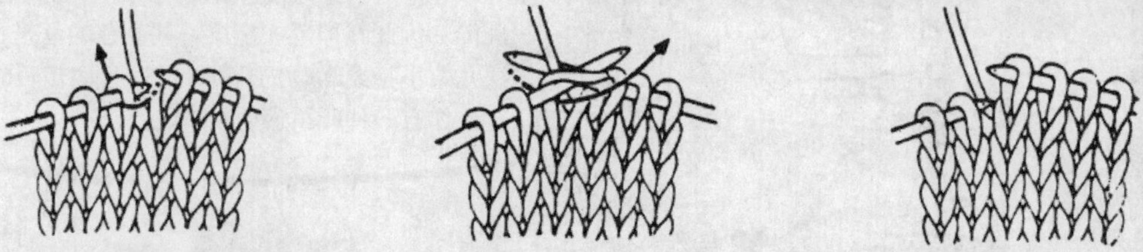

上针

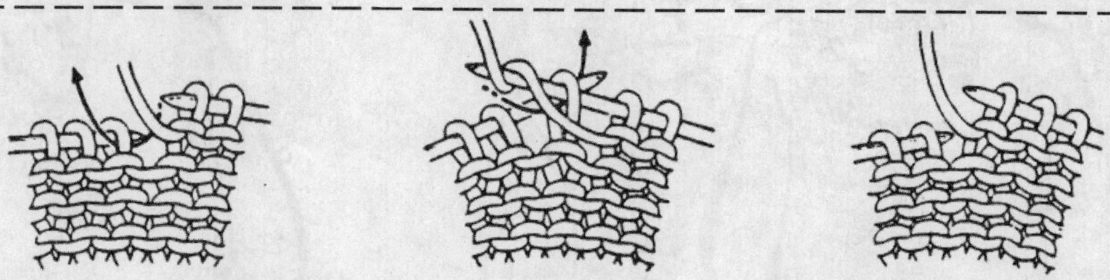

上针右上
倾斜针

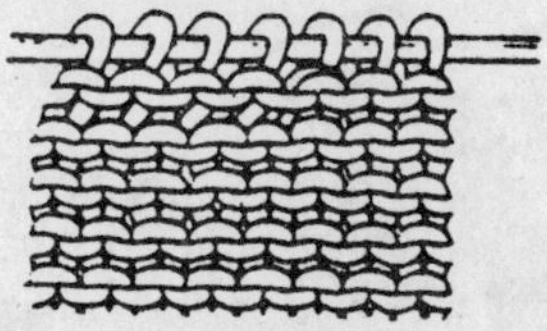

上针左上
倾斜针

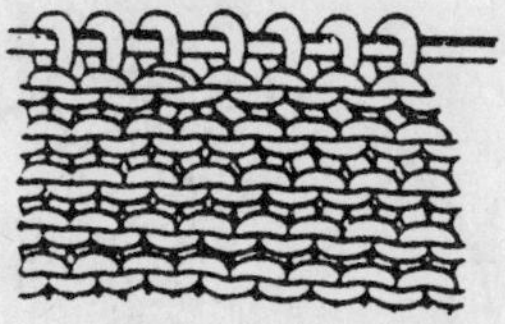

下针右上
2 针并 1 针

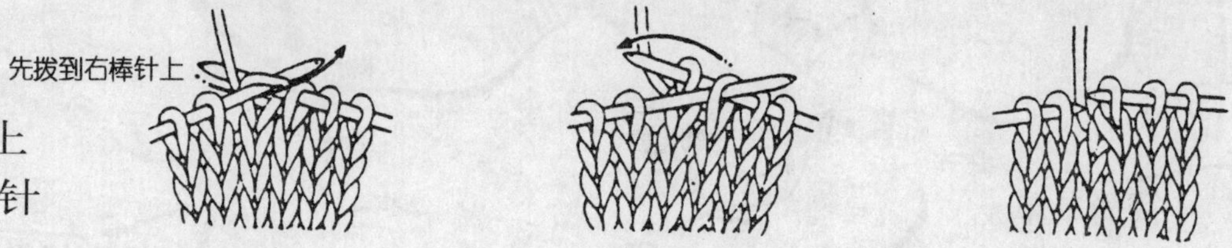
先拨到右棒针上

右加针

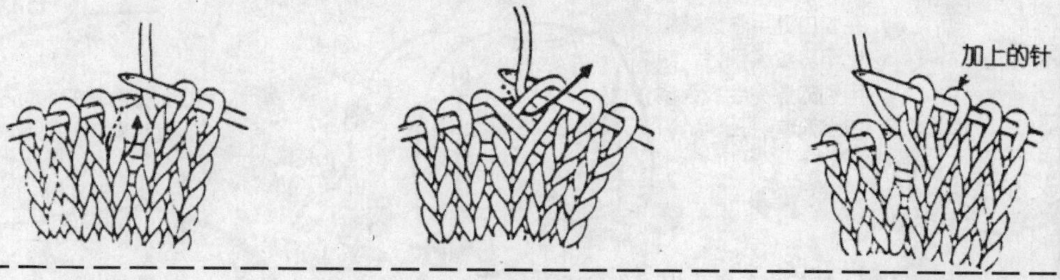
加上的针

左加针

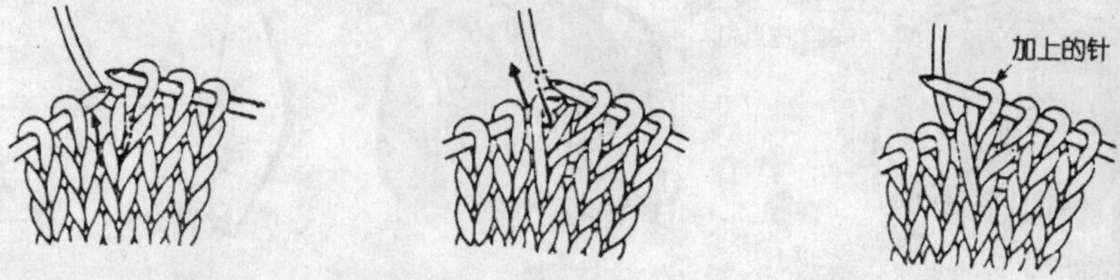
加上的针

上针左上
2针并1针

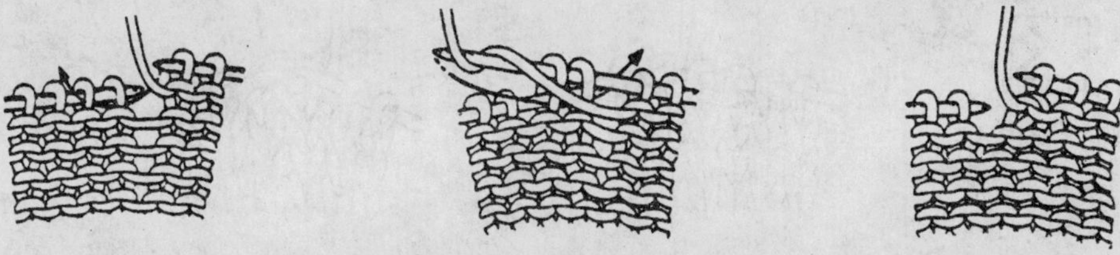

上针右上
2针并1针

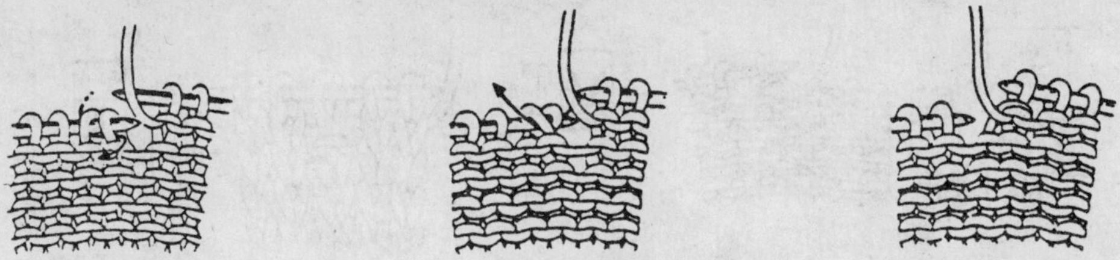

下针左上
3针并1针

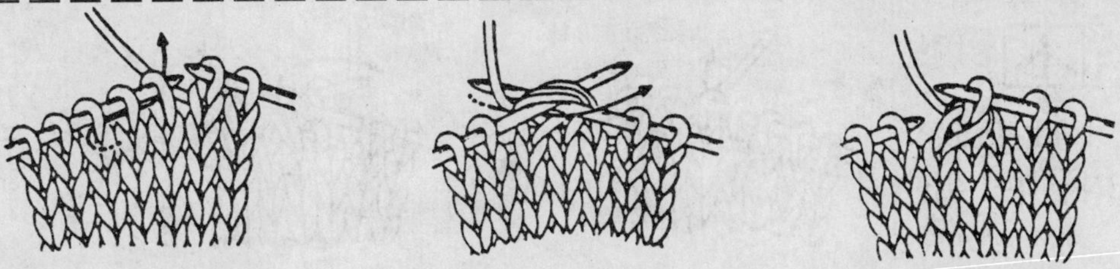

下针右上
3针并1针

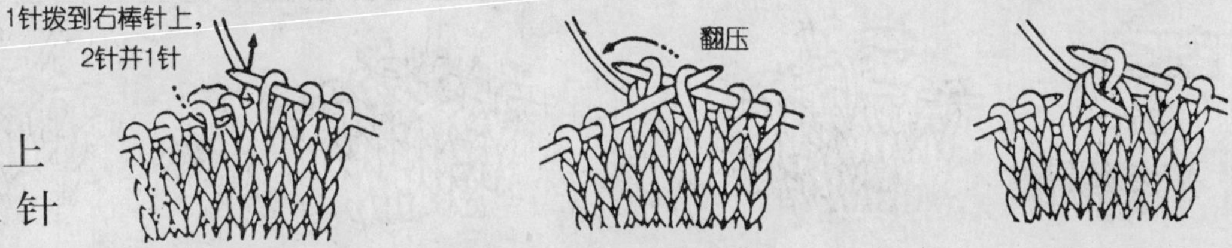
1针拨到右棒针上，
2针并1针
翻压

空心加针

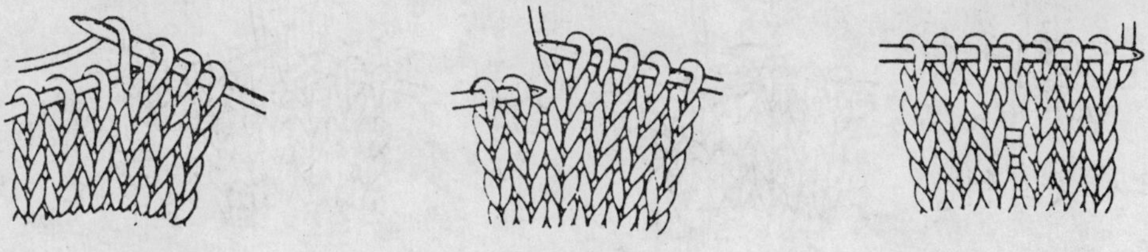

扭针

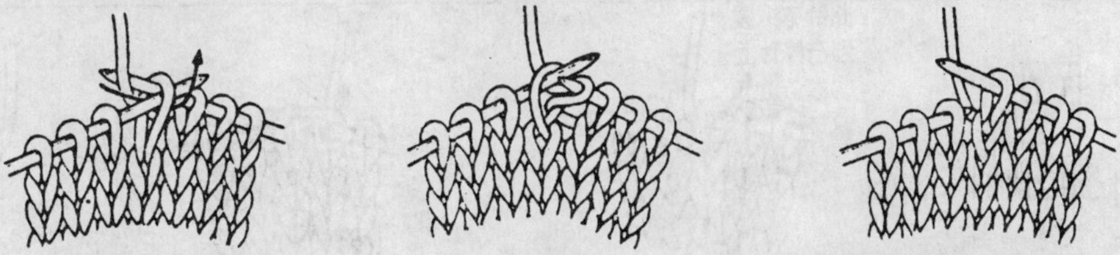

下针左上
倾斜针

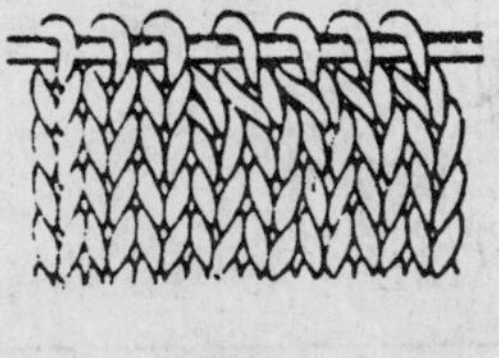

下针右上
倾斜针

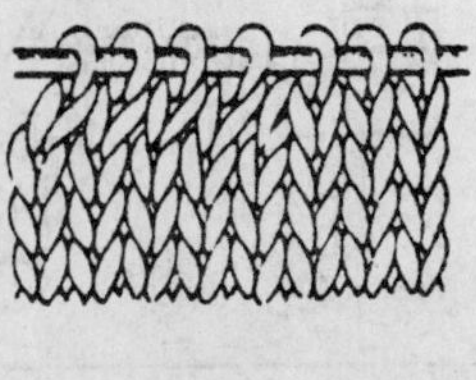

上针左上
2针并1针

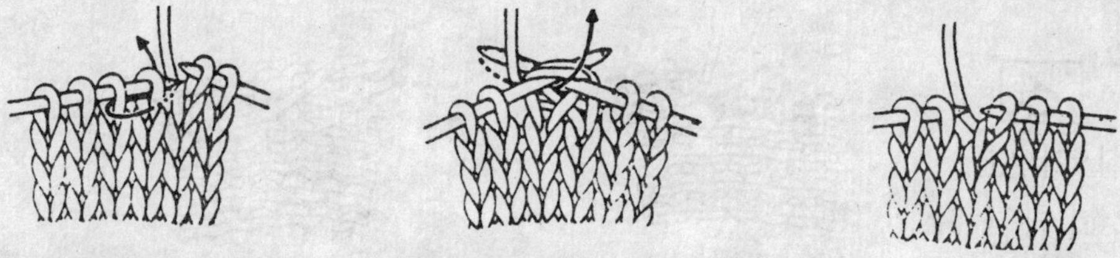

上针中上
3针并1针

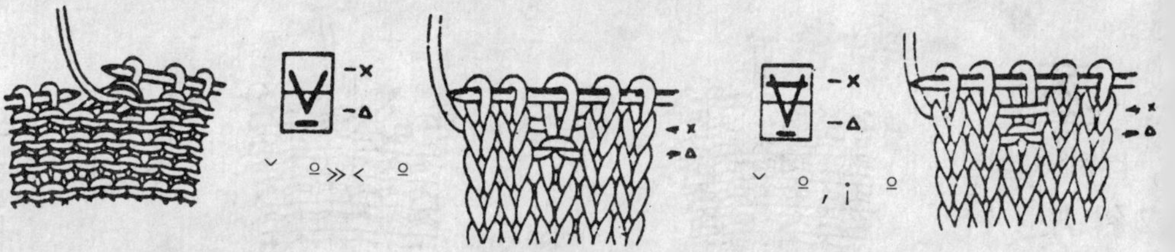

下针中上
3针并1针

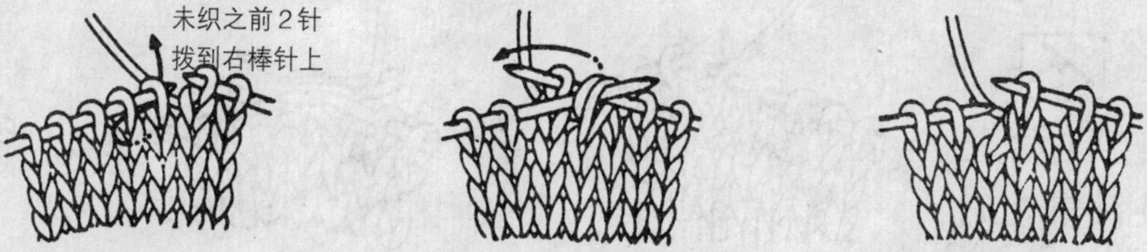
未织之前2针
拨到右棒针上

左针
穿入交叉针

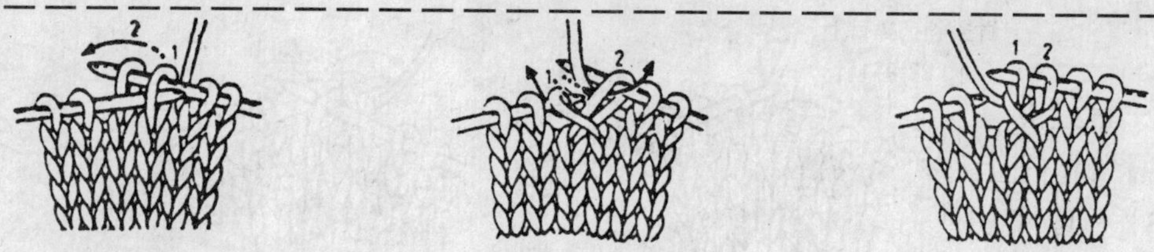

右针
穿入交叉针

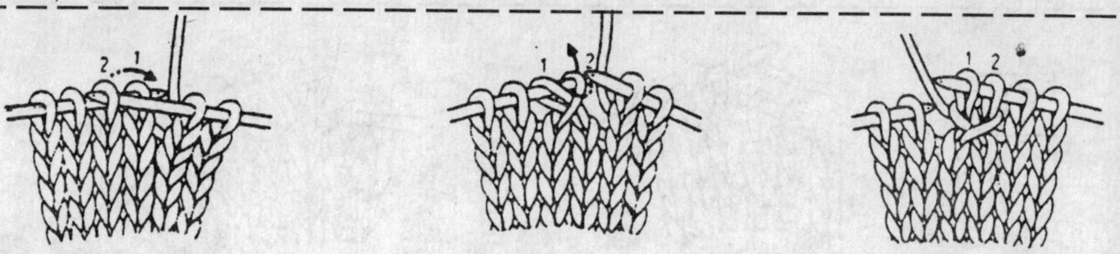

下针滑针

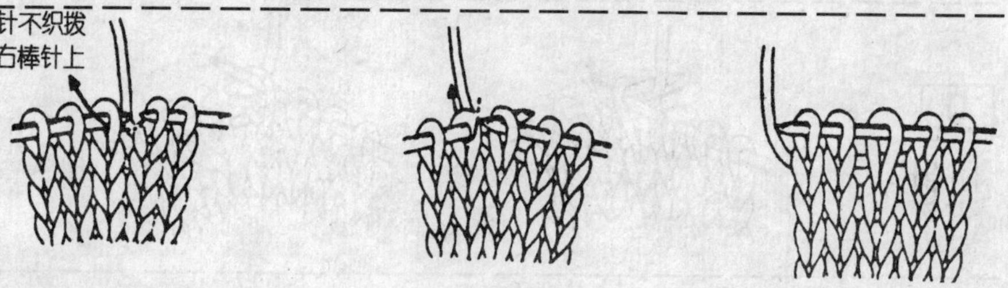
此针不织拨
到右棒针上

下针浮针

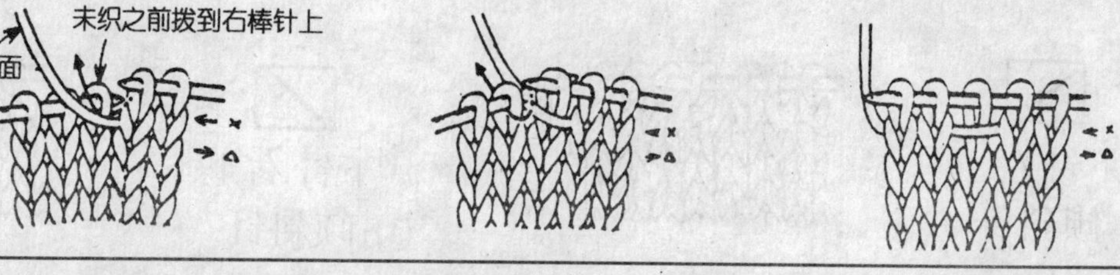
将线放在前面
未织之前拨到右棒针上

下针
3 针缠绕针

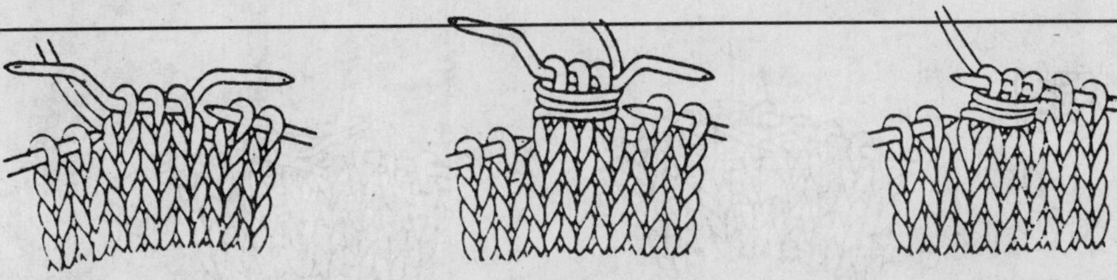

ˇ⁻/ º‰»† º

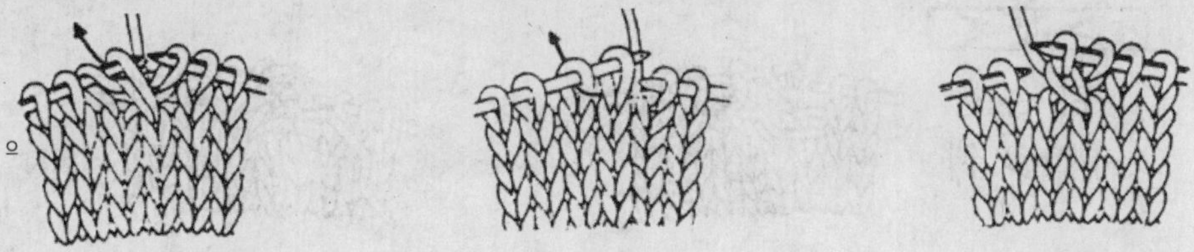

ˇ⁻/ º‰»† º

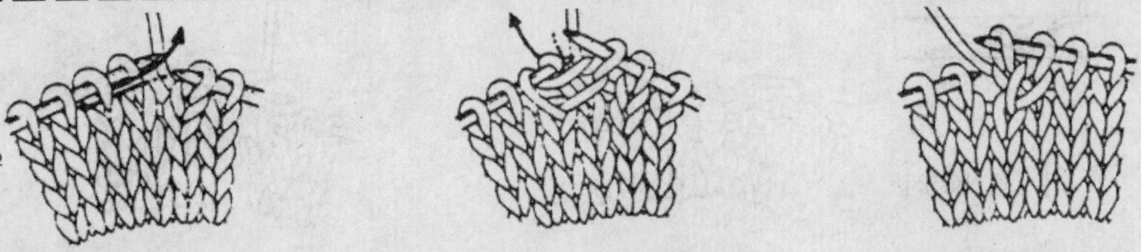

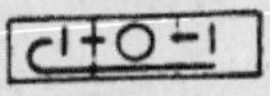

右套加针

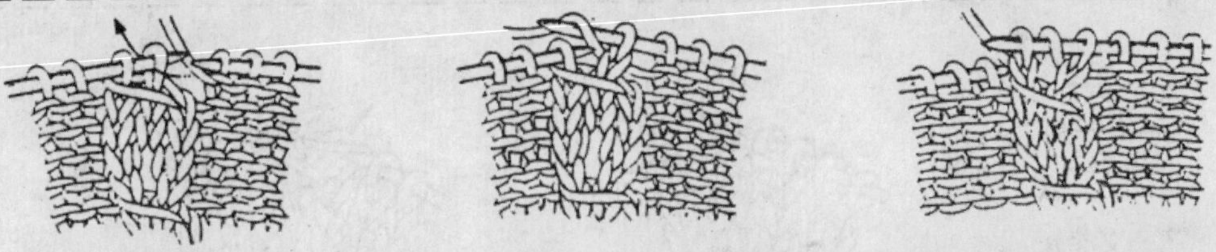

左套加针

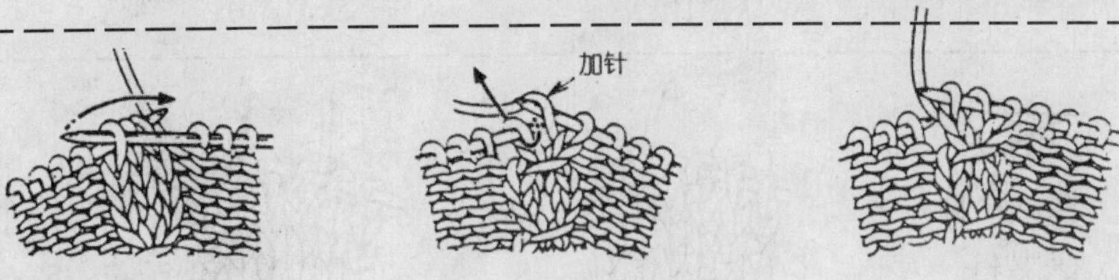
加针

并放针
(并 3 针放 3 针)

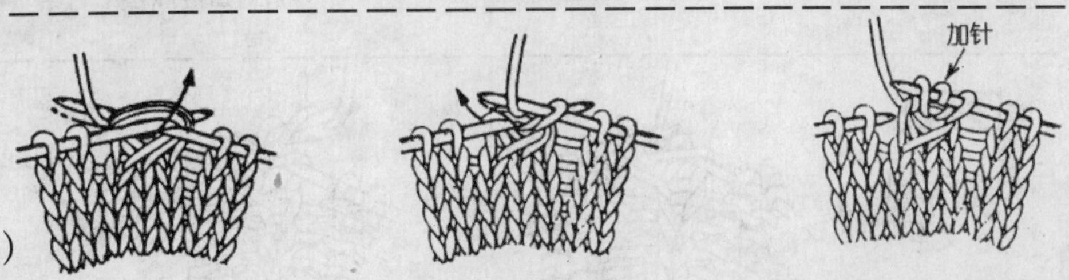
加针

右上跳针
交叉针

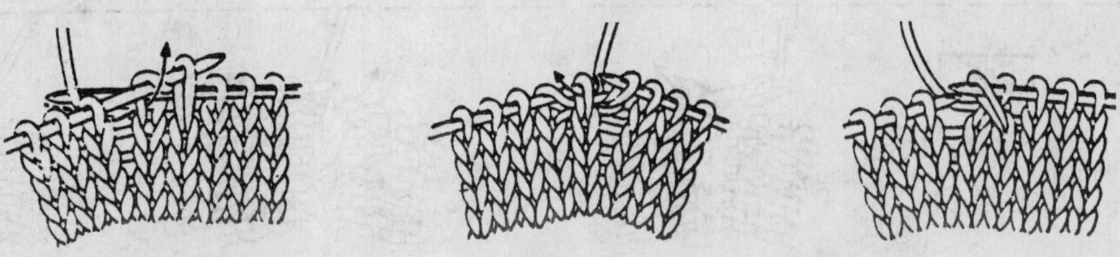

左上跳针
交叉针

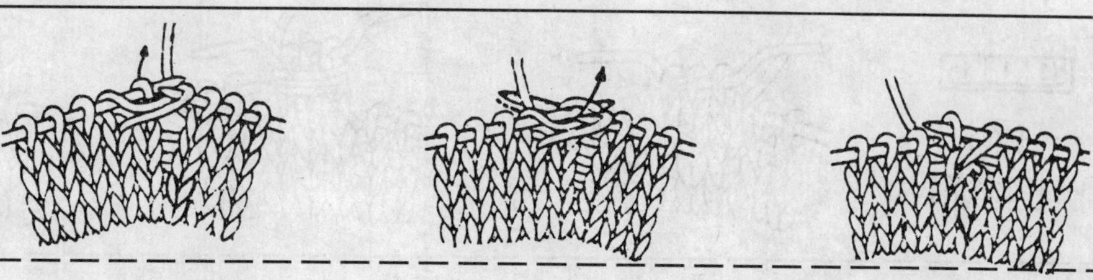

下针右上
2针交叉针

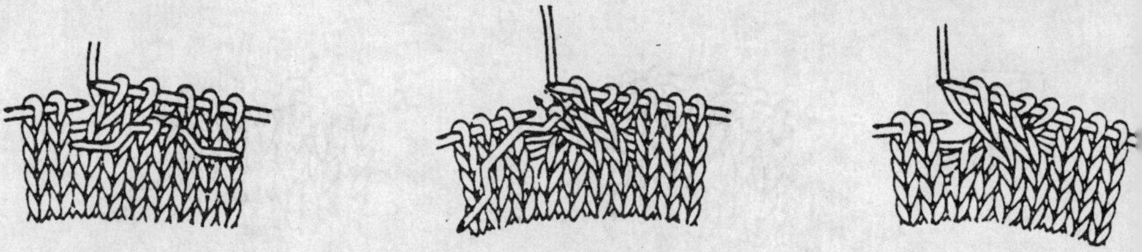

下针左上
2针交叉针

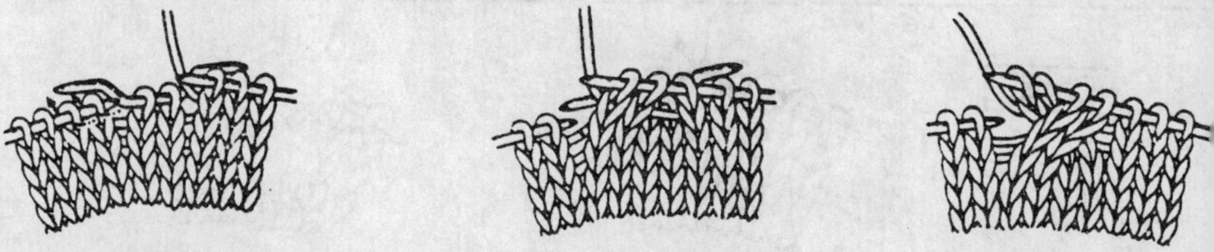

下针左上
交叉针

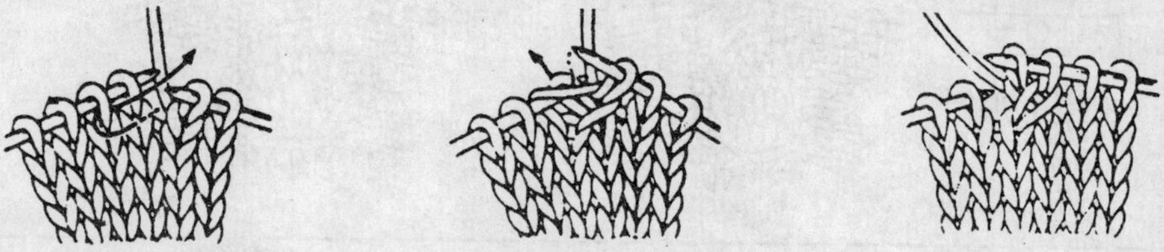

下针右上
交叉针

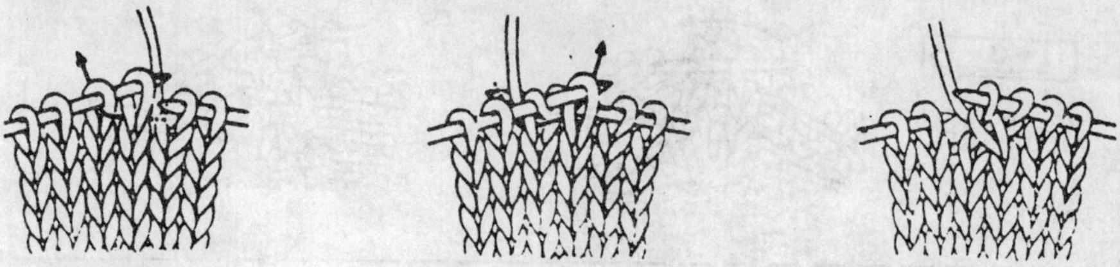

上针左上
交叉针

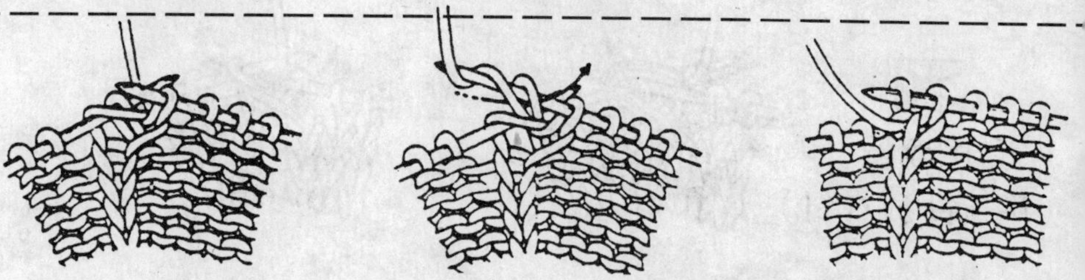

上针右上
交叉针

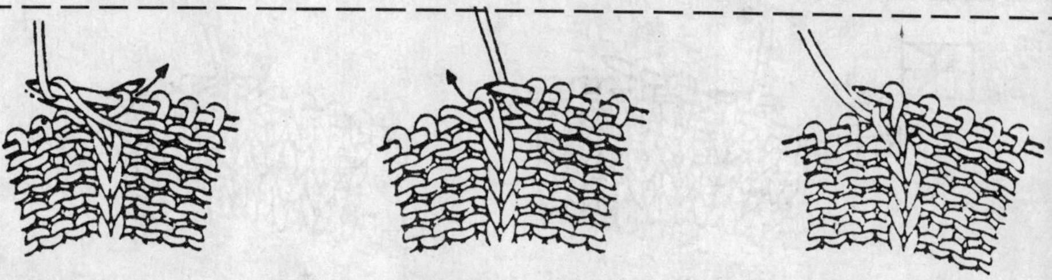

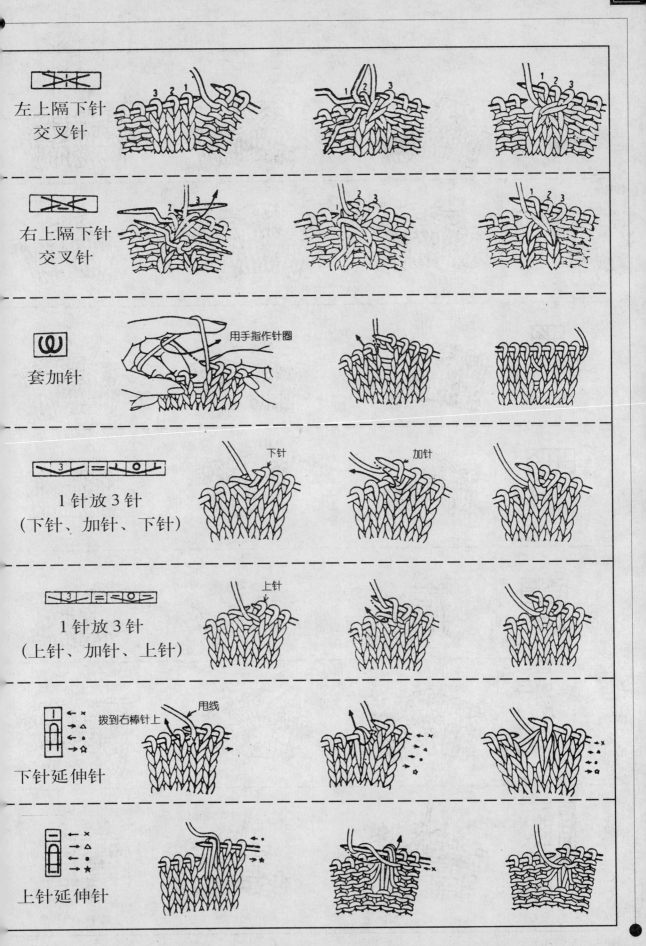

左上隔下针
交叉针

右上隔下针
交叉针

套加针

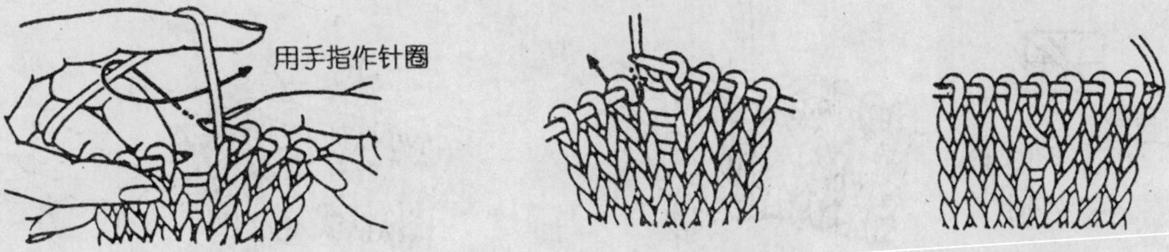
用手指作针圈

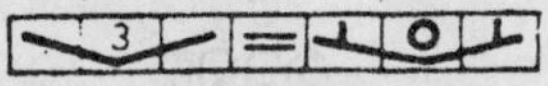

1针放3针
（下针、加针、下针）

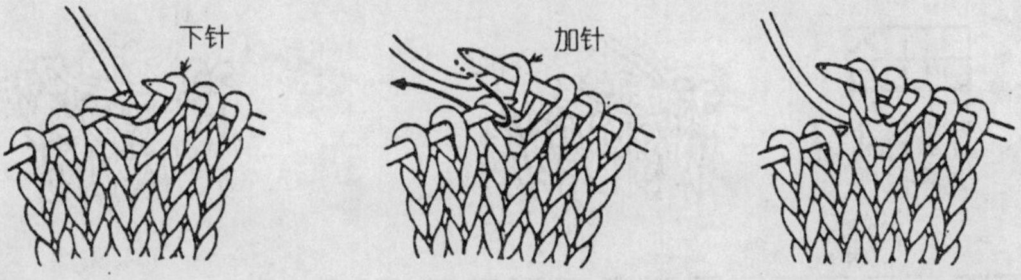
下针
加针

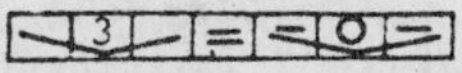

1针放3针
（上针、加针、上针）

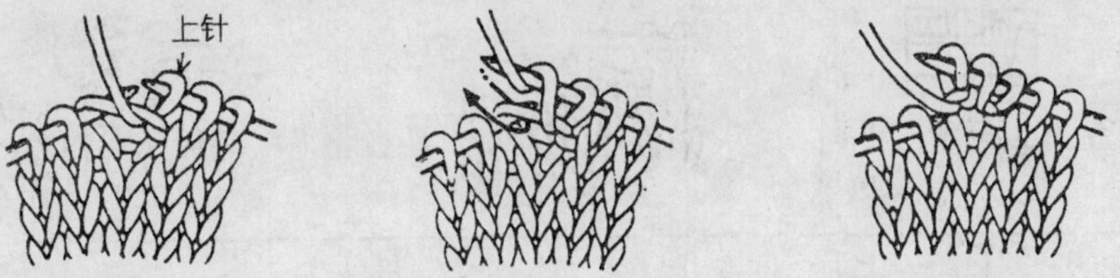
上针

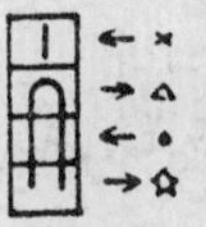

下针延伸针

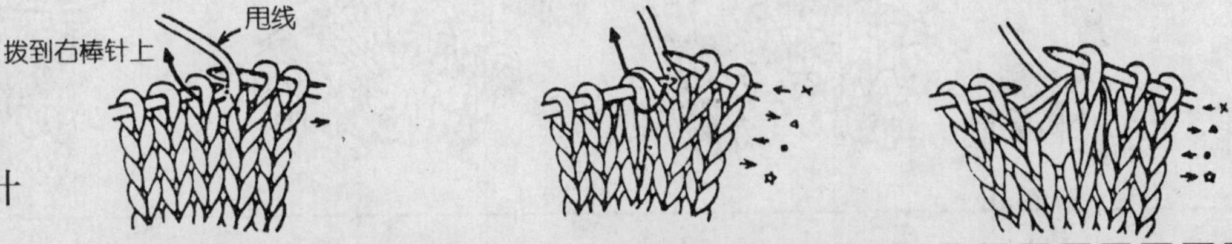
拨到右棒针上
甩线

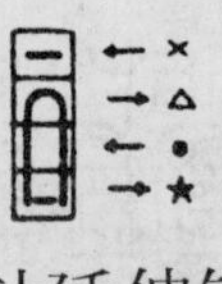

上针延伸针

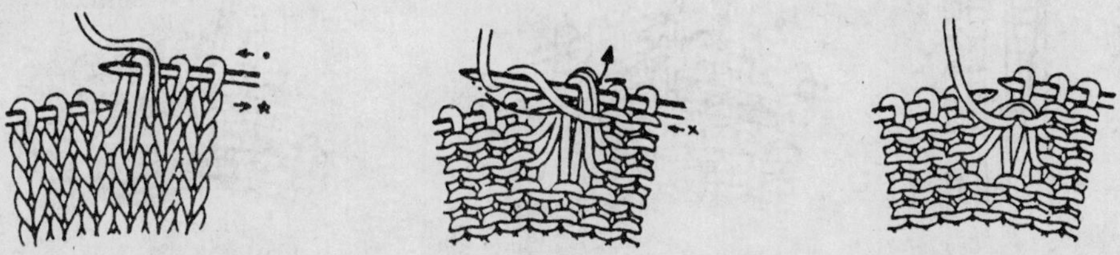

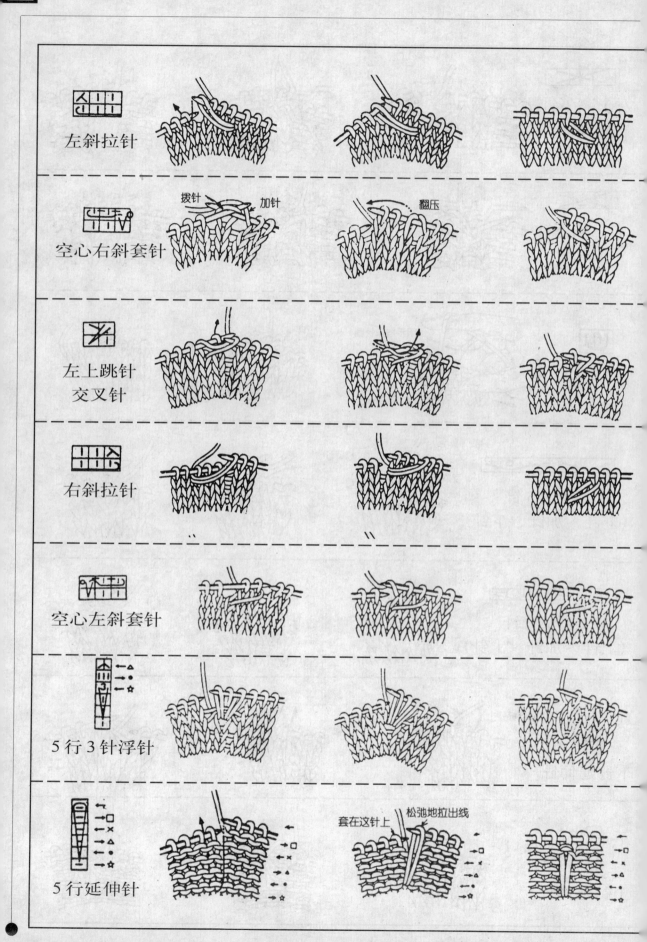

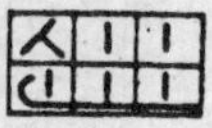

左斜拉针

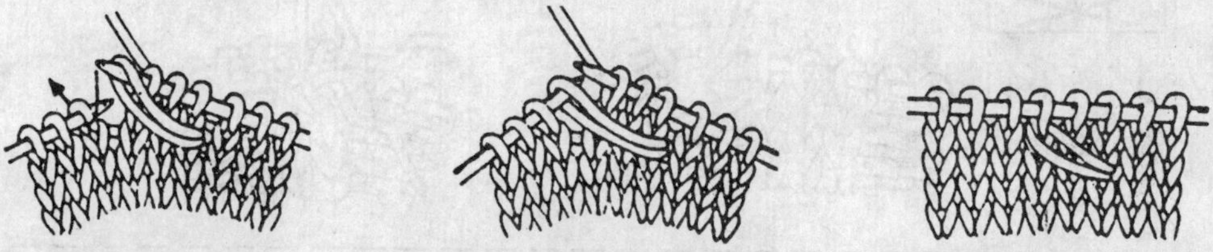

空心右斜套针

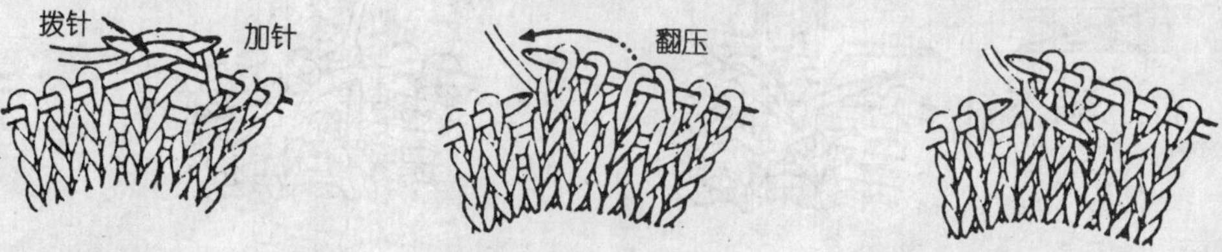
拨针
加针
翻压

左上跳针
交叉针

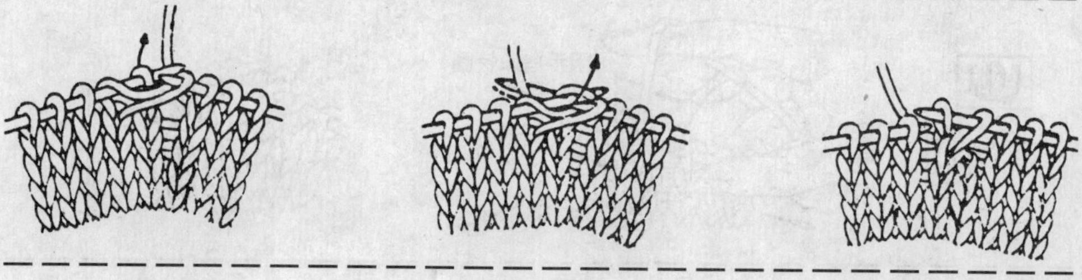

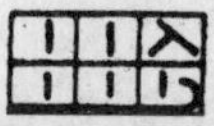

右斜拉针

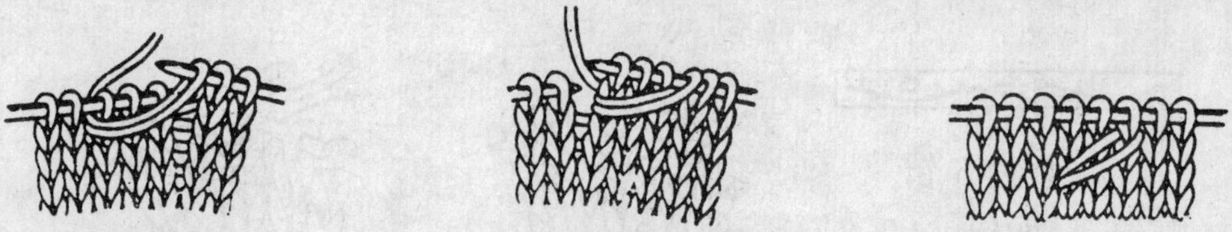

空心左斜套针

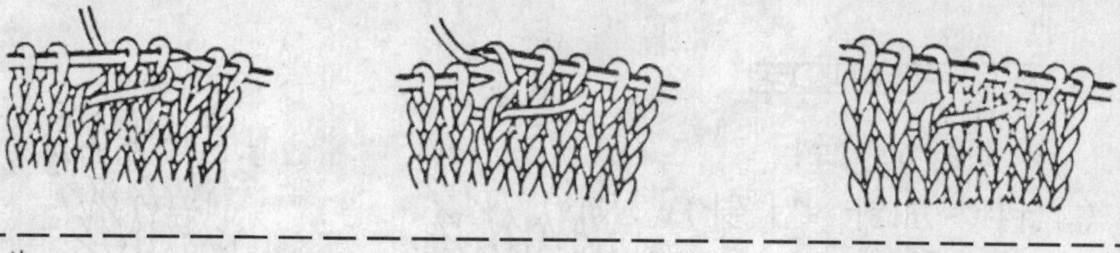

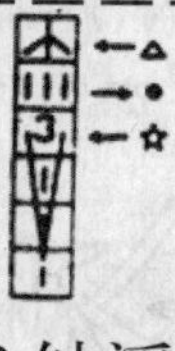

5 行 3 针浮针

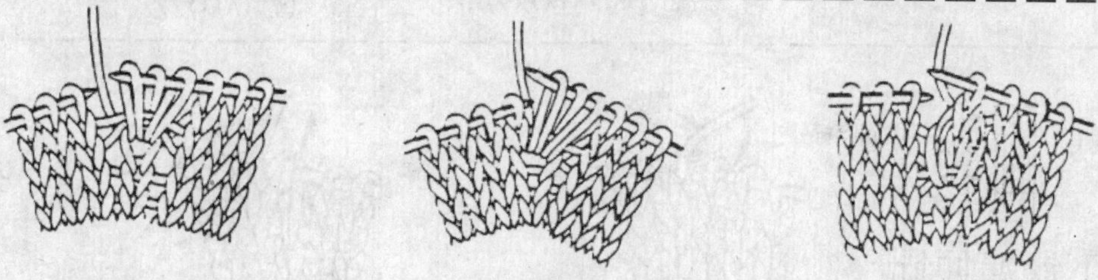

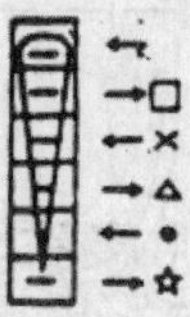

5 行延伸针

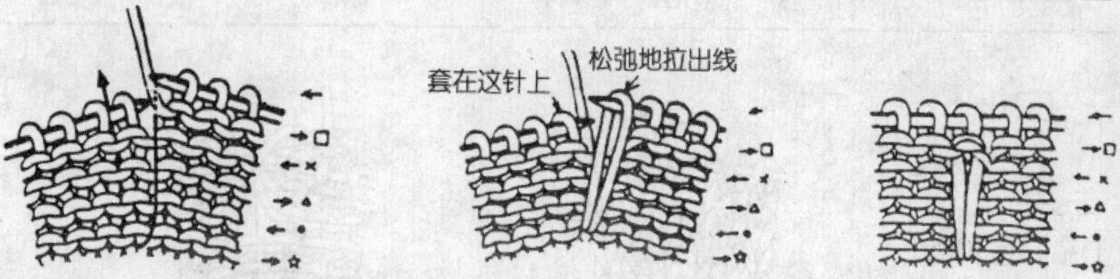
松弛地拉出线
套在这针上

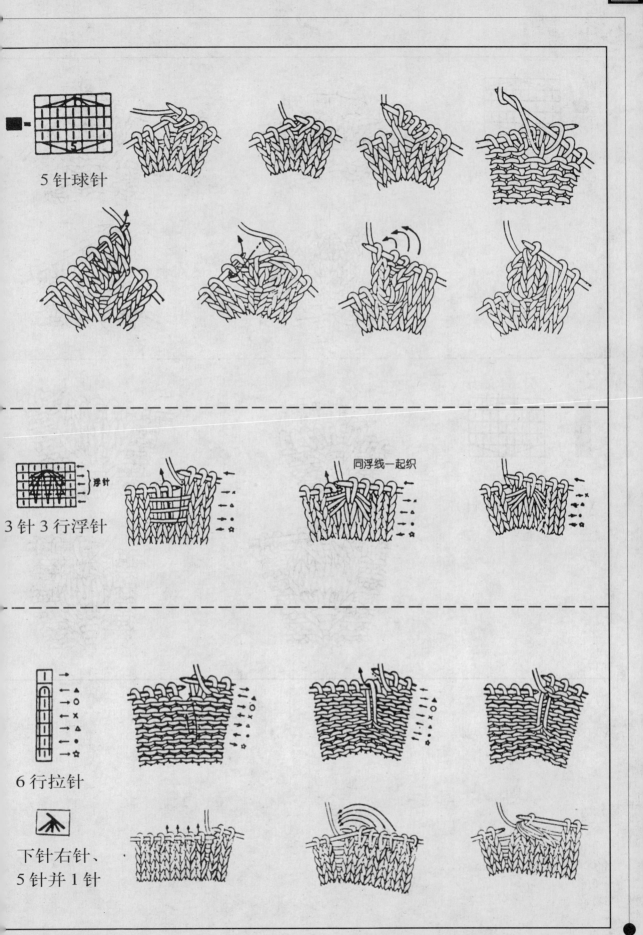

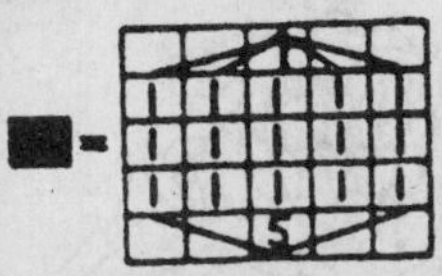

5针球针

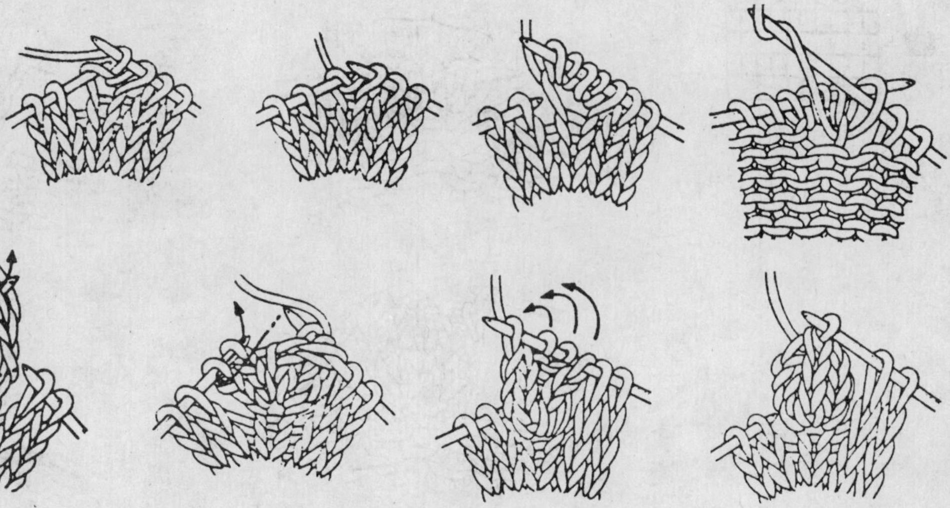

浮针

3针3行浮针

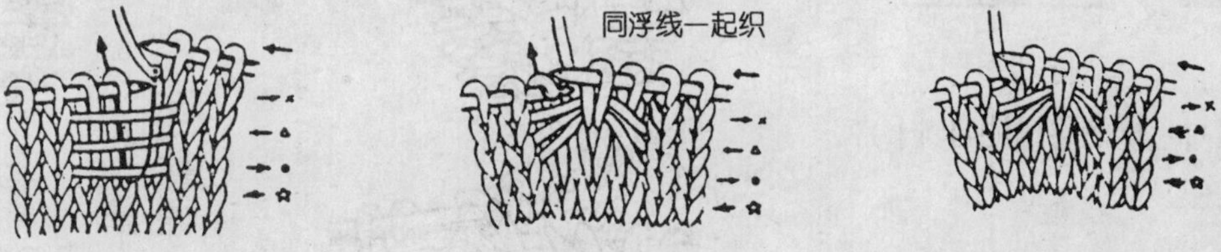
同浮线一起织

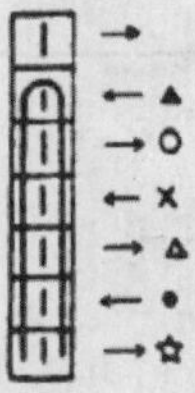

6行拉针

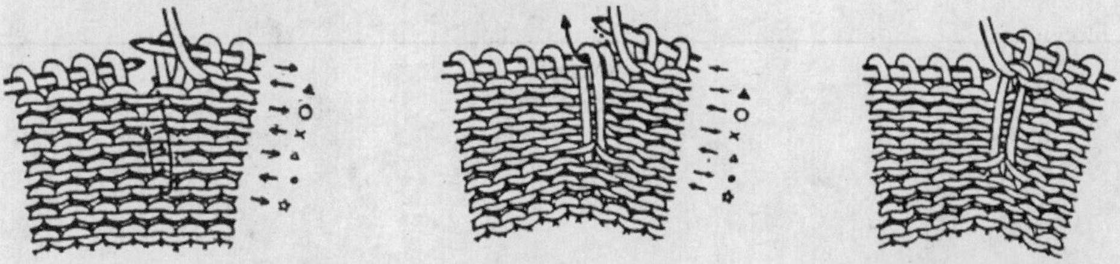

下针右针、
5针并1针

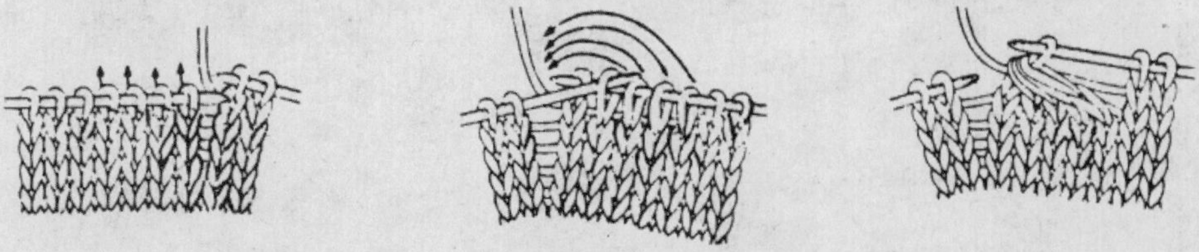

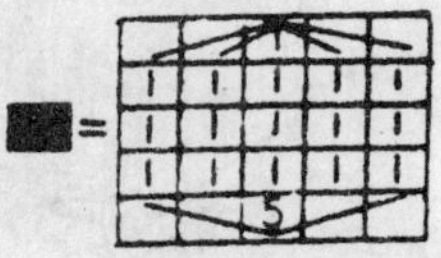
5

枣球针

(右上5针并1针)

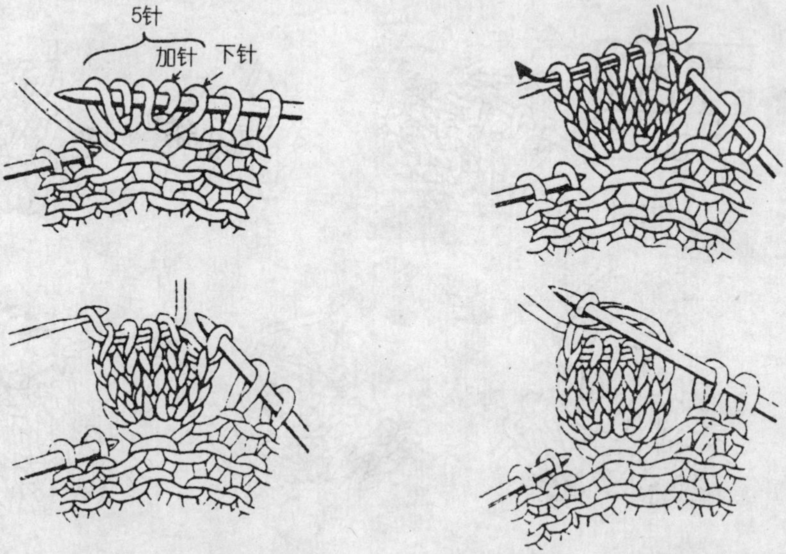
5针
加针
下针

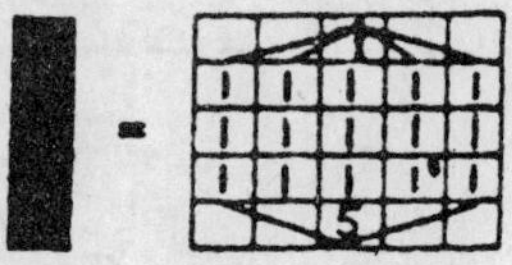
5

玉米花针

(中上5针并1针)

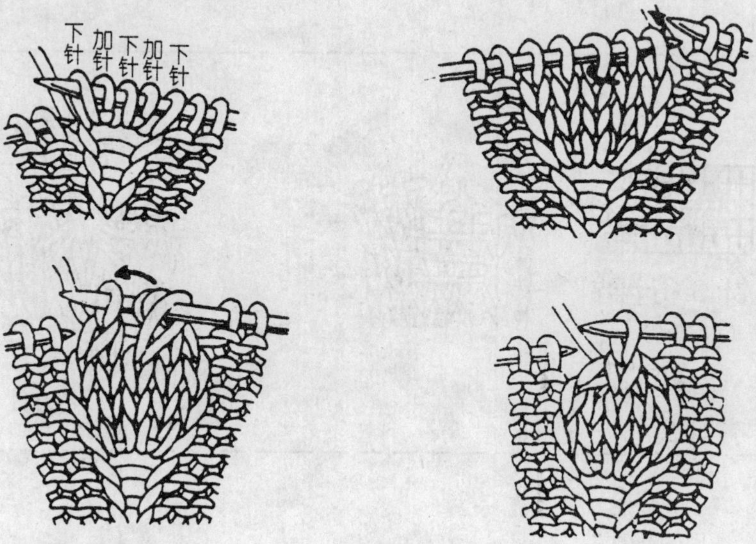
下针
加针
下针
加针
下针

图书在版编目（CIP）数据

棒针新花样 / 马晓霞，王小萍等编著 . —上海：上海科学技术文献出版社，2013.1
ISBN 978-7-5439-5700-8

Ⅰ . ①棒… Ⅱ . ①马…②王… Ⅲ . ①毛衣针—绒线—编织—图集 Ⅳ . ① TS935.522-64

中国版本图书馆 CIP 数据核字（2012）第 310156 号

责任编辑：祝静怡
美术编辑：徐　利

**棒针新花样**
马晓霞　王小萍　等编著
*
上海科学技术文献出版社出版发行
（上海市长乐路 746 号 邮政编码 200040）
全国新华书店经销
常熟市人民印刷厂印刷
*
开本 787 × 1092　1/16　印张 9.75　插页 24
2013 年 1 月第 1 版　2013 年 1 月第 1 次印刷
ISBN 978-7-5439-5700-8
定价：28.00 元
http://www.sstlp.com